D1666727

Eine Arbeitsgemeinschaft der Verlage

Böhlau Verlag · Wien · Köln · Weimar
Verlag Barbara Budrich · Opladen · Farmington Hills
facultas.wuv · Wien
Wilhelm Fink · München
A. Francke Verlag · Tübingen und Basel
Haupt Verlag · Bern · Stuttgart · Wien
Julius Klinkhardt Verlagsbuchhandlung · Bad Heilbrunn
Mohr Siebeck · Tübingen
Nomos Verlagsgesellschaft · Baden-Baden
Ernst Reinhardt Verlag · München · Basel
Ferdinand Schöningh · Paderborn · München · Wien · Zürich
Eugen Ulmer Verlag · Stuttgart
UVK Verlagsgesellschaft · Konstanz, mit UVK / Lucius · München
Vandenhoeck & Ruprecht · Göttingen · Oakville
vdf Hochschulverlag AG an der ETH Zürich

Karl Stahr · Ellen Kandeler
Ludger Herrmann · Thilo Streck

Bodenkunde und Standortlehre

2., korrigierte Auflage

113 Schwarzweißabbildungen
32 Farbfotos auf Tafeln
42 Tabellen

Verlag Eugen Ulmer Stuttgart

Karl Stahr
ist seit 1988 Professor für Allgemeine Bodenkunde mit Gesteinskunde an der Universität Hohenheim.

Ellen Kandeler
ist seit 1998 Professorin für Bodenbiologie an der Universität Hohenheim

Ludger Herrmann
ist seit 1996 Akademischer Oberrat im Institut für Bodenkunde und Standortslehre der Universität Hohenheim

Thilo Streck
ist seit 2001 Professor für Biogeophysik an der Universität Hohenheim

Bibliografische Information der Deutschen Bibliothek

Die Deutsche Bibliothek verzeichnet diese Publikation in der Deutschen Nationalbibliografie; detaillierte bibliografische Daten sind im Internet über http://dnb.ddb.de abrufbar.

ISBN 3-8252-3704-2 (UTB)
ISBN 978-3-8001-2954-6 (Ulmer)

© 2012 Eugen Ulmer KG
Wollgrasweg 41, 70599 Stuttgart (Hohenheim)
E-Mail: info@ulmer.de
Internet: www.ulmer.de
Lektorat: Werner Baumeister
Layout und Satz: Bernd Burkart; www.form-und-produktion.de
Druck und Bindung: Friedr. Pustet, Regensburg
Printed in Germany

ISBN 3-8252-3704-2 (UTB-Bestellnummer)

Inhaltsverzeichnis

Vorwort

Bodennutzer stellen häufig drei verschiedene Fragen:
- Wozu kann ich diesen Boden nutzen?
- Kann ich diesen Boden für mein Nutzungsziel gebrauchen oder
- wie muss ich den Boden verändern, damit ich ihn besser nutzen kann?

Das Studium der Bodenwissenschaften soll dazu dienen, solche Fragen selbst besser beantworten zu können oder zu lernen, wem man am erfolgreichsten diese Fragen stellt. Der alte Lehrsatz: „Je besser ich einen Boden kenne, desto besser kann ich ihn auch nutzen" besagt, dass mit zunehmendem Verständnis auch eine Zunahme des Wissens über die Funktionalität des Bodens verbunden ist. Dann muss sich der Bodennutzer auch die Fragen des Bodenkundlers stellen: Welcher Boden entwickelt sich aus welchem Gestein im Laufe der Zeit? Welche bodenbildenden Prozesse laufen dabei ab und welche Eigenschaften haben sich entwickelt?

Da unsere Böden für viele verschiedene Nutzungen gebraucht werden, ist das Bodenwissen auch für viele angrenzende Wissenschaftsbereiche interessant. Traditionell befassen sich Agrar-, Forst- und Gartenbauwissenschaftler mit den Böden als Produktionsstandort. Geowissenschaftler wie Geoökologen, Geografen, Geologen und Mineralogen sehen in ihnen Landschaftssegmente, erdgeschichtliche Urkunden und Mineralumwandlungen. Für den Ingenieur sind Böden Körper, deren Belastbarkeit und Bearbeitbarkeit sie ausnutzen möchten. Bauingenieure und Lagerstättenkundler interessieren sich für die techn. Verwertung von Bodenmaterialien. Standortgemäße Nutzung steht bei Landschaftsplanern, Stadt- und Verkehrsplanern oder Architekten im Vordergrund. Ökologen sehen Böden als die abiotischen Komponenten ihrer Ökosysteme und Grundlagennaturwissenschaftler (Biologen, Physiker und Chemiker) suchen nach allgemeingültigen Naturgesetzen in Böden.

Dieses Buch möchte für alle jene, die sich für Böden interessieren, Grundlage und Einführung darstellen.

Das didaktische Konzept dieses Buches stellt die Böden selbst und ihre Verschiedenheit in den Mittelpunkt. Ausgehend von unterschiedlichen Gesteinen wird die Entwicklung von Böden in Zeit und Raum beschrieben. Damit bildet die Spezielle, Systematische Bodenkunde den Rahmen für das Lehrbuch. Immer dann, wenn wir bestimmte Böden mit ihren Prozessen kennengelernt haben, erfahren wir aber auch, dass uns grundlegendes Wissen fehlt, um sie interpretieren zu können. Deshalb sind jeweils dort, wo dies am wichtigsten erscheint, grundlegendes geowissenschaftliches Wissen sowie Unterkapitel der Allgemeinen Bodenkunde eingefügt. Dies versetzt den Leser in die Lage, von Anfang an etwas Konkretes über Böden zu wissen, liefert ihm die wichtigsten Grundlagen meist an den entscheidenden Stellen nach und ermöglicht so das Entstehen eines bereits relativ umfassenden Bildes der Bodenwissenschaft beim Studium des gesamten Werkes. Das Stichwortverzeichnis soll dabei helfen, über die Querverweise hinaus den Leser schnell an die entscheidende Stelle zu führen. Das umfangreiche Abbildungs- und Tabellenmaterial soll die Anschauung verbessern ebenso wie die beigegebenen Farbtafeln. Das Literaturverzeichnis soll weniger ein Quellennachweis sein als vielmehr Anregungen zu weiteren, vertiefenden Studien geben.

Die vier Autoren haben sich entsprechend ihrer Spezialisierung die Bearbeitung wie folgt aufgeteilt:

Ellen Kandeler   Kapitel 2.6.1 und 2.6.2 sowie Kapitel 9
Thilo Streck   Kapitel 3.7 sowie Kapitel 8
Ludger Herrmann   Kapitel 2.1, 3.1, 3.2, 4.1 und 5.1
Karl Stahr   alle anderen Kapitel.

Wir sind uns bewusst, dass die Generation unserer Lehrer unser Herangehen an bodenkundliche Fragestellungen und die Vermittlung bodenkundlichen Wissens stark geprägt hat. Insbesondere gilt das für Ernst Schlichting, Eberhard Ostendorff, Heinz Zöttl, Jörg Richter und Hans-Peter Blume. Ernst Schlichting's Einführung in die Bodenkunde hat viele Anregungen gegeben. Wir haben aber vor allem auch unseren Mitarbeitern, einschließlich den ehemaligen, für erfolgreiche Diskussionen und für die Korrektur vor und bei der Erstellung dieses Manuskripts zu danken. Dazu gehören:

Reinhold Jahn (Halle), Michael Sommer (Potsdam/Müncheberg), Thomas Gaiser (Bonn), Sabine Fiedler, Daniela Sauer, Mehdi Zarei, Andreas Lehmann, Norbert Billen, Dagmar Tscherko, Christian Poll, Joachim Ingwersen, Sven Marhan, Liliane Rueß (Hohenheim). Besonders danken wir Peter Kallis, der sämtliche Abbildungen erstellt oder überarbeitet hat. Auch unser Sekretariatsteam, Nadine Brunsmann, Gabriele Seeger, Natalja Jörg und Achim Schmid haben wesentlichen Anteil an der Erstellung des Manuskripts.

Möge dieses Buch dazu dienen, dass möglichst viele Studierende den Böden etwas näher kommen.

Hohenheim im Sommer 2011   *Karl Stahr, Ellen Kandeler,*
                                        Ludger Herrmann, Thilo Streck

1 Einführung

Wir Menschen geben den Dingen einen Namen, um ihnen ihre Fremdheit zu nehmen. Beim **Boden** scheint uns das nicht so gelungen zu sein. Er ist uns zwar seit alters her vertraut und wir betreten ihn täglich, dennoch bleiben seine Eigenschaften und seine Bedeutung für viele immer unter der Oberfläche verborgen.

Der Name Boden sagt uns in der Regel, dass wir etwas auf ihn stellen können oder ihn befüllen können. So kennen wir Topfböden, Dachböden, Heuböden, Talböden. Sie alle sind oder haben eine untere Begrenzungsfläche mit einer gewissen Tragfähigkeit. Stellen wir in der gesellschaftlichen oder politischen Auseinandersetzung die Tragfähigkeit von Konzepten in Frage, so wird das Bild des „bodenlosen Fasses" häufig bemüht.

Darüber hinaus fehlt uns aber oft die Erkenntnis, dass die Böden die natürlichen Voraussetzungen (Ressourcen) und Lebensraum (Umwelt) für uns und andere Lebewesen darstellen. So bilden die Böden eine notwendige Voraussetzung für nahezu alle Landnutzungen auf der Erde. Aber verstehen die Landwirte, Förster oder Gärtner die Eigenschaften ihres beständigen Betriebsmittels Boden genauso gut, wie ihren ständig wechselnden Maschinenpark? Naturfreunde suchen und beschreiben seltene Tiere und Pflanzen, suchen verborgene Mineralien und Gesteine und gehen dabei häufig an den Geheimnissen der allgegenwärtigen Böden vorbei. Verkehrsplaner gestalten funktionelle Bauwerke und feinaderig, streng hierarchisch gegliederte Verkehrsnetze, oft ohne dem flächenbeherrschenden Umweltelement der Böden gerecht zu werden. Wenn Bauingenieure und Architekten die Tragfähigkeit der Böden ausnützen oder ihnen Baumaterialien entnehmen, werden sie sich da auch bewusst, dass sie gleichzeitig viele andere Bodenprozesse stören oder zerstören? Hydrologen und Wasserbauer lernen Röhrensysteme, Rückhaltebecken und Staustufen zu beherrschen. Sollten sie dabei nicht auch den größten natürlichen Wasserspeicher und Filter – unsere Böden – mit in Betracht ziehen?

In den letzten Jahrzehnten, in denen deutlich wird, dass die Zivilisationsgesellschaft sich immer stärker die Landschaft aneignet und dadurch die natürlichen Funktionen begrenzt und auch unbewusst und bewusst zerstört, wird der Ruf nach **Bodenschutz** lauter. Dies bedeutet für uns, dass Forstwirte und Landwirte bodenschonende und fruchtbarkeitserhaltende Bodenbearbeitung in den Vordergrund stellen, dass Landschafts- und Landesplanung auf Funktionalität und Nachhaltigkeit ausgerichtet sind, dass die Naturbetrachtung von Ökosystemen und Landschaften ganzheitlich

Boden

Die Böden nutzen Natur und Gesellschaft

Bodenschutz

ist und dabei Stoff- und Energieflüsse sowie ihre Regelmechanismen kennen und beherrschen lernen.

Bodenwissenschaftler

Um das Wissen von den Böden in Entscheidungsprozesse und Verhalten einzubeziehen, sollte die Gesellschaft sich der **Bodenwissenschaftler** (Soil Scientists, früher Bodenkundler) bedienen. Bodenkundler nennen sich selbst oft Pedologen (griechisch: pedon = Boden, logos = Wissenschaft/ Kunde). Dieses Buch will notwendige Grundlagen des Bodenwissens legen und zum vertieften Studium anregen.

1.1 Die Böden – das dritte Umweltmedium

Böden tragen uns

Böden tragen Pflanzen

Böden sind Umwandlungsformen von Gesteinen

Böden sind Lebensraum

Die Gesamtheit aller Böden bildet die Pedosphäre

Noch sind uns Böden unbekannt, aber wir wissen schon, dass sie Flächen sind, auf die man etwas stellen kann. Sie haben also zwei Dimensionen. Diese reichen aber nicht aus, denn wir wissen auch, dass Böden zum **Pflanzentragen** geeignet sind. Diese Kenntnis ist uns bereits von den griechischen Naturphilosophen überliefert und war der Menschheit sicherlich schon 10000 Jahre früher bewusst. Da Pflanzen sich im Boden verankern mit einem häufig weit verzweigten Wurzelsystem, dort Wasser aufnehmen, atmen, vor schädlichen Strahlen beschützt werden, die Wärme nutzen und Nährstoffe aufnehmen, wird klar, dass es sich bei Böden um dreidimensionale Körper handelt. In vielen Böden finden wir Steine als Bruchstücke oder Reste von **Gesteinen**. Auch daraus wurde schon vor langer Zeit abgeleitet, dass Böden Umwandlungsformen von Gesteinen an oder nahe der Erdoberfläche darstellen.

Oberhalb unserer Böden finden wir die Atmosphäre, die Lufthülle der Erde. Unter den Böden finden wir die Lithosphäre, die Erdkruste. Wenn aber nun Pflanzen im Boden atmen und Reste von Gesteinen im Boden vorhanden sind, so können wir sagen, dass unsere Bodendecke ein Durchdringungsraum von **Atmosphäre** und **Lithosphäre** innerhalb der oberen Erdkruste ist. Dieser Raum enthält auch noch Wasser als Flüssigkeit, die als Vermittler zwischen der festen und gasförmigen Phase auftritt und Stoffe lösen kann (**Bodenlösung**). Da wir in unseren Böden immer einen bestimmten Anteil an Wasser finden, können wir postulieren, dass auch die **Hydrosphäre** an den Böden Anteil hat. Dies wird ganz besonders deutlich an Ufern von Flüssen und Rändern von Gewässern, wo die Böden zum Teil vollständig mit Grundwasser erfüllt sind. Durch die Überschneidung von Atmosphäre, Lithosphäre und Hydrosphäre bietet sich in und auf den Böden für viele Lebewesen, wie Bakterien, Algen, Moose, Gräser und Bäume sowie Amöben, Regenwürmer, Maulwürfe, Hasen und Schweine, ein **Lebensraum**, den sie nutzen können. Die Lebewesen bilden die Biosphäre. Deshalb können wir sagen, dass unsere Böden nicht lebende Naturobjekte sind, dass sie aber dem Leben einen Raum bieten. Sie sind also auch mit der **Biosphäre** verbunden. So lässt sich feststellen, dass der Überschneidungsbereich von vier Sphären als **Pedosphäre** oder Bodendecke definiert werden kann (Abb. 1.1). Diese Bodendecke kann auf nacktem Fels nur Millimeter mächtig sein und kann in tropischen, alten Landoberflächen über 50 Meter in den Untergrund reichen.

Nehmen wir viermal im Jahr zu unterschiedlichen Zeiten einen Spaten und stechen an derselben Stelle in unserem Garten in den Boden hinein, so stellen wir fest, dass Böden im Laufe der Zeit unterschiedliche Eigenschaften annehmen können. Sie sind nass oder trocken, klebrig oder spröd, warm oder kalt oder gar gefroren, dunkel oder hell. Dabei erkennen wir, dass sich Böden mit der Zeit verändern können. Die aufgezeigten Eigenschaften können immer wieder auftreten, sind also reversibel. Leicht ist aber auch vorstellbar, dass sich durch die wechselnden Zustände die Böden langfristig verändern. So können Stoffe im Regenwasser gelöst sein, die mit dem Bodenmaterial reagieren und wenn es längere Zeit regnet, aus dem Boden ausgewaschen werden. Auch führen Pflanzenreste und Tierleichen zu einer Zufuhr organischer Substanz, die besonders in jungen Böden zu einer Anreicherung von **Humus** (= bodeneigener, organischer Substanz) werden.

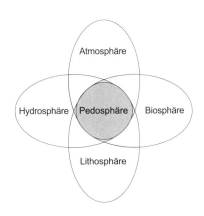

Abb. 1.1:
Pedosphäre als Überschneidungsbereich von vier Natursphären

Wir müssen also feststellen, dass sich Böden auch mit der Zeit ändern. Sie sind also vierdimensional. Diese Tatsache hat der größte Bodenphilosoph des 20. Jahrhunderts, HANS JENNY, in seiner Formel der Bodenentwicklung folgendermaßen dargestellt:

Böden verändern ihre Eigenschaften

$$\text{Boden} = f(t) \; \{\text{Gestein} \times \text{Klima} \times \text{Relief} \times \text{Flora} \times \text{Fauna} \times \text{Mensch}\}$$

Jenny 1941

Ein Boden ist also das Produkt des Einflusses der abiotischen **bodenbildenden Faktoren** Gestein, Klima und Relief sowie der biotischen bodenbildenden Faktoren Flora, Fauna und Mensch. Der Mensch mit seinen technischen Möglichkeiten kann allerdings auch zum abiotischen Faktor werden. Die Veränderungen der Böden laufen in einer bestimmten Intensität, d. h. einer Geschwindigkeit, ab und sind deshalb zeitabhängig. Je länger eine Veränderung andauert, desto tiefgreifender wird sie den Boden verändern.

Bodenbildende Faktoren

Mit diesen ersten Erkenntnissen können wir bereits versuchen, eine umfassende Definition für Böden zu geben:

> Böden sind Naturkörper und als solche vierdimensionale Ausschnitte aus der oberen Erdkruste, in denen sich Gestein, Wasser, Luft und Lebewelt durchdringen.

Diese Definition versucht alle Aspekte unserer Böden in einem Satz zusammenzuziehen, gleichwohl müssen wir feststellen, dass sich im Laufe der Zeit viele Definitionen, von dem was Boden oder Böden sind, ergeben haben. Viele davon sind im Sinne der Naturwissenschaft auch richtig. Sie liegen in einem Spannungsfeld zwischen der utilitaristischen Sichtweise von Pflanzenbauern, die das Pflanzentragen in den Vordergrund stellen, und der mehr genetischen Sichtweise der Geowissenschaftler, die die Veränderung der Gesteine in den Vordergrund stellen. Schließlich können wir auch die naturphilosophische Sicht beobachten, bei der die Umwandlung von Energieströmen (Sonnenstrahlung in Wärme oder biologische Verbrennung bei der Atmung) sowie die starke räumliche und zeitliche Veränderung der Bodendecke in den Vordergrund gestellt werden. Andere Definitionen können auf ihre Richtigkeit geprüft werden, indem sie mit der obigen Definition verglichen werden.

Tab. 1.1:
Wichtige Eigenschaften der verschiedenen Geosphären

Sphäre	Dichte g/cm^3	Masse	Wichtige Elemente	Größe m^3
Atmosphäre	< 0,002	$4,9 \times 10^{18}$	**N**$_2$, **O**$_2$, **H**$_2$**O**, Ar, CO$_2$	$2,3 \times 10^{19}$
Lithosphäre	ca. 2,6	$1,2 \times 10^{22}$	**O**, **Si**, **Al**, Mg, Ca, Fe, K, Na	$4,8 \times 10^{18}$
Hydrosphäre	ca. 1,0	$1,4 \times 10^{18}$	**H**$_2$**O**, Na, Mg, Ca, Cl, S, C	$1,4 \times 10^{15}$
Biosphäre	0,8–2,0	$5,5 \times 10^{14}$	**C**, **O**, **H**, **N**, S, P, Mg, K, Ca	$6,0 \times 10^{11}$
Pedosphäre	0,1–2,1	$4,0 \times 10^{17}$	**O**, **Si**, **Al**, **C**, **Ca**, **K**, **Fe**, **N**, H$_2$O	$6,0 \times 10^{14}$

Die Durchdringung der verschiedenen Sphären in unseren Böden führt dazu, dass in den Böden alle Veränderungen der Bestandteile in **dynamischen Prozessen** ablaufen. Alle Prozesse in Böden lassen sich erkennen, wenn man einen Ausgangszustand und einen Endzustand betrachtet. Der Prozess lässt sich dann nach Ausmaß und Dauer messen. Da unsere Böden Lebensraum und **Reaktionsmedium** zugleich sind, finden in ihnen eine ganze Reihe von Prozessen statt, die für unsere Umwelt eine große Relevanz haben.

Böden werden durch bodenbildende Prozesse geprägt

Gruppen boden- und umweltrelevanter Prozesse sind:

Filter

1. **Filterung:** Durch Niederschläge oder Wind werden Partikel an Böden herangebracht, die in ihren Hohlräumen festgehalten werden können. Natürliche Böden sind dabei in der Regel wesentlich bessere Filter als vom Menschen beeinflusste. So ist die Staubbelastung in Berlin, Frankfurt oder Stuttgart wesentlich größer als in naturnahen Landschaften wie der Schwäbischen Alb oder dem Harz.

Puffer

2. **Pufferung:** Böden können kurzfristig starke Einflüsse abfedern und dann über Wochen oder Monate verdauen, so zum Beispiel wenn es sehr stark regnet, sättigen sich die Böden mit Wasser auf und Pflanzen können auch Wochen nach dem Niederschlag noch Wasser entnehmen. Giftige Schwermetalle oder auch Mineraldünger, die auf den Boden aufgebracht werden, würden sehr schwere Schäden an Pflanzen und Tieren verursachen, wenn sie nicht an den inneren Oberflächen unserer Böden zunächst festgehalten werden könnten und bei Nachlassen des „Stoßes" nur sehr langsam abgegeben würden. Auch in den Boden eingetragene

Säuren können abgepuffert werden, setzen gar Nährstoffe für die Pflanzen frei und das später erscheinende Quellwasser hat häufig keine freie Säure mehr.

3. **Transformation:** Transformation ist eine Umwandlung von Stoffen, ohne dass etwas verloren geht. Dabei erhält der Stoff einen anderen Charakter gegenüber dem Ausgangszustand. Die verschiedenen Transformations- prozesse in den Böden sind mit die spannendsten Vorgänge in der Natur überhaupt. Unsere Böden sind damit sehr vielfältige **Umweltreaktoren**. So wird zum Beispiel die auf den Boden fallende **Streu** in die boden- eigene organische Substanz, den **Humus**, umgewandelt. Minerale von Gesteinen, wie z. B. die **Feldspäte** werden in ihre einzelnen Ionen und Bausteine zerteilt und dann zu neuen bodeneigenen Mineralen, den **Tonmineralen**, aufgebaut. Auch hochgiftige organische Schadstoffe kön- nen umgewandelt werden und dabei zu Bestandteilen des Bodenhumus oder schließlich sogar zu Wasser und Kohlensäure abgebaut werden.

Transformator

4. **Speicherung** (Sinks): Da unsere Böden ein kompliziertes Hohlraum- system haben, in dem pro Quadratmeter ein Volumen von 400 bis 600 Liter zur Verfügung steht, können große Mengen an Wasser, ebenso gedüngte Nährstoffe und umgewandelte organische Substanz, aber auch eine große Energiemenge, insbesondere mit dem Wasser und den Fest- stoffen gespeichert werden.

Speicher

5. **Quellenprozesse** (Sources): In unseren Böden gibt es eine Reihe von Stoffen, die sonst in der Umwelt kaum vorhanden sind. Für diese Stoffe übernehmen die Böden die Quellenfunktion. Hierzu gehört insbesondere die **Kieselsäure,** die aus der Lithosphäre stammt und deshalb bei den Um- wandlungen in den Böden angeliefert werden kann. Das Gleiche gilt für das CO_2, das aus dem anderen Ausgangsmaterial der Böden, der Streu, entwickelt werden kann. In der Bodenluft hat das CO_2 mindestens zehnmal so hohe Konzentratio- nen, wie in der atmosphärischen Luft. Bodenbür- tige (lithogene) Nährstoffe sind vor allem **Kalium**, aber auch **Phosphat** und viele Spurennährstoffe, die nur durch Umwandlungsprozesse aus den Böden freigesetzt werden können.

Quelle
Abb. 1.2:
Typische, schöne Böden der Alpen (Kubiëna 1954)

Da wir nun schon eine ganze Reihe von Dingen generell über Böden wissen, können wir es wagen, einige Thesen über das Wesen unserer Böden – **der Haut der Erde** – zu formulieren:

1. **Böden entstehen aus Gestein und Streu.** Es gibt zwei Ausgangsmaterialien – die mineralische, abio- tische Gesteinsphase und die abgestorbene orga- nische Substanz – aus deren Umwandlungspro- dukten die Böden aufgebaut werden. Im Zuge der Bodenentwicklung können aber Teile der Aus- gangssubstanzen noch im Boden vorhanden sein.

2. **Alle Böden bestehen aus den drei Phasen fest, flüssig, gasförmig, und sie sind belebt.** Die feste Phase teilt sich in mineralische und organische Substanz, die

Gestein und Streu	flüssige Phase in Wasser und den darin gelösten Ionen und Gasen auf.
Mehrphasig	Die gasförmige Phase – die Bodenluft – hat eine spezifische Zusammensetzung, insbesondere ist sie nahezu immer wasserdampfgesättigt. Böden selbst sind keine Lebewesen, aber sie bieten vielen verschiedenen Lebewesen den Lebensraum.

Wechselwirkungen

3. **Böden reagieren auf oder beeinflussen die Umweltfaktoren Klima, Vegetation, Fauna und Relief.** Die Böden in den verschiedensten Klimagebieten der Erde stehen in ständiger Wechselwirkung mit den biotischen und abiotischen bodenbildenden Faktoren. Diese entscheiden über die Richtung und die Geschwindigkeit der bodenbildenden Prozesse. Umgekehrt können aber auch die Böden selbst durch ihre Eigenschaften die Umweltfaktoren steuern, z. B. in einem felsigen Boden kann kein Maulwurf graben, in einem sehr sauren kann kein Regenwurm leben. Von Maulwürfen bewohnte Böden sind meist sehr locker; von Regenwürmern intensiv durchgrabene Böden haben auch in großer Tiefe noch organische Substanz.

Veränderungen

4. **Böden verändern ihre Eigenschaften reversibel und irreversibel.** Temperatur und Feuchte sind Eigenschaften von Böden, die immer wiederkehren, das heißt sie sind reversibel. Ihr Zustand kann häufig in gleicher Form durchlaufen werden. Gerade aber bei der Wärme oder Feuchte treten auch durch Lösung oder durch physikalische Veränderung irreversible Veränderungen des Bodens auf, die ihn in eine Entwicklungsrichtung (Trend) drängen, z. B. Niederschlagswasser löst Kalkstein auf der Schwäbischen Alb und führt dabei nach langer Zeit (> 20 000 Jahren) zu kalkfreien Oberböden.

Bodenvielfalt

5. **Böden unterscheiden sich in Raum und Zeit.** Sie sind vierdimensional. Manche Veränderungen laufen in unseren Böden sehr langsam ab, auch gibt es Gebiete, in denen die Böden sehr ähnlich sind. Trotzdem lässt sich feststellen, dass sehr viele verschiedene Böden auf unseren Kontinenten vorkommen und dass ein Boden in seiner Entwicklung nicht angehalten werden kann, sondern er wird sich immer weiter entwickeln.

Bodengrenzen

6. **Böden haben Übergänge, keine Grenzen.** Kein Gesetz ohne Ausnahme. Selbstverständlich haben Böden an den Steilküsten von Helgoland oder Rügen sehr scharfe Grenzen. Auf unseren Äckern und in den Wäldern gehen sie aber allmählich ineinander über und die Grenzen zwischen Böden sind in der Regel abhängig von den vom Menschen gesetzten Definitionen. Die allmählichen Bodenveränderungen in der Natur stellen aber eine Herausforderung für die landwirtschaftliche Nutzung und insbesondere auch für die Darstellung von Böden auf Landkarten dar.

Böden sind einmalig

7. **Böden lassen sich nicht vermehren und auch nicht wiederherstellen.** Die Bodendecke unserer Erde ist begrenzt. Erreichen wir es an einer Stelle, dass in einem Deltabereich die Bodendecke auf der Landseite wächst, so wird an anderer Stelle an einer Steilküste Boden regelmäßig abgetragen. Besonders wichtig ist, zu erkennen, dass die vielfältigen Einflüsse auf Böden zu Eigenschaften führen, die jeweils einmalig sind. Wird ein Boden durch Überbauung oder Abtrag zerstört oder auch nur durch starke chemische Beeinflussung deutlich verändert, so ist es nicht möglich, den Ausgangszustand wiederherzustellen. Wohl ist es aber möglich, die Böden wieder so zu verändern, dass sie entsprechenden Nutzungsanforderungen genügen. Sie werden dann trotzdem nicht so sein, wie sie zuvor waren.

Böden können bestimmte **Leistungen** vollbringen. Sie stellen zum Beispiel den Organismen Wasser, Luft, Nährstoffe und Energie zur Verfügung. Umgekehrt besteht aber die Gefahr, dass bei einer Übernutzung die Nachlieferung der notwendigen Bodenmaterialien nicht mehr ausreicht. Um die Ernährung und die Umweltqualität für uns Menschen, insbesondere aber auch im weiteren Sinne das Leben auf unserem Planeten, zu erhalten, müssen wir unsere Böden schützen.

Leistungen von Böden

Wenn wir uns nach den Gründen für **Bodenschutz** fragen, so gilt es zunächst festzuhalten, dass Böden Bestandteile unserer Umwelt sind, und wie alle anderen natürlichen Bestandteile der Umwelt müssen auch sie ein eigenes Recht auf Erhaltung haben. Dieses Recht begründet sich daraus, dass Böden Naturkörper sind. So wie seltene Vögel, seltene Orchideen und seltene Moose gibt es auch seltene Böden, die von sich aus schon einen ganz kleinen Anteil an der Bodendecke haben und deshalb besonders vor Ausrottung zu schützen sind. Solche Böden haben meist aber eine ganz besondere Funktion in der Bodendecke, da sie am Kreuzungspunkt von Stoffströmen auftreten können und deshalb ihr Verschwinden auch eine wesentliche Veränderung im Landschaftshaushalt zur Folge haben kann. So wie es Naturschutzgebiete gibt, um bestimmte Ökosysteme zu erhalten oder um Arten Lebensraum zu geben, müsste es auch **Bodenschutzgebiete** geben, die diese seltenen Böden erhalten. Glücklicherweise kommen seltene Böden oft auch in Gebieten vor, wo seltene Pflanzengesellschaften oder Tierarten vorkommen. Das ist aber nicht immer der Fall, da auch besonders gestörte Gebiete, wie Steinbrüche oder stark erodierte Flächen Rückzugsstandorte für Pflanzen und Tiere sein können, nicht aber für die Erhaltung von Böden dienen.

Gründe für Bodenschutz: Naturkörper, erdgeschichtliche Urkunde, Seltenheit und Bedrohung, Naturschönheit

Bodenprozesse laufen häufig sehr langsam ab. Das führt dazu, dass Merkmale, die vor langer Zeit entstanden sind, häufig noch heute in Böden sichtbar sind. So erkennen wir in unserer Lösslandschaft oft noch Pfostenlöcher von jungsteinzeitlichen (7 000 Jahre alten) Häusern, in denen mittlerweile das Holz vollständig vermodert ist, aber noch durch den erhöhten Humusgehalt abgebildet werden kann. Ähnliches gilt für Rostabsätze mittelalterlicher Mühlenstaue in unseren Flusstälern. So sind unsere Böden also oft **erdgeschichtliche Urkunden** und ein Zerstören der Böden führt zu einem unwiederbringlichen Verlust dieser Urkunden.

Es wurde bereits beschrieben, dass Böden sehr leistungsfähige Laboratorien der Natur sind. Auch diese Umsatzleistungen gehören zu den schützenswerten Tatbeständen unserer Böden. So wie wir uns über bestimmte, besonders schöne Kristalle freuen, haben auch Böden, wenn wir sie in der Tiefenabfolge ihres Profils beobachten, oft besonders schöne Formen und Farben. Diese Naturschönheiten gilt es zu erhalten. Sicherlich wird es uns nicht gelingen, mehr als ein Prozent der Bodendecke aufgrund dieser ästhetischen oder naturkundlichen Tatbestände vor einer Veränderung zu bewahren.

Über den Wert der Böden als Naturkörper hinaus können wir ins Feld führen, dass unsere Böden besondere Leistungen im Naturhaushalt und insbesondere auch für die Nutzungsanforderungen der menschlichen Gesellschaft erbringen können, und dies ist ein wichtiger Grund, die Bodendecke möglichst unverletzt zu halten, um ihre Leistungen jederzeit abrufen zu können. Ein weiterer einleuchtender Grund ist, dass wir in 200 Jahren

Böden nutzen Natur und Gesellschaft

bodenkundlicher Forschung die Eigenschaften und Wirkungen unserer Böden, der natürlichen Bodendecke, recht gut kennengelernt haben. Stark gestörte Böden stellen uns immer vor neue Probleme der Einschätzung ihrer Eigenschaften und Wirkungen, sodass der Aufwand, sie zu beurteilen, wesentlich größer wird. Betrachtet man die Leistungsmöglichkeiten der Böden, so ergeben sich drei grundsätzlich unterschiedliche Leistungsmöglichkeiten (Potenziale): die **biotischen Potenziale**, die **abiotischen Potenziale** und die **Flächenpotenziale**.

Böden haben wichtige Potenziale

Die **biotischen Potenziale** sind mit dem Wachstum von Pflanzen und Tieren verbunden, die den Boden als Lebensraum und Nahrungs- sowie Energielieferant benötigen. So können diese Potenziale in verschiedene Gruppen unterteilt werden, nämlich die zur Nahrungsproduktion (Weizen, Zuckerrüben, Bananen, Kartoffeln, Reis usw.), die zur Werkstoffproduktion (Holz, Sisal, Baumwolle), die zur Energiegewinnung (ebenfalls Holz, Öle usw.) und schließlich die zur Artenerhaltung. Eine große Zahl von Arten hat ihre Samenbank, genauer gesagt, ihre Fortpflanzungsvorgänge in engem Zusammenhang mit Böden. Insbesondere bei den Mikroorganismen kennen wir noch viele Arten nicht. Wir können sie also nur schützen, indem wir ihnen in unseren Böden die Möglichkeit zur Reproduktion erhalten.

Die **abiotischen Potenziale** sind solche der Wassergewinnung. Wasser wird im Boden gespeichert, aber in Zeiten, in denen es humid ist, d. h. mehr Regen fällt als Wasser verdunstet, können Böden auch Sickerwasser liefern und damit unsere Grundwässer und Quellen speisen. Durch die günstigen Eigenschaften unserer Böden wird das Quellwasser fast immer zu gut geeignetem Trinkwasser aufgrund der Ausfilterung und Pufferung von Einträgen aus der Atmosphäre und der Verwitterung aus den Gesteinen. Im Durchschnitt werden in Deutschland 80 – 100 Liter Trinkwasser pro Quadratmeter und Jahr gebildet.

Welche Fläche braucht ein Mensch heute, um seinen Wasserbedarf zu decken?

Viele Bodenmaterialien wie Kies, Sand, Kieselgur und Kalk dienen als Rohstoffe für die Bauindustrie, die keramische Industrie und für die Gewinnung von Düngemitteln. Böden sind also wichtige Rohstofflieferanten. Wir haben schon gehört, dass Böden eine wichtige Rolle bei der Filterung und Pufferung von Stoffen aus der Atmosphäre spielen. Sie sind also wichtige Luftreinhalter.

Zwischen den abiotischen und biotischen Potenzialen steckt das Potenzial der Böden zur Transformation mineralischer und organischer, natürlicher und künstlicher Stoffe. Böden sind dadurch die wichtigsten Umwandler in den Ökosystemen.

Daneben haben Böden die Eigenschaften, die sie aus der von ihnen aufgespannten Fläche mitbringen. Erstaunlicherweise ist dies die Eigenschaft, die die Gesellschaft am meisten honoriert. Ein Standplatz für einen PKW ist in der Regel wesentlich teurer, als der Weizen, der auf ihm erzeugt werden könnte oder gar das Fichtenholz. Der Standplatz kann für Menschen, Häuser usw. zur Verfügung gestellt werden. Auch werden große und zunehmende Anteile unserer Böden als Verkehrsflächen benötigt. Dieses Potenzial haben die Böden auch in sehr unterschiedlichem Maße: Einige Flächen unserer Böden, die wir oft zuvor zur Rohstoffgewinnung ausgenutzt haben, dienen uns später als Entsorgungsflächen für sogenannte Abfallprodukte aus unserer Zivilisationswirtschaft. Schließlich können Flächen auch schlichtweg als Erholungsraum dienen, um Freizeitaktivitäten durchzuführen oder nur Auge und Seele durch ihre landschaftliche Schönheit zu beruhigen.

Bei der Kategorisierung dieser Bodenschutzpotenziale fällt auf, dass die biotischen Potenziale auf jeden Fall reversibel, d. h. nachhaltig genutzt werden können. Auch das Transformationspotenzial und die abiotischen Potenziale der Wassergewinnung und der Luftreinhaltung sind bei vernünftiger Bewirtschaftung der Ressourcen immer wieder abrufbar. Die Rohstoffgewinnung und die Nutzung von Böden als Baugrund oder Verkehrsfläche führen dagegen meist zu einer irreversiblen Zerstörung anderer Bodenpotenziale.

Eine in Anspruch genommene Leistung eines Bodens nennen wir eine **Bodenfunktion**. Wichtig und interessant ist, dass Böden mehrere Funktionen gleichzeitig haben können. So wachsen zum Beispiel auf einer Wiese Pflanzen. Diese können von Tieren als Nahrung genutzt werden. Gleichzeitig wird aber unter dieser Wiese ein gewisser Sickerwasseranteil auftreten, der zur Wassergewinnung dienen kann, und die Wiese fungiert auch als Staubfilter, wenn nach einer Hochdruckwetterlage eine erhöhte Staubbelastung der Atmosphäre vorliegt. Von vorbeigehenden Spaziergängern wird die Wiese als Erholungsraum wahrgenommen. Sie kann aber auch bei sehr intensiver Tierproduktion zur Entsorgung großer Mengen von Jauche oder Gülle verwendet werden. Schließlich wird sie bei Kirchweih regelmäßig als Parkplatz genutzt. Wird eine dieser Funktionen aber in zu hohem Maße in Anspruch genommen, führt diese zu einer Zerstörung anderer Potenziale: Das heißt, wird zu viel Gülle ausgebracht, so wird das Trinkwasser beeinflusst oder wird der Boden bei feuchtem Wetter als Parkplatz genutzt und damit die Oberfläche verdichtet, so wird das Wachstum der nächsten Pflanzengeneration behindert.

Beobachtet man die Empfindlichkeit der verschiedenen Potenziale, so ist eindeutig, dass die biotischen Potenziale leichter zerstört werden können als abiotische und diese wiederum wesentlich leichter als Flächenpotenziale. Es ist deshalb wichtig, dass die Potenziale entsprechend ihrer Empfindlichkeit geschützt werden. Das heißt in allen Fällen sind die biotischen Potenziale diejenigen, die zunächst erhalten werden müssen. Meist gelingt es dabei auch, die abiotischen Potenziale und die Flächenpotenziale in gleicher Weise zu schützen. Wenn wir unsere Böden schützen wollen, so ist es wichtig, dass wir die unterschiedlichen Eigenschaften und die angestrebte Nutzung in Betracht ziehen (Kap. 10).

Bodenfunktion: Was der Boden aktuell leistet

Übernutzung von Funktionen kann Potenziale zerstören

1.2 Böden als Naturkörper

Die Summe aller Böden auf dem Festland und auch unter Wasser bildet die **Pedosphäre**. Wollen wir Aussagen darüber ableiten, wie sich die Böden gegenüber Nutzungsansprüchen des Menschen und der Lebewelt verhalten, so ist es wichtig, zu erkennen, dass innerhalb der Pedosphäre sehr verschiedene Böden vorkommen. Es ist deshalb pragmatisch, die Bodendecke in verschiedene Bodenlandschaften aufzuteilen. Versucht man, solche Bodenlandschaften (Abb. 1.3) genauer zu charakterisieren, so erkennt man, dass auch in diesen Bodenlandschaften sehr kleinräumig unterschiedliche Böden vorkommen, deren Auftreten durch die bodenbildenden Faktoren und in vielen Fällen ganz besonders durch die menschliche Nutzungs-

Bodendecke = Pedosphäre

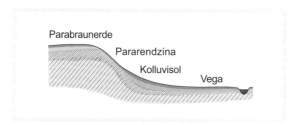

Parabraunerde
Pararendzina
Kolluvisol
Vega

Abb. 1.3:
Typische Bodenabfolge
in Lösslandschaften
Mitteleuropas.

Pedon = elementarer
Bodenkörper

Horizont

geschichte geprägt sind. So kann die in Abbildung 1.3 dargestellte Parabraunerde der Hochfläche deshalb in eine Pararendzina übergehen, weil nach Rodung der Wälder eine starke Wassererosion an den Hängen stattfand und damit die ehemaligen Böden abtrug und auf der anderen Seite in der Senke Bodenmaterial abgelagert wurde (M-Horizont). In vielen Bodenlandschaften wäre die Bodendecke viel einheitlicher, hätte der Mensch nicht eingegriffen. Sorgt allerdings die menschliche Aktivität dafür, dass alle über Jahrtausende entstandenen Böden abgetragen werden, so kann es wieder zu einer einheitlichen Bodendecke führen. Die Böden einer Landschaft lassen sich in einer typischen Reliefabfolge, einer **Catena**, darstellen. Da diese Catena eine starke Abhängigkeit vom Faktor Relief (Topologie) zeigt, nennen wir eine solche Reliefabfolge auch eine **Toposequenz** (Kap. 2.9).

Innerhalb einer solchen **Bodenlandschaft** gibt es viele verschiedene Böden. In Abbildung 1.3 sind vier Beispiele eingezeichnet. Ein einzelner **Boden** mit einem typischen Aufbau wird **Pedon** genannt. Jedes Pedon ist als Element der Bodendecke ein Geokörper. Es kann aber in der Regel in mehrere, meist oberflächenparallel angeordnete Unterkörper – die **Bodenhorizonte** – untergliedert werden. Die Bodenhorizonte sind auch Geokörper, die sich im Laufe der Bodenentwicklung differenziert haben. Verschiedene Böden haben deshalb verschiedene Horizontkombinationen (Kap. 2, 4, 5 und 6). Die Bodenhorizonte werden bei der Beschreibung von Böden in der Regel als **Haupthorizonte** mit Großbuchstaben, wie z. B. L = Streuauflage, O = organische Horizonte, A = Oberbodenhorizonte mit Humusanreicherung oder Verarmung, B = Unterbodenhorizonte mit Veränderung oder Anreicherung, C = Horizonte des Ausgangsmaterials, gekennzeichnet. Die Horizontbezeichnung besteht immer aus einem Großbuchstaben, der die Lage im Profil und die wichtigsten Eigenschaften bezeichnet, und einem Kleinbuchstaben, einem sogenannten **Suffix**, der den wichtigsten bodenbildenden Prozess in diesem Horizont charakterisiert. Wenn verschiedene Prozesse gleichzeitig ablaufen, so können auch bis zu drei Suffixe verwendet werden.

Betrachten wir ein Pedon am Beispiel eines Podsols im Schwarzwald (Abb. 1.4), so erkennen wir zwei durch Humus gekennzeichnete Horizonte, den L- und den Ah-Horizont. Diese fassen wir zusammen als **Humuskörper** und in ihrer besonderen Ausprägung mit einem wenig zersetzten Streuhorizont und einem humosen A-Horizont, in dem die Streu schon vollständig umgewandelt ist, sprechen wir von der Humusform Mull (Kap. 2.6.4). Die Horizonte, welche hauptsächlich von Gesteinen geprägt sind, bezeichnen wir als Mineralkörper. Hierzu zählt auch der Ah-Horizont, denn er hat einen hohen Masseanteil an mineralischer Substanz. Der Mineralkörper ist in unseren Böden meist von verschiedenen Materialien aufgebaut. Im Beispiel liegt eine während der Kaltzeit gebildete Fließerde aus Granit und Staub über einem frostverwitterten Gesteinszersatz und über dem unverwitterten Granit. Diese verschiedenen Materialien, die geologische Entstehung haben, bezeichnen wir als **Schichten** (Kap. 3.1). Sämtliche Horizonte, die aus den geogenen mineralischen Substraten entstanden sind, bezeichnen wir als Mineralkörper (Kap. 2.1 und 3.1). Wie wir bereits gesehen haben, entstehen bei verschiedenen Faktorenkombinationen durch charakteristische bodenbildende Prozesse auch charakteristische Böden. Die Horizontabfolge solcher Böden wird typisiert und wir sprechen bei charakteristischen Horizontabfolgen davon, dass es sich um einen **Bodentyp** handelt. Dieser Bodentyp ist die zentrale Einheit der Benennung der Naturkörper Boden bzw. Pedon (Kap. 7.4). Bei ähnlichen Faktorenkombinationen können gleiche Bo-

Humuskörper:
L - Ah
Humusform = **Mull**

Mineralkörper:
Ah - Ae - Bs - Cv
Bodentyp = **Podsol**

Gestein:
Granit

L
Ah
I Ae
II Bs
II Cv

I
II
Schichtung

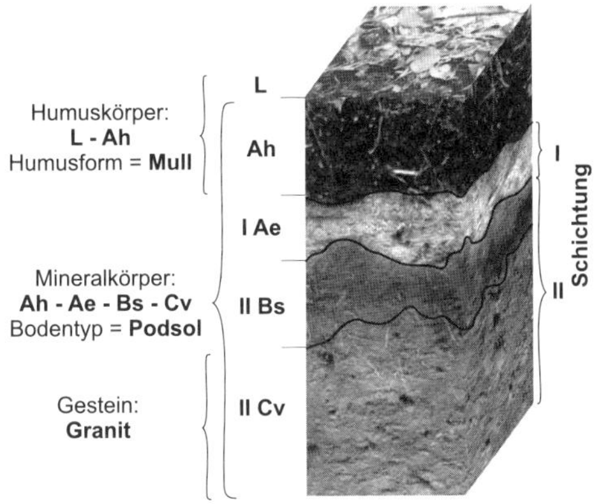

Abb. 1.4: Aufbau und Beschreibung eines Pedons.

Schicht = geologische Einheit

Bodentyp = die typische Ausprägung eines Bodens

dentypen in verschiedenen Landschaften auftreten. Trotzdem haben sie dann verschiedene Eigenschaften, weil ihre Ausgangsmaterialien (**Substrate**) verschieden sind. Deshalb hat es sich eingebürgert, nicht nur die Bodentypen, sondern auch die Substrate zu typisieren. Man kann dann einen Boden besser charakterisieren, indem man die **Bodenform** als diagnostisch für die Landschaft ansieht. Hierbei werden der Bodentyp und die verschiedenen Ausgangsgesteine des Bodens zur Bodenform zusammengefasst. Die Systematik der Bodenformen ist aber noch nicht soweit fortgeschritten wie die der Bodentypen.

Bodenform = Bodentyp + Substrat

Die Bodenhorizonte müssen zu einer gewissenhaften Charakterisierung der Böden in ihren Eigenschaften beschrieben werden. Solche Eigenschaften der Horizonte können sich von denen der Streu und dem daraus gebildeten Humus sowie von denen des Gesteins und den daraus entwickelten Bodenmaterialien ableiten. So sind zum Beispiel Al-Horizonte lessiviert d. h. tonverarmt, Bt-Horizonte dagegen tonangereichert. Ah-Horizonte zeigen eine Humusakkumulation und A- und B-Horizonte sind entkalkt.

Die **Merkmale**, mit denen wir unsere Böden beschreiben, sind vielfältig. Bei der Erfassung ist es wichtig, dass alle Merkmale reproduzierbar sind und qualitativ sowie quantitativ angesprochen werden können. Zu den wichtigen Bodenmerkmalen gehört die Farbe, die nach Graustufe, Farbigkeit (von rot über gelb nach blau) und Farbtiefe angesprochen wird. Der innere Aufbau und die Regelhaftigkeit in den Horizonten werden mit dem **Gefüge** des Bodenhorizontes charakterisiert (Kap. 3.7). Die Zusammensetzung der Körner, die sich aus dem Gestein und seiner Verwitterung ergibt, wird als **Bodenart** bezeichnet (Kap. 2.4).

Bodenmerkmal = Eigenschaft, die beobachtet oder gemessen werden kann.

Merke: Die Bodenart ist ein Bodenmerkmal, nämlich die Korngrößenzusammensetzung; der Bodentyp dagegen charakterisiert den gesamten Aufbau eines Pedons!

Weitere wichtige Eigenschaften, die den Lebensraum eines Bodens charakterisieren, sind die Lagerungsdichte, der Humusgehalt, der Säuregrad bzw. der pH-Wert und der Kalkgehalt. Alle diese Merkmale sind in den verschiedenen Horizonten häufig stark unterschiedlich. Auf der anderen Seite sind sie in der Zeitskala relativ stabile Größen. Ändern sie sich deutlich, so ist das ein Zeichen, dass sich der Boden in seinen Eigenschaften rasch verändert. Andere Merkmale der Böden, wie die Bodenfeuchte, die Bodentemperatur und die Konsistenz (Festigkeit), ändern sich regelmäßig im Jahreslauf. Eine Prognose über die Leistungsfähigkeit von Böden ist aber nur dann möglich, wenn sowohl die stabilen Merkmale als auch die Dynamik der labilen Merkmale berücksichtigt werden können.

Fragen:

1. Boden, was ist das?
2. Warum kann man Böden auch die Haut der Erde nennen?
3. Warum sollte man sich mit Böden beschäftigen?
4. Welche Rolle spielt der Faktor Zeit bei der Bodenentwicklung?
5. Welche umweltrelevanten Prozesse laufen in Böden ab?
6. Warum müssen Böden geschützt werden?
7. Warum gibt es auf dem Mond keine Böden?
8. Ist es berechtigt, Böden das 3. Umweltmedium zu nennen?

2 Eine Bodenlandschaft aus Granit im gemäßigt humiden Klima – Kieselserie

Beginnen wollen wir mit einem Gedankenexperiment. Wir stellen uns vor, dass ein großer Gesteinskörper völlig unverwittert an der Landoberfläche liegt. Wir wählen für eine erste Beobachtung einen Granitstock und zum Vergleich einen Basaltkegel und wollen beobachten, wie die Bodenentwicklung abläuft:

Böden aus Granit und Basalt – nicht nur ein Gedankenexperiment

$$(\text{Gestein} + \text{Streu}) \times \text{Zeit} \xrightarrow[\text{Fauna, Flora, Mensch}]{\text{Relief, Klima}} \text{Boden}$$

Es gilt dann, dass aus dem Gestein im Laufe der Zeit ein Boden entsteht. Die Bodenentwicklung wird durch die abiotischen Faktoren Klima und Relief und die biotischen Faktoren Flora, Fauna und Mensch gesteuert, gewissermaßen katalysiert. Indem wir verschiedene Zeitschritte wählen, können wir uns verschiedene Böden anschauen. Eine solche Abfolge von Böden im Laufe der Zeit nennen wir auch eine Chronosequenz (Kap. 2.9). Fragen wir, ob es den gedachten Ausgangszustand wirklich gibt oder wirklich gegeben hat, so können wir sagen, dass am Ende der letzten Kaltzeit in unseren Mittelgebirgen und noch viel besser in manchen Teilen Skandinaviens ein solcher Zustand geherrscht hat (Kap. 4.1).

Wo gibt es solche Bodenlandschaften? Wir finden sie im Südschwarzwald, zum Beispiel im Gebiet der Bärhalde oder im Schluchseegranit. Wir finden sie weit verbreitet in der böhmischen Masse, im Bayerischen Wald, im Fichtelgebirge, im Harz und in den Sudeten. Basalte kennen wir aus dem Vogelsberg, der Röhn, dem Hegau, dem Kaiserstuhl und der Eifel sowie aus dem französischen Vulkangebiet der Auvergne. Bevor wir jetzt aber die Entwicklung unserer Böden eingehender beobachten können, müssen wir uns mit der Entstehung des Ausgangsmaterials der Böden, dem Gestein, hier also mit Granit und Basalt, genauer befassen.

2.1 Magmatische Gesteine und gesteinsbildende Minerale – Erdentstehung

Ziel dieses Kapitels ist es, die geowissenschaftlichen Grundlagen zu vermitteln, die für das Verständnis der Bodenentwicklung notwendig sind. Dazu gehören Grundannahmen und Definitionen ebenso wie ein Abriss der Erdentstehung und besonders die Vorstellung der wichtigsten magmatischen Gesteine und gesteinsbildenden Minerale.

2.1.1 Grundbegriffe und Annahmen

Die Bodenwissenschaft als eine junge geowissenschaftliche Disziplin baut auf dem Wissen anderer Wissenschaften, insbesondere der Geologie, Petrografie und Mineralogie, auf.

Geowissenschaftliche Disziplinen und ihr Forschungsgegenstand:

Geologie: Lehre von der Erde
(Bau und Geschichte der Erdkruste, Kräfte und Wirkungen)

Petrografie: Lehre von den Gesteinen
(Stoffbestand, Struktur, Vorkommen)

Mineralogie: Lehre von den Mineralen
(Aufbau, Eigenschaften, Entstehung, Vorkommen)

Die naturwissenschaftlichen Disziplinen, zu denen Geologie und Bodenwissenschaften zählen, generieren ihr Wissen unter zwei wesentlichen Grundannahmen: den Prinzipien des Uniformismus und des Aktualismus.

Gleiche Ursache – gleiche Wirkung

Gleiche Form – gleiche Ursache

Das Prinzip des **Uniformismus** besagt, dass sich Naturgesetze im Laufe der Zeit nicht verändern, d. h., gleiche Ursachen haben immer gleiche Folgen.

Aktualismus ist das Prinzip, Ereignisse und Prozesse der (geologischen) Vergangenheit durch entsprechende Vorgänge in der Gegenwart zu interpretieren. Dabei wird vorausgesetzt, dass die Abläufe und Kräfte dieselben geblieben sind.

Die Umsetzung des Uniformismus macht in der Natur oft Schwierigkeiten, da bei vergangenen Ereignissen die äußeren Ursachen nicht beliebig genau rekonstruiert werden können.

Der Aktualismus behauptet zum Beispiel, dass ein Gesteinsmaterial, das so aussieht wie der jüngste Schutt des Morteratschgletschers, eben auch von einem Gletscher abgelagert wurde, oder dass in der Eifel feine, lockere Materialien, die so aussehen wie die Vulkanasche des Ätna, eben auch vulkanischen Ursprungs sind.

Obwohl beide Prinzipien wesentlich zum Erkenntnisgewinn in den Geowissenschaften beigetragen haben, gilt es, sie dennoch regelmäßig bei der Interpretation von geowissenschaftlichen Daten zu hinterfragen. Denn im Laufe der Erdgeschichte sind auch immer wieder wesentliche Änderungen eingetreten, z. B. Masseveränderungen durch den Einschlag von Meteoriten, Umpolungen des Erdmagnetfeldes mit Änderungen bei der Gravitation und Wechsel in der geochemischen Zusammensetzung der Atmosphäre, die zu prinzipiellen Veränderungen der Gesteinsverwitterung geführt haben. In diesem Sinne sind die beiden Prinzipien eher Axiome der Geowissenschaften, denn Gesetze.

2.1.2 Entstehung und Schalenaufbau der Erde

Nach heutigem Stand der Kenntnis hat sich das Universum vor etwa 12 bis 20 Milliarden Jahren durch einen Urknall gebildet. Als Beleg für diese Annahme wird die sogenannte 3-K-Hintergrundstrahlung (Drei-Kelvin-Strahlung) angeführt. Dies ist eine schwache Strahlung, vergleichbar der Strahlung eines schwarzen Körpers bei 3 K, die sich überall im Universum nachweisen lässt. Aufgrund ständiger Expansion des Universums kam es zur Abkühlung und Kondensation der Materie. Die Entstehung unseres Planetensystems können wir uns aus der Verdichtung eines präplanetaren rotierenden Nebels vorstellen. Dieser Prozess begann vor etwa 4,6 Milliarden Jahren. Auch die Erdentstehung hat hier ihren Ursprung. Durch die sich entwickelnde Gravitation wurde immer mehr Material aus der Umgebung angezogen. Beim Aufschlag dieser Körper wurde die kinetische Energie in Wärme umgewandelt. Man kann sich diese Phase der Erde als Feuerball aus glutflüssigem, zähem Magma (griechisch mágma = Teig) vorstellen (Abb. 2.1).

Dieser zähflüssige Zustand erlaubte eine gravitative Entmischung, d. h., dass die schwereren metallischen Elemente (Eisen und Nickel) zum Kern wanderten und die leichteren (Silizium, Aluminium) sich außen anreicherten. Durch Abkühlung der Außenhaut entstand dann die feste Erdkruste. Aufgrund geophysikalischer Messungen unterstellt man heute einen Schalenaufbau der Erde, der grob zwischen fester äußerer Kruste, plastischem Mantel und metallischem Kern unterscheidet (Tab. 2.1). Diese Schalen sind hinsichtlich ihrer physikalischen und chemischen Eigenschaften differenziert. Zum Erdinneren steigen sowohl Druck als auch Tem-

Abb. 2.1: Schematische Darstellung der Erdentstehung.

| Solarnebel (vor ca. 15 Mrd. Jahren) | Verdichtung des Solarnebels: Entstehung der Sonne (vor ca. 4,6 Mrd. Jahren) | Entstehung der Planeten, Anwachsen der Masse durch Meteoriten |

gravitative Sonderung und Entstehung des Magnetfelds durch Strömungen innerhalb des Erdkerns

Aufbau der Atmosphäre (1,5 Mrd. Jahren)

peratur und Dichte. Die Änderung der geochemischen Zusammensetzung lässt sich auch aus den älteren Bezeichnungen für die Schalen (Sial, Sima etc.) ableiten, die sich auf die konstituierenden Hauptelemente beziehen (Si für Silizium, Al für Aluminium, Ma für Magnesium, Fe für Eisen, Ni für Nickel).

Tab. 2.1:
Schalenbau der Erde

Tiefe (km)	Bezeichnung		Temperatur (°C)	Dichte g/cm³	Rel. Masseanteil (%)	Zustand	Stoffbestand Erde	Meteorit
max. 35	Kruste	Sial	bis 500	2,6	1	fest	Silikat-gestein	Stein
		Sima	800	2,9				
2900	Mantel	Sifema	1000			plastisch	Metall-oxide,	Stein-/ Eisen
				4,5	66			
2900			2900				-sulfide	
5000	äußerer Kern	Nife		12	33	flüssig	Ni, Fe metal-lisch	Eisen
6378	innerer Kern		5000			fest		

Obwohl niemand das Erdinnere bisher gesehen oder beprobt hat, ergeben sich diese Annahmen aus Meteoritenfunden ähnlicher Zusammensetzung auf der Erdoberfläche und aus dem Newton'schen Gravitationsgesetz. Geophysikalische Beobachtungen zum Verlauf und der Geschwindigkeit von Wellen (z. B. von Erdbeben) bestätigen die Eigenschaft der Schalen. Demnach muss der Erdkern aus wesentlich schwereren Elementen bestehen als die uns zugängliche „leichte" Erdkruste.

2.1.3 Magmatische Gesteine

Es wurde schon darauf hingewiesen, dass die Erdkruste aus auskühlenden Magmen (Gesteinsschmelzen) entstand. Auch heute noch werden im Erdmantel Magmen gebildet, die an Schwächezonen an die oder in die Nähe der Erdoberfläche gelangen und zu neuen Gesteinen erkalten. Solche nennt man magmatische Gesteine oder **Magmatite**. Die Magmatite bauen zu 95% die Erdkruste auf und sind mit 34% an der Erdoberfläche vertreten.

Magmatit = Gestein aus der Schmelze

Die Magmatite werden nach ihrer Struktur, dem Chemismus bzw. der mineralogischen Zusammensetzung und in Europa auch nach ihrem Alter untergliedert (Tab. 2.2). Nach der Struktur unterscheiden wir Ergussgesteine (**Vulkanite**) und Tiefengesteine (**Plutonite**). Daneben treten noch Ganggesteine auf, die sich aus Restlösungen bilden und häufig Anreicherungen von Erzen oder seltenen Elementen enthalten und damit als Rohstoff-Lagerstätten Bedeutung haben. Aufgrund des geringen flächenhaften Auftretens haben letztere kaum Bedeutung für die Bodenbildung. Lokal kann es aber zu starker Schwermetallanreicherung in Böden kommen, die den Anbau von Nahrungsmitteln verbietet (Rammelsberg, Harz).

Ergussgesteine sind gebunden an vulkanische Aktivität, wie wir sie z. B. beim Ätna auf Sizilien oder beim Stromboli auf den Liparischen Inseln erleben können. Auch in Deutschland gibt es Zeugen ehemaliger vulkanischer Aktivität, wie z. B. in der Eifel (bis vor etwa 12 000 Jahren), am Vogelsberg, am Kaiserstuhl oder im Hegau am Bodensee (bis vor etwa 7 Mill. Jahren). Kommt Magma an die Erdoberfläche, erstarrt es verhältnismäßig schnell und die Einzelkristalle im Gestein bleiben sehr klein. Dies ist ein typisches Merkmal der (meist basischen) Vulkanite. Bei extrem schneller Abkühlung kann es sogar vorkommen, dass überhaupt keine Kristalle entstehen. In der Vergrößerung zeigen diese Gesteine schlierenartige Strukturen einer abgekühlten Schmelze (Abb. 2.2 a). Man spricht dann von **vulkanischen Gläsern**. Dazu gehört der Obsidian. Andererseits können Magmen größere Kristalle mit an die Oberfläche bringen, die schon vorher in größerer Tiefe gebildet wurden. Dann erscheinen diese in einer feinkörnigen Matrix eingebettet. Diese Struktur nennt man porphyrisch (Abb. 2.2 b).

Ein anderes Bild bieten die (meist sauren) Tiefengesteine. Aufgrund langsamer Abkühlung in der Tiefe bleibt mehr Zeit für die Kristallisation. Die Einzelkristalle werden größer und erscheinen in der Vergrößerung unregelmäßig miteinander verzahnt (Abb. 2.2c).

Diese morphologischen Unterschiede haben Auswirkungen für die am Gestein angreifenden physikalischen Verwitterungsprozesse. Insbesondere bei den Tiefengesteinen kann man sich die Kontaktflächen zwischen den Mineralen als Sollbruchstellen vorstellen, an denen Einzelkristalle aus dem Gesamtverband herausgelöst werden können (Kap. 2.3). Zudem stellt das Herauslösen eines einzelnen Kornes aus einem grobkörnigen Gestein einen größeren Volumenschwund dar, als bei einem feinkörnigen. Wir können also bei grobkörnigen Gesteinen gegenüber bestimmten physikalischen Verwitterungsvorgängen eine geringere Resistenz erwarten als bei feinkörnigen.

Die zweite wesentliche Möglichkeit für die Differenzierung der magmatischen Gesteine bietet die che-

Gesteinstyp	Si-reich ⟷		Si-arm
	basenarm ⟷		basenreich
		intermediär	
Vulkanite (jung)	Liparit Rhyolit	Andesit/ Trachyt	*Basalt*
Vulkanite (alt)	*Quarzporphyr*	Porphyrit	Diabas
Plutonite	*Granit*	Diorit/ Syenit	*Gabbro*

Tab. 2.2: Übersicht über die wichtigsten magmatischen Gesteine

Abb. 2.2: Gesteine und ihre Feinstruktur in natürlicher Größe und unter dem Mikroskop im Dünnschliff: a) Obsidian; b) Basalt; c) Granit

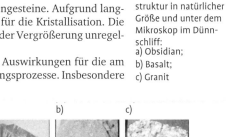

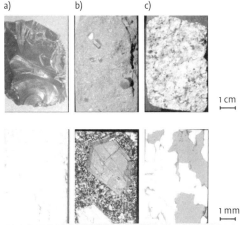

1 cm

1 mm

mische Zusammensetzung. Bei der Analyse der Elementgehalte unterscheiden sich die Gesteine stark in ihrem Si-Gehalt. Invers dazu verhält sich der Gehalt an Alkalien und Erdalkalien (Basen); dies betrifft vor allem Mg und Ca (Tab. 2.2).

Die bekannteste Gruppe der Vulkanite sind die **Basalte**. Besonders markant ist der Basalt, wenn er in prismatischen Absonderungen auftritt, wie z. B. bei den Hegau-Vulkanen oder auf der Burg Stolpen im Lausitzer Bergland. In dieser Form ist er leicht abzubauen und wurde aufgrund seiner Zähigkeit gerne als Material für Kopfsteinpflaster oder Eisenbahnschotter verwendet. Demgegenüber steht als bekanntestes Tiefengestein der **Granit**. Dessen bei der Abkühlung oftmals quaderförmige Rissmuster lassen ihn häufig als Baustein Verwendung finden (z. B. Stockholm).

Granit und Basalt unterscheiden sich hinsichtlich ihrer chemischen Zusammensetzung. Während Basalt reicher an Mg, Ca und Fe ist, enthält der Granit mehr Na, K, Al und Si. Den Basalt zählt man aufgrund des hohen Anteils dunkler, basenreicher Minerale zu den sogenannten **mafischen** Gesteinen, während der Granit mit seinen hellen, Si-reichen Mineralen zu den **felsischen** zählt.

Granit und **Basalt** haben chemisch ähnliche Pendants in der jeweils anderen Strukturgruppe, die aber seltener an der Erdoberfläche auftreten. Als Si-reicher Vulkanit sei hier der **Quarzporphyr** (**Liparit**) und als basenreicher Plutonit der **Gabbro** erwähnt.

2.1.4 Gesteinsbildende Minerale

Abb. 2.3:
Rosenbusch-Bowen-Reaktionsreihe der Entwicklung von Silikaten aus der Schmelze mit abnehmender Temperatur.

Die Geschichte der magmatischen Gesteine beginnt schon in unterirdischen Magmenkammern (5–10 km Tiefe) mit der sogenannten **magmatischen Differenziation**. Schon hier trennen sich dichtere basische von leichteren sauren Magmabestandteilen. Die dichteren, früher entstehenden Kristalle der Magmen sinken ab und reichern sich, unterstützt durch konvektive Vorgänge, am Boden der Magmenkammern an. Schon in dieser frühen Phase wird also über die chemische Zusammensetzung der Gesteine entschieden. Diese Unterschiede führen konsequenterweise auch zu unterschiedlichen Mineralzusammensetzungen der Gesteine.

Bei der Erstarrung des Magmas entstehen die Minerale in einer gesetzmäßigen Reihe, die man nach den Entdeckern Rosenbusch-Bowen-Reaktionsreihe nennt (Abb. 2.3). Die dunklen mafischen Minerale scheiden sich bei sinkender Temperatur in der Reihenfolge Olivin – Pyroxen – Hornblende – Glimmer ab. Bei den hellen felsischen Mine-

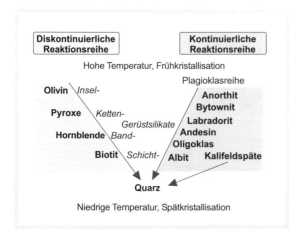

ralen ist die Reihenfolge Anorthit – Albit – Quarz. Die Kalifeldspäte können als Hochtemperaturkristalle (Sanidin) oder auch bei sehr niedrigen Temperaturen entstehen (Orthoklas). Die sogenannten silikatischen Primärminerale unterscheiden sich sowohl in der chemischen Zusammensetzung als auch in der strukturellen Organisation (Abb. 2.4).

Mineral: Chemisch und physikalisch homogener, natürlicher Bestandteil der festen Erdkruste; nach chemischer Zusammensetzung entweder Element oder Verbindung von Elementen (kann durch chemische Formel ausgedrückt werden). Minerale sind kristallisiert, d. h. sie besitzen eine regelhafte, innere Struktur. Diese Struktur äußert sich auch in der äußeren Kristallform.

Kristall: Fester Körper, dessen Bausteine (Ionen, Atome, Moleküle) dreidimensional periodisch in einem Raumgitter angeordnet sind.

Mineralgruppe	Beispiel	Chemische Formel
Elemente	Schwefel, Gold	S, Au
Sulfide und Arsenide	Pyrit (Eisenkies)	FeS_2
Oxide und Hydroxide	Goethit (Nadeleisenerz)	$FeOOH$
Halogenide	Halit (Steinsalz)	$NaCl$
Karbonate	Calcit (Kalkspat)	$CaCO_3$
Sulfate und Wolframate	Gips	$CaSO_4 * 2\,H_2O$
Phosphate	Apatit	$Ca_5(PO_4)_3(F, OH, Cl)$
Silikate	Kalifeldspat (Orthoklas)	$KAlSi_3O_8$
Organische Minerale	Ca-Oxalat, Harnstoff	CaC_2O_4, $CO(NH_2)_2$

Tab. 2.3: **Natürliche Minerale, systematisch nach der chemischen Zusammensetzung geordnet**

Es gibt etwa 3600 natürliche Minerale, davon machen 10 Silikate 95% der Masse der gesteinsbildenden Minerale aus!
Die Silikate zeichnen sich durch folgende wichtige Eigenschaften aus:
1. In einem Tetraeder als Grundbaustein ist ein Si-Atom stets von vier O-Atomen an den Ecken des Tetraeders umgeben.
2. Al kann gegenüber O in Sechser- oder Viererkoordination auftreten und damit in Silikaten als isomorpher Ersatz im Tetraeder oder als Zentralatom in einem Oktaeder auftreten.

Tetraeder

Oktaeder

Polymerisation

3. Charakteristisch ist, dass ein Sauerstoffatom gleichzeitig zur Struktur von zwei Tetraedern oder Oktaedern gehören kann (Polymerisation).
Diese Eigenschaften haben wichtige Folgen für die Bodenbildung. Auf ihnen basieren auch die Neubildung von Tonmineralen in Böden und der Kationenaustausch (vgl. Kap. 2.4 und 2.5).

Bei den mafischen Mineralen stellt die Reaktionsreihe eine diskontinuierliche Abfolge dar. Es gibt z. B. zwischen den Mineralen Olivin und Pyroxen keine Übergänge, da sich die strukturelle Organisation (Insel- vs. Kettensilikat) unterscheidet. Hingegen gibt es bei der felsischen Reihe der Gerüstsilikate eine kontinuierliche Abfolge, die bei hohen Temperaturen Ca-reich ist und bei sinkenden Temperaturen immer mehr Na in das Kristallgitter einbaut. Aufgrund der vorgestellten Gesetzmäßigkeiten unterscheiden sich die magmatischen Gesteine hinsichtlich ihrer Mineralzusammensetzung. Mafische Gesteine wie der Basalt bestehen zu großen Anteilen aus Olivin, Pyroxen, Amphibol und Ca-reichem Plagioklas. In felsischen Gesteinen wie dem Granit dominieren dagegen Kalifeldspäte, Na-reiche Plagioklase, Glimmer und Quarz.

Merksatz zur Mineralzusammensetzung des Granits:
Feldspat, Quarz und Glimmer, die drei vergess ich nimmer!

Abb. 2.4:
Struktur, chemische Zusammensetzung und Eigenschaften der wichtigsten primären Silikate.

Die genannten Unterschiede zwischen den Gesteinen haben Auswirkungen auf die Trophie (Nährstoffzustand) der daraus entstehenden Böden. So sind Böden, die sich aus Granit entwickeln aufgrund des K-Reichtums des Aus-

Struktur und Mineralgruppe	Verknüpfungs- prinzip	Radikal (Formel)	O / Si + (Al)	isomorpher Ersatz	Beispiel	Eigenschaften Form, Farbe, Dichte
Inselsilikate (Olivine)		$[SiO_4]^{4-}$ $[Si_4O_{16}]^{16-}$	4	-	Olivin $(Mg, Fe^{(II)})_2[SiO_4]$	körnig, grünlich, 3,8
Kettensilikate (Pyroxene)		$[Si_4O_8]^{8-}$	3	bis $1/4$ Si durch Al	Augit $Ca_2, Mg Fe^{(II)}[AlSi_3O_{12}]$	säulig, schwarz, 3,4
Bandsilikate (Amphibole)	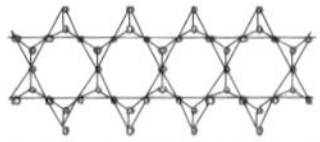	$[Si_4O_{11}]^{6-}$	2,8	bis $1/4$ Si durch Al	Hornblende $Ca_2, Mg_3, Al_2[(OH)_2Al_2Si_6O_{22}]$	stengelig, schwarz, 3,1
Schichtsilikate (Glimmer)		$[Si_4O_{10}]^{4-}$	2,5	$1/4$ Si durch Al	Biotit $K (Mg, Fe^{(II)})_3[(OH)_2AlSi_3O_{10}]$	blättrig, schwarz, 3,0
					Muskovit $K Al_2[(OH)_2AlSi_3O_{10}]$	blättrig, hellgrau, 2,8
Gerüstsilikate (Feldspäte)		$[Al_2Si_2O_8]^{2-}$ $[AlSi_3O_8]^{1-}$	2	$1/4 - 1/2$ Si durch Al	Plagioklase $Ca[Al_2Si_2O_8]$ $Na[AlSi_3O_8]$	säulig-taflig, grau, 2,7 weiß rosa
					Orthoklas $K[AlSi_3O_8]$	säulig-taflig, rötl. weiß 2,5
(Quarz)		Si_4O_8	2		Quarz SiO_2	körnig, hellgrau, 2,65

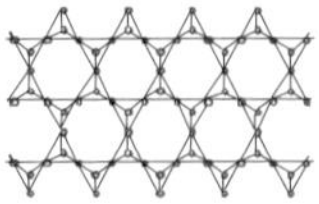

gangsgesteins häufig gut mit pflanzenverfügbarem Kalium versorgt. Böden aus Basalt sind im Gegensatz dazu gut mit Ca und Mg versorgt. Zudem reagieren Gesteine mit hohem Anteil an strukturell gering vernetzten Mineralen (z. B. Inselsilikate) empfindlicher auf Säureangriff, als Gesteine mit hohem Anteil an verwitterungsresistentem Kalifeldspat (Gerüstsilikat). Petrographie und Mineralogie liefern also wichtige Vorinformationen, welche Bodeneigenschaften an einem Standort zu erwarten sind.

2.1.5 Landschaften mit magmatischen Gesteinen

Besonders beeindruckend sind Landschaften mit aktivem Vulkanismus. Je nach gefördertem Material unterscheidet man unterschiedliche Vulkantypen (Abb. 2.5). Bekannt sind die sogenannten Strato- oder Schichtvulkane, die abwechselnd Asche und Lava ausstoßen. Aufgrund ihrer Kegelform sind sie markante Punkte in der Landschaft (z. B. der Ätna auf Sizilien). Weniger auffällig sind die sogenannten Schildvulkane, die durch stetigen, nicht explosiven Austritt von Lava entstehen und geringeres Relief aufweisen (z. B. der Vogelsberg in Hessen oder Vulkane auf Island und Hawaii).

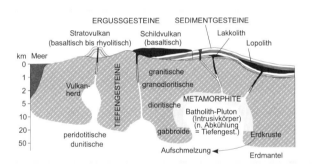

Abb. 2.5:
Aufbau der Erdkruste und Elemente von Grundgebirgs-(Magmatit-) Landschaften.

Nicht alle Magmen dringen bis an die Erdoberfläche vor. Sie können auch vorher in anderen Gesteinen stecken bleiben. Je nach Form dieser Intrusivkörper bezeichnet man sie als Lakkolith (Oberfläche konvex), Lopolith (schüssel- oder trichterförmig) oder Ganggestein. Durch Abtrag der überliegenden Gesteine können die Grundgebirgsgesteine auch reliefwirksam und zu Ausgangsgesteinen für die Bodenbildung werden. Für die in früheren Förderschloten erkalteten Basalte gilt dasselbe, was z. B. die sehenswerten Hegau-Vulkane am Bodensee eindrücklich zeigen.
Intrusivkörper größeren Ausmaßes in der Erdkruste nennt man Plutone, bei Ausdehnungen >100km² auch Batholite. Beispiele für Granitplutone, die durch Hebung und Abtrag überliegender Gesteine an die Oberfläche gelangten, gibt es im südlichen Schwarzwald, im Fichtelgebirge oder im Harz.

2.2 Entwicklung der Böden der Kieselserie vom Rohboden zur Braunerde

Am Anfang ist also ein fester, dichter und harter Granit. Er ist in Jahrmillionen erkaltet. Die Minerale sind kristallisiert und der Granit ist über Jahrmillionen langsam durch die Erdkruste aufgestiegen, während die über ihm liegenden Gesteine abgetragen wurden. So liegt er jetzt an der Erdoberfläche. Wollten wir die Bodenentwicklung in Echtzeit beobachten, so müssten wir uns mit sehr viel Geduld ausstatten. Es kann Jahre, Jahrzehnte oder gar Jahrhunderte dauern, bis wir etwas erkennen können. Gleichwohl stellen wir fest, wie das Gestein bei Regen nass wird, später wieder abtrocknet, im Winter oder nachts abkühlt und gefriert, im Sommer bzw. tagsüber sich erwärmt. Wir erleben, wie Staubteilchen darüber geweht werden und wie ab und zu ein abgestorbenes Blatt oder gar ein toter Käfer auf dem Fels zu liegen kommt. Alles dies wird aber vom nächsten Regen abgespült oder vom Wind wieder verweht. Ähnlich sieht das auf einem Basaltstrom aus.

Trotzdem würden wir nach langer Zeit beobachten können, dass diese Wetterwechsel nicht ohne Einfluss auf das Gestein bleiben. Die Oberfläche wird etwas rauer. Erste kleine Risse werden sichtbar und wir erkennen, dass eine erste **Flechte** (Pioniervegetation) sich auf der Oberfläche festhaften konnte. Sie wächst langsam und macht die Oberfläche weiter rau, sodass sich in ihrer Umgebung immer mehr Flechten, Algen und Pilze ansiedeln können, die zum Beispiel mit ihren Hyphen in die ersten Risse eindringen und so einen Lebensraum auch in das Gestein hinein erobern. Jetzt ist die Situation schon ein wenig anders. Über das Gestein wehender Staub kann zum Teil, vor allem wenn es feucht ist, von den Pflanzen festgehalten werden und bald sehen wir auch schon das erste Moospolster, das sich ebenfalls auf der Oberfläche anhaften konnte und jetzt noch effektiver Stoffe aus der Luft festhalten kann. Flechten und Moose bieten auch den ersten Tieren, z. B. Insekten, einen **Lebensraum**. Das von Anfang an Bakterien die Oberfläche besiedelt haben, hatten wir bisher übersehen. So ist es möglich, dass absterbende organische Substanz abgebaut wird und sich im Schutz der lebenden Organismen auf dem Gestein anhäuft. Wenn wir das Gestein jetzt durchschneiden könnten, würden wir merken, dass sich die ersten Millimeter leichter durchschneiden lassen. Sie sind mürbe geworden, haben ihre Farbe etwas verändert und vor dieser Veränderung geht an der Oberfläche und entlang von Rissen ein bräunlicher Schleier einher, der uns zeigt, dass sich im Gestein etwas verändert. Diese Veränderung des Gesteines im Kontakt mit der Atmosphäre, mit Wasser und mit Energieumsetzungen, mit Ein- und Ausstrahlung und in Wechselwirkung mit dem ersten Leben, fassen wir unter dem Begriff „Verwitterung" zusammen. D. h., das Gestein wird unter dem Einfluss des sich laufend ändernden Wetters verändert. Im Laufe der Zeit wird unser ganzer Granitfelsen nahezu vollständig überwachsen sein und aus den Resten der organischen Substanz und den vom Fels absplitternden Bruchstücken ist der erste Boden entstanden. Er erfüllt bereits vollständig die in Kapitel 1.1 gegebene Definition.

Syrosem = Ai-Cv-mCn Wir nennen ihn **Syrosem** (Gesteinsrohboden). Wir können in ihm bereits zwei Horizonte unterscheiden: Der initiale A-Horizont (Ai) bildet den Oberboden. Er ist manchmal nur inselartig vorhanden und in der Regel weniger als zwei Zentimeter mächtig. Darunter liegt der C-Horizont, das

Gestein. Dieser C-Horizont kann jetzt in einen Bereich, in dem er verwittert ist, Cv, und in einen Bereich, in dem er noch vollständig neu ist, Cn, unterteilt werden. Die beiden wichtigen Prozesse auf dem Weg zum Syrosem waren einerseits die Besiedlung mit Lebewesen und die damit einhergehende Anreicherung organischer Bodensubstanz (Humusakkumulation) und auf der anderen Seite die Veränderung des Gesteins durch Bildung von Rissen, Absplittern von einzelnen Mineralen und Veränderung der Oberflächeneigenschaften.

Initiale Bodenbildung
= Verwitterung +
Humusakkumulation

Diese beiden Prozesse – **Gesteinsverwitterung** und **Humusakkumulation** – bleiben weiterhin noch für lange Zeit die beherrschenden Prozesse der Bodenentwicklung. Die Minerale des Granits sind mehrere Millimeter groß und meist unregelmäßig eckig, kantig. Sie können bei der Verwitterung als einzelne Minerale oder als Bruchstücke aus verschiedenen Mineralen freigelegt werden. Solch ein zerkleinertes Gesteinsmaterial nennt man auch **Grus**, deshalb ist dieser Prozess der Gesteinszerkleinerung auch, insbesondere bei Granit und anderen Tiefengesteinen, als **Vergrusung** bekannt.

Wenn also die Gesteinszerkleinerung und die Humusakkumulation weiter fortschreiten, so bildet sich ein mehrere Zentimeter mächtiger Oberboden, der aus mineralischer und organischer Substanz besteht. Jetzt ist es möglich, dass sich erste höhere Pflanzen ansiedeln können, die immer noch eine Pioniervegetation darstellen, z. B. Zwergsträucher und auch einzelne Sukkulenten. Der Lebensraum ist bereits wesentlich günstiger geworden und deshalb wird die Produktion von Biomasse erhöht. Der Boden ist nicht mehr von Einträgen organischer Substanz abhängig, sondern hat einen eigenen Humushaushalt entwickelt. Dies erkennt man an der tiefschwarzen Farbe des entwickelten Ah-Horizonts. Auch die Verwitterung in das Gestein hinein greift immer tiefer, sodass der Cv-Horizont mehrere Dezimeter ausmachen kann. Mit der fortschreitenden Entwicklung schreitet auch die Vertiefung des Ah-Horizontes weiter fort. Sich auftuende Risse im Gestein werden sofort von Wurzeln genutzt, Regenwasser kann sich darin anreichern und dient als Vorrat für trockene Zeiten. In dieser Situation finden wir auch bereits die ersten Bäume, die hier keimen können, z. B. Bergkiefern, Birken oder Fichten. Dieser Zustand des Tieferlegens des Humushorizontes und der Gesteinsverwitterung wird als typischer AC-Boden oder **Ranker** (Rank = oberdeutsch Bergvorsprung) bezeichnet. Auch dieser Boden

Ranker = Ah-Cv-imCn

stellt die Lebewelt noch vor hohe Ansprüche bzw. verlangt starke Anpassungsfähigkeit an sehr wechselnde Bedingungen. Dies führt bei den meist rauen klimatischen Bedingungen, in denen diese Böden (z. B. im Hochschwarzwald oder in den Zentralalpen) vorkommen, dazu, dass für die anfallende Streu niemand da ist, der sie verarbeiten oder fressen könnte. So lagert sich auf dem Humushorizont eine Humusauflage an, die wir als L-Horizont (Litter) oder, wenn sie teilweise umgewandelt wurde, als O-Horizont (organische Auflage) betrachten.

Beobachten wir geduldig die Entwicklung noch einige tausend Jahre länger, so stellen wir fest, dass bei einer Entwicklungstiefe zwischen 3 und 5 dm wieder eine deutliche Veränderung erkennbar wird. Der schwarze Oberboden kann der tiefer gehenden Gesteinsverwitterung nicht mehr folgen. Zwischen das weiter verwitternde, vergrusende Gestein (Cv) und den humosen Oberboden schaltet sich jetzt gewissermaßen als Keil ein Unterboden ein. Dieser Unterboden hat zwei Eigenschaften, die ihn deutlich vom Gestein (mC) unterscheiden. Er ist nämlich erstens leuchtend braun gefärbt und zweitens, wenn man dieses Bodenmaterial in die Hand nimmt ist es im feuchten Zustand plastisch, im trockenen Zustand meist hart. Diese beiden Veränderungen können wir durch reine Zerteilung des Gesteins nicht mehr erklären. Auch wenn wir den Granit so fein wie möglich malen würden, so bliebe er weißlich grau. Die braune Farbe können wir nur dadurch erklären, dass ein neues färbendes Pigment entstanden ist, das auf chemische Veränderungen hindeutet. Wir nennen diesen Prozess, der aus einem grauen Gestein einen braunen Bodenhorizont macht, zunächst Verbraunung.

Braunerde = Ah-Bv-C

Nach diesem Prozess der **Verbraunung** wird dieser Boden **Braunerde** genannt und der Unterbodenhorizont erhält die Bezeichnung Bv. Der andere Prozess, der den Boden plastisch und formbar macht, erzeugt aus dem spröden Grus der ersten Verwitterung ein lehmiges Bodenmaterial. Er wird deshalb **Verlehmung** genannt (Kap. 2.4). Dieser Boden reicht jetzt schon tiefer in den Untergrund hinein. Im Schwarzwald sind die Braunerden meist mehr als 1m tief entwickelt. Das bedeutet, dass der Lebensraum wesentlich erweitert wurde und Pflanzen mit höheren Ansprüchen, wie Tannen und Buchen, dort wachsen können. Die höheren Ansprüche führen aber, wenn sie befriedigt werden, dazu, dass wir ein erhöhtes Wachstum und damit mehr Streu finden. Trotzdem beobachten wir zunächst, dass die Humusauflage abnimmt. Das ist ein Zeichen dafür, dass das Bodenleben intensiver wird und Zersetzerorganismen (Kap. 2.6) die Oberhand gewinnen, die Streu umwandeln und in den Boden einarbeiten. Es kommt hier zu einem Gleichgewichtszustand zwischen Streuanlieferung und Umwandlung, sodass der Auflagehumus wieder verschwindet. Diese relativ weit entwickelten Böden haben jetzt einen so günstigen Zustand für das Pflanzenwachstum erreicht, dass sich hier nicht nur der natürliche Wald entwickeln, sondern auch Grünland- oder gar Ackernutzung stattfinden kann. Der Zerfall des Gesteins ist soweit fortgeschritten, dass hauptsächlich im Oberboden eine Bearbeitung mit Maschinen möglich wird. Es ist ein Segen für diese Landschaften, dass die Braunerden heute in Gebieten von Granit und anderen Tiefengesteinen die am weitesten verbreiteten Böden sind.

Verbraunung und Verlehmung lassen einen tiefgründigen, leistungsfähigen Standort entstehen.

Alle die bisher beschriebenen Böden befinden sich im humiden Klimagebiet, d. h. es regnet im Schwarzwald bei etwa 6°C Jahresmitteltemperatur 1400mm = l/m² oder im Hochschwarzwald gar bis über 2000mm/a. Die Verdunstung bei gut entwickelter Vegetation erreicht aber nur 400 bis 500l/m², sodass jedes Jahr ein Wasserüberschuss auftritt, der in den Untergrund versickern muss. Dieses versickernde Wasser nimmt Stoffe auf, die aus der Gesteinsverwitterung oder aus der Umsetzung der organischen Substanz frei werden. Dieses sind vorzugsweise Alkali- und Erdalkali-Ionen, da diese – einmal aus dem Gestein freigesetzt – keine schwerlöslichen Verbindungen mehr eingehen. Diesen Prozess, den wir nicht sehen können, den wir wohl aber analysieren können, wenn wir zum Beispiel ein Stück Granit oder ein massegleiches Stück aus einem Bv-Horizont analysieren, nennen wir **Entbasung** (Kap. 2.5). Wenn dem Boden oder den Gesteinsrelikten diese Basen entzogen werden, so würde dies zu einer negativen Aufladung führen, wenn es nicht möglich wäre, dass diese Aufladung durch die Anlagerung von H-Ionen aus dem Wasser verhindert würde. (Die OH-Ionen wandern mit den Metallkationen im Sickerwasser nach unten.) Die hiermit ablaufende Anreicherung von Protonen erhöht den Säuregrad im Boden und wird deshalb als **Versauerung** bezeichnet (Kap. 2.5).

Diese Prozesse in unseren Böden laufen über lange Zeiten hinweg ab. Trotzdem wird der Bodenzustand einigermaßen stabil gehalten, da ja aus dem Gestein auch über lange Zeiten die Verwitterung im gleichen Maße ablaufen kann (1m³ Granit wiegt 2,65t und enthält etwa 260kg sogenannter Basen. Hiervon konnten in 10 000 Jahren Bodenentwicklung maximal 40 – 80kg entbast werden.) Dennoch kann es unter bestimmten Bedingungen zu Ungleichgewichten und damit zu einer weiteren Bodenentwicklung, die meist als Degradierung verstanden wird, kommen. Diese Entwicklung zu einem sauergebleichten Podsol (Kap. 2.7) soll aber erst besprochen werden, wenn wir die Reihe der bisher besprochenen bodenbildenden Prozesse, die physikalischer, chemischer und biologischer Natur sind, besser verstanden haben.

2.3   Verwitterung

Die Verwitterung ist die Zerstörung von Gesteinen und Mineralen unter dem Einfluss des „Wetters". Auf das Gestein wirken hauptsächlich die Luft mit Sauerstoff und anderen reaktiven Bestandteilen sowie das Wasser ein. Gleichzeitig kommt es zu Energieumsetzungen durch Energiezu- und -abfuhren (Kap. 8). Bei den Verwitterungsprozessen unterscheiden wir zwei grundlegende Gruppen, nämlich die **physikalische und chemische Verwitterung**. Bei ersterer werden Kräfte freigesetzt, die das Gestein zerteilen. Die physikalische Verwitterung (Kap. 2.3.1) läuft im Prinzip ohne chemische Veränderungen, also **isochemisch**, ab. Die wichtigste Auswirkung der physikalischen Verwitterung, die Zerkleinerung des Gesteins, hat gleichzeitig eine Vergrößerung der Oberfläche zur Folge. Die **chemische Verwitterung** (Kap. 2.3.2) kommt durch Wechselwirkungen zwischen den Mineralen des Gesteines und Wasser, Luft und insbesondere wässrigen Lösungen von Säuren und organischen Verbindungen zustande. Chemische Verwitterung wird in der Regel durch vorangehende physikalische Verwitterung begünstigt. Sie verändert aber, z. B. durch die Wasseraufnahme, nicht nur den chemischen, sondern auch den physikalischen Zustand des Gesteins. Beide Gruppen von Prozessen haben im Prinzip zerstörende Wirkung auf das Gestein. Sie ermöglichen an der Erdoberfläche Prozesse, die für die Bodenbildung eine Neuordnung bedeuten und die insbesondere gesteinsbürtige (lithogene) Nährstoffe freisetzen.

2.3.1 Physikalische Verwitterung

Die physikalische Verwitterung zerteilt das Gestein, schafft größere Oberflächen, macht damit zwischen den Teilchen Platz für chemische Reaktionen und öffnet Lebensräume. Bei der physikalischen Verwitterung unterscheiden wir im Wesentlichen sechs Prozesse:

1. **Druckentlastung:** Der Granit – in 5km Tiefe auskristallisiert – hat bei seiner Bildung einen sehr hohen allseitigen Druck. Wenn nun solch ein Granitpluton langsam an die Erdoberfläche kommt und dabei die überlagernden

Druckentlastung:
1 m Granit-Aufstieg
≙ 30 kPa

Gesteine abgetragen werden, so lässt dieser Druck nach. Eine solche Entlastung führt dazu, dass sich das Gestein ausdehnen kann. Da die Oberfläche der Erdkugel größer wird, wenn der Radius größer wird, ziehen gewissermaßen auch die benachbarten Gesteine an dem Block, um ihn weiter zu machen. Das harte und spröde Gestein reagiert auf diese Entlastung durch Ausbildung von feinen und dann gröber werdenden Rissen. Solche Risse nennt man **Klüfte**. Diese Klüfte bilden in mehreren Metern Abstand zunächst oberflächenparallele Trennfugen. Dann entstehen auch senkrecht zur Oberfläche und senkrecht aufeinander stehende Klüfte, d. h., bei dieser Entlastung entstehen große **Quader** mit Kantenlängen von mehreren Metern, die, wenn sie an der Erdoberfläche zu lagern kommen, jeweils an den Kanten weiter verwittern. So entstehen aus diesen großen Quadern ei- oder sackähnliche Formen. Solche Wollsäcke der granitischen Gebirge kann man in den Mittelgebirgen und in den Alpen besichtigen. Die Kräfte, die bei dieser Entspannung frei werden, sind immens. 5km Aufstieg des Granitplutons können bis zu 150 MPa Entlastung bedeuten. Dass solche Aufstiegsraten realistisch sind, kann man sich an Schwarzwald oder Oberrheingraben klar machen. Im Hochschwarzwald liegt der Granit bis zu 1300 Meter über Meeresniveau. Wenn wir dagegen im Rheingraben bohren möchten um den Granit erreichen, so müssten wir 3,5 km tief bohren. Dass die Druckentlastung für die Zersetzung des Granits eine große Rolle spielt, können wir in jedem Granitsteinbruch an der Klüftung (dem Risssystem) erkennen.

Temperatursprengung:
Δ 50 °C ≙ 50 MPa

2. **Temperatursprengung:** Scheint die Sonne auf eine trockene Gesteinsoberfläche, so erwärmt diese sich relativ rasch. Da bei Granit die Minerale sehr unterschiedliche Farben haben, erwärmen sich die schwarzen Minerale sehr schnell, die weißen strahlen einen großen Teil der Energie wieder ab und erwärmen sich langsamer. Wegen der relativ geringen Wärmeleitfähigkeit des Gesteins dringt die Erhitzung nur langsam in das Innere. Durch die unterschiedliche Wärmeausdehnung der Minerale und die unterschiedliche Erwärmung mit der Tiefe entstehen Drücke und bei der Abkühlung auch Zugspannungen. Wenn solche Prozesse tagtäglich stattfinden, zermürbt der Gesteinsverband langsam. Es bilden sich oberflächenparallele Risse und einzelne Gesteinsbruchstücke springen ab oder Minerale werden aus dem Gesteinsverband gelöst. In Wüstengebieten oder an vertikalen Gesteinswänden können die Temperaturunterschiede zwischen Tag und Nacht an der Oberfläche 30, 50 oder manchmal sogar 80 °C betragen. Dabei werden sehr große Kräfte frei gesetzt. Bei 50 °C Temperaturunterschied können bis zu 50 MPa Drücke aufgebracht werden. Die Temperatursprengung ist ein Prozess, der bei der beginnenden Bodenbildung eine große Rolle spielt. Sobald der Boden mit Pflanzen und mit lockerem, humosen Oberboden bedeckt ist, hat die Temperatursprengung fast keine Möglichkeit mehr weiter zu wirken, da jetzt die Temperaturamplitude stark gedämpft ist.

Kryoklastik = die
stärkste Kraft im Boden
[200 MPa]

3. **Frostsprengung:** Die Frostsprengung wird auch mit dem lateinischen Begriff **Kryoklastik** benannt. Wenn Wasser gefriert, so nimmt sein Volumen um etwa 10% zu. Wenn dies an der Oberfläche geschieht, so merkt man keinerlei Einwirkungen auf die Umgebung. Dringt aber Wasser in feine Risse ein und gefriert es dann in diesen Rissen, so hat es keine Möglichkeit mehr, nach außen zu entweichen und der Kristallisationsdruck kann

sich voll auf die Seiten der Risse auswirken. Gefrorenes Wasser ist gewissermaßen trocken und so saugen vorhandene Eiskristalle in den Rissen vorhandenes Wasser an und führen zu größeren Kristallen (Sammelkristallisation). Dadurch entstehen große Kräfte, die 200 MPa erreichen können. Das entspricht einer Last von 200t auf 1cm². Es sind auf jeden Fall die größten Kräfte, die bei der physikalischen Verwitterung bzw. in Böden auftreten können. Die Frostsprengung ist dann sehr aktiv, wenn im Jahreslauf ein häufiger Wechsel zwischen Gefrieren und Tauen eintritt. Dies ist in den meisten Mittelgebirgen Deutschlands der Fall. Die Frostsprengung hat insbesondere während der letzten Kaltzeit im Periglazialraum (Kap. 4.1) eine sehr große Rolle gespielt. Das hat dazu geführt, dass viele Gesteine schon zu Beginn des Holozäns eine mächtige, durch Frostsprengung entstandene Schuttdecke über sich liegen hatten, die dann die weitere Bodenentwicklung beschleunigt hat. Wo Frostsprengung auftreten kann, ist sie der wichtigste Prozess der physikalischen Verwitterung.

4. **Salzsprengung:** Das Bodenwasser hat fast immer Stoffe in Lösung. Die gelösten Stoffe sind allerdings in ariden (Wüsten und Halbwüsten) Gebieten viel konzentrierter als in humiden (feuchten) Landschaften. Werden die gelösten Stoffe nicht ausgewaschen, sondern bleiben sie im Wasser und ein Teil des Wassers verdunstet, so erhöht sich die Konzentration. Dabei kann das Löslichkeitsprodukt bestimmter Salze überschritten werden. Diese Salze kristallisieren dann aus. Ähnlich wie bei der Frostsprengung können die Kristalle kleine Hohlräume erfüllen und durch Wachsen der Kristalle Druck auf die Ränder der Risse oder Poren ausüben. Manche Minerale, wie z. B. Kalziumsulfat, $CaSO_4$ (Anhydrit), können später durch Einlagerung von Wasser diesen Druck noch erhöhen. Diese Salzsprengung ist ein Prozess, der hauptsächlich in Wüsten stattfindet, aber auch an Felsen oder trockenen Flächen, wie alten Stadtmauern und Kirchtürmen, auftreten kann. Es ist ein langsamer, aber sehr effektiver Prozess. Je nach Art des Salzes können hier Drücke von 2 bis mehr als 10 MPa auftreten. Für unsere Granitverwitterung im Hochschwarzwald war dies nie ein wichtiger Prozess.

Salzsprengung in Wüsten: bis zu 10 MPa

5. **Wurzelsprengung:** Wurzeln und Wurzelspitzen sind sehr zarte Gebilde. Sie suchen sich den Weg in Hohlräume des Bodens und finden ihn dann, wenn die Hohlräume größer als ihr Durchmesser (im Minimum 10 µm, normalerweise 30 bis 50 µm) sind. Sind die Wurzeln aber in einen solchen Hohlraum eingedrungen, so werden sie versuchen, diesen Raum möglichst effektiv zu nutzen. Sie erkunden ihn zunächst durch Wurzelhaare und erweitern ihn später durch sekundäres Dickenwachstum. Bei diesem Dickenwachstum treten dann insbesondere durch Erhöhung des Zellinnendrucks Kräfte auf, die das Gestein auseinander treiben können. Diese Sprengungen durch Änderung des Turgors machen 1 bis 1,5 MPa aus. Sie sind aber häufig deshalb sehr effektiv, weil die Wurzelsysteme alle bestehenden Hohlräume im Laufe der Zeit nutzen und damit das Gestein stark zermürben können.

Wurzelsprengung: bis zu 1,5 MPa

> **Merke:** Wurzelsprengung schafft keine neuen Hohlräume, sie erweitert vorhandene!

Abrieb: ca. 0,1 MPa

6. **Abrieb:** Gesteinsbruchstücke können sich auch bewegen, so zum Beispiel, wenn durch Frost- oder Temperatursprengung von einem Felsen ein Stück Gestein abgelöst wird und herunter fällt oder wenn in einem Bach mehr oder weniger große Gerölle durch den Strömungsdruck angehoben und weiter bewegt werden oder wenn der Wind Sandkörner aufnimmt und sie gegen eine Gesteinsoberfläche prallen lässt. In allen diesen Fällen prallen feste Körper aufeinander und erzeugen einen Impuls. Dadurch können von dem aufschlagenden und dem angeschlagenen Material Bruchstücke abspringen. Diese führen meist zu einer Abrundung der verbleibenden Gesteinsbruchstücke. Bei Schwerkraft und bei Wasserbewegung sprechen wir von Abrieb, bei Einfluss des Windes von Abrasion. Diese Prozesse finden in Böden, die sich bereits im Ranker- oder Braunerdestadium befinden, nicht mehr statt. Sie sind nur an jungen Gesteinsoberflächen aktiv. Die Kräfte, die hierbei auftreten können, sind mit 0,1 MPa relativ gering. Die zum Teil große Häufigkeit sorgt jedoch dafür, dass wir eine deutliche Veränderung feststellen. So wird ein Granitblock von über 20cm Durchmesser nach 11 km Transport in einem Bergbach nur noch 2cm Durchmesser haben.

2.3.2 Chemische Verwitterung

Während es sich bei der physikalischen Verwitterung um eine reine Zerkleinerung der Teilchen handelt, kommt es bei der chemischen Verwitterung zu Stoffzufuhren, meist hauptsächlich Wasser und CO_2, und auch oft zu Stoffabfuhren, z.B. Kalzium, Natrium und Magnesium. Die chemische Verwitterung läuft also allochemisch ab. Verluste an einer Stelle, z.B. auf dem Hochland, können zu Gewinnen an anderer Stelle, z.B. im Tiefland oder letztlich im Meer, führen. Auch die chemische Verwitterung kann in verschiedenen Formen auftreten. Wir kennen davon fünf:

Lösung = Kation + Anion gehen in wässrige Phase über

1. **Lösungsverwitterung:** Bei der Lösungsverwitterung werden Minerale entsprechend ihrem Löslichkeitsprodukt in Wasser aufgelöst. Ein einfacher, uns gut bekannter Fall davon ist die Auflösung von Steinsalz (Natriumchlorid) in Wasser. Wird ein Steinsalzkristall von Wasser umströmt, so lösen sich Natrium- und Chloridionen einzeln im Wasser, indem sie sich mit einer Hydrathülle (einer Hülle von Wassermolekülen) umgeben. Die dabei frei werdenden Ionen gehen in die flüssige Phase über. Solche leichtlöslichen Salze sind meist Salze starker Basen, d.h. Alkalihydroxiden, und starker Säuren, d.h. Säuren der Halogenide sowie Salpeter- und Schwefelsäure. Kochsalz hat ein Löslichkeitsprodukt von 3, d.h., es können 3 Mol Kochsalz in einem Liter gelöst werden. Von manchen leicht löslichen Salzen lässt sich in einer Masseneinheit Wasser mehr als eine Masseneinheit des Salzes lösen (Tab. 2.4).

Alle Salze, die sich leichter als Gips lösen, bezeichnet man als leichtlösliche Salze. Die Minerale unseres

Tab. 2.4:
Löslichkeit von Salzen in Wasser bei 20°C
[g l⁻¹]

$Ca(NO_3)_2$	1270
NaCl	359
Na_2CO_3	216
$CaSO_4 * 2\,H_2O$	2,6

Granits und auch des Basalts gehören zu den schwer löslichen Salzen. Sie haben Löslichkeitsprodukte zwischen 10^{-20} und 10^{-25}, d. h., wir müssten das Wasser des Bodensees bis zu 100000-mal, d. h. Jahre, benutzen, um durch Lösungsverwitterung 1 Mol Feldspäte (etwa 400g) aufzulösen. Die reine Lösungsverwitterung spielt deshalb für Granit und auch für Basalt nur eine sehr geringe Rolle.

2. **Hydrolyse:** Auch wenn die Lösungsverwitterung in unseren Klimaten die Gesteine kaum angreift, spielt doch das Wasser bei der chemischen Verwitterung eine sehr große Rolle. Wassermoleküle sind immer zu einem gewissen Anteil in ihre Ionen H_3O^+ (H^+-Ionen = Protonen) und OH^--Ionen gespalten. Da in den meisten Mineralen auch dissoziierbare Kationen und Anionen vorhanden sind, können Protonen und Hydroxidionen mit den Mineralen reagieren.

Hydrolyse = die wichtigste Form chemischer Verwitterung

Diese Hydrolysereaktion läuft nach folgendem Schema ab:

$$Si\text{-}O\text{-}Me + H_2O \rightarrow Me\text{-}OH + Si\text{-}O\text{-}H$$

Das heißt, dass H-Ion bleibt am Silikatmineral, während ein metallisches Kation in die Lösung übergeht und ein alkalisches Hydroxid bildet. Auf diese Weise werden die Sauerstoffbrücken zwischen Silizium und den verschiedenen Metallen gesprengt. Dadurch können Kalzium, Magnesium, Kalium, Natrium, Eisen und Aluminium freigesetzt werden. Diese hydrolytische Spaltung der Minerale ist der wichtigste Prozess der Mineralverwitterung im humiden Klima, insbesondere in kalkfreien Gesteinen und wahrscheinlich auch in allen Böden der Erde. Am besten kann man ihn am Beispiel des Kalifeldspats (Orthoklas) zeigen. Die Formel heißt:

Versuch: Pulverisieren Sie in einem Mörser etwas Granit oder Basalt und übergießen Sie das Pulver mit destilliertem Wasser. Decken Sie den Becher ab und schütteln ihn regelmäßig. Welcher pH-Wert muss sich einstellen?

$$KAlSi_3O_8 + H_2O \rightarrow KAlSi_3O_8 + H^+ + OH^- \rightarrow HAlSi_3O_8 + KOH$$

Die dabei entstehende Kalilauge kann mit anderen Mineralen oder Bruchstücken reagieren, oder kann auch ausgewaschen werden. Bei der hydrolytischen Spaltung kann es im Laufe der Zeit zu einer vollständigen Auflösung der Minerale kommen, nämlich dann, wenn auch das Aluminium aus dem Kristallgitter ausgelöst wird und die Sauerstoffbrücken zwischen den Si-Ionen gesprengt werden. Wenn man Feldspäte in sehr kleinen Korngrößen lange Zeit in Kontakt mit Wasser hält und die Lösung regelmäßig austauscht, so stellt man fest, dass nach langer Zeit die Konzentrationsverhältnisse in der Lösung denen der Ionen im Feldspat entsprechen. Eine solche Reaktionsgleichung wäre dann:

$$KAlSi_3O_8 + 8H_2O \rightarrow Al(OH)_3 + 3H_4SiO_4 + KOH$$

Das bedeutet, dass die sehr komplexen Minerale wie Feldspäte in ihre Bestandteile zerlegt werden können. Der Fortschritt der Verwitterung kann insbesondere dann beobachtet werden, wenn ein Teil der Verwitterungsprodukte, z. B. das Kaliumhydroxid, aus dem System entfernt wird. Geschieht dies nicht, so besteht die Möglichkeit, dass die in der Lösung vorhandenen Bestandteile wieder zu neuen, im Boden stabilen Mineralen auskristallisieren (Kap. 2.4.2 und 2.4.3). Die Bildung neuer polymerer Hydrolyseprodukte führt zur Freisetzung der Ionen des Wassers und damit zu erneutem Angriff an die bestehenden Kristalle. Organische Verbindungen, die sich in der Bodenlösung befinden, können freigesetzte Ionen komplex binden und damit den Hydrolyseprozess verstärken. Im humiden Klimabereich kommt es deshalb zu einer nahezu kontinuierlichen hydrolytischen Verwitterung. Sie ist nicht, wie die Lösungsverwitterung, direkt von der Menge des zur Verfügung stehenden Wassers abhängig, sondern kann auch bei geringen Wassermengen bereits stattfinden. Hydrolytische Verwitterung erreicht kein Gleichgewicht, sondern läuft quasi kontinuierlich zu jeder Zeit ab, in der die Minerale mit Wasser in Kontakt sind.

Säureverwitterung: starke Mineralsäuren (HCl, HNO3) greifen Kalkstein an

3. **Säureverwitterung:** Die Säureverwitterung ist der Angriff der H-Ionen auf Minerale. Da ja auch Wasser eine sehr schwache Säure darstellt, ist diese Verwitterung nicht wesentlich verschieden von der Hydrolyse. An ihr sind aber keine OH-Ionen, sondern die Anionen starker Mineralsäuren beteiligt. Solche Mineralsäuren, die im Boden regelmäßig vorkommen, sind die Kohlensäure, die Salzsäure, die Salpetersäure und die Schwefelsäure. Insbesondere die Kohlensäure ist in allen Böden der Erde vorhanden, da sie bei der Atmung der Organismen, insbesondere bei der Wurzelatmung regelmäßig entsteht. Unsere silikatischen Minerale des Granits sind nicht besonders anfällig gegenüber der Säureverwitterung. Sie verhalten sich dabei ähnlich wie bei der Hydrolyse. Besonders anfällig auf Säureverwitterung sind dagegen Carbonate (Kap. 3.4). Als Beispiel für Säureverwitterung sollen hier zwei Reaktionen, einmal mit Kohlensäure und einmal mit Schwefelsäure, wiedergegeben werden:

$$(1) \ CaCO_3 + H_2CO_3 \rightleftharpoons Ca(HCO_3)_2$$
$$(2) \ CaCO_3 + H_2SO_4 + H_2O \rightarrow Ca \, SO_4 \times 2\,H_2O + CO_2\uparrow$$

Versuch: Geben Sie ein paar Tropfen 10%-iger Salzsäure auf einen feuchten Kalkstein. Was passiert?

Die Kalklösung mit Kohlensäure ist eine reversible Reaktion, die auch im Boden in beide Richtungen ablaufen kann. Deshalb erwarten wir in unseren Böden nicht nur Kalklösung, sondern auch Kalkfällung. Die Reaktion von Kalk mit Schwefelsäure ist eine einseitige Reaktion, bei der Gips entsteht und die Kohlensäure, d. h. das CO_2, als schwächeres Säureanhydrid gasförmig aus dem System vertrieben wird. Säuren können bei stofflichen Umsetzungen in Böden entstehen. Sie werden aber auch häufig aus der Atmosphäre eingetragen. Dafür gibt es im Wesentlichen drei Quellen, nämlich das CO_2 der Atmosphäre, welches im Niederschlag gelöst wird, Gase aus vulkanischem Ursprung, insbesondere hier auch CO_2 und SO_3, die als Säure auf den Boden regnen, und schließlich Stickoxide, die aus der Verbrennung von Öl und Kohle herrühren. Diese vom Menschen gemachte Säure wird auch **saurer Regen** genannt. Er hat insbesondere in den letzten 30 Jahren die Verwitterung der Böden in den humiden Gebieten der Nordhalbkugel (Industrieländer) stark intensiviert.

4. **Oxidationsverwitterung:** In vielen Gesteinen gibt es Elemente, die in der Natur in verschiedenen Oxidationsstufen auftreten. Dazu gehören insbesondere Eisen (2- und 3-wertig), Mangan (2- bis 4-wertig) und Schwefel (2- bis 6-wertig). In vielen magmatischen Gesteinen kommen diese Elemente in reduzierter Form vor (Fe^{2+} + Mn^{2+} + S^{2-}). In sauerstoffhaltiger Atmosphäre können diese Ionen oxidiert werden. Wenn sie im Kristallgitter oxidiert sind, so stimmt die Ladung des Kristallgitters nicht mehr. Dabei können einzelne Ionen zum Zwecke des Ladungsausgleichs ausgestoßen werden. Dies beobachtet man besonders häufig bei Eisen und Mangan. Die Eisen- und Manganoxidation lässt sich an einer Braunfärbung bzw. Schwarzfärbung erkennen, da die oxidierten Phasen Oxide und Hydroxide bilden, die braun bzw. schwarz gefärbt sind. Man kann sich aber auch vorstellen, dass die Ionen hydrolytisch aus dem Mineral gespalten werden und dann erst in der Bodenlösung oxidiert sind. Das beste Beispiel liefert ein Mineral, das in magmatischen Gesteinen vorkommt, dort aber recht selten ist – der Pyrit (Eisenkies). Die Oxidation von Eisenkies verläuft in mehreren Schritten, die hier in zwei Formeln zusammengefasst werden sollen:

Oxidationsverwitterung: Sauerstoff oxidiert reduzierte Ionen im Gestein

(1) Oxidation: $4\,FeS_2 + 15\,O_2 + 2\,H_2O \rightarrow 2\,Fe_2(SO_4)_3 + 2\,H_2SO_4$
(2) Hydrolyse: $2\,Fe_2(SO_4)_3 + 8\,H_2O \rightarrow 4\,FeOOH + 6\,H_2SO_4$

Die Verwitterungsprodukte (FeOOH = Goethit) färben den Boden braun bis gelbbraun und die frei werdende Schwefelsäure versauert den Boden stark (Kap. 2.4 und 2.5). Von den Mineralen, die bei uns im Granit und im Basalt vorkommen, sind besonders der Biotit, die Hornblenden sowie Augite und Olivin von der Oxidationsverwitterung betroffen. In allen Fällen wird Eisen im Gitter oxidiert und bildet dann häufig auf dem Mineral eine Oxidrinde. Da die Reagenzien für diese Umsetzungen überall vorhanden sind, ist die Oxidationsverwitterung in unseren Böden meist ein sehr früher Prozess, der dann um die Minerale und Gesteine eine Verwitterungsrinde bilden kann, welche die weitere Zersetzung hemmt.

5. **Verwitterung durch Komplexbildung (organische Verwitterung):** In den meisten unserer Böden treten wasserlösliche, niedermolekulare organische Verbindungen auf, die als Liganden in Komplexen mit metallischen Kationen wirken können. Werden metallische Kationen durch Verwitterung aus Mineralen freigesetzt, so können sie mit diesen organischen Bestandteilen stabile Chelatbildungen eingehen, die dann verwitterungsfördernd sind, da die entsprechenden Ionen aus dem Lösungsgleichgewicht herausgenommen wurden. Als organische Verbindungen sind zu nennen: Oxalsäure, Weinsäure, Äpfelsäure, Zitronensäure, Benzoesäure und auch einfache Huminstoffe wie Fulvosäuren (Kap. 2.6). Besonders anfällig für solche Chelatbindungen sind Aluminium, Eisen, Mangan, aber auch Magnesium und Schwermetalle wie Kupfer und Blei. Hier wird besonders deutlich, dass biologische bzw. biochemische Umsetzungen auch in die Mineralverwitterung eingreifen.

Chelate: Organische Säuren bilden wasserlösliche Komplexe mit Metallkationen

Generell kann festgestellt werden, dass die chemische Verwitterung umso intensiver ist, je höher die Durchfeuchtung, je höher die Bodentemperatur, je größer die innere reaktive Oberfläche und je höher der CO_2-Partialdruck ist. Die chemische und physikalische Verwitterung können sich gegenseitig unterstützen. Je stärker die eine Verwitterung abläuft, desto einfacher ist es für die andere, Angriffsflächen zu finden.

2.4 Bodenart, Oxide und Tonminerale

Durch die Prozesse der Verwitterung konnten wir beobachten, wie die Gesteine in ihren physikalischen Eigenschaften und in ihrer chemischen Zusammensetzung zerstört (verändert) wurden. In den Böden gibt es aber Umweltbedingungen, unter denen bestimmte Partikel relativ stabil sein können und in denen sich neue, in Böden stabile, Minerale bilden können. Bei der Beschreibung der Böden (Kap. 2.2) nannten wir die zugrunde liegenden Prozesse **Vergrusung**, **Verbraunung** und **Verlehmung**. Diese drei Prozesse sollen in diesem Kapitel genauer beschrieben werden.

2.4.1 Bodenart

Unter Kapitel 1.2 haben wir den Begriff Bodenart als eine wichtige Kenngröße der Bodenbeschreibung eingeführt. Im Kontext der Bodenentwicklung aus Granit und Basalt ist die Bodenart das Produkt der Vergrusung des Gesteins, überlagert von der Verlehmung, d. h. die Vergrusung zerkleinert grobe Partikel, die Verlehmung schafft neue, sehr kleine.

Um uns die wichtigsten Begriffe aus dem Bereich der Bodenart (Abb. 2.6) plausibel zu machen, wollen wir noch ein Gedankenexperiment durchführen. Wir stellen uns einen **Block** aus Granit oder Basalt vor, der ein Würfel von 1 m Kantenlänge ist. Er hat die Masse von 2,4t bei Granit und etwa 2,6t bei Basalt und eine Oberfläche von 6m². Wenn wir diesen Körper zerteilen, so ändert sich natürlich die Masse nicht, wohl aber die Zahl der Teilchen und die Oberfläche. Unterteilen wir den Würfel zunächst an allen Kanten in zehn 10cm große Stücke, so erhalten wir neue Würfel, die alle 10 cm Kantenlänge haben und 2,4 bzw. 2,6kg wiegen. Wir haben 1000 Teilchen erhalten und jedes Teilchen hat eine Oberfläche von 6dm², d. h. die Oberfläche steigt auf 60m². Die Teilchen nennen wir jetzt **Steine**. Wiederholen wir das Experiment in der gleichen Weise und unterteilen diese Steine wieder entlang aller Kanten in 10 Teile, so erhalten wir Würfel von 1cm Kantenlänge. Diese wiegen 2,4 bzw. 2,6g. Wir erhalten 1 Millionen Teilchen und die Oberfläche ist auf 600 m² gestiegen. Die Teilchen nennen wir jetzt **Grus**. Solche Teilchen von 2 bis 63 mm entstehen bei der Granitverwitterung häufig. Deshalb hat man hier den Begriff der Vergrusung gewählt. In anderen Substraten sind diese Teilchengrößen häufig gerundet. Die gerundeten Formen der gleichen Größe bezeichnet man als **Kies**. Alle Partikel, die einen Durchmesser größer als 2mm haben, bezeichnen wir als **Bodenskelett** oder auch als **Grobboden**.

Führen wir unser Experiment fort und kommen dann zu kleinen Teilchen von 1mm Durchmesser, dann haben wir aus dem Block bereits 1 Milliarde Teilchen erreicht und die Oberfläche wäre 6000 m². Bei 0,6mm Teilchen-

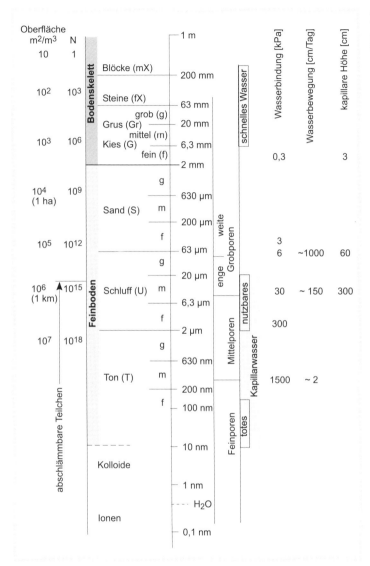

größe würden wir 1ha erreichen. Die Teilchen zwischen 2mm und 63 μm werden als **Sand** bezeichnet. Wir können sie noch gut erkennen und auch noch einzeln fühlen. Wir müssen das Experiment der weiteren Zerteilung jeweils auf ein Zehntel Durchmesser noch zweimal durchführen, um bei einer Kantenlänge von 10 μm in den **Schluff**, ein mehliges Material, zu gelangen. Diese Partikel fühlen sich mehlig staubig an und wir fühlen sie kaum noch einzeln, können sie aber auf einem kontrastreichen Untergrund noch gut einzeln erkennen, besser allerdings, wenn wir uns mit einer Lupe ausrüsten. Sind wir bei der Zerteilung bei 10 Zm angekommen, so haben wir bereits eine Trillion (1015) Teilchen und die gesamte Oberfläche betrüge 0,6km2 (600000 m2).

Wollen wir das Experiment noch weiter führen, so gehen uns in der Natur die verfügbaren Prozesse der physikalischen Verwitterung langsam aus. Lediglich mit einer intensiven Kryoklastik lassen sich noch Teilchen, die um 1 bis 2 µm groß sind, erzeugen. Alle anderen Prozesse versagen hier bereits. Bei diesen sehr kleinen Teilchen finden die physikalischen Prozesse keine Ansatzpunkte mehr. Die Teilchen kleiner als 2 µm bezeichnen wir als **Ton**. Sie fassen sich seidig, samtig an, lassen sich weder mit dem Auge, noch mit Lupe oder Mikroskop, noch einzeln erkennen. Zu ihrer genaueren Beschreibung benötigen wir bereits ein Elektronenmikroskop. Dass wir solche Teilchen in unseren Böden finden, deutet darauf hin, dass Teilchen nicht nur durch physikalische Prozesse, sondern auch durch andere entstehen können. Wir werden im Kapitel 2.4.2 sehen, dass hauptsächlich die Teilchen der chemischen Mineralneubildung in die Fraktion kleiner 2 µm gehören. Die Fraktionen Sand, Schluff und Ton bezeichnen wir insgesamt als **Feinboden**. Von 200mm bis hinunter nach 2 µm wird nach der **DIN-ISO-Norm 11277** die Benennung der Partikel in Schritten von halben Zehnerpotenzen durchgeführt.

Man kann sich fragen, wie klein können Teilchen der festen Materie werden. Wir finden solche Teilchen etwa bis zu einem Durchmesser von 50 nm. Noch feinere Teilchen sind sehr labil und können als Makromoleküle verstanden werden. Die meisten Moleküle der flüssigen Materie haben Durchmesser zwischen 0,2 und 10 nm. Teilchen kleiner als 0,2 nm sind Ionen, Atome und deren Primärteilchen. In Abbildung 2.6 ist neben der Korngrößenleiter auch die der Poren dargestellt sowie die Kraft, mit der das Wasser in ihnen gebunden ist. Korngrößen und die zwischen den festen Körnern liegenden Poren haben eine gewisse Beziehung zueinander. Generell sind die Poren zwischen den festen Teilchen kleiner als die Teilchen. Es kann aber auch sein, dass durch bestimmte Lagerungsverhältnisse größere Poren gebildet werden (Kap. 3.7).

In der Natur zerfallen die Gesteine nicht so wie in unserem Gedankenexperiment in immer gleich große Teilchen, sondern durch die verschiedenen Prozesse entstehen gleichzeitig Teilchen unterschiedlicher Größenordnung, d. h. in allen Böden finden wir nicht nur eine Korngröße, sondern immer ein Korngrößengemisch. Um solche Korngrößengemische einfach beschreiben zu können, hat man sie standardisiert. Abbildung 2.7 zeigt die plastischen, beim Trocknen aber stark erhärtenden **Tone**, die rieselfähigen, körnigen **Sande** und die stumpfen, mehligen **Schluffe**. Im Zentrum des Diagramms befinden sich die Gemische aus allen drei Korngrößenbereichen, die **Lehme**. Sie haben von den Tonen die Plastizität und Bindigkeit, von den Sanden die Körnigkeit und von den Schluffen stumpfe Oberflächen. Die Lehme sind die häufigsten Bodenarten.

Lehm ist eine Bodenart, keine Korngröße!

Merke: Es gibt keinen reinen Lehm, sondern nur Übergänge zu den Sanden, Schluffen und Tonen.

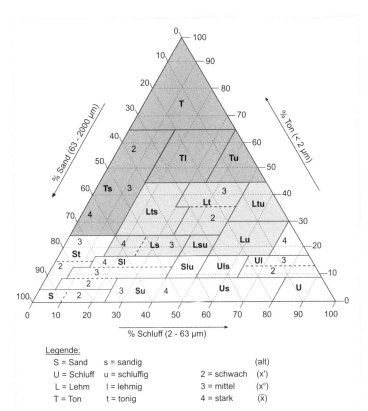

Abb. 2.7:
Dreieckskoordinaten-system der Bodenarten des Feinbodens.

Legende:

S = Sand	s = sandig		(alt)
U = Schluff	u = schluffig	2 = schwach	(x')
L = Lehm	l = lehmig	3 = mittel	(x°)
T = Ton	t = tonig	4 = stark	(x̄)

In das Bodenartendiagramm dieser Gestalt gehen die Grobbodenarten nicht mit ein. Möchte man dies auch noch erreichen, so müsste das Diagramm eine vierte Dimension haben, das heißt man müsste es als Pyramide darstellen. Auf der Spitze wäre dann die Bodenart Kies, Steine oder Skelett und man könnte sich in den Etagen der Pyramide dann die Übergänge vorstellen, so zum Beispiel kiesigen Sand und sandigen Kies.

Wurden bei der Bodenentwicklung keine großen Veränderungen der Kornverteilung erreicht, so ist eine Charakterisierung mit dem Bodenartendreieck wenig hilfreich. Man wird dann die Kornfraktion stärker unterteilen und ein Kornsummen- oder Kornverteilungsdiagramm darstellen (Abb. 2.8). Die beiden Beispieldiagramme für den Cv- und Bv-Horizont der Braunerde Weidfeld aus Granit zeigen deutlich die Einflüsse der Vergrusung und Verlehmung auf die Korngrößenverteilung. Es fällt vor allem der deutliche Gewinn der Tonfraktion im Bv-Horizont auf. Während fast alle anderen Fraktionen beim Übergang vom Cv- zum Bv-Horizont durch Verwitterung Anteile verloren haben, gewinnt die Tonfraktion. Wir werden später sehen (Kap. 3.1), dass bestimmte Verwitterungs- und Transportprozesse zu typischen Kornverteilungen führen. Ein wichtiges Maß, das man

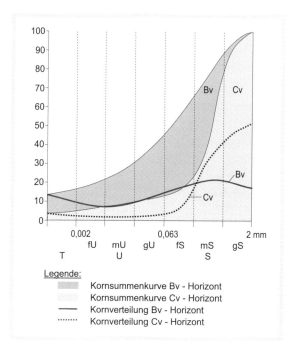

dabei aus der Kornsummenkurve ableiten kann, ist der Sortierungsgrad. Je steiler die Kurve in einem bestimmten Bereich ist, umso besser ist sie sortiert, d. h., es kommen viele Körner der gleichen Kornfraktion vor. Als Maßzahl verwendet man dabei in der Regel den **Sortierungsgrad (So)**.

$$So = \sqrt{(d_{75}/d_{25})}$$
d_{75} = Durchmesser bei 75% der Kornsumme, entsprechend d_{25} bei 25%.

Die Sortierung ist umso besser, je näher der Wert des Sortierungsgrades bei 1 liegt. In unserem Beispiel lag der Sortierungsgrad im Cv-Horizont bei 1.7 und nimmt durch Verwitterung und Mineralneubildung auf 6.5 im Bv-Horizont ab.

Legende:

- Kornsummenkurve Bv - Horizont
- Kornsummenkurve Cv - Horizont
- —— Kornverteilung Bv - Horizont
- ········· Kornverteilung Cv - Horizont

Abb. 2.8:
Kornsummen- (schwarz) und Kornverteilungsdiagramme (blau) für den Cv- und Bv-Horizont einer Braunerde aus Granit (KEILEN 1978).

2.4.2 Bildung von Eisenoxiden

Bei der Entstehung der Braunerde und insbesondere bei der Oxidationsverwitterung sind uns braune Bodenfarben bereits begegnet. Sie werden auf das Vorhandensein von Eisenoxiden zurückgeführt.

Nun kann man sich generell fragen, welche Oxide in Böden vorkommen. In der Tat kennt man eine große Zahl verschiedener Oxide, von denen aber nur die Eisenoxide von größerer Bedeutung sind. Daneben kennen wir als Siliziumoxide Quarz oder die in Böden auftretende amorphe Form Opal, Titanoxide als Rutil (TiO_2) im Gestein und als Anatas (TiO_2) bei der Verwitterung entstanden, bei Aluminiumoxiden Korund und Al_2O_3 und in tropischen Böden Gibbsit ($Al(OH)_3$). Manganoxide kommen auch in unseren Böden häufiger vor. Als MnO_2-Formen sind Birnessit, Todorokit und Pyrolusit bekannt. Um aber die Spuren der **Verbraunung** genauer nachvollziehen zu können, müssen wir uns den **Eisenoxiden** zuwenden (Abb. 2.9). Aus dem Schema ist erkennbar, dass es in Böden sehr verschiedene Eisenoxide gibt. Dabei sind das gesteinsbildende magnetische Eisenoxid **Magnetit** (α-Fe_3O_4) und das ebenfalls magnetische in den Tropen auftretende Oxid **Maghemit** (γ-Fe_2O_3) nicht einbezogen.

Aus den gesteinsbildenden eisenhaltigen Mineralen werden durch Hydrolyse Fe^{2+}-Ionen und durch Oxidation und Hydrolyse Fe^{3+}-Ionen freigesetzt. Je nach Umweltbedingungen können die zweiwertigen Ionen oxidieren oder grüne und blaue Verbindungen des zweiwertigen Eisens bilden. Das dreiwertige Eisen wird je nach Umweltbedingungen bei sehr

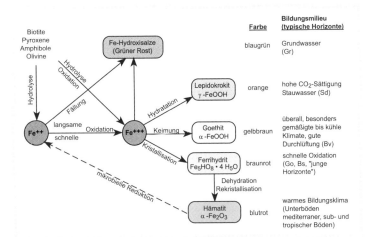

schneller Anlieferung und rascher Oxidation zu **Ferrihydrit** (Eisenocker) abgeschieden oder bei schlechter Bodendurchlüftung und gleichfalls oxidativen Bedingungen, aber mit hohen CO_2-Partialdrücken zu **Lepidokrokit** und bei allen anderen Bedingungen zu **Goethit** umgewandelt. Goethit ist nach dem Dichter Johann Wolfgang von Goethe benannt, der ein großes Interesse an Naturbeobachtungen, insbesondere an Gesteinen und Mineralen hatte, und als Minister auch für den Bergbau zuständig war. Eisenerze, die aus Goethit bestehen, werden Nadeleisenerz oder Limonit genannt. Goethit ist relativ stabil. Er kann sich kaum in andere Eisenoxide umwandeln. Lediglich über die Lösungsphase oder sehr starke Erhitzung können andere Eisenoxide gebildet werden. In Böden treten fast alle Eisenoxide als sehr feine Kristalle zur Tonfraktion gehörig auf. Die Kristalle verändern ihre Farbe mit zunehmender Größe. Große Kristalle sind meist schwarz, schwarzbraun oder metallisch glänzend.

J. W. von Goethe hat dem wichtigsten Eisenoxid den Namen gegeben – Goethit

Die Eisenoxide/Hydroxide sind wichtige Indikatoren für die Umweltbedingungen, bei denen sie entstanden sind. Sie sind sehr gut zu erkennen, weil sie meist fein verteilt und sehr farbintensiv sind. Schon etwa 1% **Hämatit** färbt den Boden blutrot, und kräftig braune Braunerden haben selten mehr als 2–3% Goethit. Da aber Eisen nur ein Spurennährstoff ist und in oder mit ihm kaum größere Mengen anderer Nährstoffe gebunden sind, gilt als ein wichtiger Leitsatz, der schon zu Zeiten der Römer bekannt war:

Merke: Die Bodenfarbe sagt wenig (nichts) über die Bodenfruchtbarkeit aus.

Diese Aussage gilt vor allem im oxidierten Bereich. Reduktions-Farben (grün und blau) weisen auf mangelnde Durchlüftung hin (Kap. 4.6).

2.4.3 Bildung von Tonmineralen

Im Gegensatz zu den Eisenoxiden sind die **Tonminerale**, wie zu zeigen sein wird, von ganz erheblicher Bedeutung für die Bodenfruchtbarkeit. Diese regelhaften, kleinen, plättchenförmigen Kristalle sind Wunderwerke der Natur. Zunächst müssen wir aber feststellen, dass der Begriff Ton in der Bodenkunde bzw. in den Geowissenschaften dreifach besetzt ist.

a) Ton bezeichnet die **Tonfraktion** (Kap. 2.4.1). Alle Teilchen eines Bodens kleiner 2 µm.

b) **Ton** bezeichnet ein **Korngrößengemisch**, die **Bodenart**, bei der mehr als 65% Teilchen kleiner 2 µm enthalten sind (Kap. 2.4.1, Abb. 2.7).

c) Ton bezeichnet die **Tonminerale**. Tonminerale sind in der Regel plättchenförmige Kristalle. Sie gehören zu der Gruppe der Schichtsilikate und haben einen Durchmesser von kleiner 2 µm. Die Dicke der Pakete ist meist ein Zehntel des Durchmessers. Tonminerale sind selten ideale Kristalle, meistens gibt es Störstellen in den Kristallen. Alle Tonminerale sind OH- bzw. wasserhaltige Silikate, die hauptsächlich Aluminium-, Eisen-, Magnesium- und Kaliumionen regelmäßig im Schichtgitter eingebaut haben.

Abb. 2.10:
Bausteine der Kristallstrukturen von Tonmineralen (nach JAHN)

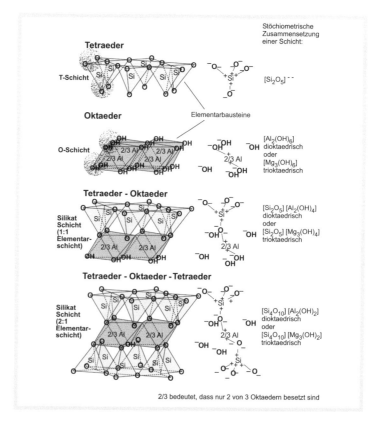

Genau wie die pyrogenen Silikate (Kap. 2.1) haben die Tonminerale bestimmte Grundbausteine (Abb. 2.10). Dazu gehört zunächst das **Tetraeder** mit der Formel $(Si,Al)O_4$. Man sagt, die Zentralatome des Tetraeders haben eine Viererkoordination, da sie vier direkte Nachbarn haben. Sind die Ionen etwas größer als Silizium, so bilden sie in der Regel **Oktaeder** (Sechserkoordination). Die Oktaeder haben die Formel $(Al,Mg,Fe)(OH)_6$. Die Ladung dieser Gruppe ist verschieden, im Idealfall ist sie ungeladen. Bei den Oktaedern gibt es zwei Grundformen. Die häufigere ist die mit dreiwertigen Zentralatomen, wie Aluminium. Dann sind nur 2/3 der Oktaeder von einem Zentralatom besetzt, d. h., in jedem dritten Oktaeder fehlt das Zentralatom. Diese Form nennt man **di-oktaedrisch**. Sind zweiwertige Zentralatome, wie Magnesium vorhanden, so sind in der Regel 3/3 besetzt. Man nennt diese Form **tri-oktaedrisch**. Tetraeder und Oktaeder bilden wie in den Glimmern je eine Schicht. Bei der Polymerisation zu den Schichten sind jeweils O- oder OH-Ionen für zwei Tetraeder oder je drei Oktaeder gemeinsam. Dadurch wird Ladung abgebaut und die Oktaederschicht ist im Idealfall ungeladen. Die Tetraederschicht hat nur an der Spitze jedes Tetraeders eine negative Ladung. Verknüpft sich jetzt eine Tetraederschicht mit einer Oktaederschicht, so wird auch das vierte O-Ion sowohl Teil des Tetraeders als auch eines Oktaeders und aus der Verbindung von Tetraeder- und Oktaederschicht entstehen die einfachsten und gleichzeitig sehr stabilen Tonminerale (1:1-Minerale), sogenannte 2-Schichtminerale, die **Kaolinite** (Kaolin kommt von Porzellanerde, die bei der chinesischen Ortschaft Kaolin gewonnen wurde.). Damit nun ein Kaolinitmineral von 2 Zm Größe entstehen kann, müssen in der Ebene etwa 10000 SiO_4-Tetraeder in einer Richtung aneinander gebunden sein. Die Tetraeder und Oktaederschichtpakete der Kaolinite sind zwar ungeladen, aber sie haben auf der Tetraederseite durch die Sauerstoffionen eine negative Polarität und auf der Oktaederseite durch die OH-Ionen eine positive Polarität. Diese geringe elektrostatische Anziehung reicht aus, um die Schichtpakete der Kaolinitminerale aneinander zu binden. Beim Bauprinzip gibt es sogar noch eine Erweiterung dadurch, dass polar eingebaute Wasserstoffmoleküle eine Zwischenschicht bilden, die dann zur Entstehung des Halloysits führt. Dieser **Halloysit** ist allerdings ein sehr instabiles Mineral (Abb. 2.11; s. S. 50). Bereits bei 70°C verliert er das Wasser zwischen den Schichten und unterscheidet sich dann vom Kaolinit nur noch durch eine geringere Regelmäßigkeit der Kristallisation. Die Kaolinite und Halloysite sind relativ weit verbreitete Minerale. Man findet sie in sauren bis stark sauren Böden, insbesondere dann, wenn diese bereits relativ weit verwittert sind. In granitischen Gesteinen entsteht der Kaolinit häufig durch Verwitterung von kalziumreichen Plagioklasen. Statt des Aluminiums finden wir in den Tetraederschichten von Zweischichtmineralen auch manchmal Eisen oder in tri-oktaedrischen Mineralen auch Magnesium (Serpentine).

Das zweite Bauprinzip finden wir dann, wenn ein sehr hoher Kieselsäurereichtum vorhanden ist und deshalb die Oktaederschichten auf beiden Seiten von SiO_4-Tetraederschichten umgeben sind. Diese Dreischichtpakete sind auch ohne Ladung möglich und haben auch keine Polarität. Deshalb finden wir regelmäßig in den Dreischichttonmineralen den **isomorphen Ersatz**. Dabei werden meist in der Tetraederschicht, aber auch in der Oktaederschicht niederwertigere Kationen eingebaut (Al^{3+} statt Si^{4+}; Fe^{2+} statt

Abb. 2.11:
Bauprinzip der
häufigsten Tonminerale
(nach JAHN)

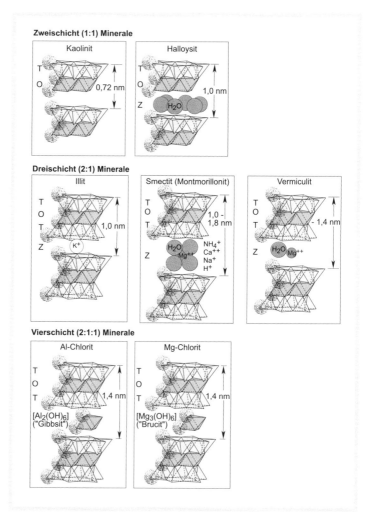

Al^{3+}, Mg^{2+} statt Al^{3+}). Dadurch entsteht eine negative Ladung des **Drei-schichtpaketes**. Jene kann ähnlich wie bei den Glimmern, Biotit und Muskovit, durch eine Kalium-Ionen-Zwischenschicht ausgeglichen werden. Diese glimmerähnlichen Tonminerale heißen nach einer Fundstätte im US-Bundesstaat Illinois **Illite**. Sie sind eine wesentliche Quelle für die Kalium-ernährung unserer Pflanzen. Gegenüber den Glimmern mit 10% Kalium sind sie etwas unregelmäßiger und enthalten nur 4–6% Kalium. Diese 2:1-Tonminerale können verwandt sein mit den Muskoviten, dann di-okta-edrisch oder mit den Biotiten, dann tri-oktaedrisch. Oft sind die Illite be-reits teilweise an Kalium verarmt und ihre Schichtpakete sind deshalb am Rande aufgeweitet (Abb. 2.12).

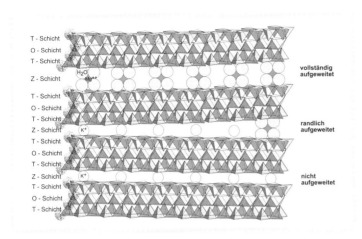

T - Schicht
O - Schicht
T - Schicht
Z - Schicht H_2O / Mg^{++} **vollständig aufgeweitet**

T - Schicht
O - Schicht
T - Schicht
Z - Schicht K^+ **randlich aufgeweitet**

T - Schicht
O - Schicht
T - Schicht
Z - Schicht K^+ **nicht aufgeweitet**
T - Schicht
O - Schicht
T - Schicht

Abb. 2.12:
Prinzip der Aufweitung von Tonmineralen (nach JAHN).

Das 2:1-Schichtpaket bietet aber noch verschiedene Möglichkeiten. So können Kaliumionen, da als Nährstoffionen sehr wichtig, im Laufe der Zeit dem Schichtgitter entzogen werden. Dann können sie ausgetauscht werden gegen anderswertige Kationen, die eine andere Größe haben und deshalb nicht so gut in das Schichtgitter passen. Solche Ionen, wie Natrium- und Magnesiumionen, werden in der Regel mit einer Hydrathülle eingebaut und dadurch wird der Schichtabstand wesentlich erweitert. In den so aufgeweiteten Schichtpaketen können die hydratisierten Kationen viel leichter ausgetauscht werden und es können auch mehrere Wassermolekülschichten eingebaut werden, sodass der Schichtabstand über 1,4 nm auf 1,8 nm, 2,1 nm, 2,4 nm usw. vergrößert werden kann. Dadurch wird der Zusammenhalt der Schichten verringert und solche Minerale können sich auch vollständig auflösen. Die großen Zwischenschichträume der **Smectite** bieten auch die Möglichkeit, dass polare organische Flüssigkeiten statt der anorganischen hydratisierten Kationen eingebaut werden. Dadurch können bei Smectiten sehr verschiedene Gitterabstände entstehen. Die Tatsache der Bindung organischer Moleküle gibt aber den Smectiten auch die Möglichkeit, organische Giftstoffe so zu sorbieren, dass sie ihre Giftigkeit verlieren. Sie können deshalb bei der Altlastensanierung oder -sicherung eingesetzt werden. Während Kaolinite und Illite häufig in der Granitverwitterung beobachtet werden können, sind die Smectite regelmäßig bei der Verwitterung von Basalten festzustellen. Smectite haben eine sehr hohe Affinität zum Wasser und deshalb lagern sie dies auch häufig in der Natur ein. Bei der Einlagerung des Wassers treten hohe Drücke auf, die stärker sind als bei den physikalischen Verwitterungsprozessen. Der Quellungsdruck von Smectiten kann bis zu 400 MPa betragen. Durch Quellen und Schrumpfen verändern die Kristalle ihre Größe wesentlich.

Zur Gruppe der Dreischichttonminerale (Abb. 2.11) gehört ein weiteres Mineral, das beim Erhitzen sein Zwischenschichtwasser explosionsartig abgeben kann und dann nicht mehr wie ein Plättchen, sondern wie ein Wurm aussieht. Daher erhielt es den Namen **Vermiculit**. Es hat wie die meisten Glimmer eine negative Ladung wegen des isomorphen Ersatzes von Si durch

Al in den Tetraedern. Ein Teil dieser Ladung kann aber durch die Oxidation von zweiwertigem Eisen in dreiwertiges in den Oktaedern bereits wieder ausgeglichen sein. In Vermiculiten finden wir regelhaft Magnesiumionen mit einer Hydrathülle in der Zwischenschicht. Sie sind deshalb im Naturzustand mit einem Schichtabstand von 1,4 bis 1,5 nm zu finden.

Bei Erwärmung oder bei Aufnahme von Kaliumionen können sie leicht auf 1,0 nm, wie die Illite, kontrahiert werden. Da die Smectite und Vermiculite sehr nahe den Illiten verwandt sind, können sie leicht Kalium einlagern. In natürlichen Verhältnissen wird aber das Kalium sehr stark von den Pflanzen entzogen, sodass dieses nicht vorkommt. Wenn aber Kalisalze gedüngt werden, so ist zumindest zeitweise im Boden eine hohe Kaliumaktivität zu beobachten. Dieses Kalium wird dann gerne von Vermiculiten und Smectiten aufgenommen. Diese kontrahieren zu 1,0 nm und das Kalium ist zunächst im Zwischenschichtraum festgehalten. Diesen Prozess nennt man **Kaliumfixierung**. Das gedüngte Kalium ist zum großen Teil nicht mehr für die Pflanzen verfügbar, sondern für spätere Zeiten aufgehoben. Der Landwirt stellt keine Düngewirkung fest.

Da die 2:1-Schichtpakete gewissermaßen nach außen abgeschlossen sind, erwartet man nicht, dass es noch weitere Tonminerale gibt. Die Natur hat sich aber in ihrer Phantasie doch noch ein weiteres Bauprinzip ausgedacht. Hier ist das Verhältnis zwischen SiO_4-Tetraedern und AlOH-Oktaedern wieder 1:1, aber wir haben einen Dreischichtbau mit Tetraeder-Oktaeder-Tetraeder-Abfolge und eine mehr oder weniger regelmäßige Oktaederschicht als Zwischenschicht. Diese **Chlorite** sind die einzigen Tonminerale, die gefärbt sein können. Alle anderen sind farblos. Bei den Chloriten finden wir grüne, blaue und rötliche Farben. Solche Chlorite färben viele Gesteine. Sie entstehen nicht nur in Böden, sondern auch unter schwach-metamorphen Bedingungen (Kap. 3.2). Diese Gesteinschlorite nennt man auch **primäre Chlorite**, da sie bereits vor der Bodenbildung im Gestein vorhanden sein können. Aber auch bei der Bodenbildung kann es vorkommen, dass 2:1 Schichtpakete bereits vorhanden sind und aus der Verwitterung weiteres Aluminium oder Magnesium freigesetzt wird. Dieses Aluminium- und Magnesiumhydroxid kann dann eine Oktaederschicht bilden, die sich zwischen die bestehenden Schichtpakete einlagert. Bei den Chloriten herrscht meist ein relativ hoher Eisenanteil und zwar an zweiwertigen und dreiwertigen Ionen vor. Es werden aber auch andere Metallkationen in unterschiedlichster Kombination beobachtet. Der Zusammenhalt des Minerals geschieht durch Ladungen oder auch durch Wasserstoffbrücken. Die Chlorite sind, anders als Vermiculit und Smectit, nicht aufweitbar. Die sekundären Chlorite enthalten eine Al-Oktaederschicht, die man auch Gibbsitschicht nennt, wie die Mg-Oktaederschicht Brucitschicht genannt wird. Beide Hydroxid-Minerale Gibbsit und Brucit kommen auch unabhängig von den Chloriten vor.

Tonminerale bauen sich in der Regel aus der wässrigen Lösung in dem Maße auf, wie primäre Silikate abgebaut werden. Geht der Abbau schneller als der Aufbau, dann ergibt sich gewissermaßen ein Stau an Wasser umgebenen silikatischen Kristallkeimen. Solche Keime können als vorübergehendes Produkt ein kugelförmiges Zweischichtmineral bilden, das wasserreich und wegen der äußeren OH-Ionen sehr reaktiv ist. Die Oktaederschicht ist häufig mit Aluminiumionen übersättigt und deshalb können die **Allophane**

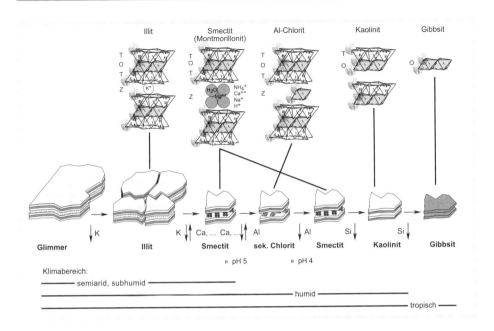

Abb. 2.13:
Tonmineral-Entwicklung aus der Glimmerverwitterung (nach JAHN).

eine positive Ladung haben. Sie lagern daher hauptsächlich Anionen an, wandeln sich aber im Laufe der Zeit in Halloysit und Kaolinit um. Diese Minerale sind in Mitteleuropa sehr selten, da sie in der Regel aus der Verwitterung von vulkanischem Glas hervorgehen.

Bei den Tonmineralen gibt es im Prinzip drei verschiedene Wege, wie sie entstehen können. Erstens, primäre Silikate werden bis in die Bausteine aufgelöst. In dem wässrigen Milieu bilden sich dann Silikatschichten als Kristallisationskeime und diese bilden im Laufe der Zeit dann neu gebildete Tonminerale (**Neubildung**). Im Gegensatz dazu haben die Glimmer ja bereits das gleiche Bauprinzip wie die Tonminerale, sodass durch **Umwandlung** aus dem Glimmer ein Tonmineral entstehen kann (Abb. 2.13). Der dritte Weg ist die **Transformation** eines Tonminerals in ein anderes. Diese Prozesse gehen auch sehr sonderbare Wege. So kann zum Beispiel ein schon entwickelter Kaolinit bei der Änderung der Verwitterungsbedingungen wieder Kieselsäure aufnehmen und in ein Dreischichttonmineral, z. B. Smectit umgewandelt werden.

Wir haben gelernt, dass die Tonminerale Neubildungen sind und wasserhaltige Schichtsilikate darstellen. Sie sind mit Nährstoffen wie Kalium, Magnesium und Eisen wichtige Vorratsträger. Sie können aber auch wegen ihrer reaktiven Oberfläche wesentliche Puffer bei Umweltprozessen sein. Die Tonminerale sind auch mengenmäßig bedeutende Neubildungen. In unserer Braunerde im Schwarzwald sind in der Nacheiszeit aus 1 m^3 Granit zwischen 100 und 200 kg Ton entstanden, d. h. jedes Jahr ein Esslöffel voll (10–20 g). Unter 1 ha dieser Braunerden sind also 1500 t neu gebildete oder umgewandelte Tonminerale zu finden. Der Prozess der **Verlehmung** ist deshalb ein ganz wesentlicher, die Eigenschaften des Bodens prägender Prozess.

2.5 Der chemische Bodenzustand – Entbasung, Versauerung, Pufferung und Ionenaustausch

Bei der Beobachtung der Bodenentwicklung aus Granit haben wir bisher im Wesentlichen die feste Phase betrachtet. An manchen Stellen, z. B. der hydrolytischen Verwitterung, ist uns aber bereits klar geworden, dass der Bereich, in dem etwas passiert, immer die Oberfläche der Minerale sein muss. In den Mineralen sind die Bausteine zu Zehntausenden aneinander gereiht und liegen dort ruhig, manchmal Jahrtausende, bis sie wieder an die Oberfläche kommen. Nur dadurch haben sie die Chance, in Veränderungen einbezogen zu sein. Die Veränderungen im Boden finden also meist an Grenzflächen, besonders an der Grenzfläche zwischen fester und flüssiger Phase – der wässrigen Bodenlösung – statt. In diesem Kapitel soll versucht werden, die wichtigsten Prozesse, die an den inneren Oberflächen ablaufen, zu erkennen und damit die Oberflächen und die Bodenlösung zu charakterisieren.

2.5.1 Entbasung

Bei der Bildung der Eisenoxide und der Tonminerale wurden Bestandteile der gesteinsbildenden Minerale aus der Verwitterung in die Neubildung wieder mit einbezogen. Dabei können wir feststellen, dass Eisen, Aluminium und auch zum allergrößten Teil die Kieselsäure nahezu vollständig in sekundäre Minerale eingebaut werden. Dagegen werden Natrium, Kalzium, aber auch Magnesium und Kalium nur zum kleinen Teil oder gar nicht wieder verwendet. Da diese Ionen nicht mehr in schwer lösliche Verbindungen eingebaut werden, werden sie mit der Bodenlösung ausgewaschen. Diese Auswaschung von Alkali- und Erdkaliionen nennt man **Entbasung**. Läuft diese Entbasung über längere Zeit, so können wir einen **Masseverlust** des Bodens feststellen. Der Masseverlust lässt sich am besten daran festmachen, dass die **stabilen Bestandteile**, also z. B. der **Quarz**, aber auch sehr stabile Spurenminerale, wie das Titanoxid **Rutil** und das Zirkoniumsilikat **Zirkon**, zunehmen. Eine solche Anreicherung durch Abfuhr anderer Bestandteile nennt man eine **relative Anreicherung**. Die Ursache der Entbasung ist letztendlich die hydrolytische Verwitterung. Bei ihr werden aus den weniger stabilen silikatischen Mineralen Kalzium-, Natrium-, Magnesium- und Kaliumionen durch die Bestandteile des Wassers herausgelöst und H-Ionen bleiben an den Silikaten. Die Kationen bilden mit den OH-Ionen „basische Laugen". Dadurch müsste die Bodenlösung eigentlich alkalisch werden. Die Tatsache, dass wir dies im Boden nicht beobachten, ist ein weiteres Indiz, dass diese Reaktionsprodukte ausgewaschen werden. Dabei laufen zwei Prozesse parallel. Zunächst werden die Hydroxide der Alkalien aus dem Boden ausgewaschen. Das ist der Prozess der Entbasung. Gleichzeitig muss, damit die elektrische Neutralität erhalten bleibt, dann eine entsprechende Menge H-Ionen im Boden zurückbleiben. Diese Anreicherung der H-Ionen führt zu einer **Versauerung** des Bodens. Alle Böden der Kieselserie haben deshalb in humiden Gebieten saure pH-Werte.

2.5.2 Versauerung und Pufferung

Um Versauerung zu messen, müssen wir den Säuregrad des Bodens kennen. Diesen Säuregrad messen wir mit dem pH-Wert.

Definition: pH-Wert = Maßzahl für die Wasserstoffionenkonzentration (Aktivität) in der Bodenlösung.
Der pH-Wert ist der negative dekadische Logarithmus der H_3O^+-Ionen-Konzentration.
$$pH = -\log c\ [H_3O^+]$$

Beispiele $0,01\ mol\ l^{-1}\ HCl \triangleq c = 0,01\ mol\ l^{-1}\ H^+\ [H_3O^+]$
$$pH = -\log c\ [H_3O^+]\ 10^{-2} = 2$$

1 l Säure von pH = 0 enthält 1 mol H^+-Ionen = 1 g $H^+\ l^{-1}$
1 l Bodenlösung von pH = 3 enthält 1mmol H^+-Ionen = 1mg $H^+\ l^{-1}$

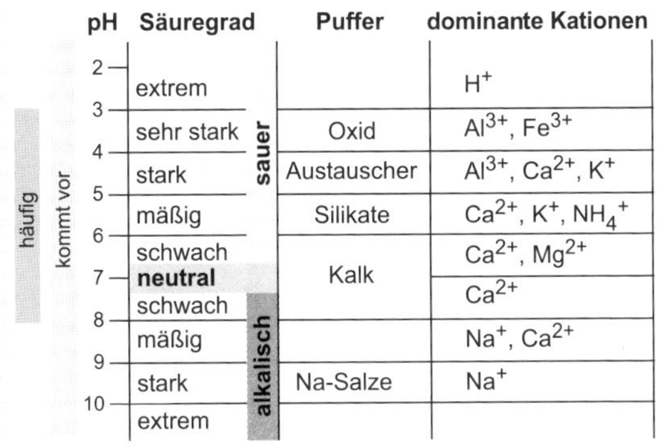

Diese pH-Werte können nur in wässrigen Lösungen gemessen werden. Die dafür üblichen Messelektroden können aber im Boden in der Regel nicht eingesetzt werden. Deshalb wird bei der Messung des pH-Wertes zu 10 g Boden 25 ml destilliertes Wasser (aktuelle Azidität) oder verdünnte Kalziumchloridlösung (Austauschazidität) hinzugegeben. Da das Verfahren standardisiert ist und der pH-Wert ohnehin als 10er-Logarithmus gemessen wird, ist die Verdünnung für den Messwert nicht schwerwiegend. Abbildung 2.14 zeigt, welche Säuregrade in Böden überhaupt vorkommen und wie sie benannt werden. In unseren Beispielböden aus Granit kommen nur pH-Werte zwischen 5,5 und 3,5 vor. Sie sind also mäßig bis sehr stark sauer. In Böden aus Basalten ist dagegen der pH-Wert weniger sauer. Hier finden wir pH-Werte zwischen 7,5 und 5,0.

pH	Säuregrad		Puffer	dominante Kationen
2	extrem			H^+
3	sehr stark		Oxid	Al^{3+}, Fe^{3+}
4	stark		Austauscher	Al^{3+}, Ca^{2+}, K^+
5	mäßig		Silikate	Ca^{2+}, K^+, NH_4^+
6	schwach			Ca^{2+}, Mg^{2+}
7	**neutral**		Kalk	Ca^{2+}
8	schwach			
	mäßig			Na^+, Ca^{2+}
9	stark		Na-Salze	Na^+
10	extrem			

Abb. 2.14: Säuregrad, Pufferbereiche und dominante Kationen in Böden

Damit wir die pH-Werte richtig einordnen können, müssen wir uns fragen, woher die H^+-Ionen kommen und wie sie auch wieder abgepuffert werden können (Tab. 2.5; s. S. 56).

Die wichtigste Säure in den Böden und in der Natur ist nach wie vor die **Kohlensäure**. Sie entsteht durch Aufnahme des CO_2, das in der Luft vorhanden ist oder bei Atmungs- und Verbrennungsvorgängen frei wird, im Wasser nach der Gleichung:

Kohlensäure

$$H_2O + CO_2 \rightleftarrows H_2CO_3$$

Tab. 2.5:
Wichtige H⁺-Ionen-Quellen und -Senken und deren Leistung

Ursachen der Versauerung H⁺-Ionen-Quellen	Folgen der Versauerung Puffersubstanz in Böden
1. H^+ durch Niederschlag $0,4-10$ kmol $\cdot$ ha^{-1} a^{-1}	1. Carbonate $15-45$ kmol $\cdot$ ha^{-1} a^{-1}
2. H^+-Abgabe von Pflanzenwurzeln $0,5-0,6$ kmol $\cdot$ ha^{-1} a^{-1}	2. Austauscher mit variabler Ladung 500 kmol $\cdot$ ha^{-1}
3. Bildung organischer Säuren (Humifizierung) ?	3. Silikatverwitterung $0,2-2,5$ kmol $\cdot$ ha^{-1} a^{-1}
4. Oxidation von Fe^{2+}, Mn^{2+} $<0,1$ kmol $\cdot$ ha^{-1} a^{-1}	4. Oxid- und Hydroxidabbau $<0,1$ kmol $\cdot$ ha^{-1} a^{-1}
5. Mineralisation der organischen Substanz $1-6$ kmol $\cdot$ ha^{-1} a^{-1}	5. Reduktion von Fe^{3+}, Mn^{3+}, NO_3^- $\sim 0,1$ kmol $\cdot$ ha^{-1} a^{-1}

Die Kohlensäure ist eine zweibasige Säure und kann deshalb in zwei Schritten 2 H⁺-Ionen abgeben. Diese Reaktionen laufen im pH-Bereich oberhalb 5 ab. Sie werden dann begünstigt, wenn in der Bodenluft bzw. in der bodennahen atmosphärischen Luft der CO_2-Partialdruck ansteigt. Die Kohlensäure spielt als Säure insbesondere in landwirtschaftlichen Böden eine Rolle, da in den sehr sauren Waldböden die Kohlensäure bzw. das CO_2 durch stärkere Säuren aus der Bodenlösung vertrieben wird.

Wie kommt Säure in den Boden?

In der Atmosphäre sind außer CO_2 auch noch eine Reihe weiterer Oxide vorhanden, die Säureanhydride sind, so SO_x und NO_x, die in wässriger Lösung Schweflige- und Schwefelsäure bzw. Salpetrige- und Salpetersäure bilden können. Diese Säurequellen stammen zum großen Teil heute aus Verbrennungsprozessen der Industrie, der Kraftfahrzeuge und den privaten Haushalten. Die Oxide entstehen aber auch natürlich, z. B. bei vulkanischen Gasausbrüchen oder bei Blitzschlägen während eines Gewitters. Diese Oxide werden in wässriger Lösung bei Niederschlägen auf den Boden gebracht und können zu starken Säureeinträgen werden. Da sie aber auch Nährstoffe enthalten, kommt es über die Atmosphäre zu deutlichen Nährstoffeinträgen. So können wir in tropischen Gebieten durch Gewitter bis zu 40kg/ha Stickstoff und in unseren Breiten zurzeit ungefähr 20–25kg/ha Stickstoff erwarten. Diese sogenannten sauren Niederschläge sind zum Teil natürlich, zum großen Teil heute vom Menschen verursacht.

Saurer Regen

Kationensenke
Säurequelle

Säurequelle ist die **Kationenaufnahme** durch die Pflanzenwurzel. Bei dieser Kationenaufnahme werden H-Ionen von der Pflanzenwurzel abgegeben.

Das geht nach der Summenformel:

$$\text{H-Wurzel} + K^+ \rightarrow \text{K-Wurzel} + H^+$$

Da in humiden Klimagebieten die Ernährung der Pflanze hauptsächlich über Kationen geschieht, muss der Nährstoffentzug durch die Pflanzen zu einer erhöhten Versauerung in der Umgebung der Pflanzenwurzel, der **Rhizosphäre**, führen. In ariden Klimaten ist das anders. Dort werden überwiegend die Anionen Nitrat, Sulfat, Phosphat von der Pflanze aufgenommen, sodass dort ein OH-Ionenüberschuss entsteht und die Böden alkalisieren.

Bei der Umsetzung der organischen Substanz entstehen **Huminsäuren** und **Fulvosäuren**, die einen hohen Anteil dissoziierbarer H^+-Ionen enthalten. Auch werden, wie wir zuvor schon gesehen hatten, aus den aktiven Wurzeln niedermolekulare organische Säuren ausgeschieden, wie z. B. Zitronensäure, Äpfelsäure, Weinsäure, Oxalsäure. Diese Säuren werden mikrobiell bei der Mineralisierung der organischen Substanz (Kap. 2.6.) wieder zerstört, aber dabei entstehen dann durch die **Mineralisierung** auch im Boden starke Mineralsäuren, wie Salpetersäure, Schwefelsäure, Phosphorsäure. **Organische Säuren**

Säure entsteht im Boden auch bei jeder Form der **Oxidation**. Ein wichtiges Beispiel ist dabei die Oxidation zweiwertiger Eisenionen, die nach der Formel abläuft: **Oxidation**

$$4Fe^{2+} + O_2 + 6H_2O \rightarrow 4FeOOH + 8H^+$$

Dabei entsteht bei der Oxidation des Eisens als Zwischenprodukt $Fe^{3+}(OH)_3$ das dehydriert und Goethit bildet. Ein anderes wichtiges Beispiel der Oxidationsreaktionen haben wir bereits bei der Oxidationsverwitterung in Kapitel 2.3.2 kennengelernt, als wir Pyrit oxidieren ließen und dabei erkannt haben, dass eine große Menge an Schwefelsäure gebildet wird.

Die Entwicklung der Böden hat, wie wir gesehen haben, im humiden Klima eine zunehmende Bildung von Protonen und damit Versauerung zur Folge. Dagegen gibt es aber auch eine Reihe von Prozessen, die die Säure wieder verbrauchen und dabei der Versauerung entgegen steuern. Diese Kompensationsprozesse bezeichnet man auch als **Pufferung**. Da die verschiedenen Puffersubstanzen in unterschiedlichen pH-Bereichen ihren hauptsächlichen Wirkungsbereich haben, spricht man seit längerer Zeit (nach ULRICH) von den verschiedenen Pufferbereichen in Böden. Im Prinzip wirkt aber jeder Puffer über den ganzen pH-Bereich. **Wer puffert die Säure?**

Der wirksamste **Puffer** in Böden ist der **Kalk**. Er wurde als solcher in der Landwirtschaft auch bereits eingesetzt, als seine Wirkung chemisch noch nicht erklärt werden konnte (z. B. Mergeln von Weinbergsböden). Die Carbonatpufferung geht nach der Formel: **Kalk- oder Carbonatpuffer**

$$CaCO_3 + H_2CO_3 \rightarrow Ca^{2+} + 2\,(HCO_3)^-$$

Diese Formel haben wir bereits bei der Säureverwitterung in vollständiger Form kennengelernt. Wenn der Carbonatpuffer ohne Rückreaktion verbraucht wird, so entweicht CO_2 aus den Böden, Kalziumionen bzw. OH-

Ionen bleiben im System. Dieser Kalkpuffer ist der reaktivste Puffer in unseren Böden und er kann große Mengen an Säure abpuffern. Solange freier Kalk in Böden vorhanden ist, bleiben die pH-Werte zwischen 6,5 und 8. Erst wenn der Kalk vollständig verbraucht ist, sinkt der pH-Wert weiter ab.

Silikathydrolyse

Den zweiten wichtigen Puffervorgang kennen wir auch bereits. Es ist die **Silikatverwitterung** durch Hydrolyse. Hier werden aus dem Silikatgitter metallische Kationen z. B. Kalium, Kalzium oder Magnesium herausgelöst und dafür H-Ionen eingebaut. Diese Pufferung läuft langsamer ab als die Kalkpufferung und deshalb stellt sich im Gleichgewicht meist ein pH-Wert von 5 ein. Sinkt der pH-Wert weiter, so können aus den Silikaten auch Aluminium- und später Eisenionen freigesetzt werden (Tab. 2.5, Abb. 2.14).

Die Silikate sind also lang verfügbare Puffer und in den meisten unserer Böden mit Ausnahme der sehr quarzreichen Böden sind die Silikatpuffer bis heute noch wirksam. Nimmt allerdings der Säureeintrag zu, so können die Silikate nicht schnell genug puffern und der pH-Wert kann weiter absinken.

Oxidpuffer

Werden pH-Werte unter 5 erreicht, dann werden auch neu gebildete Minerale, wie Oxide des Aluminiums und später des Eisens als Puffer herangezogen. Dabei werden die Oxide aufgelöst und die Ionen können ausgewaschen werden. Wie die Carbonate und die Silikate verbrauchen sich damit die Oxide bei der Pufferung ebenfalls. Böden, die im **Oxidpufferbereich** sind, haben häufig pH-Werte unter 4 und es besteht die Gefahr, dass Ionen wie Aluminium, Mangan und auch Eisen in einem Maße frei werden, dass sie für die Pflanzen toxisch sind. Hier sind insbesondere bei landwirtschaftlicher Nutzung unbedingt Gegenmaßnahmen erforderlich, die durch Zugabe schnell wirkender Puffer, wie Kalk oder Dolomit den pH-Wert des Bodens wieder anheben können.

Redoxpuffer

Im Gegensatz zu den bisher genannten Puffersubstanzen gibt es auch solche, die sich bei der Pufferreaktion nicht vollständig verbrauchen. Dazu gehört der **Redoxpuffer**. Wir haben gesehen, dass Eisen und Mangan bei der Oxidation Säure liefern können. Das Gleiche gilt auch für Schwefel. Wenn nun solche oxidierten Substanzen in sauerstoffarme Bodenbereiche gelangen, so können anaerobe Verhältnisse entstehen und Bodenorganismen, hauptsächlich Bakterien, bedienen sich der Sauerstoffquellen dieser Oxide zur Atmung. Dabei wird, umgekehrt zur Oxidation, Säure verbraucht. Diesen Prozess kann man leicht beobachten, indem man Böden unter Wasser setzt und den Verlauf der pH-Werte beobachtet. Je nach Anteil der reduzierbaren Substanzen kann dabei der pH-Wert bis um 2 Einheiten ansteigen. Wird der Boden wieder durchlüftet, so kommt es ebenso zu einer raschen, neuerlichen Säurebildung.

Austauscherpuffer

Eine letzte Pufferung, die aber für unsere Böden ganz besonders große Bedeutung hat, weil sie eine sehr große Pufferkapazität hat und sich ebenfalls nicht verbraucht, ist die Pufferung an **Austauschplätzen** insbesondere an **variablen Ladungen**. Wie wir später sehen, gibt es an organischer Substanz und an Silikaten, insbesondere an Tonmineralen, R-COOH und Si-OH Bindungen. Diese Bindungen können alternativ ein OH-Ion oder ein H-Ion dissoziieren. Ist der Säuregrad ansteigend, so tendieren diese Bindungen dazu, OH-Ionen zu dissoziieren und damit sind sie in der Lage, H-Ionen in der Lösung abzupuffern. Je mehr organische Substanz und je mehr Tonminerale in Böden vorkommen, desto größer ist diese Puffermöglichkeit. Die **Pufferung** an variablen Ladungen bzw. an **Austauscherplätzen** ist für viele **umweltrelevante Prozesse** in unseren Böden, insbesondere für die **Nährstoff-versorgung** der Pflanzen, ein entscheidender Prozess. Wir müssen sie deshalb ausführlicher behandeln.

2.5.3 Ionenaustausch

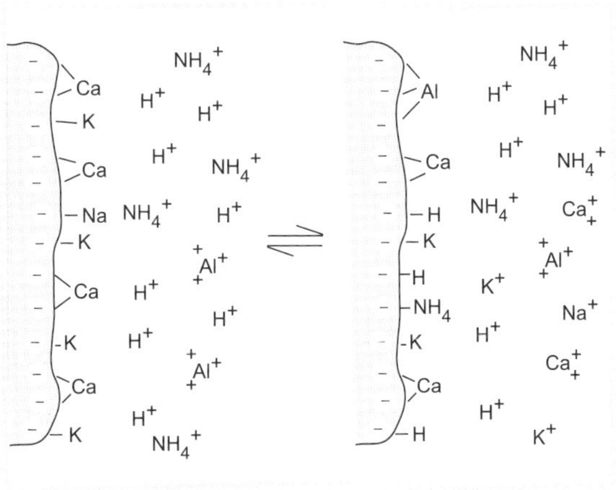

Beim Ionenaustausch werden einzelne Ionen aus der Bodenlösung an der Oberfläche von Partikeln elektrostatisch gebunden. Wie Abbildung 2.15 zeigt, werden dabei Ionen, die zuvor an der Oberfläche der Partikel saßen, in die Lösung abgegeben. Beim idealen Ionenaustausch sind diese Prozesse vollkommen reversibel und es gilt das Prinzip, dass immer nur Ionen-Äquivalente gleicher Ladung ausgetauscht werden können. In unseren Böden besitzen Tonminerale und Huminstoffe eine große spezifische Oberfläche. Diese Oberfläche hat meist überwiegend negative Ladung, aber es gibt auch positive Ladungsplätze. An diesen

geladenen Oberflächen sind jederzeit Kationen oder Anionen gebunden, die diese Ladung ausgleichen. Der Ionenbelag an der Oberfläche ändert sich regelmäßig. Er ist dabei hauptsächlich vom pH-Wert, von der Zusammensetzung bzw. den Ionenaktivitäten der Bodenlösung und von den Eigenschaften der Austauscher und der beteiligten Ionen abhängig. Dass am Ionenaustausch hauptsächlich Tonminerale und Huminstoffe teilnehmen, hängt mit deren Struktur zusammen. Sie können nämlich an der Oberfläche Ladungen haben, hauptsächlich aber sorgt die geringe Partikelgröße für große Oberflächen und hohe Reaktivität. Auch an gesteinsbildenden Mineralen ist da und dort Ionenaustausch möglich. Im Verhältnis zur Größe und zur Masse dieser Bodenbestandteile ist aber dieser Ionenaustausch vernachlässigbar gering.

Abb. 2.15: Prinzipskizze des Kationenaustausches in Böden.

Der **Ionenaustausch** hängt von dem Vorhandensein von Ladungen ab. Wir unterscheiden dabei verschiedene Formen der Ladung. Die **permanente Ladung** ist bedingt durch den Kristallbau der Ionenaustauscher, bei denen in der Regel durch isomorphen Ersatz in den **Silikatschichten** negative Überschussladungen auftreten. Diese permanente Ladung ist immer vorhanden. Sie ist unabhängig vom pH-Wert, von der Zusammensetzung der Bodenlösung und der Art der beteiligten Ionen. Daneben gibt es die **variable Ladung**. Sie ist dadurch bedingt, dass an funktionellen Gruppen alternativ H^+-Ionen oder OH^--Ionen dissoziiert werden können. Solche funktionellen Gruppen sind z.B. MgOH-, AlOH-, FeOOH- und -COOH-Gruppen (Abb. 2.16).

Permanente und variable Ladung

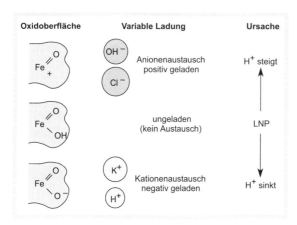

Oxidoberfläche	Variable Ladung	Ursache
Fe O, +	OH⁻ Cl⁻	Anionenaustausch positiv geladen	H^+ steigt
Fe O, OH		ungeladen (kein Austausch)	LNP
Fe O, O⁻	K⁺ H⁺	Kationenaustausch negativ geladen	H^+ sinkt

Abb. 2.16:
Variable Ladung am Beispiel der Oberfläche des Goethits.

Ladungsnullpunkt

Die jeweils vorhandene Ladung ist abhängig vom pH-Wert der Bodenlösung. An der gleichen Position können bei saurem Milieu Anionen und bei neutralem oder alkalischem Milieu Kationen gebunden werden. Für die verschiedenen funktionellen Gruppen gibt es aber eine unterschiedliche pH-Abhängigkeit, d. h. der mittlere Zustand, bei dem keine Ladung vorhanden ist, ist – abhängig von der Eigenschaft des jeweiligen Minerals oder Humusmoleküls – bei unterschiedlichen pH-Werten zu finden. Den Zustand, bei dem Minerale keine Ladung haben oder wo die Summe der positiven Ladungen und negativen Ladungen gleich ist, nennt man **Ladungsnullpunkt** (LNP, auch PZC, Point of Zero Charge). Bei diesem Zustand hat der Austauscher die geringste Zahl an Ladungen, die mit der Bodenlösung kommunizieren können. Der Ladungsnullpunkt ist hauptsächlich abhängig von den Eigenschaften der Ionenaustauscher. Er liegt sehr verschieden. Die Tonminerale, die Schichtsilikate sind, haben ihren Ladungsnullpunkt bei pH 3 oder sogar deutlich darunter, d. h. sie sind im Bereich der Boden-pH-Werte fast reine Kationenaustauscher. Das besondere, kugelförmige Tonmineral Allophan hat seinen Ladungsnullpunkt im Bereich von pH 6. Es ist also im neutralen Bereich Kationenaustauscher und im stärker sauren hauptsächlich Anionenaustauscher. Die Oxide wie Hämatit oder Gibbsit haben ihren Ladungsnullpunkt im stark alkalischen Bereich bei pH 9. Sie sind also im Bereich der Boden-pH-Werte fast ausschließlich Anionenaustauscher. Auch die Huminstoffe haben ihren Ladungsnullpunkt in der Regel im stark sauren Bereich, d. h. sie sind im pH-Bereich der Böden fast ausschließlich Kationenaustauscher.

Da in den Böden überwiegend Kationenaustauscher vorkommen, hat man sich traditionell mehr mit Kationenaustauschern beschäftigt. Das Maß für den Kationenaustausch eines Bodens ist die Kationenaustauschkapazität (KAK). Sie stellt die Summe der austauschbaren Kationen eines Bodens, angegeben in Millimol pro Kilogramm dar. Millimol werden dabei wie folgt berechnet:

Millimol = Atommasse durch Wertigkeit × 10^{-3} g.
Beispiel: 1 Millimol Kalzium = 40 / 2 × 10^{-3} g = 20 mg

Die Kationenaustauschkapazität setzt sich aus der permanenten und variablen Ladung zusammen. Man spricht dabei von den beiden Formen der potenziellen KAK und der effektiven KAK. Die potenzielle KAK (KAK_{pot}) wird bei pH-Werten zwischen 7,5 und 8,2 gemessen. Sie ist die höchste Austauschkapazität, die in natürlichen Böden erwartet wird. Entsprechend der allgemein gültigen Gesetzmäßigkeiten würde die Kationenaustauschkapazität natürlich weiter steigen, wenn der pH-Wert noch angehoben wird. Dies ist aber in humiden Gebieten auf jeden Fall nicht sinnvoll anzunehmen (Abb. 2.16). Die effektive Kationenaustauschkapazität, KAKeff, ist die Kationenaustauschkapazität beim jeweiligen pH-Wert des Bodens. In carbonathaltigen Böden oder in Böden mit pH-Werten über 7 sind die effektive Kationenaustauschkapazität und die potenzielle identisch. In sauren Böden ist die effektive Kationenaustauschkapazität prinzipiell kleiner als die potenzielle (Abb. 2.17).

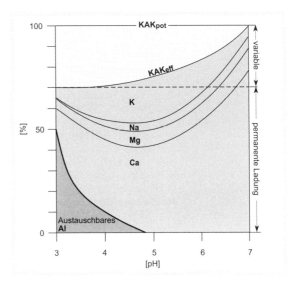

Für die Eigenschaften eines Bodens hinsichtlich seiner Bodenfruchtbarkeit ist es wichtig, welche Kationenaustauscher auftreten. Bei den real auftretenden Ionen am Austauscher spricht man vom Ionenbelag. Beim Ionenbelag unterscheidet man zwischen den „Basen", das sind Alkali- und Erdalkaliionen, und den „sauren Kationen", das sind neben Wasserstoff auch Eisen und Aluminium, die als sogenannte Kationensäuren in wässriger Lösung auch H-Ionen dissoziieren und nur im sehr sauren pH-Bereich austauschbar sind. Das ebenfalls wichtige Kation NH_4^+ sitzt ein wenig dazwischen, als reines NH_4^+ ist es eher ein basisches Kation. Es tritt aber auch in sehr saurem Bereich auf und oxidiert leicht unter Bildung von H^+-Ionen. Aus der Summe der basischen Kationen bildet man den S-Wert und aus der Summe der sauren Kationen den H-Wert. Dann gilt:

Abb. 2.17: Schematische Darstellung der KAKeff und des Kationenbelags (in% von KAK_{pot}) eines Bodenhorizonts mit 2–3% organischer Substanz (frei nach Schachtschabel).

$$KAK = S + H \ [mmol]$$

(Bei der wirklichen Bestimmung gilt diese Gleichung meist nicht exakt, da man die Austauschbedingungen nicht stabil halten kann und deshalb Fehler von 10% ganz normal sind.) Setzt man den S-Wert ins Verhältnis zur Kationenaustauschkapazität, so erhält man die sogenannte Basensättigung (BS). Die Basensättigung errechnet sich aus:

$$BS \ in \ \% = [S/KAK] \times 100 \ [\%]$$

Generell bewertet man Böden mit einem Basensättigungsgrad von nahe 100% als günstiger und nährstoffreicher als solche mit einem Basensättigungsgrad von 10% oder weniger. Für die Bodenfruchtbarkeit ist aber auch die Verteilung der Ionen, insbesondere der Anteil der Kalium- und Magnesiumionen, von Bedeutung. In den meisten Böden bedeutet hundertprozentige Basensättigung meist eine fast vollständige Sättigung mit

Sauer ist fruchtbar!

Kalziumionen und deshalb ist sie nicht besonders günstig. Erst wenn die Basensättigung abnimmt, nimmt meist auch die Variabilität im Ionenbelag zu, sodass wir sagen können, „sauer ist fruchtbar". Gerade im pH-Bereich zwischen 5 und 6 liegt meist ein relativ ausgewogenes Ionenverhältnis am Austauscher und damit auch in der Bodenlösung vor. Unterhalb eines pH-Wertes von 5 beginnen dann die Aluminiumbelegung des Austauschers und damit auch Fruchtbarkeitsprobleme, denn Aluminium ist kein Nährstoff, sondern wirkt als Schadstoff, da es die Aufnahme von Phosphationen behindert und weil Aluminium in den Pflanzenzellen direkt als Zellgift wirken kann. Um den Ionenaustausch noch etwas besser zu verstehen, müssen wir noch einmal in die molekulare Ebene heruntergehen.

Ein Austauscher hat an seiner Oberfläche eine bestimmte Ladungsdichte. Dort versuchen sich entsprechend geladene Gegenionen anzulagern. Die direkt an der Oberfläche liegenden Ionen nennt man nach ihrem Entdecker die **„Sternschicht"**. Diese Sternschicht gleicht in der Regel nicht die gesamte Oberflächenladung aus. Das hat vor allem sterische Gründe, weil die hydratisierten Ionen oft zu groß sind und damit andere Ionen an der Anlagerung behindern. Außerdem wirkt die Polarität bei zunehmend positiver Belegung auch abstoßend auf neu ankommende Kationen. Deshalb gibt es einen Übergangsbereich, in dem mehr positive als negative Ionen vorkommen. Diese **diffuse Schicht**, gemeinsam mit der Sternschicht, gleicht die gesamte Ladung aus. Erst daran anschließend kommt die Gleichgewichts-Bodenlösung. Dieser gesamte Bereich von der Oberfläche des Austauschers bis in die Gleichgewichtsbodenlösung beträgt wenige Nanometer (Abb. 2.18).

Abb. 2.18:
Ionenverteilung in der elektrischen Doppelschicht eines Kationenaustauschers (nach dem Modell von GOUY und STERN).

Dass auch die Art der Ionen und ihre Konzentration einen starken Einfluss auf den Ionenaustausch haben, kann man bei unterschiedlichen Schwermetallen feststellen. Trägt man die Konzentration eines Ions in der Lösung gegen die Konzentration des Ions am Austauscher ab, so erhält man eine **Adsorptionsisotherme**. Verändert man die Konzentration, so verändern sich die Gehalte der sorbierten sowie die Konzentrationen der gelösten Ionen entsprechend dem Verlauf dieser Isolinie. Läuft die Kurve senkrecht, so werden alle zugegebenen Ionen adsorbiert, läuft die Kurve waagerecht, so werden alle Ionen, die zugegeben werden, in der Lösung bleiben. Aus den drei Kurven für Cadmium, Kupfer und Blei lässt sich erkennen, dass sich diese Ionen sehr unterschiedlich verhalten und Cadmium eine große Tendenz hat, in der Lösung zu bleiben, während Blei eine starke Tendenz zur Sorption hat. Verringert man den pH-Wert, so zeigt sich am Beispiel von Cadmium, dass die Tendenz zur Mobilisierung wesentlich zunimmt.

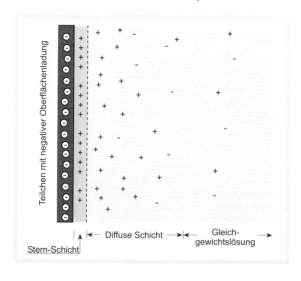

Teilchen mit negativer Oberflächenladung

Stern-Schicht | ← Diffuse Schicht → | ← Gleichgewichtslösung →

Der Kationenaustausch ist auch sehr stark abhängig von der Gestaltung der Grenzfläche zwischen fest, flüssig und gasförmig. Diese Grenzflächen bezeichnet man in ihrer Summe als spezifische Oberfläche und misst sie in Quadratmeter pro Gramm. Die von uns behandelten Tonminerale (Kap. 2.4) haben sehr unterschiedliche spezifische Oberflächen. Nicht aufweitbare Minerale haben Oberflächen wie Kaolinit von 20–50 m²/g, und Illit 100 m²/g. Die aufweitbaren Tonminerale wie z. B. die Smectite haben eine innere Oberfläche und diese innere Oberfläche ist auch für den Ionenaustausch zugänglich. Sie ist wesentlich größer als bei den Tonmineralen, die nicht aufweiten können und beträgt 700 m²/g, bei Allophanen bis zu 1300 m²/g. Davon sind etwa 10 % äußere Oberfläche und 90 % innere Oberfläche bei quellfähigen Mineralien.

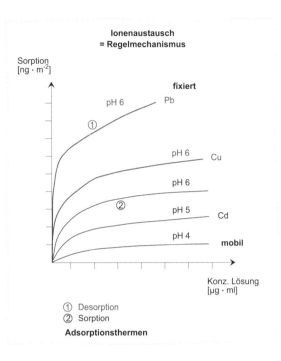

① Desorption
② Sorption
Adsorptionsthermen

Merke: 1 Teelöffel voll Tonminerale hat die Oberfläche eines Fußballfeldes!

Abb. 2.19 :
Adsorptionsthermen von Cd, Cu und Pb.

Ein weiterer wichtiger Parameter für den Ionenaustausch ist die Wertigkeit. Dabei gilt die sogenannte **lyotrophe Reihe** Diese zeigt, dass je höher die Wertigkeit, desto stärker wird ein Ion festgehalten. Deshalb gilt:

Lyotrophe Reihe

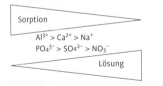

Darüber hinaus spielt die **Hydratation** der Ionen eine Rolle. Generell gilt, dass gleichwertige Ionen weniger hydratisiert sind, wenn sie größer sind. Deshalb ist Magnesium stärker hydratisiert als Kalzium und Natrium stärker als Kalium. Die stärker hydratisierten Ionen werden bei der Ionenbindung benachteiligt. Deshalb gilt die Reihe unter Berücksichtigung der Hydratation folgendermaßen: $Al^{3+} > Ca^{2+} > Mg^{2+} > K^+ > Na^+$.

Neben dieser generellen Reihe für die Bindungsstärke der verschiedenen Ionen gibt es auch Austauschoberflächen, an denen bestimmte Ionen aufgrund der Struktur ihrer Oberfläche bevorzugt werden. Dazu gehören Kalium- und Ammoniumionen, die etwa gleich groß sind und besonders gut in die Zwischenschichten der silikatischen Tonminerale passen (der Ring der SiO_4 Tetraeder der Tetraederschicht hat den gleichen Durchmesser wie die Kalium- oder Ammoniumionen). Auch bei der Sorption von Phosphat an Eisenoxiden gilt, dass die dreiwertigen Eisenionen besonders gerne die dreiwertigen Phosphationen anlagern. Eine solche spezifische Affinität zu einer Oberfläche bezeichnet man als **Selektivität**. Dafür lässt sich ein **Selektivitätskoeffizient** bestimmen.

Der Selektivitätskoeffizient bestimmt sich im einfachsten Fall aus der Gleichung:

K-sorbiert + Na-löslich →Na-sorbiert + K-löslich

Daraus lässt sich der Selektivitätsquotient KS ermitteln:

KS = (Na-löslich × K-sorbiert) / (Na-sorbiert × K-löslich)

Wenn KS >1, wird Kalium sorbiert; wenn KS =1, herrscht Gleichgewicht; wenn KS <1, wird Natrium sorbiert. Sind in einem solchen Fall die KS-Werte wesentlich über 1, besteht also ein sehr starker Drang, das Kalium zu sorbieren, dann spricht man von **Kaliumfixierung**. Entsprechend gibt es auch bei der Anionenbindung von Phosphat an Eisen- oder Aluminiumoxiden eine **Phosphatfixierung**. Die Kaliumfixierung findet insbesondere bei teilweise verwitterten, aufgeweiteten Illiten, aber auch bei Vermiculit und Smectiten statt. Für die Praxis der Düngung bedeutet dies, dass in solchen Fällen eine Kaliumdüngung vollständig von den Tonmineralen aufgenommen und kein Düngeeffekt festgestellt wird. Das heißt aber nicht, dass das Kalium für immer verschwunden ist, sondern wenn das Kalium aus der Außenlösung von den Pflanzen aufgenommen wurde, wird langsam bzw. häufig sehr langsam, das Kalium, welches an den Austauschern fixiert wurde, wieder freigesetzt. Da die Pflanzen bei Kalimangel das Kalium sehr selektiv und rasch aufnehmen, wird auch im normalen K-Entzugsversuch häufig „nicht mobiles" Kalium von Pflanzen entzogen. Damit steigt aber der Anteil fixierten Kaliums bei der nächsten Düngung erneut.

Ionenaustauscher verhalten sich unterschiedlich (Tab. 2.6). Die Tonminerale und die organische Substanz sind gute Kationenaustauscher, Allophan ist mit Kationen und Anionenaustausch etwa im Gleichgewicht und die Oxide sind überwiegend Anionenaustauscher. Generell kann gesagt werden, dass Anionen, insbesondere einwertige Anionen, benachteiligt sind beim Ionenaustausch und deshalb besonders stark auswaschungsgefährdet (Nitrat ins Grundwasser). Abschließend lässt sich feststellen, dass der Ionenaustausch hauptsächlich, außer von den Eigenschaften der Tonminerale, von

Maßzahl	KAK [mmol/kg]	AAK [mmol/kg]
Kaolinite	30– 150	
Illite	200– 500	1–30
Vermikulite	1500–2000	
Smektite	700–1300	
Allophan	200– 500	50–100
Humus/ org. Substanz	2000–3000	

Tab. 2.6: Austauschstärke verschiedener Austauscher in Böden.

- der Ionenkonzentration bzw. der Aktivität der Ionen,
- der Wertigkeit der Ionen,
- dem bestehenden Ionenradius und
- von der Selektivität der Oberfläche für bestimmte Ionen abhängig ist.

2.6 Organische Substanz des Bodens – Humusakkumulation und Humusumsatz

Die **Streu** ist die organische Ausgangssubstanz unserer Böden ebenso wie das unverwitterte Gestein die anorganische Ausgangssubstanz darstellt. Streu ist tote organische Substanz, die beim Absterben von Pflanzen, Tieren und Mikroorganismen entsteht. Die Streu ist in ihrer Gestalt meist noch der lebenden Biomasse gleich, kann aber auch bereits durch beim Absterben immanente biochemische Prozesse verändert sein. Die Menge der im Boden oder auf dem Boden entstehenden Streu beträgt im gemäßigten Klima zwischen 1 und 10t ha^{-1} a^{-1}.

Den Hauptteil der organischen Fraktion des Bodens bildet der **Humus**. Er bildet einen Vorrat von 50 bis über 300t ha^{-1}. Er setzt sich aus allen Umwandlungsprodukten der Streu zusammen, die eine amorphe, makromolekulare Form haben. Die Umwandlung von Streustoffen in Huminstoffe bezeichnet man als **Humifizierung**.

Die organischen Verbindungen unterliegen im und auf dem Boden zahlreichen Umwandlungsprozessen. Nach dem Absterben läuft in der Streu durch im Gewebe vorhandene reaktionsfähige Stoffe oder in Wechselwirkung mit Bodenorganismen in wenigen Wochen die biochemische **Initialphase** der Stoffumwandlung ab. Dabei kann es auch bereits durch Niederschläge und Sickerung zu Auswaschungsprozessen kommen. Anschließend zerkleinern Bodentiere (hauptsächlich Vertreter der Meso- und Makrofauna, vgl. Kap. 9) während der sogenannten **Primärzersetzung** die Streu. Dabei werden die Gewebestrukturen zerstört und neue Oberflächen geschaffen. Diese Oberflächen werden dann von Pilzen und Bakterien besiedelt und es kommt zur **Sekundärzersetzung** (Verwesung). Dabei werden die hochmolekularen Verbindungen (z. B. Cellulose, Lignin, Eiweiß) in ein-

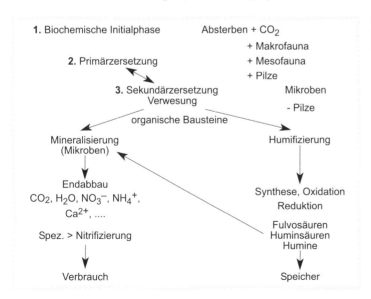

Abb. 2.20:
Abbau und Umbau von Streu im Boden.

fache, häufig wasserlösliche Verbindungen (Einfachzucker, Aminosäuren) zerlegt. Am Ende der Sekundärzersetzung gelangen die Stoffe an einen Scheideweg. Einerseits können sie im Prozess der **Mineralisierung** vollständig zu Kohlendioxid, Wasser und Mineralstoffen abgebaut werden. Andererseits können aus ihnen durch Synthese **Huminstoffe** aufgebaut werden (Abb. 2.20).

Die drei Prozesse, Initialphase, Zersetzung und Verwesung, haben fließende Übergänge und können beim Abbau von Streustoffen mehrfach durchlaufen werden. Die Gesamtheit von Huminstoffen und Streustoffen (eine große Gruppe sehr unterschiedlicher organischer Verbindungen) wird als **organische Bodensubstanz** bezeichnet.

Die lebenden Organismen im Boden (Mikroorganismen, Pflanzenwurzeln und Tiere) werden als **Edaphon** bezeichnet. Das Edaphon lebt im Boden.

2.6.1 Qualität und Quantität der organischen Substanz unterschiedlicher Böden – Mineralisierung und Humifizierung

2.6.1.1 Edaphon

Bodenmikroorganismen können zwischen 0,9 und 6% der organischen Substanz in ihrer Biomasse speichern. In den meisten Böden beträgt der Anteil 2–3%. Bodentiere tragen zu der Gesamtmenge an Kohlenstoffen, die im Edaphon gespeichert ist, vergleichsweise geringe Mengen bei. In Abhängigkeit von der Vegetationsform (Acker, Grünland oder Wald) wurden in der Vergangenheit unterschiedliche Mengen an mikrobiellem Kohlenstoff ermittelt (Tab. 2.7). In der Regel ist die mikrobielle Biomasse von ackerbaulich genutzten Flächen niedriger als von Grünland- oder Waldböden. Diese geringere mikrobielle Besiedlung der Ackerflächen wird durch das geringere Nahrungsangebot und durch den Einsatz von Pflanzenschutzmitteln auf diesen Flächen verursacht.

Tab. 2.7
Mikrobielle Biomasse und organische Substanz von Böden unterschiedlicher Ökosysteme (die mikrobielle Biomasse wird als mikrobieller Kohlenstoff angegeben).

Ökosystem	Horizont (cm)	C_{mik} des Bodens ($\mu g\ g^{-1}$)	C_{org} des Bodens (%)
Ackerflächen	0 – 20	70 – 720	1,0 – 3,8
Grünland	0 – 20	1120 – 2670	1,9 – 2,9
Waldböden im gemäßigten Klimabereich	0 – 10	420 – 1770	0,9 – 2,6
Waldböden in den Subtropen	0 – 10	330 – 1090	0,9 – 1,8
Waldböden in den Tropen	0 – 10	200 – 1970	2,1 – 3,6

Der Klimabereich (gemäßigter Bereich, Subtropen, Tropen) spielt dagegen für die absolute Höhe der **mikrobiellen Biomasse** eine untergeordnete Rolle. Für diese unterschiedlichen Klimazonen muss man jedoch beachten, dass der Umsatz der mikrobiellen Biomasse in den tropischen Böden sehr viel höher ist als in den gemäßigten Zonen. Generell rechnet man damit, dass der mikrobielle Kohlenstoff der Bodenmikroorganismen zwischen 0,2 und 3,9-mal pro Jahr umgesetzt wird.

Für einen Waldboden mit einer Umsatzrate der mikrobiellen Biomasse von $2,7\ a^{-1}$ ergibt sich ein Kohlenstofffluss durch die mikrobielle Biomasse von
540 kg C $ha^{-1}a^{-1}$.

Das C/N Verhältnis von Bakterien beträgt etwa 5; **Pilze** sind durch ein C/N Verhältnis von 10 bis 15 charakterisiert. Bodenmikroorganismen stellen einen kurzfristigen Speicher für Kohlenstoff und Nährstoffe dar. Die Abundanz und Diversität unterschiedlicher Bodenmikroorganismen und Bodentiere wird in Kapitel 9 näher beschrieben.

2.6.1.2 Zusammensetzung von Pflanzenrückständen

Cellulose, Hemicellulose, Lignin und Proteine stellen mit einem Anteil von 95% wichtige Komponenten von Pflanzenresten dar, die durch Bodenorganismen ab- und umgebaut werden. Kleinere Anteile besitzen niedermolekulare Verbindungen wie freie Zucker, Aminosäuren und Peptide oder unterschiedliche Produkte des Sekundärstoffwechsels. Die chemische Zusammensetzung der Pflanzenstreu variiert auf der einen Seite zwischen unterschiedlichen Pflanzenarten, auf der anderen Seite innerhalb einer Pflanzenart mit dem Entwicklungszustand und mit der Ernährung der Pflanze an dem jeweiligen Standort. Junge Pflanzen besitzen geringere Anteile an Stützsubstanzen (z. B. Lignin) als ältere, verholzte Pflanzen.

Cellulose ist das am häufigsten vorkommende Polymer, das aus einzelnen Glukosemolekülen aufgebaut ist, die durch ß-1,4-glykosidische Bindung zu linearen Ketten miteinander verbunden sind. Die einzelnen Ketten hängen durch interne Wasserstoffbrücken aneinander und bilden sogenannte Mikrofibrillen in den Zellwänden von Pflanzen. Neben dem hohen Anteil (bis zu 70%) in Pflanzenrückständen findet man Cellulose auch in Algen, vielen Pilzen und in Cysten

Abb. 2.21: Hauptkomponenten der pflanzlichen Zellsubstanz. Die Anordnung der Komponenten in der pflanzlichen Zellwand ist schematisch dargestellt (modifiziert nach FRITSCHE 1998).

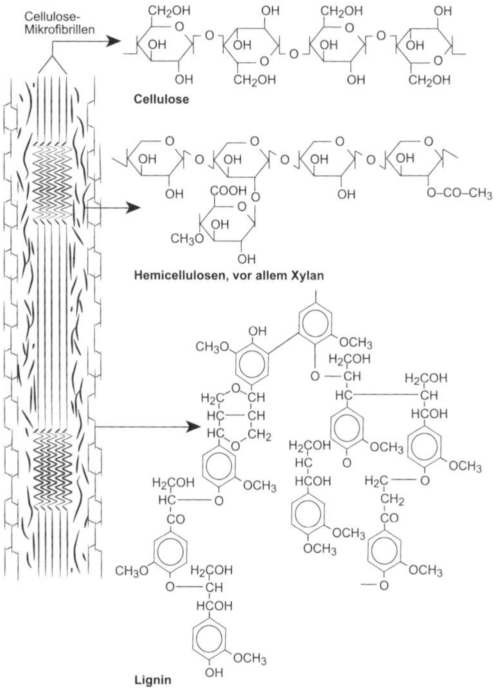

von Protozoen. **Hemicellulose** wie etwa Xylan oder Mannan sind ebenfalls am Aufbau der Zellwand beteiligt. Im Gegensatz zur Cellulose sind Hemicellulosen aus unterschiedlichen Pentosen (D-Xylose, L-Arabinose), Hexosen (D-Glukose, D-Mannose, D-Galaktose) und/oder Uronsäuren (D-Glukuronsäure, Galakturonsäure) aufgebaut. Im Stroh findet man bis zu 30% Hemicellulosen, in Koniferenholz hat man etwa 12% Hemicellulose nachgewiesen. **Pektine** findet man mit einem Mengenanteil von einem Prozent als Bestandteile der Zellwand. Pektine sind Polygalakturonsäuren, die zur Festigkeit von Pflanzen beitragen. Die Pathogenität verschiedener Mikroorganismen beruht auf der Ausscheidung von Pektinasen, die die Mittellamelle auflösen und auf diese Weise in die Pflanze eindringen können. Pektinasen sind ebenfalls für den Mikrosymbiont (z. B. Rhizobien oder Mykorrhizapilze) notwendig, um in die Wirtszelle der Pflanze zu gelangen. **Stärke** wird als Speicherprodukt von Pflanzen und Mikroorganismen verwendet und besteht aus D-Glukosemolekülen, die durch eine α-1,4-glykosidische Bindung untereinander verbunden sind. Stärke besteht aus unterschiedlichen Anteilen an Amylose und Amylopektin. **Lignine** sind neben Cellulose und Hemicellulose die mengenmäßig wichtigsten Zellwandbestandteile von Pflanzen. Lignin inkrustiert die anderen Komponenten der Zellwand (Abb. 2.21). Während der Anteil in jungen und krautigen Pflanzen bei etwa 3–6% liegt, steigt er in älteren und verholzten Pflanzenteilen bis zu 35%. Lignin kann im Boden nur sehr langsam abgebaut werden und stellt die Hauptquelle der langsam zersetzenden organischen Substanz dar. Als Bausteine dienen Phenylpropanabkömmlinge, die auf sehr unterschiedliche Weise miteinander vernetzt sein können. In Abbildung 2.21 sieht man z. B. C-C-Bindungen zwischen zwei Propanresten oder eine Etherbrücke zwischen einem aromatischen Ring und dem zweiten C-Atom eines Propanrestes. Durch die verschiedenen Vernetzungsmöglichkeiten innerhalb eines Ligninmoleküls und durch ihre irreguläre Anordnung wird die schwere Abbaubarkeit des Lignins bedingt.

Pflanzenrückstände werden für die Modellierung des **Kohlenstoffkreislaufes** meist in zwei Pools unterschiedlicher **Stabilität** unterteilt: Pflanzenrückstände mit einem weiten Lignin/N-Verhältnis werden in landwirtschaftlich genutzten Böden in etwa drei Jahren abgebaut, Pflanzenrückstände mit einem engen Lignin/N-Verhältnis dagegen bereits innerhalb eines halben Jahres.

2.6.1.3 Huminstoffe

In den **Huminstoffen** des Bodens sind weltweit etwa 2 000 Gt Kohlenstoff gespeichert, in den **Pflanzen** vergleichsweise etwa 500 Gt Kohlenstoff (Abb. 2.22). Weitaus höhere C-Reserven findet man in **Kalziumcarbonaten** von Sedimentgesteinen und in **organischen Sedimenten** (Kerogene). Durch die **fotosynthetische Leistung** werden pro Jahr etwa 120 Gt Kohlenstoff gebunden, von denen bereits 50% wieder durch die Pflanzen veratmet werden. **Bodenmikroorganismen** setzen ebenfalls etwa 60 Gt Kohlenstoff frei. Zusätzlich werden durch **anthropogene Einflüsse** (Industrie, Waldbrände, Abholzung tropischer Regenwälder) ungefähr 5 Gt Kohlenstoff in die Atmosphäre abgegeben. Seit 100 Jahren steigt aus diesen Gründen der atmosphärische Kohlendioxidgehalt kontinuierlich an. Es werden jedoch in den letzten Jahren intensive Bemühungen unternommen, diesen Anstieg zu reduzieren. Eine wichtige Rolle spielen dabei landwirtschaftlich und forstwirtschaftlich genutzte Böden, die durch gezieltes Management verstärkt Kohlenstoff binden sollen.

Vergleicht man die Humusmengen unterschiedlicher Regionen, stellt man fest, dass Böden der nördlichen Breiten (Tundra, Wälder der Taiga, Böden der Grassteppen der gemäßigten Zone) die größten Kohlenstoffmengen speichern. Die geringere Kohlenstoffspeicherung in tropischen Böden hängt mit dem raschen Kohlenstoffumsatz der Streu unter den für Bodenmikroorganismen und Bodentiere (z. B. Termiten) optimalen Klimabedingungen der Tropen zusammen.

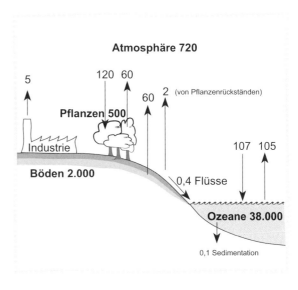

Abb. 2.22:
Globaler Kohlenstoffkreislauf – Vorräte (Gt C) und jährliche Umsatzraten (Gt · a⁻¹ C) (modifiziert nach KANDELER et al. 2005).

Die Qualität der Huminstoffe wurde in den vergangenen Jahren aufgrund ihrer chemischen Eigenschaften charakterisiert. Entsprechend ihrer Löslichkeit in Säure und Lauge hat man die Huminstoffe in drei Gruppen unterteilt: 1. **Humine**, 2. **Huminsäuren** und 3. **Fulvosäuren**. Humine sind weder in Säure noch in Lauge löslich, Huminsäuren sind in verdünnter NaOH löslich und können durch eine Ansäuerung (pH < 2) ausgefällt werden. Fulvosäuren werden – wie die Huminsäuren – mit verdünnter NaOH gelöst und fallen jedoch nach der Ansäuerung des Extrakts nicht wieder aus; sie sind auch wasserlöslich. Diese, zunächst nur nach einem chemischen Fraktionierungsverfahren gewonnenen organischen Substanzen unterscheiden sich in ihrer Farbe, im C- und N-Gehalt, in ihrer Acidität, in ihren funktionellen Gruppen und ihrem Alter. Humine und Huminsäuren von Böden aus den gemäßigten Breiten haben eine durchschnittliche Verweilzeit im Boden von 1100 Jahren, Fulvosäuren dagegen nur durchschnittlich 25 bis 500 Jahre. Der Kohlenstoffgehalt der Huminsäuren und der Humine liegt höher als bei den Fulvosäuren. Die Gesamtacidität und der Anteil der Carboxylgruppen liegen dagegen bei den Fulvosäuren höher als bei den beiden anderen Gruppen. Die Strukturaufklärung von Huminstoffen wurde durch die Anwendung von Nuklear-Magnetischer-Resonanz (NMR) und Pyrolyse-Massenspektrometrie in den letzten Jahren wesentlich verbessert. Es ist bisher nicht möglich, die Geschwindigkeit des **Abbaus** der einzelnen Huminstofffraktionen allein durch ihre **chemischen Eigenschaften** zu erklären. Aus diesen Gründen wird intensiv daran geforscht, in welcher Weise organische Substanzen physikalisch stabilisiert werden können. Man geht dabei von der Annahme aus, dass die räumliche Anordnung der Huminstoffe und der mineralischen Bestandteile des Bodens eine wichtige Rolle spielen, ob Bodenmikroorganismen und Bodentiere diese organische Substanzen als **Nahrungsquelle** nutzen können.

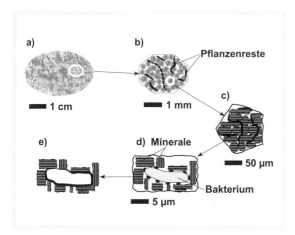

a)

■■■ 1 cm

b) Pflanzenreste

■■■ 1 mm

c)

■■■ 50 µm

Bakterium

e)

d) Minerale

■■■ 5 µm

Abb. 2.23:
Hierarchie der Aggregate. Die Abbildung zeigt einen Ausschnitt des Bodens (a), ein Makroaggregat, das aus kleineren Aggregaten und Pflanzenrückständen aufgebaut ist (b), ein Aggregat von mittlerer Größe (c), ein Mikroaggregat, bei dem die starke Assoziation von mineralischen und organischen Komponenten des Bodens mit Bodenmikroorganismen sichtbar wird (d) und ein Mikroaggregat mit stabilisierter organischer Substanz (e) (modifiziert nach KANDELER et al. 2005).

Beachtung hat ein Modell gefunden, das mit dem hierarchischen Aufbau unterschiedlich großer Aggregate die **physikalischen Stabilisierungsmechanismen** der organischen Substanz erklärt (Abb. 2.23): Pflanzenreste werden durch Bodentiere mit mineralischen Bestandteilen des Boden vermischt. Auf diese Weise findet man zunächst die partikuläre organische Substanz in größeren Aggre-gaten (einige Millimeter). Mikroorganismen bauen leicht verfügbare Substanzen ab, dadurch erhöht sich die Stabilität der verbleibenden organischen Rückstände, die nun in kleineren Aggregaten (<250 µm) lokalisiert sind. Mikroorganismen bauen einen Teil der organischen Substanz in ihre eigene Biomasse ein. Nach dem Absterben der Mikroorganismen, die in der Regel sehr stark an mineralische oder organische Oberflächen gebunden sind, ist ein Teil dieser organischen Verbindungen physikalisch vor dem weiteren Abbau geschützt. Diese schlechte Erreichbarkeit von organischen Verbindungen führt dazu, dass Verbindungen, die im Laborexperiment sehr leicht abbaubar sind, im Boden eine sehr viel längere Verweilzeit haben.

2.6.2 Die Rolle der Mikroorganismen im Kohlenstoffkreislauf

Kohlenstoff wird in terrestrischen Ökosystemen hauptsächlich durch die fotosynthetische Leistung von Pflanzen in organische Bindungsformen überführt. Dieser Prozess wird als **Primärproduktion** von organischen Substanzen bezeichnet. Bakterien spielen im Boden für diesen Vorgang nur eine untergeordnete Rolle: **Cyanobakterien** durch Fotosynthese in den obersten Millimetern des Bodens, **Purpurbakterien** durch **anoxygene Fotosynthese** und nitrifizierende und Schwefel oxidierende Bakterien durch ihre **chemolithische Ernährungsweise** (Kap. 9.1). Bodenmikroorganismen sind für den Abbau aller organischen Substanzen und zu einem großen Anteil auch für den Aufbau von Huminstoffen verantwortlich. Während des Abbaus von organischen Rückständen bauen Bodenmikroorganismen einen Teil des Kohlenstoffs in ihre eigene Körpersubstanz ein; dieser Vorgang wird als **Assimilation** bezeichnet. Pilze bauen im Vergleich zu Bakterien mehr Kohlenstoff in ihre Körpersubstanz ein, sie besitzen deswegen eine höhere Assimilationsrate. Der verbleibende Teil des Kohlenstoffs wird unter aeroben Bedingungen als Kohlendioxid an die Atmosphäre abgegeben. Unter **anaeroben Bedingungen** werden organische Verbindungen stufenweise durch verschiedene mikrobielle Prozesse (Nitratreduktion, Sulfatreduktion, Gärungen, Methanogenese, Acetogenese) abgebaut. **Gärung** liefert dabei Substrate für die Sulfatreduktion und Methanbildung (**Methanogenese**) (Kap. 4.7). Die unter anaeroben Bedingungen gebildeten Gase **Methan** und

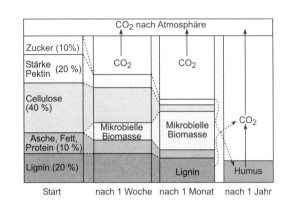

Abb. 2.24:
Umwandlung unterschiedlicher Kohlenstofffraktionen während der Mineralisierung von Pflanzenstreu in Böden (modifiziert nach HAIDER 1996).

Wasserstoff können im Boden diffundieren und werden in aeroben Mikrohabitaten oxidiert. Umwandlungsprodukte der Bodenmikroorganismen und hochmolekulare Verbindungen bilden die Ausgangssubstrate für die fortschreitende Humifizierung (Abb. 2.24).

2.6.2.1 Kohlenstoffmineralisation

Der Abbau von hochmolekularen Bestandteilen der Streu erfolgt nach einem sehr einfachen Prinzip. Das Vorhandensein von organischen Substraten induziert die Synthese von Enzymen, die von Bodenmikroorganismen ausgeschieden werden. Diese Enzyme werden als extracelluläre Enzyme bezeichnet. Entsprechend der einzelnen Bindungstypen der einzelnen organischen Verbindungen werden sehr unterschiedliche **Enzyme** ausgeschieden (z.B. Cellulasen, Xylanasen, Proteasen). Diese Enzyme katalysieren den Abbau hochpolymerer Verbindungen zu ihren einzelnen Bausteinen (Abb. 2.24). Die niedermolekularen Verbindungen (einfache Zucker, Aminosäuren, Nukleotide und Aromaten) werden von den Mikroorganismen in ihre Zellen aufgenommen und dienen der Zelle als Substrat für ihr Wachstum und für ihre Energiegewinnung.

Am Beispiel der **Cellulose** können die einzelnen Schritte näher erläutert werden: Das Enzym Endo-1,4-ß-Glucanase wird hauptsächlich von Bodenpilzen ausgeschieden und ist für die Spaltung der kristallinen Struktur der Cellulose entlang der Cellulosekette verantwortlich. Die Exo-1,4-ß-Glucanase wirkt ebenfalls außerhalb der Zellen und nutzt die freien Enden der dispergierten Struktur der Cellulose, um schrittweise Cellobiose zu produzieren. Cellobiose wird von den Mikroorganismen in ihre Zellen aufgenommen und kann hydrolytisch durch das Enzym 1,4-ß-Glucosidase zu Glukose gespalten werden. Die gebildete Glukose kann für das Wachstum oder die Energiegewinnung der Mikroorganismen genutzt werden.

Der Abbau von **Lignin** gestaltet sich wesentlich schwieriger als der Abbau der meisten anderen hochpolymeren Verbindungen der Pflanzenstreu. Der mikrobielle Ligninabbau findet hauptsächlich unter aeroben Bedingungen

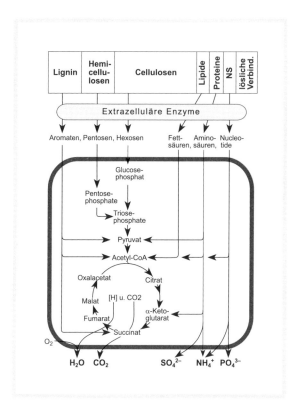

statt. Lignin wird vor allem durch höhere Pilze (Basidiomyceten) abgebaut. Weißfäulepilze mineralisieren Lignin gemeinsam mit anderen Zellwandbestandteilen; Weichfäulepilze, die zu den Ascomyceten, Deuteromyceten und Fungi imperfecti gehören, bauen Lignin weniger intensiv ab als die Basidiomyceten. Bakterien können meist nur periphere Gruppen am Lignin verändern und tragen deswegen nur in einem sehr geringen Umfang zum Ligninabbau bei. In Komposten spielen verschiedene Actinobakterien eine große Rolle, die ebenfalls funktionelle Gruppen des Lignins verändern und dadurch die Huminstoffbildung fördern. Lignin wird in der Regel nur co-metabolisch abgebaut (Kap. 9.2). Die lignolytischen Mikroorganismen bauen also Lignin hauptsächlich in Anwesenheit weiterer Substrate ab und bauen den Kohlenstoff des Lignins nicht in die eigene Zellsubstanz ein. Der enzymatische Abbau des Lignins erfolgt über einen ungerichteten Radikalmechanismus. Das Lignin wird also nicht an einer bestimmen Stelle innerhalb des

Abb. 2.25:
Aerober, mikrobieller Abbau von den Hauptkomponenten der Pflanzenstreu. Der Abbau der hochpolymeren Verbindungen findet zunächst außerhalb der Zellen statt. Die einzelnen niedermolekularen Bausteine werden in die Zellen aufgenommen und anschließend mineralisiert oder für das Wachstum der Zellen verwendet (modifiziert nach FRITSCHE 1998).

Moleküls gespalten (wie etwa bei der Cellulose). Beim Abbau von Ligninen sind Peroxidasen, Esterasen und Phenoloxidasen beteiligt. Diese Enzyme wirken häufig unspezifisch und können deswegen auch andere hochpolymere Substanzen (u.a. verschiedene organische Schadstoffe) abbauen.

2.6.2.2 Abbau von Pflanzenresten unter anaeroben Bedingungen

Unter anaeroben Bedingungen haben Bodenmikroorganismen eine Vielzahl an Strategien entwickelt, organische Verbindungen zu oxidieren. In vielen Fällen ist dabei die gemeinsame Aktivität unterschiedlicher Mikroorganismengruppen notwendig. Bei den primären **Gärungsprozessen** werden u.a. niedermolekulare **organische Säuren** (Acetat, Propionat, Butyrat, Succinat), **Alkohole** (Ethanol, Buthanol, Isopropanol), H_2 und CO_2 gebildet. Sekundäre **Gärer** nutzen einzelne Komponenten dieser Gärprodukte und bilden ebenfalls u.a. Wasserstoff, der von **Methanogenen** und sulfatreduzierenden Bakterien verbraucht wird. Methan spielt unter anaeroben Bedingungen eine große Rolle für den Kohlenstoffkreislauf. Die mikrobielle Produktion von Methan wird von einer Gruppe strikt anaerober **Archaea**, den Methanogenen, ausgeführt. Der Prozess der Methanbildung wird als Methanogenese bezeichnet. Die meisten Methanogenen verwenden CO_2 als terminalen Elektronenakzeptor und reduzieren es mit H_2 zu Methan. Acetat kann jedoch auch direkt in Methan umgewandelt werden. Methanogene leben unter **anoxischen Bedingungen** in Sümpfen, Seen, Reisfeldern, Mülldeponien, im Verdauungstrakt von Tieren (z. B. aufstoßende Wiederkäuer, im Enddarm von cellulolytischen Insekten) und als Endosymbionten verschiedener anaerober Protozoen. In vielen anoxischen Biotopen ist die Methanogenese der letzte Schritt beim biologischen Abbau von organischen Substanzen.

2.6.2.3 Biologische und abiologische Humifizierung

Als Humifizierung wird die Umwandlung von Pflanzenrückständen, Streustoffen und Produkten der Bodenorganismen in Huminstoffe bezeichnet. Die Humifizierung beinhaltet Abbau-, Umwandlungs- und Neubildungsprozesse. Eine wichtige Vorläufersubstanz für die Bildung von Huminstoffen sind **Polyphenole**. Polyphenole sind zwar nur in geringen Mengen in organischen Ausgangssubstanzen vorhanden, können jedoch beim Abbau von Lignin frei werden oder auch von Mikroorganismen (hauptsächlich Pilzen) gebildet werden. Diese Produkte werden durch Polyphenoloxidasen zu Chinonen oxidiert. **Chinone** kondensieren untereinander oder mit unterschiedlichen Aminogruppen zu Huminstoffen. Diese neu gebildeten Moleküle bilden die Zentren der Huminstoffe, an die andere Moleküle oder Spaltprodukte von Proteinen, Peptiden oder Zucker vorübergehend gebunden werden. Zusätzlich spielen freie Radikale eine wichtige Rolle für die Entstehung und den inneren Zusammenhalt der einzelnen Bestandteile der Huminstoffmoleküle. Die Stabilität der Huminstoffe wird durch Sorption an mineralische Oberflächen des Bodens – wie z. B. an Tonminerale – erhöht.

Das Edaphon ist bei der Humifizierung in der Regel beteiligt. Der schwach alkalische bis schwach saure pH-Bereich ist für die Entwicklung von Bodenmikroorganismen und für die Humifizierung besonders günstig. Bodentiere (z. B. Protozoen, Enchytraeen und Regenwürmer) tragen zu einer Beschleunigung der Humifizierung bei. Regenwürmer nehmen z. B. mineralische und organische Partikel mit ihrer Nahrung auf und vermischen die nicht verdauten und teilweise chemisch umgewandelten organischen Stoffe mit den mineralischen Partikeln. Organische Verbindungen dieser **Ton-Humus-Komplexe** sind besonders gut gegenüber dem mikrobiellen Abbau geschützt.

Bei Böden mit sehr geringer biologischer Aktivität (z. B. Podsole und Hochmoore) werden Huminstoffe durch abiologische Humifizierung gebildet. Die Böden mit niedrigem pH-Wert und geringem Stickstoffgehalt bilden reaktionsfähige, niedermolekulare Verbindungen mit einer hohen Radikalkonzentration. Die Reaktion der Radikale führt jedoch nur zur Bildung von relativ niedermolekularen Huminstoffen (z. B. Fulvosäuren).

2.6.3 Die wichtigsten Humusformen

Im vorangegangenen Kapitel haben wir gelernt, dass die Bildung von Streu und damit indirekt die Biomasseproduktion die Eintragsgröße in den Pool der organischen Substanz des Bodens darstellt. Die Austragsgröße ist die Mineralisierung. Aus der einfachen Gleichung Streubildung minus Mineralisierung können wir erkennen, ob wir mit Humusaufbau, mit Humusabbau oder mit einem Gleichgewicht im Humushaushalt zu rechnen haben.

Humusbilanz

> **Humusbilanz [t ha^{-1} a^{-1}]:**
>
> $\qquad\qquad\qquad\qquad\quad > 0$ Humusaufbau
> Streubildung – Mineralisation $= 0$ Stabilität
> $\qquad\qquad\qquad\qquad\quad < 0$ Humusabbau

Bei konventioneller Landwirtschaft haben wir in der Regel hohe Streubildung, aber auch durch verschiedene Formen der Förderung der Mineralisierung einen hohen Kohlenstoffaustrag in Form von CO_2. Dadurch haben ackerbaulich genutzte Böden häufig relativ geringe Humusgehalte. Umgekehrt haben Grünlandstandorte recht hohe Humusgehalte, da sie einen hohen Anteil an Wurzelstreu haben und der Boden nicht durch Bearbeitung gestört wird. Die Analyse der Humusdynamik ist oft sehr schwierig. Es hat sich aber herausgestellt, dass man den Humuszustand eines Bodens sehr gut diagnostizieren kann, wenn man die Humusform beschreibt. Für die Humusform gibt es eine entsprechende Gleichung wie für die Humusbilanz.

Humusform

> Humusform = (Streubildung × Zersetzung × Verwesung
> $\qquad\qquad$ × Humifizierung) / Bioturbation

Die Mineralisierung spielt bei der Ausbildung der Humusform keine Rolle, da sie nur CO_2, H_2O und Mineralstoffe hinterlässt. Sie hat also keinen Einfluss auf die zu beobachtende Verteilung der organischen Substanz (= Humusform). Dagegen hat die Bioturbation, die die organische Substanz mit mineralischer Substanz vermischt, eine sehr große Bedeutung.

Um die Humusformen beschreiben zu können, müssen wir die verschiedenen Humuslagen bzw. Humushorizonte genau definieren: **L-Horizont**: Der L-Horizont ist die Streu (Litter). Wir sprechen so lange von L-Horizont wie die Streu, d. h. die Bestandteile der Blätter, Sprosse, Nadeln als solche gut erkennbar sind, auch wenn sie bereits durch biochemische und einzelne mechanische Zerstörungen verändert sind. Die Streuhorizonte können aus der Streu eines Jahres stammen, können aber auch über mehrere Jahre angehäuft werden.

Bodenlagen, die auf dem Mineralboden liegen, aus reiner oder fast reiner organischer Substanz bestehen, bei denen aber die Streu bereits stärker umgewandelt ist, nennen wir **O-Horizonte**. Dabei gibt es zwei Grundtypen – **Of-Horizont** und **Oh-Horizont**. Der Of-Horizont liegt meist mit scharfer Grenze unter dem Streuhorizont. Dort sind die Streubestandteile bereits stark zerkleinert. Man erkennt aber in der Regel noch ihre Zugehörigkeit zu bestimmten Pflanzen oder Pflanzengattungen, auch die meisten Gewebe sind als solche noch erkennbar. Der Of- oder Vermoderungshorizont ist oft verpilzt und kann auch zwischen den zerkleinerten und teilweise zersetzten Streubestandteilen bereits Anteile vollständig umgesetzter organischer Substanz als schwarzes Pigment enthalten. Zu bestimmten Jahreszeiten zeigt der Vermoderungshorizont ein deutlich sichtbares Pilzgeflecht. In diesem Zustand nehmen wir auch einen modrigen Geruch wahr, wenn wir das Material näher betrachten. Unter dem Of-Horizont kann sich ein schwarzer, oft pechschwarzer, Oh-Horizont befinden, der ausschließlich aus Feinhumus besteht. In diesem Horizont erkennen wir, wie im Of-Horizont, hin und wieder ein Geflecht von lebenden Wurzeln. Die Streubestandteile sind aber vollständig abgebaut. Im sehr feuchten Zustand ist dieser Oh-Horizont meist sehr schmierig, im ausgetrockneten Zustand kann er aber hart und in kantige Aggregate brechbar sein. Die Oh-Horizonte enthalten nur sehr kleine Anteile von Streustoffen und sind das Resultat von jahrzehntelanger, häufig jahrhundertelanger, Anreicherung von organischer Substanz auf dem Boden. Der Oh-Horizont liegt mit scharfer Grenze dem Mineralboden auf oder geht auch manchmal allmählich in diesen über. Der oberste Mineralbodenhorizont, der durch Mischung humusangereichert ist, heißt **Ah-Horizont**. Diesen kennen wir schon von allen besprochenen Böden. Wenn der Ah-Horizont sehr humusreich ist, ein stabiles biotisches Gefüge hat und eine hohe Basensättigung, nennen wir ihn auch **Axh** (x = mix/Bioturbation).

Die hier behandelten Horizonte bilden die terrestrischen Humusformen. Haben wir es mit sehr feuchten Bedingungen zu tun, so kommt es vor, dass sich unter dem L-Horizont oder gar ohne L-Horizont ein sehr stark humusangereicherter oberer Humushorizont (mit 15–30% organischer Substanz) ausbildet. Dieser Horizont ist dann fast immer feucht, sehr schmierig und klebrig und hat eine hohe Schwärzungsintensität. In die Fingerrillen eingerieben, kann er sich dort trotz intensiver Reinigungsversuche tagelang halten. Diesen Horizont nennen wir **Anmoor** (= **Aa-Horizont**).

Feucht- und Nasshumusformen

Bei noch feuchteren Bedingungen und langzeitigem Luftabschluss kann es passieren, dass die Streu unter anaeroben Bedingungen gewissermaßen konserviert wird. Unter diesen Bedingungen entstehen **Torfe**, die sehr mächtig über dem Mineralboden aufliegen können. Beim Niedermoortorf kommt es hin und wieder zur Durchlüftung und, da er meist sehr nährstoffreich ist, werden auch die Streustoffe bei Durchlüftung rasch umgesetzt. Deshalb sind **Niedermoortorfe** meist schwarz gefärbt und ähneln dabei den Oh-Horizonten, obwohl sie nicht so stark zersetzt sind. Die **Hochmoortorfe** dagegen haben einen geringen Nährstoffgehalt und damit auch wenig leicht zersetzbare organische Substanz. Deshalb wird hier die Streu noch länger konserviert und Hochmoortorfe sind unter natürlichen Verhältnissen meist weißlich oder bräunlich gefärbt. Daher kommt der Name **Weißtorf** (Kap. 4.5).

Wie aus dem Kasten auf der Seite 47 hervorgeht, ist die Entstehung der Humusform im Wesentlichen die Leistung des Edaphons. Dabei sind es zuerst die Streuumwandlungs- und Zersetzungsprozesse, besonders aber auch die Bioturbation. Ein leistungsfähiges Edaphon bevorzugt gut durchlüftete, warme, frische, mäßig saure bis schwach alkalische und nährstoffreiche Standorte. Je nach Ausbildung der Umwelteinflüsse stellt sich eine andere

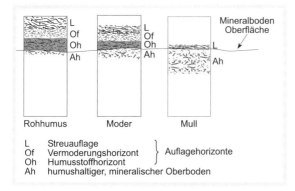

L Streuauflage
Of Vermoderungshorizont } Auflagehorizonte
Oh Humusstoffhorizont
Ah humushaltiger, mineralischer Oberboden

Abb. 2.26:
Schema der wichtigsten terrestrischen Humusformen.

Mull

Moder

Zersetzerpopulation ein und damit ändert sich die Humusform. Die in Abbildung 2.26 dargestellten Formen sind lediglich Grundformen, die wie z. B. die Gruppen der Tonminerale in weitere Unterformen gegliedert werden können.

Bildet sich die oberirdische Streu genauso schnell, wie sie abgebaut und in den mineralischen Boden eingearbeitet werden kann, so entsteht die Humusform **Mull** (vgl. Tab. 2.8 und 2.9). Hier ist also die Streuauflage maximal ein Jahr alt. Gleichzeitig ist, da der Humus stark in den Oberboden eingearbeitet wird, der **Ah-Horizont** meist relativ mächtig, gut humos und die Verbindung zwischen mineralischer und organischer Substanz ist intensiv. Der Weg von der Streu zu den Huminstoffen dauert nur wenige Monate. Finden wir die Humusform Mull, so können wir im Allgemeinen davon ausgehen, dass die Wasser-, Luft-, Wärme- und Nährstoffverhältnisse relativ günstig sind. Das C/N-Verhältnis liegt zwischen 8 und 13, selten ist es weiter. In Südwestdeutschland ist die Humusform Mull die am weitesten verbreitete. In manchen Mittelgebirgen mit sauren und armen Böden ist sie dagegen selten. Sie ist typisch für Laubmischwälder, aber auch für Steppenverhältnisse. Unter Ackerland und nährstoffreichem Grünland ist diese Humusform auch durch die menschliche Wirtschaft mit bedingt. Ausnahmsweise findet man einen mullähnlichen Zustand auch dann, wenn durch menschliche Wirtschaftsweise oder z. B. durch den Wind im Wald regelmäßig die Streu weggeblasen wird. Dann sind die chemischen Verhältnisse wesentlich verschieden vom Mull und auch die Struktur des mineralischen Oberbodens ist schlechter. Wir sagen, die Standorte sind ausgehagert (nährstoffverarmt).

Sind die Bedingungen für die Zersetzung ungünstiger, z. B. weil die klimatischen Verhältnisse schlechter sind, die Nährstoffanlieferung aus dem Boden gering oder die anfallende Laub- oder Nadelstreu schlecht abbaubar ist (Eichen oder Nadelhölzer), dann häufen sich Streuschichten von mehreren Jahren an. Diese werden, ohne eingearbeitet zu werden, langsam – meist von Mesofauna und Pilzen – umgewandelt. So entsteht unter der Streulage ein gering mächtiger Auflagebereich. Die Of- und Oh-Lagen sind dann meist 1–3cm mächtig und gehen fließend ineinander und in den Mineralboden über. Lässt sich bei dieser Humusform **Moder** die Humusauflage in alle Humushorizonte untergliedern, so sind es Jahrzehnte, die die Streu auf dem Weg in den Mineralboden braucht. Der Ah-Horizont ist dann meist sehr humusreich, aber flach. Der Oberboden ist oft bereits sehr sauer (pH 4) und das C/N-Verhältnis liegt zwischen 15 und 20. Moder kommt aber auch auf alkalischen Böden vor, wenn die Zersetzungsbedingungen, z. B. durch Trockenheit oder Kälte, schlecht sind. Moder ist die häufigste Form unter Nadelwäldern und in den höheren Lagen der Mittelgebirge. Auch im Grünland kommt auf ungedüngten, mit einheitlicher Streu versorgten Flächen Moder vor (englischer Rasen).

Werden die Abbaubedingungen noch wesentlich ungünstiger, z. B. dadurch, dass sehr quarzreiche und extrem nährstoffarme Böden oder sehr ungünstige Streu angeliefert wird (Kiefernadeln oder Calluna) und sehr kühle Bodenklimate herrschen, so kann die Humusauflage weiter wachsen und bis zu 30 cm mächtig werden. Die Streuauflage und der Vermoderungshorizont sind dann bereits mehrere Jahrzehnte alt, der Oh-Horizont meist Jahrhunderte alt. Unter solchen Verhältnissen gibt es kaum noch Edaphon, das Bioturbation durchführen kann, z. B. keine oder nur noch epigäische Regenwürmer (Kap. 9). Unter solchen Bedingungen werde kleinere Mengen von Huminstoffen mit dem Sickerwasser in den Mineralboden eingewaschen, aber mehr als durch mechanische Durchmischung. Das C/N-Verhältnis erreicht im Mineralboden bereits 25 und in Auflagehumushorizonten 30 bis 40, in der Streulage noch wesentlich mehr. **Rohhumus** ist immer sehr stark sauer, auch wenn er sich zum Teil auf kalkhaltigen Böden bilden kann. Die Unterschiede im pH-Wert sind dann ein deutliches Zeichen, dass die Durchmischung nicht stattfindet. Beim Rohhumus werden Streustoffe lang erhalten und die leicht löslichen Fulvosäuren tiefer eingewaschen. Die Humusform Rohhumus ist relativ selten und kommt oft auf jahrhundertelang fehlgenutzten oder gestörten Standorten vor (Heide, Streunutzung).

Rohhumus

Bei sehr feuchten Bodenverhältnissen und unterschiedlichen Nährstoffgehalten ist durch die günstige Feuchte die Zersetzung der Streu bis hin zur Humifizierung begünstigt, die dann aber entstandenen Huminstoffe kommen unter anaerobe Verhältnisse und werden kaum mehr weiter abgebaut. Das ist die typische Situation des **Anmoors** (vgl. Tab. 2.8 und 2.9). Ein relativ mächtiger, sehr humusreicher, nicht strukturierter Aa-Horizont unterlagert eine dünnmächtige Streuauflage. Anmoor ist die typische Humusform von Sümpfen, Rändern von natürlichen Seen und sehr feuchten Auen.

Anmoor: Achtung! Anmoor ist eine Humusform und ein Bodentyp

Fällt die Streu quasi direkt in das Wasser und ist während ihrer gesamten Entwicklung anaeroben Bedingungen ausgesetzt, dann werden die Gewebestrukturen, die unter diesen Bedingungen nicht abgebaut werden, über Jahrtausende erhalten. Es häuft sich immer mehr organische Substanz an, die sehr locker gelagert ist und nur ganz langsam umgewandelt wird. Solche sehr nassen Humusformen können dann mehrere Meter mächtig werden

Tab. 2.8: Aufbau der häufigsten Humusformen (wichtigste Horizonte blau).

Horizont	Mull	Moder	Roh-humus	Feucht-moder	Anmoor	Torf
L	(+)	+	++	+	+	+
Of	—	+	++	(+)	—	—
			↑			
			+			
			↓			
Oh	—	+	++	++	—	—
Ah	++	+	(+)	(+)	Aa ++	—
H	—	—	—	—	—	++

— fehlend	+ gut entwickelt	+++ sehr stark entwickelt
(+) gering oder fehlend	++ stark entwickelt	

Torf

(sie wachsen 1 bis 2mm pro Jahr) und werden als **Torf** bezeichnet. Nährstoffreiche, dem Grundwasser ausgesetzte Torfe bezeichnet man als **Niedermoortorfe**. Sie sind mit Schilf und Seggen bewachsen. Dagegen gibt es in sehr feuchten Gebieten, z. B. den Gipfelregionen des Schwarzwaldes, auch Torf in sogenannten Regenmooren. Dieser Torf ist ein Moostorf und kann auch von Zwergsträuchern und Wollgras gebildet werden. Er wächst in der Regel noch rascher, ohne dass mehr Biomasse gebildet wird. Diesen Torf nennt man **Hochmoortorf**.

Tab. 2.9:
Umwandlungsprozesse und Steuergrößen bei der Entstehung wichtiger Humusformen.

Prozess	Mull	Moder	Roh-humus	Feucht-moder	Anmoor	Hochmoor-/Niedermoortorf
Zersetzung	+++	+	−	++	++	−−/+
Humifizierung	++	+	±	++	++	−/+
Mineralisierung	++	+	±	±	±	−−/−−
Bioturbation	+++	±	−−	−	−−	−−/−
O$_2$-Versorgung	++	++	+	±	−	−−
Nährstoffe	++	±		±	±	−−/+

−− sehr schwach   ± mäßig, mittel   +++ sehr stark entwickelt
− schwach   ++ stark

2.7 Podsolierung: Degradierung und Verlagerung

Die Entwicklung eines Bodens aus Granit vom Syrosem bis zur Braunerde haben wir behandelt (Kap. 2.2). Inzwischen wurden die dabei ablaufenden bodenbildenden Prozesse etwas genauer charakterisiert. Der Zustand der **Braunerde** ist ein relativ stabiler Zustand, der so lange andauert wie Verwitterung und Entbasung, Nährstoffbedarf und Nährstoffanlieferung, Streuproduktion und Mineralisierung im Gleichgewicht bleiben. Die meisten unserer Braunerden sind bereits Jahrtausende, manche bereits über zehntausend Jahre in diesem Zustand. Da es in diesem Stadium der Braunerde regelmäßig zu **Verlusten** durch **Auswaschung** kommt, ist der Boden nicht in einem stabilen Gleichgewicht. Durch Säureproduktion und Säureeinträge werden sowohl die **Entbasung aus der Verwitterung** der gesteinsbildenden Minerale als auch die **Entbasung der Austauscher** voranschreiten. Wir beobachten zunehmende **Versauerung** (pH < 4). Sind nahezu alle basischen Kationen von den Austauschern abgelöst, so wird der Austauscherpufferbereich verlassen und als letzter Puffer tritt der **Oxidpufferbereich** in Funktion.

Das bedeutet, dass zunächst **Aluminiumionen**, später auch **Eisenionen** in die Bodenlösung gelangen und in hohem Maße die Austauscher belegen können. Damit stehen wichtige Nährstoffionen wie Magnesium, Kalium und Calcium durch Ionenaustausch nicht mehr zur Verfügung. Die **Nährstoffverarmung** (neben den Kationen wird auch Phosphor schlechter verfügbar) sorgt dafür, dass eine an schlechte Nährstoffverhältnisse angepasste **acidophile Vegetation** sich ausbreitet. Diese an nährstoffarme, saure Verhält-

Destabilisierung der Braunerde:
starke Entbasung
starke Versauerung
Oxidpufferung (Ae)
Nährstoffmangel

nisse angepasste Vegetation wächst schlechter und produziert gleichzeitig eine sehr nährstoffarme, ligninreiche Streu. Damit beginnt ein Kreislauf der Degradierung. Schlechtere Wachstumsbedingungen fördern weniger anspruchsvolle Pflanzen. Diese produzieren weniger nährstoffhaltige Streu. Diese sorgt wieder für schlechtere Wachstumsbedingungen. Dieser Kreislauf zieht insbesondere auch das **Bodenleben** mit hinein. Bodenwühler, insbesondere Regenwürmer, haben keine Möglichkeit mehr, sich an die sauren, nährstoffarmen Verhältnisse anzupassen und geben damit ihre Tätigkeit bei der Durchmischung auf. Auch andere Arten der Bodenmakrofauna haben keine Lebensbedingungen mehr. Damit verstärkt sich die Tendenz zur Bildung von Auflagehumus.

> **Merke**: Auflagehumus bildet sich in der Regel bei geringerer Biomasseproduktion, Streulieferung und schlechteren Wachstumsverhältnissen für die Pflanzen, da auch Abbauprozesse und Bioturbation verlangsamen.

In diesem sehr sauren Zustand erkennt man häufig zuerst, dass im Mineralboden die Feldspäte und Quarzkörner, die in der Braunerde wegen der Eisenoxidhüllen nicht erkennbar waren, frisch aussehen und keinerlei braune Farbe mehr haben. Humus und Mineralkörner liegen wie Pfeffer und Salz im Oberboden. Man hat in der Tat den Eindruck, dass die hellen Minerale gewissermaßen gewaschen wurden. Diesen Prozess bezeichnet man auch als **Sauerbleichung**. Im Laufe der Zeit wird dieser sauergebleichte Bereich etwas mächtiger (1–2 dm) und man erkennt darunter einen leuchtend rotbraun gefärbten Horizont. In diesem kommen auch schwarze Humusflecken vor. Diesen Prozess der Einwaschung von Eisen und organischer Substanz in den Unterboden bezeichnet man auch als **Podsolierung**. Der sauergebleichte Horizont erhält das Symbol **Ae** für eluvial, der angereicherte Horizont, in dem Humus und Eisen zu finden sind, heißt Bhs. Mit der Weiterentwicklung des Bodens wird der Ae-Horizont stärker ausgeprägt und die B-Horizonte differenzieren sich noch einmal in einen unteren **Bs**-Horizont und in einen oberen **Bh**-Horizont. Bh steht für eingewaschene Humusstoffe, Bs für Anreicherung von sogenannten Sesquioxiden (= $1 1/2$ Oxide) wie Fe_2O_3 und Al_2O_3.

Der gesamte Vorgang ist ein Verlagerungsprozess (Abb. 2.27), den wir kennen lernen. Durch die **Verlagerung** entsteht ein **Podsol** (russisch: Boden unter Asche). Alle Verlagerungsprozesse lassen sich in drei Schritte unterteilen: erstens die **Mobilisierung**, zweitens den **Transport** und drittens die **Immobilisierung**. Mobilisiert werden Eisenionen unter sehr sauren Bedingungen durch hydrolytische Verwitterung und/oder Säureverwitterung aus Silikaten und Oxiden. Sie können auch bei der Mineralisierung organischer Substanz ionar frei werden. Wichtig ist, dass bei der Podsolierung **Eisenionen** mobilisiert werden. Diese Ionen können mit Fulvosäuren, die wasserlöslich sind, oder anderen organischen Verbindungen wie Polyphenolen, Carbonsäuren und Polysacchariden mit dem Sickerwasser transportiert werden. Dabei gehen die Metallionen häufig Chelatbindungen mit den organischen Komplexbildern ein. Das Sickerwasser transportiert diese

Sauerbleichung

Podsol = Ah-Ae-Bh-Bs-C

Oxide

Podsolierung ist Wanderung von Ionen des Fe, Al, Mn in Verbindung mit wasserlöslicher organischer Substanz

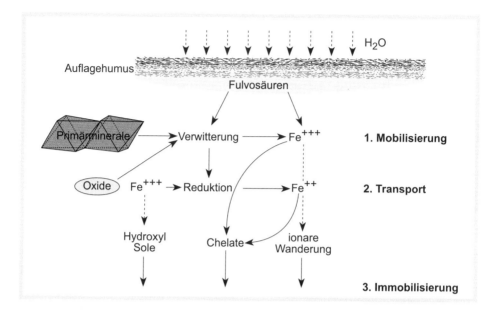

Abb. 2.27:
Mobilisierungs- und
Verlagerungsprozesse
bei der Podsolierung
(schematisch).

ionisch, als Chelat oder Hydroxidsole abwärts. Der Transport geht solange, solange sich das Wasser einigermaßen rasch bewegt und die physikochemischen Bedingungen für die Mobilisierung aufrecht erhalten bleiben. Ändern sich die physikochemischen Bedingungen, so kommt es zum dritten Teilschritt, der Ausfällung oder Immobilisierung. Dafür gibt es verschiedene Gründe. Ein einfacher Grund ist das Ende der Wasserbewegung. Dies kann in wärmeren oder trockneren Klimaten eine große Rolle spielen. Darüber hinaus werden meist höhere pH-Werte im Unterboden herangezogen. Dies ist bei Eisenionen ein wichtiges Argument, allerdings muss der pH-Wert deutlich über 4 steigen, um das Eisen wieder auszufällen. Fe^{2+}-Ionen können bei hohen Redoxpotenzialen oxidiert werden. Dabei hilft das Ansteigen des pH-Wertes ebenfalls. Konzentrierte Lösungen können bei Überschreiten des Löslichkeitsproduktes ausgefällt werden. Auch Hydroxidsole können bei veränderten physikochemischen Bedingungen geflockt werden. Bereits gefällte Oxide und organische Substanz können ankommende Stoffe sorbieren. Während des Transports können organische Verbindungen polymerisieren und damit ihre Wasserlöslichkeit verlieren. Sie werden von den bereits ausgefällten Stoffen ausgefiltert. Letztendlich kann auch die organische Substanz mikrobiell (insbesondere durch Pilze) abgebaut werden und damit die Metallionen freisetzen. Die Vielzahl der möglichen Prozesse, welche bei der Podsolierung beteiligt sind oder sein können, machen auch deutlich, dass der Prozess bis heute nicht vollständig verstanden ist, obwohl er seit mehr als 150 Jahren untersucht wird.

Nach der Ausfällung werden die organo-mineralischen Verbindungen meist noch **stabilisiert**, weil sie sonst in der Gefahr stünden, rasch wieder mobilisiert zu werden. Zur Stabilisierung dienen eine Sammelkristallisation der Oxide, eine Polymerisation der organischen Substanz und ein Austrocknen der abgeschiedenen Stoffe. Wir haben bisher nur die wesentlichen Bestandteile des Podsols betrachtet, nämlich Eisenionen und organische Substanz. Bei der Podsolierung werden, und zwar vor dem Eisen, auch Aluminiumionen mobilisiert und verlagert. In geringem Maße sind auch andere Metallkationen, wie Mangan, Kupfer, Kobalt und Zink in die Podsolierung mit einbezogen. Auch das Anion Phosphat wird bei der Podsolierung im Oberboden durch Säureverwitterung mobilisiert und bildet mit Aluminium und Eisen sehr schwer lösliche Orthophosphate. Die abgeschiedenen Metalloxide und die organische Substanz verkitten die primären Minerale und Körner im Unterboden stark. Diese Hüllen um die Minerale machen das Erkennen der Minerale unmöglich. Wir sehen rötlich-braune und schwarze Farben. Die Eigenfarben der Minerale sind nicht mehr erkennbar. Ein solches Material nennt man Orterde. Die Zementation dieses Unterbodens kann noch weitergehen, so lange bis der Unterboden durch den Zement hart wird. Dann spricht man von Ortstein.

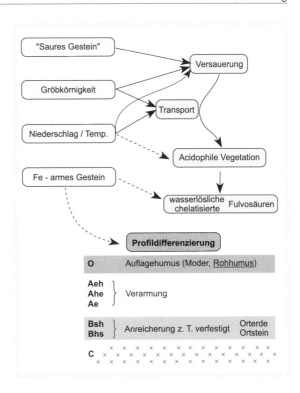

Abb. 2.28: Faktoren der Podsolierung.

Bei der Bodenentwicklung aus granitischen Gesteinen entsteht der Podsol als letzte Stufe. Sie ist bisher im Schwarzwald noch wenig verbreitet. Bei ärmeren silikatischen Gesteinen, z. B. Dünensand, Buntsandstein, finden wir solche Böden weit verbreitet. Deshalb muss man sich fragen, welche Eigenschaften des Standorts die Podsolierung fördern (Abb. 2.28).

Zunächst sind sogenannte saure Gesteine förderlich für die Podsolierung. Sie haben keine hohe Pufferkapazität gegenüber Versauerung, können deshalb relativ rasch den pH-Wert erreichen, in dem Podsolierung stattfinden kann. Besonders großen Einfluss hat auch die Körnigkeit des Gesteins. Je gröber das Gestein, desto geringer die Oberfläche desto leichter die Wasserbewegung und desto früher kann die Podsolierung einsetzen. Bei grobkörnigen Gesteinen können in den Gesteinspartikeln noch Puffersubstanzen vorhanden sein, wenn nur die Oberfläche stark versauert ist. Hohe Niederschläge fördern ebenfalls die Podsolierung, da sie mobilisierte Stoffe leicht auswaschen können. In die gleiche Richtung wirkt kühles oder kaltes Klima. Dabei wird das Bodenleben in seinen Vorgängen behindert. (Die Podsolzone in den Alpen liegt an der Waldgrenze. Dort ist es für die meisten Bodenwühler bereits zu kalt). Niederschlag und Temperatur ergänzen sich: Je kälter die Temperatur, desto weniger Niederschläge sind erforderlich, und je wärmer die Temperatur, desto höher muss die Niederschlagsmenge sein. Durch diese drei Faktoren bedingt, findet sich auf armen, sauren Böden meist eine spezifische, die Podsolierung fördernde Vegetation. Dazu gehören Koniferen und Eichen als Waldbaumarten, aber auch Ericaceen als Zwergsträucher. Diese Pflanzen sind an basenarme, saure Standorte angepasst und produzieren ihrerseits aus ihrer Streu wasserlösliche, chelatisierende organische Verbindungen. Ein letzter sehr wichtiger podsolierungsfördernder Faktor ist die Eisenarmut (ähnlich wie Eisen wirkt auch eine Armut an Mangan und Aluminium). Wie beim sauren Gestein, bei dem nur wenige Basen weggeführt werden bevor die Versauerung eintritt, so ist es auch bei der Eisenarmut. Es muss nur wenig Eisen mobilisiert und weggeführt werden und schon ist eine Podsolierung sichtbar. Unter diesen Bedingungen können wir bei unseren Beispielgesteinen sagen, dass auf Granit Podsolierung möglich ist, auf Basalt unter den Klimabedingungen im Tiefland oder im Bergland Mitteleuropas praktisch nicht, da Basalt eisenreich ist und tonig verwittert.

Podsole sind Böden, die durch die fehlende biologische Durchmischung und durch die starke Auswaschung in ihrem Profil sehr stark differenziert sind. So finden wir einen **Rohhumus** als Humusauflage oder unter etwas günstigeren Verhältnissen auch Moder und Feuchtmoder. Der Mineralboden beginnt meist bereits mit einem flachen, aber gebleichten **Aeh**-Horizont, geht über in einen Ahe- und dann in einen stark ausgeblichten, humusarmen **Ae**-Horizont. Vollständig entwickelte Podsole beginnen dann mit einem **Bh**-Horizont, wo der Humus ohne Eisen und Aluminium verlagert wurde, da keine verlagerbaren Ionen mehr zur Verfügung standen und die polymerisierenden Huminstoffe dann auf dem Anreicherungshorizont niedergeschlagen wurden. Darunter finden wir einen **Bhs**-Horizont und einen **Bs**-Horizont. Bei Podsolen, die ursprünglich Braunerden waren, gibt es oft noch einen **Bv**-Horizont bevor der **C**-Horizont beginnt. In den Anreicherungshorizonten finden wir, entsprechend den Verlagerungsbedingungen, eine Abfolge, bei der das Humusmaximum von einem Eisenmaximum, einem Aluminiummaximum und schließlich einem Manganmaximum gefolgt wird. Die Ausfällung der Stoffe, die im Oberboden mobilisiert wurden, ist fast quantitativ. Nur ein ganz kleiner Teil der mobilisierten Stoffe kann weiter als in die B-Horizonte verlagert werden. Der Podsol ist in unserem Klima der am weitesten entwickelte Boden der Kieselserie.

2.8   Senkenböden

Zuvor haben wir Böden aus Granit kennengelernt (Kap. 2.2 und 2.7), bei denen ein wichtiger Teil ihrer Entwicklung durch das Sickerwasser und die mit dem Sickerwasser mitgeführten Stoffe verursacht wurde. Wenn wir versuchen, in der heutigen Landschaft (Kap. 2.9) diese Böden zu finden, so stellen wir fest, dass sie auf Kuppen, Hochflächen, an Hängen oder auf Felsvorsprüngen vorkommen. In der Senke, insbesondere in sehr feuchten Mittelgebirgen, werden wir solche Böden nicht finden, da dort das von den Hängen und Hochflächen abströmende Wasser einen **Grundwasserkörper**

Grundwasser bildet. Die Böden dieser Senken werden deshalb stark von diesem Grundwasser beeinflusst. Die mineralischen Substrate, aus denen die Böden entstanden sind, sind dort auch granitisches Material, aber bei Grundwasser kann das Gestein (C-Horizont) nicht den Boden nach unten abschließen. Dies geschieht durch den Bodenhorizont, in dem das **Grundwasser ganzjährig** vorhanden ist. Dort wo das Grundwasser ganzjährig steht, finden wir immer reduzierende Bedingungen, sodass keine Oxidationsverwitterung stattfinden kann. Diesen permanent reduzierten Bodenhorizont (Gr) versteht man als das untere Ende des Bodens. Außerdem ist das Grundwasser gespeist von den Sickerwässern der anderen Böden. Es enthält also wesentlich mehr Nährstoffe, insbesondere auch Basen, als das Niederschlagswasser und die Sickerwässer in den Oberböden der anderen Standorte. Da in das Grundwasser immer auch organische Substanz gelangt, die bei ihrem Abbau den Sauerstoff, der im Wasser gelöst ist, verbraucht, ist das Grundwasser vor allem in seinem oberflächlichen Bereich ständig reduziert. Unter diesen Bedingungen finden wir das Eisen als **grünen Rost** oder gar als **Eisensulfid** (Kap. 2.3.2 und 2.4.2). Der Unterboden hat also eine fahlgraue, grau-grüne oder gar blau-schwarze Farbe. Dieser von Grundwasser erfüllte und ständig reduzierte Bodenhorizont wird **Gr** genannt. Oberhalb des ständigen Grundwasserkörpers schwankt das Grundwasser stark. Es erhält manchmal auch Sickerwasserzufuhr oder in trockneren Zeiten kann es sogar kapillar aufsteigen (Kap. 3.7). Das aufsteigende Grundwasser bringt reduzierte Stoffe mit der Luft in Kontakt. Hier kann es sehr rasch, insbesondere entlang von alten Wurzelgängen oder Wühlgängen, zur Oxidation der Eisenverbindungen kommen und es setzt sich **Rost** ab. Deshalb bezeichnen wir diesen Prozess als Verrostung. Der verrostete Bereich wird als Grundwasseroxidationshorizont Go bezeichnet. Bei den typischen Grundwasserböden reicht dieser Go-Horizont bis an den Humushorizont heran (Abb. 2.28). So haben wir mit dem **Ah**-, dem **Go**- und dem **Gr**-Horizont einen typischen Senkenboden, den **Gley**, kennengelernt. Da der Gley mehr Wasser zur Verfügung hat, als aus den Niederschlägen resultiert, sagt man, er habe Zuschusswasser. Gleye sind also hinsichtlich des Wasserhaushaltes wesentlich besser gestellt als andere Böden.

Gley = Ah-Go-Gr

Im oberen durchlüfteten Bereich des Gleys laufen Prozesse ab, wie wir sie aus Ranker und Braunerde kennengelernt haben, nämlich Verlehmung, Verbraunung und Entbasung. Die Versauerung und Entbasung ist aber dadurch gebremst, dass durch immer wieder aufsteigendes Grundwasser eine gepufferte Lösung und Kationen zugeführt werden, die den Basenhaushalt des Bodens verbessern. Der günstige Wasserhaushalt sorgt auch dafür, dass sich eine gute Humusform ausbildet, die als **Feuchtmull** bezeichnet werden kann. Sie hat meist einen etwas erhöhten Humusgehalt, aber eine ungebremste Zersetzung der Streu. In dem verrosteten Bereich reichern sich neben Eisen auch Begleitelemente wie Mangan, Kupfer, Kobalt, Schwefel und Phosphor an. Durch den häufigeren Wechsel von Reduktion und Oxidation bleiben sie aber besser verfügbar als zum Beispiel im B-Horizont eines Podsols. Das gefällte Eisen im Go-Horizont ist häufig der schlechtkristalline Ferrihydrit, ansonsten Goethit. Wird aus der Landschaft sehr viel Eisen antransportiert, das ist insbesondere dann der Fall, wenn im grundwassernahen Bereich auch Podsole vorkommen, dann kann es zu einer starken Eisenakkumulation im Go-Horizont kommen, zu **Raseneisenstein**. Dieser Raseneisenstein ist hauptsächlich aus Goethit aufgebaut und enthält wenig bis keine organische Substanz. Er ist deshalb, kommt er an die Luft, verhärtend und zerfällt nicht, während der Ortstein durch Abbau der

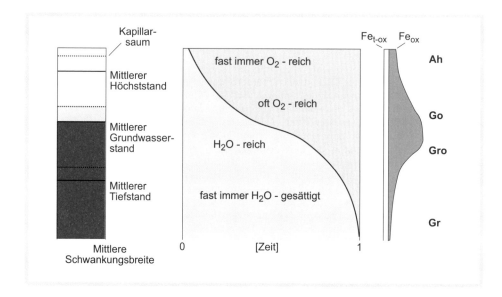

Abb. 2.29:
Wasser- und Lufthaushalt beim Gley sowie Tiefenfunktion des verrosteten Eisens.

organischen Substanz dann natürlich zerfällt. Bei solch starken Eisenanreicherungen werden die Begleitelemente, insbesondere Phosphor in schwerlöslicher Form, akkumuliert (Kap. 4.7). Im ständig reduzierten Bereich des Gr-Horizontes können sich Sulfide bilden. Wenn in der Landschaft sehr wenig Schwefel vorhanden ist, dann reicht auch der Sulfidanteil nicht aus, um Eisen zu binden. Dort finden wir blau-grüne und teils sogar weißliche Gr-Horizonte, da das zweiwertige Eisen wasserlöslich bleibt und quantitativ in den Go-Horizont abgeführt wird. Der Gr-Horizont konserviert organische Substanz, insbesondere wenn sie aus Cellulose und Lignin besteht. So finden wir Jahrtausende alte Eichen- oder Erlenwurzeln oder Reste von Brückenpfeilern aus dem Mittelalter oder gar der Römerzeit in Gr-Horizonten.

2.9 Chronosequenz und Toposequenz

Wir haben die Bodenentwicklung aus Granit in Abhängigkeit von der Zeit kennengelernt. Diese nannten wir eine **Chronosequenz**. Das heißt der Faktor Zeit ist die einzige Variable, die anderen Bedingungen sollen gleich bleiben (Abb. 2.29). Wenn wir im Schwarzwald heute diese Böden suchen, so können wir zunächst feststellen, dass sie alle heute noch vorkommen. Der **Syrosem** findet sich vor allem an Felsgruppen, bei denen das Gestein, welches physikalisch verwittert, durch die Schwerkraft abgetragen wird und damit immer eine neue Bodenoberfläche für eine initiale Bodenbildung zur Verfügung steht. Solche Syroseme machen weniger als 1% der Fläche aus. Auch die **Ranker** sind sehr selten. Sie finden sich dort, wo die Verwitterung auf einem nicht physikalisch vorverwitterten, sondern auf einem massiven Gestein ablief, z. B. auf Bergnasen oder an Kuppen, wo bei land-

Ranker = Ah – imC
imC = silikatisches
Festgestein

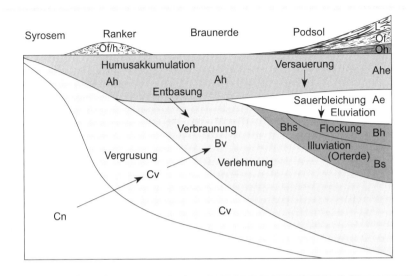

Syrosem Ranker Braunerde Podsol

Humusakkumulation Versauerung
Ah Ah
Entbasung Sauerbleichung Ae
Eluviation
Verbraunung Bhs Flockung Bh
Bv Illuviation
Vergrusung (Orterde) Bs
Verlehmung
Cv
Cn Cv

wirtschaftlicher Nutzung Erosion stattfand. Gehen wir von den heute statt-findenden Bedingungen aus, so müssten die meisten Böden aus Granit Ranker sein. Wir finden aber nur 5% oder weniger. Einen sehr hohen An-teil, etwa 70 bis 80%, haben die verschiedenen Braunerden. Sie finden sich an den Hochflächen und auf den Hängen. Viele dieser **Braunerden** haben einen Steingehalt, ein Zeichen für eine intensive physikalische Verwitterung. Diese physikalische Verwitterung ist aber nicht die heutige, zumal die Schuttdecken ein bis mehrere Meter mächtig sein können. Die Braunerden konnten sich nur deshalb bilden, weil die physikalische Verwitterung während der letzten Kaltzeit durch Frostsprengung und Bodenfließen eine starke Vorverwitterung ermöglicht hat und deshalb die Verbraunung und Verlehmung in dem physikalisch vorverwitterten Material leichter ablaufen konnte (Kap. 4.1). Die Vorgänger der meisten Braunerden sind deshalb keine Ranker, sondern **Regosole** gewesen. Das sind Böden, die sich auf ver-grustem Lockergestein rasch entwickeln konnten und einen Ah-ilC-Pro-filaufbau hatten. Diese Regosole sind aber, weil sie nur kurze Zeit (einige Jahrhunderte) Bestand hatten, bei uns heute nicht mehr zu finden. Sie sind in Braunerden übergegangen. Wo die Faktoren der Podsolierung günstige Bedingungen geschaffen haben (Abb. 2.28), finden wir heute an Ober-hängen, ausnahmsweise auch mal an schattigen Unterhängen, **Podsole**. Diese machen aber nur etwa 5–10% der Fläche aus. Besonders die sehr sauren und grobkörnigen Granite, wie der Bärhaldegranit, sind dabei be-vorzugt. Andere leichter verwitternde Granite wie der Malsburggranit haben nahezu keine Podsole.

Wenn wir die Böden der Chronosequenz in einer Landschaft suchen, so stellen wir fest, dass sie in der Regel nicht in der Abfolge auftreten, in der sie sich entwickelt haben, sondern dass die Bildungsbedingungen an ver-schiedenen Orten der Landschaft so unterschiedlich sind, dass sich eine

Abb. 2.30:
Chronosequenz der Bodenentwicklung in der Kieselserie.

Regosol = Ah – ilC

ilC = silikatisches, lockeres Gestein

Abb. 2.31:
Toposequenz der Boden-
entwicklung auf Granit
(Catena).

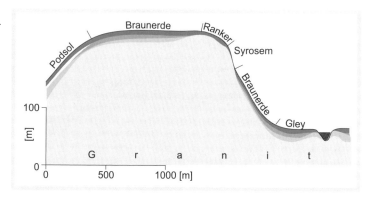

**Bodengesellschaft =
Gemeinschaft der
Böden einer Landschaft**

andere charakteristische Verteilung der Böden in der Landschaft einstellt. Eine solche Verteilung in der Landschaft bezeichnet man als eine **Bodengesell-schaft**. Wenn man die gesamten Böden einer Landschaft betrachtet, oder besonders wenn man sie entlang eines Querschnitts betrachtet, dann bezeichnet man dies als **Catena**. Die Catena ist also ein Abbild einer Boden-gesellschaft (Abb. 2.30). Wir erkennen aus dieser Abbildung, dass die Böden miteinander zusammenhängen und dass Stoffe, die aus einem Boden aus-getragen werden, im anderen wieder eingetragen werden können. Hier er-kennen wir auch, dass der Gley die Entwässerung der gesamten Landschaft sicherstellt und gleichzeitig von den Stofftransporten in der Landschaft pro-fitiert.

Sehen wir uns zum Vergleich Böden in einem Basaltgebiet, zum Beispiel im Hegau oder in der Rhön, an, so werden wir dort Podsole vergeblich su-chen. Die Faktoren, die Podsolierung fördern, wie grobkörniges Boden-material und Eisenarmut, sind nicht festzustellen. Deshalb finden wir hier nur Syrosem, Ranker und Braunerde sowie Gleye. Generell ist bei homo-genen Basalten die Tendenz zur physikalischen Verwitterung geringer und die zur chemischen Verwitterung größer, da feine, leichter verwitterbare Minerale auftreten. Das führt dazu, dass die Böden in den Basaltgebieten allgemein etwas flachgründiger sind (Ranker häufiger) und dass alle Böden deutlich höhere Tongehalte als in den Granitgebieten haben (alle Minerale des Basalts sind verwitterbar). Beim Granit bleiben 20–25% grobkörnige Quarze immer übrig. Darüber hinaus hat der Basalt ein wesentlich höheres silikatisches Puffervermögen als der Granit und deshalb finden wir höhere Basensättigung, pH-Werte oft zwischen 5 und 6, und als Tonminerale be-vorzugt aufweitbare quellfähige Smectite. Daraus können wir sehen, dass unterschiedliche Gesteine die Böden der Kieselserie entstehen lassen. Dabei treten verschiedene Geschwindigkeiten der Bodenentwicklung und unter-schiedliche Ausprägungen der Bodenhorizonte auf.

2.10 Böden der Kieselserie als Pflanzenstandorte

Im gemäßigt-humiden Mitteleuropa bieten alle natürlichen Böden Pflanzen eine Lebensmöglichkeit. Allerdings sind diese Möglichkeiten unterschiedlich je nach Bodeneigenschaften und stark nach den Eigenschaften des lokalen Klimas. Die **Ansprüche der Pflanzen** an den Boden und die Bestimmung der Standorteigenschaften sind im Kapitel 8 dargestellt. Hier soll lediglich auf die Besonderheiten der **Standorteigenschaften** von Böden der Kieselserie eingegangen werden. Da das **Klima** ein ganz wesentlicher Einflussfaktor für das Pflanzenwachstum ist, ist die Einstufung der unterschiedlichen Böden nur als Relativwert anzusehen. Die Relativwerte beziehen sich darauf, dass Böden in einer Landschaft gemeinsam vorkommen. Würde man sie über unterschiedliche Landschaften vergleichen, so käme man oft zu anderen Ergebnissen. So ist zum Beispiel ein Podsol aus Granit im Schwarzwald ein wesentlich fruchtbarer und wüchsigerer Standort als eine Braunerde aus Granit in Nordfinnland am Polarkreis.

Betrachten wir die Standorteigenschaften der Kieselserie (Tab. 2.10), so stellen wir fest, dass die **Gründigkeit** bis zur Braunerde zunimmt, beim Podsol durch die Zementierung des Anreicherungshorizonts begrenzt sein kann und beim Gley durch das Grundwasser meist zwischen 4 dm und 8 dm endet. Die **Durchwurzelbarkeit** ist beim Syrosem durch den hohen Stein-

Gründigkeit

Durchwurzelbarkeit

Tab. 2.10:
Kieselserie: Entwicklung der Standorteigenschaften

Bodentyp Standorteigenschaft	Syrosem Sy 0	Ranker Ra 1	Braunerde Be 2	Podsol Po 3	Gley Gl 4
Gründigkeit	−	±	+	±	±
Durchwurzelbarkeit	−	±	+	±	+
Wasserhaushalt	−	±	+	(+)	++
Lufthaushalt	+	+	+	+	±
Nährstoffhaushalt					
atmogen N vorrätig	−	±	+	+	+
atmogen N verfügbar	−	−	+	−	+
lithogen K vorrätig	+	±	±	−	+
lithogen K verfügbar	−	−	+	+	+
Stabilität	−	−	+	±	+
Nutzung	Schutzwald	Schutzwald Wald	Acker Weide Wald	Weide Wald	Acker Weide Wald
Verbesserung	Erosions- schutz	Erosions- schutz	P-, K- Zufuhr	K-Zufuhr Umbruch	Drainage

Wasserhaushalt

Lufthaushalt

Wärmehaushalt

Nährstoffhaushalt

Standortsstabilität

gehalt eingeschränkt. Ranker, Braunerde und Gley haben in ihrem Wurzelraum durch die große Lockerheit eine sehr gute Möglichkeit, ein Wurzelsystem zu entwickeln. Der verarmte und strukturlose Ae-Horizont, wie auch der verdichtete Bs-Horizont sind beim Podsol Wurzelhemmnisse. Deshalb bildet sich häufig an der Oberfläche des B-Horizontes ein intensives Wurzelnetz (Wurzelfilz) aus. Der **Wasserhaushalt** verbessert sich bis zur Braunerde durch die zunehmende Mächtigkeit des Wurzelraums. Beim Podsol ist er insbesondere dann eingeschränkt, wenn die Durchwurzelung nicht mehr den B-Horizont erreichen kann. Der Gley hat einen ausgezeichneten Wasserhaushalt, da durch den Kapillaraufstieg und die Grundwasserstandsschwankungen fast immer ausreichend Wasser für die Pflanzen zur Verfügung steht. Die Kieselserie ist hinsichtlich des **Lufthaushaltes** sehr gut, auch im Gley ist im Oberboden die Durchlüftung meist ausreichend; im Unterboden ist aber der Wurzelraum durch die Luftmangelsituation begrenzt. Auch der **Wärmehaushalt** wird bei fortschreitender Bodenentwicklung zunächst besser. Bei Podsolen bildet die Humusauflage eine Wärmedämmung, die insbesondere im Frühjahr die Erwärmung hemmt, im trockenen Zustand dagegen im Herbst die Abkühlung verzögert. Gleye sind sehr günstig, da das Grundwasser meist aus dem Gebirge kommend den Boden erwärmt und im Herbst nur langsam abkühlt. Beim **Nährstoffhaushalt** können wir kaum generelle Aussagen machen. Trotzdem bleibt festzuhalten, dass die Braunerde und der Gley wesentlich ausgeglichenere Nährstoffsituationen haben als die anderen Böden. Wie in Kapitel 8 dargestellt, muss der Nährstoffhaushalt sehr differenziert betrachtet werden. Wir unterscheiden zwischen den **atmogenen Nährstoffen**, das sind vor allem die, die aus der Luft und mit der Humusanreicherung akkumuliert werden, und den **lithogenen Nährstoffen**, die aus dem Gestein freigesetzt werden können. Für die atmogenen ist Stickstoff der beste Vertreter. Sein Vorrat steigt mit dem Humusvorrat, seine Verfügbarkeit mit der Gunst der Humusform. Hier ist ganz besonders die Braunerde noch viel mehr als der Gley ein bevorzugter Standort. Der Vorrat an Kalium nimmt mit zunehmender Verwitterung ab und so ist im Wurzelraum des Podsols häufig nur noch wenig vorhanden. Dagegen hat der Gley meist noch ausreichende Vorräte und wird durch Entbasung aus den Hangböden weiter supplementiert. Die Verfügbarkeit steigt mit zunehmender Bodenentwicklung. Sie ist insbesondere für Kalium auch beim Podsol noch ausgezeichnet, d. h., gedüngtes Kalium kann beim Podsol ungehindert von den Pflanzen aufgenommen, aber auch leicht ausgewaschen werden. Wegen des tiefgründigen Wurzelraumes und wegen des hohen Wasservorrats sind Braunerde und Gley die stabilsten Standorte.

Hinsichtlich der **Nutzungseignung** sind Syrosem und Ranker in erster Linie für den Naturschutz als Wuchsort seltener Pflanzen interessant. Auf Rankern können aber auch bereits Wirtschaftswälder stocken. Die Braunerde ist für nahezu alle Nutzungsformen geeignet. Das Gleiche gilt auch für den Gley, allerdings nur dann, wenn im Frühjahr bei hohem Wasserstand durch technische Eingriffe eine Überflutung verhindert wird. Wenn wir uns fragen, wie wir die Standorte in ihrer Leistungsfähigkeit erhalten können, so ist dies bei den flachgründigen Standorten insbesondere der **Erosionsschutz**, der sie weiter und damit tiefer entwickeln lässt. Bei Braunerde und Podsol sind, insbesondere für leistungsfähige Kulturen, bereits die **Nähr-**

stoffsituation der begrenzende Faktor. Haben wir Ortstein oder Raseneisenstein, so empfiehlt es sich, diesen aufzubrechen. Sollen Gleye ackerbaulich genutzt werden, so ist sicherzustellen, dass im Frühjahr der Wasserspiegel tiefer als 40cm liegt. Dafür kann man Drainagen einsetzen.

Fragen

1. Welche bodenbildenden Faktoren wirken unabhängig voneinander und welche sind ganz und teilweise durch andere Faktoren bedingt?
2. Welche prinzipiellen Unterschiede hinsichtlich der Bodenentwicklung bestehen zwischen Tiefengesteinen und Ergussgesteinen?
3. Welche Unterschiede bestehen zwischen Basalt und Granit hinsichtlich Elementbestand und Mineralbestand? Erläutere die Bedeutung dieser Unterschiede für die physikalische und chemische Verwitterung.
4. Vergleiche Orthoklas und Muskovit hinsichtlich Struktur, chemischer Zusammensetzung, Verwitterbarkeit und möglicher Mineralneubildung.
5. Welche Kristallstruktur haben Olivin, Augit und Hornblende? Welche Elemente werden bei der Verwitterung freigesetzt?
6. Beschreibe die unterschiedlichen Verwitterungsvorgänge, die bei den Mineralen Calcit, Pyrit und Quarz wirken.
7. Welche Bauprinzipien haben Tonminerale? Welche Konsequenzen ergeben sich daraus für physikalische und chemische Bodeneigenschaften?
8. Welche Umweltbedingungen werden durch das Vorkommen der Oxide des Aluminiums, Eisens und Mangans angezeigt?
9. Wie ändern sich die Standortseigenschaften auf dem Wege vom Ranker zum Podsol in einer Granitlandschaft?
10. Verbraunung und Verlehmung sind Transformationsprozesse. Welche Transformation geschieht und welcher wichtige Bodenhorizont ist durch diese beiden Prozesse charakterisiert?
11. Erläutere den Unterschied zwischen hydrolitischer Verwitterung und Säureverwitterung.
12. Was ist Lehm? Warum gibt es keinen reinen Lehm?
13. Tonminerale sind kleine Sekundärminerale mit einer großen Oberfläche. Wie viel Gramm Ton benötigt man, um die Oberfläche eines Fußballfeldes zu erhalten? Wie viel Ton benötigt man, um ein Fußballfeld mit einer ein Mineral dicken Schicht zu bedecken?
14. Wodurch kann bei der Tonmineralentwicklung bzw. -umwandlung die Schichtladung verändert werden?
15. Ein Boden enthält 100 Liter Wasser pro m^2. Die Bodenlösung hat einen pH-Wert von 7,0. Bei einem sehr starken Niederschlag regnet es 50 Liter pro m^2, die in den Boden einsickern und zu-

vor einen pH-Wert von 4,0 hatten. Welcher pH-Wert müsste sich einstellen, wenn die beiden Lösungen ideal gemischt werden? Warum trifft diese Mischungsrechnung für reale Böden nicht zu?

16. Wodurch verändert sich die variable Ladung in Böden?

17. Was unterscheidet Primärzersetzung und Sekundärzersetzung?

18. Welche Umweltfaktoren beeinflussen den Abbau der organischen Substanz und welche die Stabilität der organischen Bodensubstanz? Beschreibe den Abbau von Zellulose und Lignin im Boden. Welche Mikroorganismen sind auf welche Weise an den Prozessen beteiligt?

19. Wie unterscheiden sich terrestrische und Feuchthumusformen?

20. Unter welchen Bedingungen bildet sich kein Auflagehumus?

21. Was wird bei der Sauerbleichung gebleicht und was wird bei der Ortsteinbildung versteinert?

22. Warum bezeichnet man Podsolierung als einen Verlagerungsprozess?

23. Warum sind Gleye grundsätzlich besser mit Nährstoffen versorgt als die terrestrischen Böden der Umgebung?

24 Unterscheide zwischen Chronosequenz und Toposequenz von Böden.

25. Welche Ansprüche haben Pflanzen prinzipiell an Böden? Wie beantworten die Böden diese Ansprüche?

26. Welcher Boden ist weniger fruchtbar, ein Ranker oder ein Podsol?

27. Warum sind Gleye im Oberboden häufig gut durchlüftet, obwohl sie doch im Unterboden fast immer Luft- bzw. Sauerstoffmangel unterworfen sind?

28. Wie verhalten sich die Prozesse Streuzersetzung, Humifizierung und Mineralisierung zueinander? Welche Bodenhorizonte sind durch diese Prozesse geprägt?

29. Welchen Einfluss haben unterschiedliche Huminstoffgruppen auf die chemischen und physikalischen Eigenschaften von Böden?

30. Welche Bedeutung haben Glimmer und Tonminerale in unseren Böden?

3 Böden einer Schichtstufenlandschaft im gemäßigt humiden Klima (Kiesel-, Kalk-, Tonserie)

In Schichtstufenlandschaften liegen die Gesteine als Platten auf dem Grundgebirge, z. B. des Odenwaldes und des Schwarzwaldes, und werden nach oben immer jünger. In solchen Schichtstufenlandschaften kommen sehr verschiedene Gesteine vor und entsprechend finden wir auch nahezu ein Museum aller möglichen Böden Mitteleuropas. Schichtstufenlandschaften finden sich in Württemberg und Nordbaden, auch in Franken, in Mittelhessen, im Thüringer Becken und in sehr umfangreicher Form auch im Pariser Becken und in England. Wir wollen in diesem Zusammenhang, wie in Kapitel 2, zunächst die Entwicklung und die Eigenschaften der Gesteine kennenlernen und später die daraus entstehenden Böden ableiten.

3.1 Kreislauf der Gesteine

Ziel dieses Kapitels ist es, für die Landschaftsentwicklung wichtige Prozesse zu erklären. Das Konzept folgt dem geogenen Kreislauf. Wichtige Inhalte des Kapitels sind exogene und endogene Kräfte, Erosion, Diagenese und Metamorphose. In diesem Zusammenhang werden auch die wichtigsten Sedimentgesteine und Metamorphite vorgestellt.

Aus der kurzfristigen Perspektive des Menschen sind die Landschaften, in denen er sich aufhält, stabil. Macht man sich aber die geologische Perspektive zu eigen, die Millionen von Jahren überblickt, sind Landschaften dynamisch: sie entstehen und vergehen. Anschaulich macht dies der geogene Kreislauf oder Kreislauf der Gesteine (Abb. 3.1).

Verkürzt kann man ihn, so beschreibt das vereinfachte Schema die Herkunft der drei grundsätzlichen Gesteinstypen: Aus Magmen entstehen durch Abkühlung **magmatische Gesteine** (Kap. 2.13). Wenn diese an die Erdoberfläche gelangen, unterliegen sie der **Bodenbildung**. Wird die Vegetationsdecke an der Bodenoberfläche durch menschliche Eingriffe oder Klimawandel zerstört, werden die Böden abgetragen. Dieses transportierte Material wird in tiefer gelegenen Land-

Abb. 3.1:
Der vereinfachte Kreislauf der Gesteine.

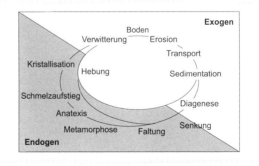

schaftsteilen wieder abgelagert. Dabei wird es häufig fraktioniert und kann sich anschließend wieder verfestigen. Es entstehen **Sedimentgesteine**, die entweder wieder der Bodenbildung unterliegen oder durch großräumige Prozesse in tiefere Positionen der Erdkruste gelangen, dort höherer **Temperatur** und höherem **Druck** unterliegen und zu sogenannten **metamorphen Gesteinen** umgebildet werden. Auch diese können durch Hebung wieder an die Erdoberfläche gelangen und der Kreislauf beginnt erneut. Im Folgenden wollen wir uns mit den Teilprozessen näher befassen.

3.1.1 Erosivität und Erodierbarkeit

Innerhalb des geogenen Kreislaufs, bei der Gestaltung der Erdkruste, unterscheiden wir **endogene** (innere) und **exogene** (äußere) Kräfte. Zu den endogenen, reliefaufbauenden Kräften gehören der Vulkanismus, die Epirogenese und die Orogenese. Erdbeben sind mit diesen Prozessen ursächlich verknüpft. Zu den exogenen, reliefabbauenden Kräften gehören Erosion und Sedimentation und eingeschränkt die Bodenbildung.

Endogene Kräfte

Vulkanismus

Über den **Vulkanismus** und die daraus resultierenden Gesteine wurde schon gesprochen. Die grundsätzlich noch zu stellende Frage ist aber, wie überhaupt die ersten Festländer entstanden sind. Dazu gibt es verschiedene Modelle. Zum einen kann, wie im Beispiel des Hawaianischen Inselbogens, vulkanisches Magma durch eine Schwächezone in der Erdkruste austreten und sich so lange auftürmen, bis es über die Meeresoberfläche ragt. Eine andere Möglichkeit bietet die **Epirogenese**. Darunter versteht man weitspannige Auf- und Abbewegungen der Erdkruste, die durch konvektive Vorgänge im Erdmantel hervorgerufen werden und den Gesteinsverband intakt lassen. Es entstehen große **Schwellen** (Antiklinalen) und **Senken** (Synklinalen). Im Bereich der Aufwärtsbewegung weicht das Meer zurück (Regression). Abwärtsbewegungen von Festländern können hingegen eine Transgression des Meeres – also die Überschwemmung des Festlandes – zur Folge haben.

Epirogenese

Aufgabe: Als Modell für die Orogenese legen Sie ein Blatt Papier vor sich auf eine glatte Tischoberfläche. Legen Sie Ihre Hände auf die Blattenden und bewegen Sie die Hände langsam aufeinander zu. Was passiert?

Eine dritte Möglichkeit ergibt sich durch die **Orogenese** (Gebirgsbildung). Im Gegensatz zur Epirogenese meint dies einen relativ engräumigen, das Gesteinsgefüge irreversibel verändernden Prozess, der sich in Faltenbildungen und Deckenüberschiebungen ausdrückt. Ausgelöst wird Orogenese häufig durch plattentektonische Vorgänge. Insbesondere dort, wo zwei Platten kollidieren, entstehen größere Orogene (Beispiele: Alpen, Anden, Himalaya).

Unter **Tektonik** im Allgemeinen versteht man die Lehre vom Bau der Erdkruste und der Bewegungen und Kräfte, die diese erzeugt haben. Die **Plattentektonik** beschreibt – aufbauend auf der im Wesentlichen von Alfred Wegener entwickelten Vorstellung, dass die Erdkruste in eine Anzahl größerer und kleinerer Platten zerteilt ist – welche morphologischen Effekte die Bewegungen der Platten im Erdmantel hervorrufen.

Begleitend zu den drei bisher genannten endogenen Prozessen treten Erdbeben auf. Die verheerende Wirkung von Erdbeben veranschaulichen die heute noch tradierten Beben von Lissabon (1755), San Francisco (1906) und Messina (1908). Aber auch in der Neuzeit beeinflussen sie unser Leben, wie die Beben 1998 in Italien, 1999 in Griechenland und der Türkei sowie 2004 im indonesischen Raum zeigten. Konzentriert sind die Erdbebenherde (**Hypozentren**) entlang der bereits erwähnten Plattengrenzen, insbesondere rund um den Pazifik oder im Mittelmeer. Die geographische Lokalisation des Hypozentrums an der Erdoberfläche nennt man **Epizentrum**.
Es werden drei Arten von Beben unterschieden:
- Tektonische Beben (verursacht durch Relativbewegungen zweier riesiger Gesteinskörper, die an ihrer Grenze unter Spannung geraten sind) haben die größte Häufigkeit (etwa 90 %) und die größte räumliche Wirkung bei tief liegendem Hypozentrum.
- Vulkanische Beben sind weitaus seltener (etwa 7%), haben eine begrenzte räumliche Wirkung und ihre Hypozentren liegen flacher.
- Sehr lokal begrenzt sind sogenannte Einsturzbeben, wie sie z. B. in Karstlandschaften beobachtet werden können.

Exogene Kräfte

Werden Gesteine durch einen der oben beschriebenen Prozesse zu Festland, setzt die Bodenbildung als exogener, reliefabbauender Prozess ein. Die Umweltbedingungen unter den humiden bis subhumiden klimatischen Bedingungen Mitteleuropas führen durch Auswaschung zu Elementverlusten. Diese Masseverluste bedingen auch einen Volumenverlust; die Geländeoberfläche senkt sich langsam ab. Dies findet besonders in Landschaften statt, wo das Gestein aufgelöst werden kann (Salz, Gips, Kalk, Dolomit). So entstehen Karstlandschaften (Kap. 3.2.5).

Die Absenkung der Geländeoberfläche wird wesentlich beschleunigt, wenn durch menschlichen Eingriff oder klimatische Effekte die bodendeckende Vegetation zerstört wird. Schützt diese nicht mehr die Oberfläche, können durch Gravitation oder durch kinetische Kräfte von Wind und Wasser Partikel abgelöst und in tiefer gelegene Landschaftspositionen verfrachtet werden. Diesen Prozess fasst man unter dem Begriff **Erosion** zusammen (Kap. 3.1.2).

Einmal abgelagert, setzt in Sedimenten der Prozess der **Diagenese** ein. Darunter versteht man i.e.S. die Verfestigung von Lockergestein zu Festgestein unter isochemischen Bedingungen, also Beibehaltung des Stoffbestandes. Der zuerst einsetzende Prozess ist die **Sackungsverdichtung** aufgrund der Gravitation. Sie bewirkt einen Hohlraumverlust, bei dem Wasser

Lockersediment

Verdichtung

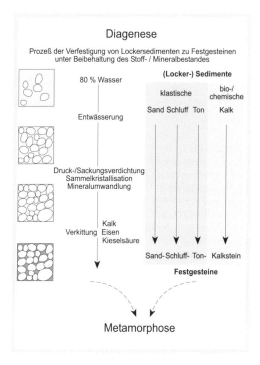

Abb. 3.2:
Diagenese: Vom Locker- zum Festgestein.

und Gase aus dem Sediment ausgepresst werden (Abb. 3.2). Dieser Prozess wird verstärkt, wenn weitere Sedimente aufgelagert werden und damit der Druck steigt. Es kommt dann zur Einregelung der Partikel, die versuchen, an den Partikelkontaktstellen der Hauptdruckrichtung auszuweichen. Damit wird durch Erhöhung der Reibung eine erste Verfestigung erreicht. Durch Druck, und unterstützt durch im Sediment zirkulierende Lösungen, kann es zur Sammelkristallisation, d. h. dem Anwachsen von Einzelmineralen auf Kosten von kleineren Mineralen und auch zu ersten Mineralumbildungen kommen.

Im weiteren Verlauf kommt es häufig zur Verkittung der Sedimente, die damit zu **Festgesteinen** werden (Kap. 3.1.3). Typische Kittsubstanzen sind Carbonat, Eisenhydroxide und Kieselsäure. Zunächst können auch Tonminerale diese Funktion übernehmen. Diese Bindemittel können aus Mineralumwandlungen/-umfällungen innerhalb des Sedimentes stammen (isochemisch) oder durch durchfließende Wässer zugeführt werden und dann im Sediment ausfallen (allochemisch). Genauso, wie durchfließende Wässer Verbindungen zuführen können, können sie auch lösliche Verbindungen, wie z. B. Salze, abführen. Wir sprechen dann von einer Auslaugung des Gesteins.

Werden immer weitere Sedimente aufgelagert und steigen damit im unterliegenden Gestein Druck und Temperatur kontinuierlich an, wird die Diagenese von der Metamorphose abgelöst (Kap. 3.1.4). Unter **Metamorphose** versteht man die Veränderung (Morphologie und Mineralzusammensetzung) von Gesteinen durch Temperatur- und Druckeinwirkung unter Beibehaltung des festen Zustandes. In Sonderfällen kann es zu einer Teilaufschmelzung, der sogenannten **Anatexis**, kommen.

Durch tektonische Vorgänge (Kap. 3.2.1) können die durch **Metamorphose** veränderten Gesteine wieder an die Erdoberfläche gelangen. Dann beginnt der geogene Kreislauf erneut.

3.1.2 Erosion

Da Erosion für die Landschaftsformung von immenser Bedeutung ist, soll sie im Folgenden ausführlicher behandelt werden.

Erosionsformen
Eine Form der Erosion ist der Massenversatz. Dieser meint das Herunterfallen von festen Partikeln von einer höher gelegenen Landschaftsposition in eine tiefere, ausgelöst durch die Gravitation.

Aufgabe: Füllen Sie eine Kastenform (Schuhkarton) vollständig mit grobkörnigem feuchtem Sand. Bedecken Sie die offene Seite mit einem Brett und drehen Sie beides zusammen vorsichtig um. Entfernen Sie vorsichtig die Kastenform. Was beobachten Sie nach der Abtrocknung des Sandes?

Ein gutes Beispiel für einen solchen Massenversatz ist der Bergsturz bei Mössingen an der Schwäbischen Alb, wo 1983 eine ganze Gebirgsscholle des weißen Jura mit einem Volumen von etwa 400 Millionen Kubikmetern abrutschte. Ein größerer, noch heute imposanter **Bergsturz** ist aus Flims in der Schweiz bekannt. Insbesondere in den Alpen wird durch das sich erwärmende Klima vermehrt mit Massenversatz gerechnet. Die in den Hochlagen bei niedrigen Jahresdurchschnittstemperaturen durch Permafrost – dauerhaft im Untergrund gefrorenes Wasser – zusammengehaltenen Gesteinspakete werden durch steigende Jahresdurchschnittstemperaturen und das dadurch wegtauende Eis destabilisiert.

Der unter unseren Umweltbedingungen häufigste Prozess ist aber die **Wassererosion**. Durch die kinetische Energie auftreffender Wassertropfen oder fließenden Wassers werden Partikel von der Bodenoberfläche abgelöst und fortgespült. Der Transport folgt der Gravitation hangabwärts und ist unidirektional. Diese Form der Erosion kann flächenhaft oder linear angreifen.

Winderosion kann aus jeder beliebigen Richtung angreifen. Selbst während eines einzigen Erosionsereignisses kann der Wind seine Richtung ändern. Seine Wirkung ist multidirektional und er kann Material selbst hangauf transportieren. So kann es in semiariden Gebieten wie dem Sahel in Westafrika dazu kommen, dass an einem Standort Wassererosion Bodenmaterial hangabwärts transportiert, nachfolgende Winderosion es aber teilweise zurückverfrachtet.

Im Wesentlichen anhand der Winderosion, die für das Verständnis einiger Prozesse des Pleistozäns (Eiszeitalter, Kap. 4.1) wichtig ist, sollen im Folgenden Voraussetzungen und Charakteristika der Erosion dargestellt werden.

Erosivität und Erodierbarkeit

Vorbedingung für die Erosion ist die Generierung von Partikeln in transportfähiger Größe. Dies geschieht im Wesentlichen durch die bodenbildenden Prozesse Temperatur-, Salz- und Frostsprengung (Kap. 2.3.1) und chemische Verwitterung. Während des Transportes mit Wind oder Wasser können die Partikel weiter zerkleinert werden (Abrieb). Daneben können geogene Prozesse (Vulkanismus: Ascheauswurf) und biologische Prozesse (Kieselalgen etc.) hinreichend feine Partikel zur Verfügung stellen.

Hinsichtlich der lokalen Bedingungen für Erosion unterscheidet man Erosivitäts- und Erodierbarkeitsfaktoren (Tab. 3.1).

Entscheidend für die **Erosivität** – also das Potenzial für den Abtransport von Material – ist die Windgeschwindigkeit. Je höher die Windgeschwindigkeit, desto größere Partikel können von der Erdoberfläche abgelöst werden.

Tab. 3.1:
Erosivitäts- und Erodierbarkeitsfaktoren (nach WILSON und COOKE 1980).

Erosivitätsfaktoren	Erodierbarkeits (Erodibilitäts-) faktoren
Windfaktoren	Einzelpartikelbetrachtung
Windgeschwindigkeit	Durchmesser
Turbulenz	Dichte
	Form
Rauigkeitselemente	Boden
Vegetation	Textur/Sortierung
Windschutzhecken	Aggregierung/Krustenbildung
(Mikro-) Topografie	Wassergehalt
nicht erodierbare Elemente	Salzgehalt
(z. B. Steine)	zementierende Substanzen
	(z. B. $CaCO_3$)

Dieser Prozess wird unterstützt von Turbulenzen, die lokal höhere Windgeschwindigkeiten als den Durchschnitt erzeugen können. Direkt an der Erdoberfläche beeinflussen sogenannte Rauigkeitselemente die an den Partikeln angreifenden Windgeschwindigkeiten. In der Regel wird diese Geschwindigkeit z. B. durch Pflanzenbewuchs oder nicht erodierbare Elemente wie Steine reduziert.

Die **Erodierbarkeit** beschreibt die Neigung einer Bodenoberfläche zur Erosion. Auf der Betrachtungsebene der Partikel spielen Durchmesser, Dichte und Form eine Rolle. Durchmesser und Dichte entscheiden über das Gewicht, die Form über die Verankerung an der Bodenoberfläche.

Die gegenseitige Abhängigkeit der Schwellenwindgeschwindigkeit – also der Windgeschwindigkeit, bei der sich ein Partikel von der Erdoberfläche löst – und dem Partikeldurchmesser lässt sich nach BAGNOLD (1941, Abb. 3.3), der diesen Sachverhalt als Soldat im zweiten Weltkrieg in den Trockengebieten Nordafrikas beobachtete, mit einer Optimumskurve beschreiben. Für die Partikel >100 µm (Mittelschluff und größer) steigt die Schwellenwindgeschwindigkeit mit dem Partikeldurchmesser. Die niedrigste kinetische Energie ist für Partikel mit einem Durchmesser knapp unter 100 µm zu erwarten. Noch kleinere Partikel benötigen wieder höhere Windgeschwindigkeiten, da sie verstärkt zur Kohäsion (Aggregierung) neigen. Hat der Erosionsprozess eingesetzt, sinkt die nötige Windgeschwindigkeit, um ihn fortzusetzen (Impaktschwellenwert), da die bereits transportierten Partikel zusätzliche kinetische Energie in das System bringen.

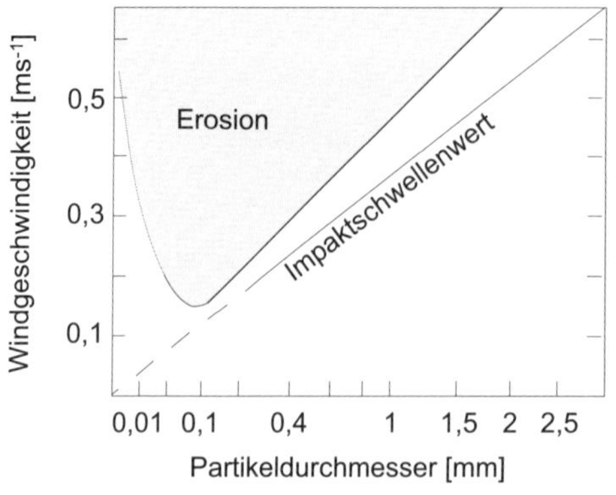

Abb. 3.3:
Winderosion in Abhängigkeit vom Partikeldurchmesser und der Schwellenwindgeschwindigkeit (nach BAGNOLD 1941).

Transport und Sedimentation

Während des Transportes unterscheiden wir im Wesentlichen in Abhängigkeit vom Partikeldurchmesser drei Fortbewegungsformen. Die größten Partikel (Mittel-, Grobsand) bewegen sich **kriechend** direkt an der Erdoberfläche fort (Abb. 3.4). Mittelgroße Partikel (Fein-, Mittelsand) können kurze Strecken durch die Luft fliegen. Sie bewegen sich hüpfend (saltierend) fort. Der **Saltationsprozess** ist entscheidend für die mit dem Wind transportierte Masse. Denn die wieder auf die Bodenoberfläche auftreffenden Partikel schleudern durch ihre kinetische Energie neue Partikel in die Luft. Die feinsten Partikel (Stäube) können langfristig in **Suspension** mit Luft transportiert werden. Durch diesen Transportmechanismus werden sogar Stäube interkontinental von den Trockengebieten Afrikas (Sahara) nach Südamerika (Amazonasbecken) oder über die Alpen nach Zentraleuropa verfrachtet.

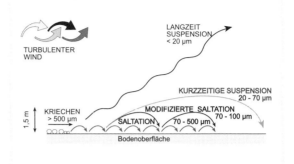

Abb. 3.4:
Windtransportformen
in Abhängigkeit von der
Partikelgröße
(nach PYE 1987).

Abgesetzt werden die Partikel, sobald die Windgeschwindigkeit unter den Impaktschwellenwert sinkt. Neben dieser **trockenen Deposition** können die feinen Partikel auch durch Regen aus der Atmosphäre ausgewaschen werden (**nasse Deposition**, Wash-out).

Während des Transportprozesses über große Distanzen kommt es zu einer Korngrößenfraktionierung (**fraktionierte Sedimentation**), da die jeweils größeren Partikel bedingt durch die Gravitation eher und liefergebietsnäher sedimentieren.

Schematisch ist die Korngrößenverteilung verschiedener äolischer Sedimente in Abhängigkeit von der Transportdistanz in Abbildung 3.5 (s. S. 98) dargestellt. Die Korngrößenfraktionierung bedeutet gleichzeitig auch eine Verschiebung der geochemischen und Mineralzusammensetzung, denn in den Sandfraktionen dominieren Quarz und Feldspäte, wohingegen die feinsten Fraktionen mit Tonmineralen angereichert sind.

Aufgabe: Mischen Sie eine Handvoll Grobsand und Feinsand miteinander auf einer glatten Tischoberfläche. Pusten Sie von einer Seite mehrmals kräftig gegen den vor Ihnen liegenden Sand. Sie können ersatzweise auch Hirse und Reiskörner und einen Föhn benutzen. Was beobachten Sie?

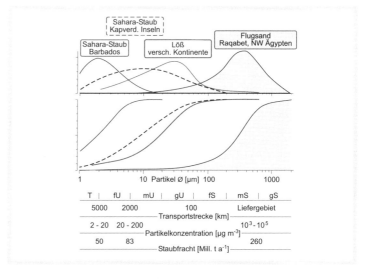

Unterschiede und Gemeinsamkeiten von Wind- und Wassererosion

Wind und Wasser können sowohl flächen- als auch linienhaft Boden ab-
tragen. Allerdings überwiegt beim Wind der erste und beim Wasser der
letztere Prozess. Dies liegt einfach am unidirektionalen Fluss des Wassers,
der dazu führt, dass das Wasser sich entlang der durch die Topographie
vorgegebenen Tiefenlinien akkumuliert. Hinsichtlich der Verbreitung steigt
der Anteil der Wassererosion in Richtung der humiden Zonen, während
Winderosion verstärkt in ariden Gebieten der Erde auftritt. In Mitteleuropa
überwiegt bei Weitem die Wassererosion. Winderosion kommt fast ausschließlich in den küstennahen Flachländern, wie z. B. nahe der nieder-
sächsischen Nordseeküste oder der Mecklenburgischen Ostseeküste vor und
betrifft vor allem sandige Ablagerungen der glazialen Serie (Kap. 4).

Hinsichtlich der Transportprozesse und der fraktionierten Sedimentation
unterscheiden sich die beiden Erosionsformen grundsätzlich nicht. Allerdings können durch Wassererosion – in Abhängigkeit vom Gefälle –
wesentlich größere Partikel, nämlich bis hin zu Geröllen, transportiert
werden (Kap. 5.1.2). Und natürlich unterscheiden sich die notwendigen
Geschwindigkeiten, um vergleichbare Partikelgrößen transportieren zu
können, beim Wind- und Wassertransport (Auftrieb).

Gemeinsam ist beiden Formen wiederum, dass der Transport kapazitäts-
limitiert ist, d. h., dass mit einem bestimmten Volumen des Trans-
portmediums nur eine begrenzte Fracht transportiert werden kann. Allerdings gilt für den Wassertransport eine Besonderheit, nämlich dass
zusätzlich auch gelöste Fracht transportiert werden kann. Dies ist insbesondere in den Karstlandschaften wichtig, in denen ein großer Teil des
Masseverlustes auf die Lösung von Mineralen zurückgeht.

Gemeinsam ist beiden Transportformen auch, dass bei nachlassender
Transportgeschwindigkeit die Sedimentation einsetzt. Modifiziert wird das
Sedimentationsverhalten durch Oberflächenformen. Beim Wassertransport

sind es z. B. Vertiefungen im Flussbett, die als Sedimentfallen dienen, in denen vor allem größere Partikel abgesetzt werden. Beim Windtransport spielen die Vegetation, die Partikel aus der Luft auskämmt, und der Regen, der Partikel auswäscht, eine Rolle. Insbesondere der letzte Prozess ist wenig korngrößenselektiv.

3.1.3 Sedimentgesteine

Im Prinzip unterscheiden wir drei Arten von Sedimenten: klastische, chemische und biogene (Tab. 3.2; s. S. 100/101). Klastisch meint dabei Material, das aus der mechanischen Zerstörung anderer Gesteine stammt (Trümmergestein).

Die bereits erwähnten äolischen Sedimente gehören zu den klastischen. Letztere werden durch den vorangegangenen Transportprozess bzw. das damit verbundene Ablagerungsmilieu unterschieden. Neben äolischen kennen wir fluviatil (durch Flüsse/Bäche), marin/limnisch (in Meeren und Seen), glazial (durch Gletscher) und solifluidal (durch Bodenfließen meist über Permafrost) abgelagerte **klastische Sedimente**.

Chemische Sedimente entstehen durch Ausfällung aus übersättigten Lösungen. Dies kommt im Meer, in Lagunen oder Seen vor. Typische Ausfällungsserien in Abhängigkeit von der Löslichkeit im lagunären Bereich sind z. B. Kalk ($CaCO_3$), dann Gips ($CaSO_4 \times 2\ H_2O$) und schließlich Steinsalz ($NaCl$). Kalk besitzt die geringste Löslichkeit und fällt daher bei Eindampfung und steigender Lösungskonzentration zuerst aus. Er ist damit in den Sedimentserien der sogenannten Evaporite zuunterst zu finden. Für das Steinsalz ($NaCl$) und die Kalisalze gilt das Umgekehrte.

Im offenen Meer finden wir eine Abhängigkeit der auftretenden Sedimente von der Distanz zur Küste und der Ablagerungstiefe (Tab. 3.3). Je weiter wir uns von der Küste entfernen, desto feiner werden die klastischen Sedimente. Während wir nah an einer Felsenküste noch Gerölle finden können, bestehen die Sedimente küstenfern aus feineren Bestandteilen (Schluff und Ton). Dies beruht auf der fraktionierten Sedimentation, die wir schon vom äolischen Transport her kennen.

Eine typische Beimengung mariner Sedimente sind Carbonate (Me-CO_3). Im Bereich des Kontinentalabhanges sind sie sogar dominierend. Dieser Typ von Sedimentgestein bedeckt heute weite Bereiche Mit-

	Fläche %	Tiefe m	Kies	Sand	Schluff	Ton	Carbonat
Küste		10	+++	+++	–	–	+/–
	10						
Flachmeer		200	–	++	++	+	+
Kontinen-talhang	20	3 000	–	–	++	++	++
Tiefsee	70	6 000	–	–	+	++++	+
Tiefsee-gräben		10 000	–	–	+/–	+++++	–

Tab. 3.3:
Relative Sediment-verteilung im Meer (nach PAPENFUSS).

Tab. 3.2:
Vereinfachte Systematik der Sedimente und Sedimentgesteine (nach PAPENFUSS).

Transport geschwindigkeit	groß klastisch				
Körnung	Kies (>)		Sand		
Minralbestand	Gesteins- bruchstücke	Feldspat	Quarz	Glim- mer	Sesqui- oxide

locker

Schwerkraft	Hangschutt	Fließerde	
Wind (äolisch)		Dünen – Sand, Löss	Staub
Eis (glazial)		**Geschiebemergel (-lehm)**	
Schmelzwasser (glaziofluviatil)		Sander- Sand	
Hangwasser Flüsse (fluvatil)	Terrassen- Kies	Terassen- Sand	Auen-Leh Schlic
Meer (marin)	Brandungs- Kies	Strandwall- Sand	Küsten schlick
Grundwasser			
Seen			
Meer, biogen			
Meer abiogen			

↓ **Diagenese** (Verfestigung) durch **Entwässerung** und Verkittung (Carbonate, SiO_2,

fest

Konglomerat	Sandstein
Breccie	
Grauwacke (Feldspat- + Glimmerreich)	Arkose (Feldspat- reich)

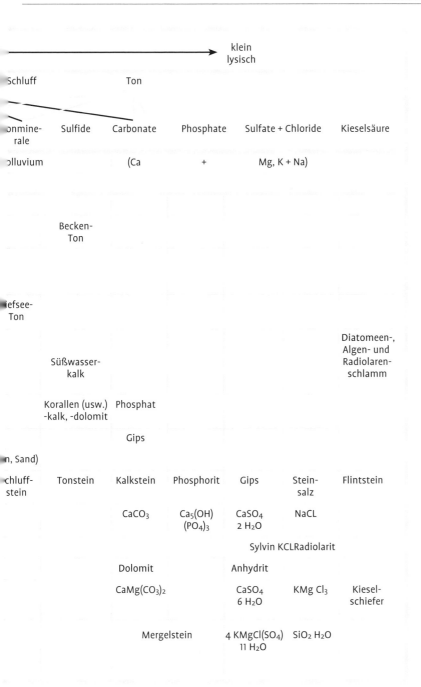

klein
lysisch

Schluff   Ton

onmine-   Sulfide   Carbonate   Phosphate   Sulfate + Chloride   Kieselsäure
  rale

olluvium   (Ca   +   Mg, K + Na)

                    Becken-
                      Ton

iefsee-
  Ton

                                                                        Diatomeen-,
                                                                        Algen- und
                    Süßwasser-   Radiolaren-
                      kalk   schlamm

            Korallen (usw.) Phosphat
            -kalk, -dolomit

                    Gips

n, Sand)

chluff-   Tonstein   Kalkstein   Phosphorit   Gips   Stein-   Flintstein
stein   salz

                    $CaCO_3$ $Ca_5(OH)$ $CaSO_4$ NaCL
                                  $(PO_4)_3$ $2\,H_2O$

                                            Sylvin KCLRadiolarit

                    Dolomit   Anhydrit

                    $CaMg(CO_3)_2$ $CaSO_4$ KMg Cl_3 Kiesel-
                                            $6\,H_2O$ schiefer

                    Mergelstein $4\,KMgCl(SO_4)$ $SiO_2\,H_2O$
                                            $11\,H_2O$

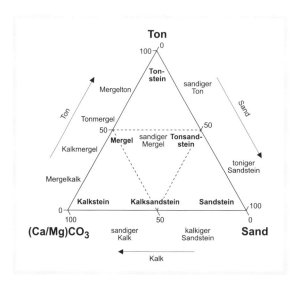

Ton

100

Tonstein

Mergelton

sandiger Ton

Sand

Ton

Tonmergel

50

50

Kalkmergel

Mergel sandiger Mergel **Tonsandstein**

toniger Sandstein

Mergelkalk

Kalkstein **Kalksandstein** **Sandstein**

0

100

100

50

0

(Ca/Mg)CO₃ sandiger Kalk

kalkiger Sandstein

Sand

Kalk

teleuropas (Kalkalpen, Schwäbische und Fränkische Alb, Muschelkalkgebiete).

Warum zeigt die Kalksedimentation diese Optimumsfunktion in Abhängigkeit von der Tiefe? Dies liegt an der Löslichkeit des Carbonats in Abhängigkeit vom Salzgehalt, der Temperatur und dem Druck. Die Löslichkeit nimmt linear mit dem Salzgehalt zu, sinkt mit zunehmender Temperatur und steigt mit zunehmendem CO_2-Partialdruck. Das Tiefenwasser ist aufgrund der niedrigen Temperatur und des hohen Drucks untersättigt. Das Oberflächenwasser ist übersättigt. Trotzdem erfolgt in letzterem kaum anorganische Ausfällung. Dies führt man auf die Präsenz anderer chemischer Verbindungen wie Magnesiumphosphat und organische Calciumkomplexe zurück, die einerseits die Löslichkeit von $CaCO_3$ scheinbar erhöhen und andererseits vorhandene Kristallisationskeime überziehen und damit unwirksam machen. Dafür sorgen vor allem marine Organismen (Foraminiferen, Schnecken, Muscheln, Korallen etc.) für die Carbonatausfällung, indem sie das im Wasser vorhandene Carbonat zum Aufbau des Körperskeletts nutzen.

Dieser Aspekt zeigt, dass wir oft nicht scharf zwischen biogenen und chemischen Sedimenten unterscheiden können. Tatsächlich sind in allen Sedimenten Spuren von biogenen Materialien nachweisbar. Relativ reine **biogene Sedimente** sind jedoch seltener. Wo sie entstehen, stehen sie im Zusammenhang mit hoher Wassersättigung, wie etwa bei den Torfen (pflanzlich) im semi-terrestrischen Bereich, die eine große Verbreitung in den subpolaren Breiten aufweisen. Das Gegenstück in den (sub-) tropischen Breiten sind Diatomite (aus Kieselalgen) und Radiolarite (aus tierischen Einzellern), die in flachen, warmen Seen/Meeresbecken entstehen können. Ein prominentes Beispiel für weiträumige Diatomitablagerungen an der Oberfläche ist die Bodele-Depression in Tschad als Zeuge eines großen pleistozän/frühholozänen Binnensees.

Auch zwischen den biogenen und klastischen Sedimenten gibt es Übergänge. Denken wir an durch Brandung und Windtransport zerkleinerte und akkumulierte Bruchstücke von Muscheln und Schneckenschalen, wie sie an der nord- oder westafrikanischen Küste als aufgewehte Dünen vorkommen oder verfestigt in der geologischen Formation des Muschelkalks in Mitteleuropa. Diese Art von Sedimenten nennt man **Bioklastika**.

Neben dem Ablagerungsmilieu werden Sedimentgesteine nach dem Verhältnis ihrer Massenbestandteile (z. B. Sand, Ton, Carbonat) klassifiziert. Die gebrauchten Begriffe ergeben sich aus den Mengenanteilen (Abb. 3.6). Eine verfestigte Mischung aus Kalk und Sand heißt demnach Kalksandstein. Ein hier noch einzuführender Begriff ist der des **Mergels**. Er stellt im engeren

Sinne eine Mischung aus Kalk und Ton dar, im weiteren Sinne eine Mischung aus Kalk und silikatisch klastischen Bestandteilen. Damit gehören auch die pleistozänen Sedimente Löss und Geschiebemergel in die Gruppe der Mergel (Kap. 4.1.2, Abb. 3.6).

Insbesondere die Sedimentgesteine sind für die Bodenbildung von Bedeutung, da sie mehr als die Hälfte der Erdoberfläche bedecken. Ein Beispiel dafür ist der in Deutschland von Helgoland bis in den äußersten Südwesten weit verbreitete Buntsandstein, der aufgearbeitetes und diagenetisch wieder verfestigtes ehemaliges Bodenmaterial darstcllt. Dieses Material trägt also ererbte Merkmale vorangegangener Verwitterungsvorgänge in sich. Diese gilt es bei der Interpretation chemischer und mineralogischer Daten von Böden aus solchen Ausgangsgesteinen zu berücksichtigen.

3.1.4 Metamorphose und Metamorphite

Wir können mindestens drei Formen der Metamorphose unterscheiden, die in der Realität aber kontinuierlich ineinander übergehen (Abb. 3.7).

Bei Gesteinsumwandlungen unter hohen Temperaturen sprechen wir von der **Thermometamorphose**. Da sie häufig an der Kontaktzone von Festgestein zu eindringendem Magma vorkommt, spricht man auch von Kontaktmetamorphose. Im Gegensatz dazu meint **Regionalmetamorphose** Umwandlungsprozesse bei mittleren Drücken und Temperaturen, die z. B. durch tiefe Absenkung von Gesteinsschichten und anschließende Überlagerung mit anderen Sedimenten bewirkt werden. Diese Prozesse erfassen i. d. R. weitere Gebiete und sind lang andauernd (etwa 100 Mill. Jahre). Als dritter Typus wird die kinetische oder **Dynamometamorphose** angesehen. Sie steht in engem Zusammenhang mit tektonischen Vorgängen wie etwa Plattenverschiebungen oder Gebirgsfaltungen, die zuallererst hohe Drücke erzeugen.

Aufgabe: Den Effekt der Thermometamorphose können Sie nachahmen, wenn Sie z. B. ein größeres Grillfeuer am Boden entfachen und einen bläulichen Kalkstein (z. B. Muschelkalk) mit ins Feuer legen. Was beobachten Sie nach dem Brand? Welche Form der Verwitterung ist das?

Achtung: Der Stein kann zerspringen!

Gesteine, die aus den vorgenannten Prozessen hervorgehen, werden metamorphe Gesteine oder **Metamorphite** genannt. Spezielle Metamorphite, sogenannte Gneise, stellen im Schwarzwald, Bayerischen Wald, Fichtelgebirge und Sudeten die äl-

Abb. 3.7:
Die verschiedenen Ausprägungen der Metamorphose in Abhängigkeit von Temperatur und Druck.

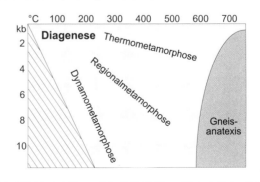

Ausgangsgestein	Metamorphit
Magmatit	Ortho-Gneis
Silikatisches Sedimentgestein	Para-Gneis
Sandstein	Quarzit
Schluff-/Tonstein	Schiefer
Kalkstein	Marmor

Tab. 3.4:
Charakteristische Gesteine und die daraus abgeleiteten Metamorphite.

testen für Mitteleuropa bekannten Gesteine dar (bis 2,1 Millarden Jahre). Gneise zeichnen sich durch die Einregelung ihrer Minerale aus (Paralleltextur). Hauptgemengeanteile sind dieselben wie im Granit: Feldspat, Quarz und Glimmer. Sie können aber aus den verschiedensten Gesteinen entstehen. Entstehen sie aus Magmatiten wie dem Granit, spricht man von einem **Ortho-Gneis** (Abb. 3.8). Ist das Ausgangsgestein hingegen ein silikatisches Sedimentgestein, nennt man das Resultat einen **Para-Gneis** (Tab. 3.4).

Sandsteine, die sich regelmäßig durch eine residuale Anreicherung von Quarz auszeichnen, werden durch Metamorphose zu Quarzit umgewandelt. Dieses Gestein ist äußerst verwitterungsresistent und tritt daher in Landschaften deutlich als Härtling hervor. Das metamorphe Gegenstück zu Kalkstein ist der Marmor. Die Metamorphose bewirkt ein Anwachsen der Calcitkristalle (Zuckerkorn). Beimengungen anderer Elemente und Minerale können Marmor in allen möglichen Farben erscheinen lassen. Durch seine Schleif- und Polierbarkeit wird er gerne für Innenraumgestaltungen verwendet. Die wohl berühmtesten Marmorvorkommen, die seit der Antike genutzt werden, liegen bei Carrara in Norditalien.

Bei Ausgangsgesteinen aus feineren Partikeln – insbesondere der Tonfraktion – lässt sich ein gleitender Übergang bei zunehmender metamorpher Beanspruchung feststellen. Bei geringer Beanspruchung werden die

Abb. 3.8:
Typische metamorphe Gesteine (ca. halbe Größe).

Partikel zunächst eingeregelt. Das Material ist aber noch leicht spaltbar und quillt bei Wasserzufuhr. Man spricht dann von Schiefertonen. Bei weitergehender Metamorphose lässt die Quellbarkeit nach und die Verfestigung nimmt zu. Diese Gesteine bezeichnet man als Tonschiefer. Bei noch höheren Temperaturen und Drücken finden Mineralumwandlungen statt und es entstehen Glimmerschiefer oder im Extremfall Para-Gneise.

Eine ähnliche, differenzierte Folge existiert bei den organischen Sedimenten. Torfe wandeln sich unter Luftabschluss und zunehmendem Druck in Braunkohlen um. Bei intensiverer Metamorphose entstehen dann in Folge Steinkohle, Graphit und im Extremfall Diamant.

3.2 Schichtstufenlandschaften und Grabenbrüche

Ziel dieses Kapitels ist es, die landschaftsformenden Prozesse zu beschreiben, die zu Schichtstufen und Grabenbrüchen führen. Dazu werden Prozesse der Tektonik, Erosion und Sedimentation vertieft. Karsterscheinungen als Randerscheinungen in Schichtstufenlandschaften werden erklärt. Als Beispiellandschaften dienen die Südwestdeutsche Schichtstufenlandschaft und der Oberrheingraben.

Abb. 3.9:
Tektonik, Schichtlagerung und Landschaftsstrukturen:
a) Abschiebung;
b) Aufschiebung;
c) Graben;
d) Horst;
e) Staffelbruch;
f) Flexur

3.2.1 Grundlegende durch Tektonik bedingte Geländemorphologien

Da Tektonik bei der Entstehung von Schichtstufenlandschaften eine wichtige Rolle spielt, sollen einführend grundlegende, durch Tektonik geschaffene Formen vorgestellt werden.

Deren einfachste ist die Flexur (f), unter der man eine wellenartige Form mit Höhen und Tiefen versteht, bei der aber der natürliche schichtige Gesteinsverband erhalten bleibt (Abb. 3.9).

Dort, wo eine Oberflächenausdehnung erfolgt, können lokal begrenzte, aber auch ausgedehnte netzförmige Hohlformen entstehen (Klüfte, Spalten, Gänge). Bei weiterer Dehnung zerbricht die Erdkruste in kleinere Schollen. Diese können sich verschieden anordnen. Sinkt nur eine seitliche Scholle ab, spricht man von einer Abschiebung. Sinken mehrere randliche Schollen mit unterschiedlicher Rate, nennt man dies einen Staffelbruch oder eine geologische Treppe. Die Vorbergzone am westlichen Schwarzwaldrand stellt ein solches Phänomen dar. Sinkt eine zentrale Scholle ein, entsteht ein Graben; aber auch das Gegenteil kann eintreten und ein Horst wird gebildet.

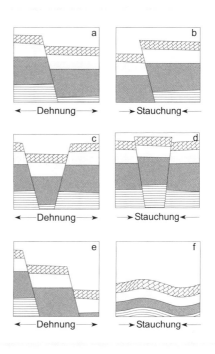

Neben der Dehnung kann es auch zu Stauchungen kommen. Resultat dieser können im Verband Faltungen sein, wie sie nördlich der Alpen im Schweizer Jura auftreten. Kommt es zur Schollenbildung sind Auf- und Überschiebungen möglich, wie sie im Bereich der Alpen verwirklicht sind.

3.2.2 Voraussetzungen der Entstehung einer Schichtstufenlandschaft

Schichtstufenlandschaften entstehen in geologischen Zeiträumen, also Jahrmillionen. Dazu sind mehrere Teilschritte nötig.

Erster Schritt ist die Entstehung eines großflächigen Beckens (Abb. 3.13a). Solche Strukturen sind i.d.R. tektonisch angelegt, also durch Bewegungsprozesse in der Erdkruste. Ein Modell für eine solche **Beckenentstehung** bietet heute der Voralpenraum. Aufgrund der Bewegung der afrikanischen Platte in Richtung auf die eurasische Platte (siehe Plattentektonik) kommt es zur Kollision. Diese führt zu Überschiebungsprozessen und Auffaltungen (Abb. 3.10). Als Gegenbewegung zum Hebungsraum der Alpen (**Antiklinale**) entsteht eine Vorlandsenke (**Synklinale**), die sukzessive mit Sedimenten aufgefüllt wird. Ein schönes Beispiel dafür sind die Molassesedimente im Bodenseeraum, die am Sipplinger Berg in einem geologischen Wanderweg erschlossen sind.

Für die Entstehung der südwestdeutschen Schichtstufenlandschaft als einem sehr ausgeprägten Beispiel sind aber schon viel ältere Sedimentationsprozesse von Bedeutung. Diese spielen sich hauptsächlich im Erdmittelalter oder Mesozoikum ab, das vor etwa 250 Millionen Jahren begann (Kap. 7.1). Wichtige Voraussetzung für die potenzielle Entstehung einer Schichtstufenlandschaft ist die Ablagerung **physikalisch unterschiedlich beschaffener Gesteine**. Dies geschieht in der Zeit des Trias (250–195m. a. BP) und des Juras (195–140m. a. BP) durch einen mehrfachen Wechsel von terrestrischen (kontinentalen) und marinen Umweltbedingungen. Während unter marinen Bedingungen in der Muschelkalkzeit (215–205m. a. BP) und dem Jura überwiegend marine Mergel und Kalksteine abgelagert wurden, dominieren in der Buntsandsteinzeit (250–215 m. a. BP) fluviatile Sandsteine. Besonders vielfältige Sedimente finden sich an den Übergängen

Abb. 3.10:
Querschnitt durch ein Faltengebirge entstanden durch Kollision der Afrikanischen mit der Europäischen Kontinentalplatte (nach Skinner und Porter 1995)

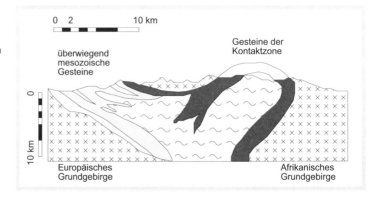

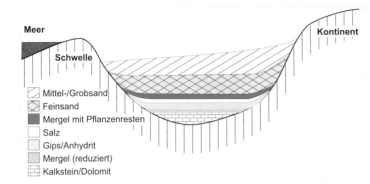

Abb. 3.11:
Lagunäre Sediment-
abfolge unter arider
werdendem Klima.

zwischen diesen Domänen, z. B. zu Beginn des Keupers (etwa 205m. a. BP),
als sich das Muschelkalkmeer zurückzieht (Regression) und das Klima
immer arider wird, oder im sogenannten schwarzen (unteren) Jura (195–
172m. a. BP), als das Jurameer vordringt (Transgression).

Eine synthetische potenzielle Abfolge von marinen über lagunäre zu terrestrischen Ablagerungen zeigt Abbildung 3.11. Die Sedimentationsfolge
beginnt mit Kalkablagerungen bei Meereshochstand. Das Ablagerungsmilieu ist marin in mittleren Tiefen (mehrere hundert Meter) und gekennzeichnet durch Übersättigung hinsichtlich Calcium und CO_2. Das Klima
wird trockener, der Meeresstand sinkt und erste terrestrische Signale in
Form feiner Partikel in der Tonfraktion, die über Flüsse ins Meer transportiert werden, treten auf. Tone und Kalke werden zusammen als Mergel
abgesetzt. Mit weiterer Aridisierung und sinkendem Meeresstand gibt es
nur noch beschränkten Wasseraustausch zwischen dem Becken und dem
freien Meer; es stellen sich lagunäre Bedingungen ein. Typisch hierfür ist
ein ansteigender Salzgehalt, durch den durch Evaporation ausgelösten
Wasserverlust. Entsprechend ihrem Löslichkeitsprodukt fallen nacheinander verschiedene Salze aus.

Löslichkeitsprodukt

Unter dem **Löslichkeitsprodukt** versteht man eine chemische Konstante, die die Gleichgewichtskonzentration beschreibt, bei der aus einem
festen Salz genau so viele Ionen in eine gesättigte Lösung übertreten,
wie aus der Lösung ausfallen. Die Kenntnis des Löslichkeitsproduktes
ist von Bedeutung für das Verständnis von Auflösungs- und Aus-
fällungsprozessen von Salzen. Je kleiner das Löslichkeitsprodukt,
desto schwerer löslich ist ein Salz und desto eher fällt es bei Ein-
dampfungsprozessen aus. Unter lagunären Bedingungen fallen also
die Salze mit geringerem Löslichkeitsprodukt zuerst aus.

Es beginnt mit dem schlecht löslichen Gips ($CaSO_4 \times 2\ H_2O$ bzw. Anhydrit
$CaSO_4$) und geht über das Steinsalz (NaCl) bis hin zu den sogenannten Edel-
salzen (z.B $MgSO_4$). Schließlich wird kein Meerwasser mehr zugeführt und
der terrestrische Einfluss nimmt Überhand. Dies kann, z.B. wie im Keuper,
in Form von feinem, kalkhaltigem Material sein, das die Salzlagerstätte nach

oben abdichtet. Hier können dann auch im Gegensatz zu den eher grauen, reduzierten marinen Farbtönen, oxidierte (rote, braune) terrestrische Farbtöne auftreten. Je mehr der terrestrische Einfluss steigt und je näher an den Liefergebieten die Sedimentation stattfindet, desto gröber werden die abgesetzten Sedimente. Dies kann bis zu groben Sanden (z. B. Stubensandstein im Keuper) oder Schottern (z. B. Konglomerate im Buntsandstein) gehen.

> **Aufgabe:** Stellen Sie mit Kochsalz und heißem Wasser eine hochkonzentrierte Salzlösung her (200g/l) und füllen zwei Gläser etwa 2cm hoch damit. Ein Glas lassen Sie offen an einem sonnigen Platz stehen. Es darf nicht hereinregnen. Das andere stellen Sie abgedeckt, z. B. unter ein Einmachglas, an einem schattigen Platz auf. Was beobachten Sie nach einer Woche?
>
> **Hinweis:** Zur besseren Beobachtbarkeit können Sie die Lösungen mit Lebensmittelfarbe anfärben.

3.2.3 Tektonische Prozesse bei der Entstehung der südwestdeutschen Schichtstufenlandschaft

Der nächste Schritt auf dem Weg zu einer Schichtstufenlandschaft ist, dass die unterschiedlichen Sedimentgesteine an die Oberfläche gelangen. Grundvoraussetzung dafür sind wieder tektonische Bewegungen, die die horizontal lagernden Formationen schräg stellen (Abb. 3.13b). Gleichzeitig muss eine Hebung erfolgen, damit die fluviatile Erosion einsetzen kann, die der einzige Prozess ist, der Schichtstufen auf der Landschaftsskala herauspräparieren kann.

Die großflächige Hebung unseres Beispiels Südwestdeutschland beginnt zum Ende der Jurazeit und bedingt ein vorheriges Zurückziehen des Meeres. Seit Beginn der Kreide (145 m. a. BP) herrschen festländische Bedingungen vor (ein weiteres sehr gutes Beispiel für eine Schichtstufenlandschaft finden wir im Pariser Becken, nordwestlich der Vogesen. Hier reichen die Schichtstufen von Buntsandstein bis ins Tertiär). Zusätzliche Dynamik wurde ausgelöst durch tektonische Bewegungen mit Beginn der Alpenfaltung zu Beginn des Tertiärs (65 m. a. BP). Ergebnis war eine **Hebung und Schrägstellung** der sogenannten Süddeutschen Großscholle, die im Süden durch die Alpen (inkl. Molassebecken), im Westen durch den Oberrheingraben, im Norden durch das Rheinische Schiefergebirge und das Vogelsbergmassiv und im Osten durch die böhmische Großscholle (Thüringer Wald, Fichtelgebirge, Bayerischer Wald) begrenzt wird. Hebung und Schrägstellung sind nicht gleichmäßig, sondern im Südwesten wesentlich stärker erfolgt. Dies bedingt die fächerförmige Ausdehnung der südwestdeutschen Schichtstufenlandschaft nach Nordosten. Durch Kippung der Scholle fallen die Sedimentschichten generell nach Südosten ein.

Eine weitere tektonische Voraussetzung für die Entwicklung der südwestdeutschen Schichtstufenlandschaft ist die Entstehung des Oberrheingrabens. Letztere ist deshalb von Bedeutung, weil dadurch ein Vorfluter (Rhein) entsteht, der ein wesentlich größeres Gefälle aufweist als das bis dato wirkende Entwässerungsnetz (Donau). Das größere Gefälle erlaubt eine größere Transportleistung und damit eine effektivere Ausräumung der Erosionsmassen aus dem Gebiet.

Es wurde schon darauf hingewiesen, dass ab der späten Jurazeit eine Hebung Südwestdeutschlands einsetzte. Das Maximum dieser Aufwölbung wurde in der Kreidezeit (145–65 m. a. BP), mit dem Scheitel in der Region zwischen Basel und Mainz erreicht. Eine Aufwölbung führt zur Ausdehnung der Oberfläche. Diese ging im südlichen Bereich, wahrscheinlich unterstützt durch **Diapirismus** und die **Alpenfaltung** so weit, dass zu Beginn des Tertiärs der Scheitel einbrach.

> **Diapirismus** ist ein Prozess, bei welchem besser bewegliches (plastisches) oder weniger dichtes Material aus tiefen Bereichen in das Darüberliegende (Hangende) eindringt. Typische Beispiele hierfür sind Salzdome, wie z. B. der Zechsteindiapir von Wienhausen bei Celle. Von Manteldiapiren spricht man, wenn größere Mengen an Magmen aufsteigen und damit zur Aufwölbung der Erdkruste beitragen.

Dies war der Beginn der Entstehung des **Oberrheingrabens**, der als Teilstück einer europäischen Grabenzone gesehen werden muss, die am Mittelmeer beginnt (Rhone- oder Bresse-Graben) und über Oberrhein- und Leinetalgraben bis zum Oslograben reicht. Eng mit der Entstehung des Oberrheingrabens verknüpft ist auch der Vulkanismus am Kaiserstuhl und Vogelsberg im mittleren Tertiär (Miozän 25–10m. a. BP).

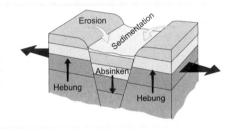

Abb. 3.12:
Prinzip der Tektonik bei Grabenbrüchen (Oberrheingraben).

Die Grabenbildung ist ein immer noch aktiver Prozess, der eine ihm eigene Dynamik entwickelt. Durch das Absinken der zentralen Schollen entstehen Reliefunterschiede (Abb. 3.12) zu den Randschollen. Von diesen werden Böden und Gesteine erodiert und im Graben abgelagert. Zeitweise wird dieser Ablagerungsprozess durch Meereseinbrüche unterstützt. Dies führt zu einer Auflast, die zum weiteren Absinken der Zentralschollen führt. Dies wiederum bewirkt seitliche Verdrängungsprozesse im Untergrund, die die Randschollen anheben und zu weiteren Reliefunterschieden führen. Es kommt also zu einem sich selbst verstärkenden Prozess. Die Sedimentablagerungen im Graben erreichen mittlerweile mehr als tausend Meter.

3.2.4 Formung der Schichstufen durch Erosion

Als letzter Schritt zur Modellierung der Landschaft wird nun die fluviatile Erosion benötigt (Abb. 3.13c). Voraussetzung für diese ist ein ausreichendes Gefälle.

Wovon hängt nun die Stufenbildung ab? Wir hatten schon darauf hingewiesen, dass im Mesozoikum deutlich unterschiedliche Gesteine hinsicht-

Schichtstufe = erosionswiderständige Gesteine

Abb. 3.13:
Entstehung einer
Schichtstufen-
landschaft:
a) Beckenfüllung mit
   verschiedenen
   Sedimenten;
b) ungleichmäßige
   Hebung;
c) rückschreitende
   Erosion.

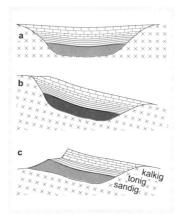

lich der physikalischen und chemischen Eigenschaften abgelagert wurden. Man kann nun im Gelände beobachten, dass immer wieder die gleichen Gesteine den Kamm einer Stufe bilden (Stufenbildner, z. B. Jurakalksteine oder Keupersandsteine) und andere den Hang repräsentieren (Sockelbildner, z.B. Mergel des Jura und Keuper). An dieser Stelle sei angemerkt, dass die Widerstandsfähigkeit des Stufenbildners gegen die Abtragung eine relative Größe im Verhältnis zum Sockelbildner darstellt. Diese relativ höhere Widerstandsfähigkeit kann bedingt sein durch eine höhere Gesteinshärte, die die mechanischen Verwitterungs- und Abtragungsprozesse beschränkt oder durch eine hohe Wasserdurchlässigkeit, die das Risiko von Oberflächenerosionsprozessen vermindert.

Die Rückverlegung der Stufen geschieht durch Massenversatz (siehe Mössinger Bergsturz) oder sogenannte **rückschreitende Erosion** (Wassererosion). Fragen wir uns, wie schnell eine Rückverlegung der Stufen passiert und nehmen wir die Weißjuraschichtstufe in Süddeutschland als Beispiel, dann ergeben sich durch die Auffächerung Abstände vom ehemaligen Schollenrand (Rheintal) von etwa 60 bis 180km. Der zur Verfügung stehende Zeitraum sind 60 Millionen Jahre. Damit wurde die Kalksteinschichtstufe um 1 bis 3km pro Jahrmillion zurückverlegt. Dass diese Rückverlegung stattfand, kann man z.B. anhand der gefundenen Weißjurabruchstücke im „Scharnhäuser Vulkan", eine vor etwa 10 Millionen Jahren entstandene Tuffschicht, nachweisen, der heute etwa 10km nördlich des Albtraufs liegt oder in den abgesunkenen Schollen im Oberrheingraben, wo die Gesteine der heute weit zurückliegenden Stufen noch erhalten sind.

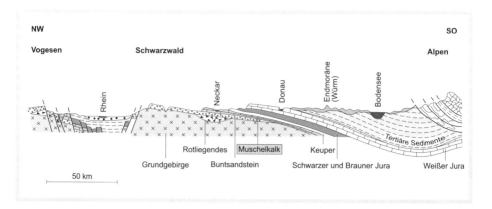

3.2.5 Formenschatz von Schichtstufenlandschaften

Zur rückschreitenden Erosion tragen wesentlich stark schüttende Schichtquellen bei, wie sie z. B. häufig über den Mergeln des weißen Jura an der
Schwäbischen und Fränkischen Alb auftreten. Hier lässt sich deren Wirkung
auch besonders gut beobachten. Folgt man den tief in die Alb einge-
schnittenen Tälern, trifft man regelmäßig auf eine solche Schichtquelle. Beobachtet man den Verlauf dieser Täler, so erkennt man oft, dass die rückschreitende Erosion dem Verlauf der **Trockentäler** auf der Alb folgt, die das
Flussnetz vor der großflächigen Hebung dokumentieren. Wahrscheinlich
hat dieses Phänomen mit Karsterscheinungen im Untergrund zu tun, die
den ehemaligen oberflächlichen Flusssystemen folgen.

Abb. 3.15:
Formenausstattung
einer Schichtstufen-
landschaft
(nach BLEICH).

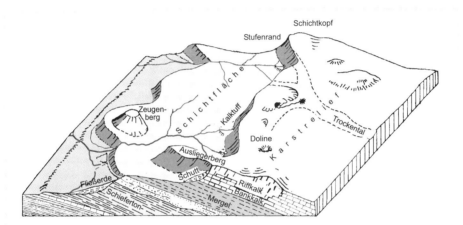

Verlaufen zwei durch rückschreitende Erosion entstandene Täler relativ
nah beieinander, nennt man den dazwischen stehen gebliebenen Rest einen
Ausliegerberg. Solche Berge wurden früher häufig als Standorte für Be-
festigungsanlagen genutzt, da sie einen weiten Ausblick ermöglichten und
nur von einer Seite aus angegriffen werden konnten. Kommt Seitenerosion
hinzu, können solche Stellen vollkommen von der Schichtstufe abgetrennt
werden und werden dann als **Zeugenberg** bezeichnet.

Zu den typischen lokalen Ausgangsgesteinen für die Bodenbildung an
den Schichtstufenhängen gehören durch Massenversatz hangabwärts transportierte **Schuttdecken** (Abb. 3.15) und auf tonigerem Ausgangsgestein
Fließerden.

Letztere entstehen an Hängen bei hoher Wassersättigung, da die Tone
dann plastisch werden und ein Abgleiten fördern (siehe zum Beispiel die sogenannten Buckelwiesen in den Keupermergeln). Während des Fließens
können andere auf- oder unterlagernde Gesteine in die Fließerden inkorporiert
werden. Beide Prozesse führen dazu, dass wir (allochthone) Lockergesteins-
komponenten dort antreffen können, wo sie im Liegenden nicht anstehen.
Auch führen sie zu potenziellen Schichtungen, also dem Auftreten von stock-
werkartig unterschiedlichen Substraten in einem Bodenprofil.

In (Schichtstufen-) Landschaften mit leicht löslichen Gesteinen wie den Salzen des Zechsteins oder mittleren Muschelkalks, dem Gips im Keuper oder dem Kalk in Muschelkalk und Jura treten als morphologische Merkmale Karsterscheinungen hinzu.

> Unter **Karst** versteht man vereinfacht größere Hohlraumsysteme (Lösungsformen), die sich durch Lösung in chemisch leicht angreifbaren Gesteinen aus Salz, Gips oder Carbonaten bilden. Tropfsteinhöhlen, Dolinen und Trockentäler sind z. B. typische Karsterscheinungen.

Sie entstehen durch massive Auflösung des Ausgangsgesteins, häufig im Untergrund, wo alte oder rezente Wasserläufe existieren. Werden die Lösungshohlformen ausreichend groß, können die überlagernden (hangenden) Gesteinsschichten einbrechen. An der Oberfläche entstehen (Einbruch-) Krater, die **Dolinen** genannt werden. Auch **Tropfsteinhöhlen** gehören zum typischen Karstinventar.

Der im Wasser gelöste Kalk wird an den wenigen, aber häufig stark schüttenden Austrittsstellen (**Karstquellen**) durch Erwärmung, Druckentlastung und unter Mithilfe von Organismen (häufig Algen oder Moose) wieder ausgefällt und bildet sogenannten **Kalksinter**. Dieser stellt ein poröses Gestein dar, das aufgrund seiner guten Dämmeigenschaften und der leichten Sägbarkeit früher lokal gerne zum Hausbau genutzt wurde. Die Kalksinter können eine vom Kalkstein abweichende geochemische Zusammensetzung aufweisen. Dies betrifft z. B. einen geringeren Silikatanteil, da es sich um ein reines Fällungsprodukt handelt. Vergesellschaftet mit dem Mangel an Silikaten ist häufig ein Mangel an Spurenelementen, z. B. Fe, Cu. Schließlich können höhere Phosphatgehalte durch inkludierte Organismenreste oder mitgefällte Apatite vorkommen.

3.3 Böden aus Sandstein – Kieselserie

Sedimente sind immer Materialien, die aus einem größeren Bereich zusammengetragen wurden. Welchen Charakter ein Sediment hat, hängt somit von der Ausgestaltung des Herkunftsgebiets und besonders von den Ablagerungsbedingungen ab. Dabei kommt es häufig zu Mischungen des Mineral- und Korngrößenbestandes. Unter anderen Bedingungen kann es aber zur Entmischung (Sortierung) des Materials kommen. So kann es geschehen, dass in einer Sedimentfolge kalkhaltige und kalkfreie, tonreiche und tonarme Materialien getrennt vorkommen.

Die Unterschiede in der Abfolge der Böden in der Landschaft (Catena) sind dabei nicht qualitativ, sondern quantitativ. Je härter das Gestein, je kieseliger das Bindemittel und je feldspat- und glimmerärmer der Mineralbestand ist, desto mehr treten in steilen Hanglagen und auf Kuppen Ranker statt Braunerden auf und werden an Hängen Podsole begünstigt. In solchen Landschaften mit „armen" Böden finden wir heute ein deutliches Überwiegen forstlicher gegenüber landwirtschaftlicher Nutzung (Schwarzwald,

Pfälzer Wald, Spessart, Elbsandstein-
gebirge). Von Helgoland bis nach
Lörrach finden wir so den Buntsandstein als ein Material, das kalkfrei ist
und damit ein Ausgangsgestein für
Böden der Kieselserie. Betrachten
wir solch ein Gebiet mit Buntsandstein als Muttergestein der Bodenentwicklung, dann stellen wir fest,
dass es Podsole, Ranker und Braunerden gibt. Wir dürfen nicht überrascht sein, denn aufgrund dessen,
was wir im Kapitel 2.2 gelernt haben, erwarten wir natürlich aus ei-
nem solchen Gestein nichts anderes als Böden, wie wir sie in den verwandten kieseligen, magmatischen Gesteinen gefunden haben.

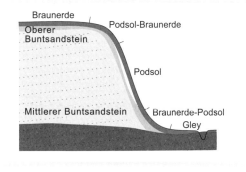

Abb. 3.16:
Querschnitt durch die
Böden der Schichtstufen
des mittleren Buntsand-
steins.

Beim Betrachten der Verbreitung dieser Böden in Abbildung 3.16 stellen
wir fest, dass es fast keine Ranker gibt, dagegen aber sehr viel **Podsole**, die
die ganzen Hänge überziehen. Wenn wir uns jetzt noch einmal an die
Bedingungen für die Podsolierung erinnern, erkennen wir im Buntsandstein mit dem geringen Anteil verwitterbarer Silikate (10%) und den sehr
niedrigen Eisengehalten (<1 %) besonders günstige Bedingungen für die
Podsolierung. Die enge Abhängigkeit der Bodenverbreitung vom Gestein
lässt sich hier besonders gut zeigen. Im oberen Bereich der Abfolge des
Buntsandsteins ist der Tongehalt und damit auch der Eisengehalt wesentlich
höher. Dort finden wir gesetzmäßig die Braunerden. In Bereichen, wo der
Sandstein durch Kieselsäure verhärtet ist (quarzitischer Sandstein), finden
wir an den Hängen, Felsgruppen und deren engerem Umkreis teilweise nur
flachgründige Böden, also Ranker. Diese Abhängigkeit der Grenze **Podsol/
Braunerde** vom Typus des Gesteins lässt sich an der Basis der Hänge erkennen, dort, wo der Buntsandstein auf den metamorphen Gesteinen
(Gneisen) aufliegt und wieder ein rascher Übergang in **Braunerden** auftritt.

Podsol =
O-Ahe-Ae-Bhs-Bv-C

Im Übrigen muss über Metamorphite nicht sehr viel berichtet werden,
da nach physikalischer Verwitterung sich die Metamorphite hinsichtlich
ihrer Bodenbildung genauso verhalten, wie die verwandten Tiefengesteine
oder Sedimente gleichen Mineralbestands. Diese Regel gilt auch für die
metamorphen Gesteine des rheinischen Schiefergebirges oder des Erz-
gebirges. Über Böden, die in Tälern, Senken und auf abflussträgen Hochflächen auftreten, informieren die Kapitel 4.4 und 5.2. Abschließend
können wir aus dieser Betrachtung folgern: Kieselige Sedimente und Metamorphite haben dieselbe Chronosequenz von Böden, wie wir sie bei kieseligen Plutoniten und Vulkaniten vorfinden (Kap. 2.9). Die Verbreitung dieser
Böden in der Landschaft (Toposequenz) hängt dagegen sehr stark vom
Widerstand der Gesteine gegenüber physikalischer und chemischer Verwitterung und den dadurch ermöglichten bzw. behinderten bodenbildenden
Prozessen ab.

Braunerde =
Ah-Bv-ilCv-imC

Merke:
**Böden der Kieselserie
treten auf allen silikatischen Gesteinen auf**

3.4 Böden aus Kalkstein – Kalkserie

In unseren Schichtstufenlandschaften gibt es wiederholt mächtige Pakete von Kalksteinen, die sich oft durch besonders bizarre und imposante Landschaftsformen hervortun. Die wichtigsten dieser Gesteine sind der Muschelkalk aus der mittleren Trias und die weißen Kalksteine des oberen Jura. Daneben gibt es solche aus dem Devon (Westfalen) oder aus der Kreidezeit (Rügen) und schließlich finden wir insbesondere in den Alpen mächtige Kalkablagerungen fast durchgehend von der Trias über Jura, Kreide bis ins Alttertiär. Landschaften wie den Schweizer Jura, die Schwäbische Alb, die Fränkische Schweiz, den Säntis oder das Wettersteinmassiv verbinden wir häufig mit schönen Urlaubserinnerungen. Auch die Bodenbildung hat in diesen Gebieten Besonderes zu bieten und steht in enger Beziehung zu dem Mineralbestand, der die Richtung der bodenbildenden Prozesse, speziell die Besonderheiten des Nährstoffhaushaltes, bestimmt. Bei diesen Gesteinen sind mit über 70% (oft über 90%) die

Carbonate **Carbonate** mengenmäßig die wichtigsten Minerale. Zu ihnen gehören der **Kalkspat** [$CaCO_3$], der **Dolomit** [$CaMg(CO_3)_2$] und mit meist nur 1 bis 2 % der **Siderit** [das Eisencarbonat, $FeCO_3$]. Diese Minerale sind die Quelle für die Nährstoffe Calcium, Magnesium und auch Eisen. Der Nährstoffhaushalt jüngerer Böden ist somit sehr stark vom Verhältnis dieser drei Carbonate beeinflusst. Neben den Carbonaten finden wir als zweite Komponente

Tonminerale **Tonminerale** (1 bis 30 %), die von Flüssen in die damaligen Meeresbecken eingetragen wurden. Oft geben diese Tonminerale noch kund, welches Verwitterungsmilieu auf dem Festland geherrscht hat. So finden wir Kalksteine, die fast reinen Kaolinit, und andere, die nur Illit enthalten. Die Tonminerale vertreten in den Kalksteinen oft alleine die Gruppe der Silikate. Manchmal finden wir noch Reste von Glimmern und anderen Silikaten in der Schlufffraktion. Wichtige, aber in geringen Anteilen vorkommende Bestandteile

Pyrit sind der **Pyrit** [FeS_2] und andere Sulfide. Sie sind häufig an Resten ehemaliger Lebewesen (Fossilien) erkennbar und stellen die wichtigste Schwefel-

Apatit quelle dar. Ebenso wichtig ist der **Apatit** [$Ca_5(PO_4)_3OH$], die einzige Phosphorquelle in diesen Gesteinen. Bei diesen Mineralen ist der sehr wichtige Pflanzennährstoff Kalium nur im Illit und, falls Illit fehlt, ist Kalium überhaupt nicht vorhanden. Dementsprechend haben insbesondere wenig entwickelte Böden der **Kalkserie** gesetzmäßig **Kalimangel**.

Beim Beobachten der Bodenentwicklung stellen wir auf frischen, unverwitterten Kalksteinen fest, dass sich nach einigen Jahren oder Jahrzehnten, ähnlich wie auf den silikatischen Festgesteinen, Flechten und Moose als Pioniervegetation ansiedeln. Die Arten unterscheiden sich meist wesentlich von denen, die wir auf Granit finden. Das hängt mit dem völlig anderen chemischen Milieu zusammen. Im Kontakt mit dem Kalkstein wird der pH-Wert bei etwa 7,5 bis 8 gepuffert und das Gestein liefert ein reichliches Angebot an Calcium und sonst fast nichts. Mit der Anreicherung abgestorbener organischer Substanz und der Anhäufung von Staubpartikeln aus den Niederschlägen kommt über Jahrzehnte und Jahrhunderte ein gering

Syrosem = Ai-mcC mächtiger Ai-Horizont zustande. Damit ist das Rohbodenstadium des **Syrosems** erreicht. Die Weiterentwicklung des Bodens ist stark gebremst, weil Prozesse der physikalischen Verwitterung kaum stattfinden. Da das Gestein selten unter hohem Druck stand, gleichmäßig gefärbt ist und die

Einzelminerale oft sehr klein sind, spielen Druckentlastung und Temperatursprengung kaum eine Rolle bei der Zerteilung des Gesteins. Die Wurzelsprengung wirkt sich erst aus, wenn höhere Pflanzen mit ausgeprägtem Wurzelsystem in die Risse

$CaCO_3$	0,3	$g \times l^{-1}$	bei 5,0	kPa
	0,15	$g \times l^{-1}$	0,5	kPa
	0,05	$g \times l^{-1}$	0,03	kPa (Atmosphäre)
	0,01	$g \times l^{-1}$	0	kPa

Tab. 3.5:
Löslichkeit von Kalk in Abhängigkeit vom CO_2-Partialdruck.

eindringen. Lediglich die Frostsprengung kann Konsequenzen haben, wenn das Gestein ihr mit bestehenden feinen Rissen entgegenkommt. Für die Entwicklung der Böden ist nun die chemische Verwitterung und insbesondere die Säureverwitterung geschwindigkeitsbestimmend. Wie wir bereits wissen (Kap. 2.3.2), ist Kalk in kaltem CO_2-gesättigtem Wasser besonders gut löslich. Diese Abhängigkeit gilt im Prinzip auch für alle Carbonate. Kalk ist im Wasser im Kontakt mit atmosphärischer Luft nur in ganz geringem Maße löslich (Tab. 3.5).

Wenn durch die Atmungsvorgänge von Wurzeln und Mikroorganismen der CO_2-Partialdruck ansteigt, so steigt auch die Löslichkeit des Kalks. Der gelöste Kalk ist im Wasser als Calciumbicarbonat vorhanden. Diese Reaktion ist vollständig reversibel und so trägt die Lösung des Kalksteins nur dann zur Bodenentwicklung bei, wenn das Calciumbicarbonat auch versickern kann und damit weggeführt wird. Da die Kalklösung vom CO_2-Partialdruck und von der Temperatur abhängig ist, kann das eindringende Wasser im Gestein zusätzlich zu dem Kalk, den es auf der Oberfläche gelöst hat, häufig wesentlich mehr aufnehmen. Dies führt zur Entstehung innerer Hohlräume in den Kalksteinen und ist das Grundprinzip der Verkarstung (Kap. 3.2). Der Kalk verbleibt an Ort und Stelle, wo das Wasser wieder verdunstet oder das CO_2 entweichen kann. Dagegen ist die Säurewirkung von anderen Mineralsäuren, z. B. Schwefelsäure und Salpetersäure, die durch die Anwesenheit von Schwefel oder Stickoxiden in der Luft begünstigt wird, irreversibel. Die Löslichkeit der dabei entstehenden Sulfate und Nitrate ist so groß, dass sie in jedem Fall ausgewaschen werden. Dies hat auch praktische Bedeutung, wenn es um die Zerstörung von Bauwerken wie Kirchen geht, die aus Kalk oder Kalksandstein gebaut wurden. In unseren natürlichen Böden können wir die Lösung und Wiederausfällung von Kalk feststellen, wenn wir in den Unterböden Kalksteine beobachten, die auf ihrer Unterseite weißes pilzähnliches Calciumcarbonat (Pseudomycel) oder auch fest angewachsene Kalkkrüstchen haben. Finden wir im C-Horizont eines Bodens Anreicherungen sekundärer Carbonate, so nennen wir diesen Bereich Cc-Horizont (c von kalkangereichert, carbonatisiert).

Bevor wir uns der weiteren Bodenentwicklung zuwenden, müssen wir uns klar machen, wie langsam die Kalklösung abläuft. Im günstigsten Fall können wir (Abb. 3.17) mit

Abb. 3.17:
Löslichkeit des Kalks in Abhängigkeit vom CO_2-Partialdruck und der Temperatur (nach JAHN).

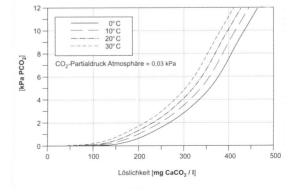

300mg Calciumcarbonat pro Liter Sickerwasserlösung rechnen. In den trockeneren Gebieten (Thüringer Becken oder Nord-Württemberg) haben wir nur etwa 100l/m² und Jahr **Versickerung**, d. h., die **Kalkauflösung** beträgt 30g/m² und Jahr. In feuchteren Gebieten (hohe Schwabenalb oder nördliche Kalkalpen) können es 1000l/m² und entsprechend 300g/m² und Jahr sein. Der gelöste Kalk hilft uns aber bei der Bodenbildung nicht, denn er ist ja verschwunden und trägt lediglich zu einer Absenkung der Landoberfläche bei. Als Material für die Bodenentwicklung bleibt uns nur das Unlösliche (z. B. Silikate und Oxide) – der Kalklösungsrückstand. Dieser beträgt in vielen Fällen weniger als 10%, im ungünstigsten Falle lediglich 1%. Die Anhäufung von Kalklösungsrückstand beträgt deshalb im günstigsten Fall 30 g/m² und Jahr, im ungünstigsten Falle 0,3 g/m² und Jahr. Stellen wir uns nun vor, diese Entwicklung sei bereits seit zehntausend Jahren gleichgerichtet abgelaufen, dann erhalten wir im günstigsten Fall

Mineralboden =
Kalklösungsrückstand

300 kg/m², im ungünstigsten Fall **3 kg/m² Kalklösungsrückstand**. Wenn außer diesem Kalklösungsrückstand im Boden nur noch max. 10% organische Substanz bei der Humusakkumulation angereichert wurden und die Lagerungsdichte bei jungen Böden etwa 0,5, bei mächtigeren Böden dann etwa 1kg/dm³ beträgt, so ist der Boden, welcher in zehntausend Jahren entstehen kann, 4,5mm bis max. 30cm mächtig. Sind unsere Hypothesen richtig, so müssen Böden aus Kalkstein die mächtiger als 30cm sind, entweder älter als das Holozän sein oder eine andere Quelle für silikatisches Material haben als den Kalklösungsrückstand.

Betrachten wir jetzt die Bodenentwicklung nach dem **Syrosemstadium**, so erkennen wir, dass neben der Anhäufung des **Kalklösungsrückstands** die schon erwähnte **Humusakkumulation** stattfindet. Der Boden wird mit höheren Pflanzen besiedelt und auch die Bodenfauna stellt sich mit Organismen ein, die mechanisch den Zustand des Bodens verändern (Regenwürmer). In Kontakt mit dem Kalkstein bleibt das Milieu zunächst neutral bis schwach alkalisch. Die Wurzeln und die Bodenfauna haben intensiven Kontakt mit dem carbonatischen Material und so kommt es zu einer Begünstigung der **Bioturbation**. Dadurch werden die Huminstoffe fast vollständig mit Calcium- und Magnesiumionen gesättigt und erhalten durch die Durchmischung intensiven Kontakt zu den freigesetzten Tonmineralen. Es entstehen sehr lockere Teilchen im Boden, die wir **Aggregate** nennen. Es sind in sich relativ stabile **Krümel**, die aber zwischen sich große Hohlräume haben und dem gesamten Boden einen lockeren Aufbau verleihen (Kap. 3.6). Die Zersetzung der Streu ist relativ rasch und sie wird gut in den Mineralboden eingearbeitet. Deshalb haben diese Böden einen **tiefschwarzen Oberboden** mit der **Humusform Mull** (Kap. 2.6.3). Der Boden mit der Abfolge Axh-mcC ist

Rendzina = Axh-mcC

Rendzina. Der Name Rendzina ist ein polnischer Volksname und steht für Böden, die beim Pflügen aufgrund der Kalksteine ein Klingen oder Rauschen an der Pflugschar erzeugen. Da der intensiv schwarze Oberboden sich gegenüber anderen humosen Oberböden durch seine Struktur, seine hohe Basensättigung und seine schwarze Farbe abhebt, wird er als **Axh** bezeichnet. Solche Rendzinen sind erst dann ackerfähig, wenn sie mindestens 25 cm mächtig sind. Deshalb finden wir heute nur wenige beackerte Rendzinen. In Notzeiten wurden diese Böden zum Anbau von Brotgetreide genutzt.

Je mächtiger der Boden wird, desto schwieriger hat es die Bioturbation, den Kalkgehalt bis an die Bodenoberfläche aufrecht zu erhalten. Im Laufe der Zeit wird also der A-Horizont kalkfrei. Hat die Entkalkung die Untergrenze des Ah-Horizonts erreicht, so entsteht zwischen diesem und dem sich weiter auflösenden Gestein ein **Unterbodenhorizont,** der nur noch aus dem **Kalklösungsrückstand** aufgebaut ist. Dieser Unterboden ist sehr tonig, quillt und schrumpft stark und bildet im trockenen Zustand Risse. Dadurch entstehen vielflächige Aggregate aus tonigem Material, die wir **Polyeder** nennen. Der Unterboden hat die Farbe des Kalksteinlösungsrückstandes, der durch Oxidationsverwitterung fein verteilt Brauneisen enthält. Diese Form der Verbrauung ist nicht durch Hydrolyse, wie bei den Silikatgesteinen, sondern durch Säure bei Siderit und durch Oxidationsverwitterung bei Pyrit entstanden. In allen Fällen ist das Endprodukt dasselbe: Dieser fein verteilte **Goethit** verleiht dem Boden eine rötlich-braune oder kräftig gelb-braune Farbe. Der sehr tonige Unterbodenhorizont erhält die Bezeichnung T und der gesamte Boden wird **Terra fusca** genannt. Ein Lokalname, der aus Italien stammt und zeigt, dass Böden aus Kalkstein im Mediterranraum eine große Rolle spielen. Terra fuscen sind meist mäßig saure Böden. Bei ihnen ist der Nährstoffhaushalt ausgeglichener als bei den kalkhaltigen Rendzinen, da im schwach sauren Bereich aus den **Tonmineralen Kalium,** aus dem **Apatit Phosphat** freigesetzt werden kann.

> Terra fusca = Ah-T-mcC

Für die Entstehung vieler Rendzinen reicht das Holozän, die Nacheiszeit, kaum für die Bildung der Terra fuscen. Deshalb müssen wir annehmen, dass die Terra fuscen sich in diesem Zeitraum nicht (oder kaum) bilden konnten. Im Normalfall hat sich eine Terra fusca in verschiedenen Phasen entwickelt. Dabei lag zu Beginn der Nacheiszeit noch Bodenmaterial auf dem Kalkstein, welches schon in der letzten Warmzeit angehäuft und während der Kaltzeit nicht abgetragen wurde. Die Entstehung unserer Terra fuscen ist also eine Addition der Entkalkungs- und Bodenbildungsvorgänge mehrerer Warmzeiten. Terra fuscen, die T-Horizonte von 60 bis 80cm aufweisen, sind zwei- bis dreihunderttausend Jahre alt. Die Richtung der Bodenbildung hat sich dabei nicht geändert, lediglich die Zeit hat nicht ausgereicht, um im Holozän diese Böden entstehen zu lassen. Wenn wir eine **Terra fusca** von einem Meter Mächtigkeit finden, so müssen wir mit mindestens 5, in der Regel aber mit **10 bis 20 Meter gelöstem Kalkstein** rechnen, um diesen Boden entstehen zu lassen. Entsprechend hat sich die **Landoberfläche** in dieser Zeit **abgesenkt.** In alten, wenig erodierten Kalksteinlandschaften, z. B. der östlichen Schwäbischen Alb, können wir annehmen, dass die Landoberfläche zu Beginn der Bodenentwicklung aus dem Kalkstein 50–100m höher lag als heute. Unter aktuellen Klimabedingungen ist mit der Terra fusca die Chronosequenz (Abb. 3.18) der Böden aus Kalkstein bereits abgeschlossen.

Wo wir aus der Tertiärzeit noch Relikte von Böden finden oder im Mittelmeerraum, wo wir eine intensivere und auch alte Bodenentwicklung auf Kalkstein beobachten können, finden wir eine Weiterentwicklung der Terra fusca, die historisch Terra rossa genannt wird. Bei dieser **Terra rossa** sind unter warmen und intensiven Bodenbildungsbedingungen rote T-Horizonte mit dem Eisenmineral **Hämatit** entstanden. Vereinzelt finden wir Reste bei uns auf alten Kalksteinhochflächen, in Dolinen oder in Karsthöhlen als roten Höhlenlehm. Sie zeigen uns, dass während der Tertiärzeit bei uns die Bildungsbedingungen für die Böden ähnlich waren wie heute im Mittelmeerraum.

> Terra rossa = Ah-Tu-mcC

Abb. 3.18:
Chronosequenz der
Böden aus Kalkstein.

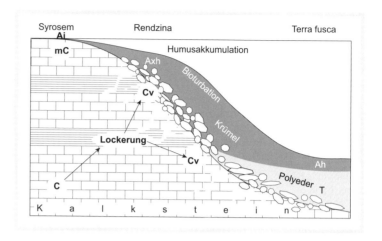

Merke:

Rendzina	Holozän	sehr langsam gebildet
Terra fusca	Pleistozän + Holozän	alt, aber bildet sich heute weiter
Terra rossa	Tertiär	alt und Relikt der Bildung unter anderen Klimaten

3.5 Böden aus Tonstein – Tonserie

Tonsteine (Kap. 3.1.3) sind sehr feinkörnige Sedimente, die später unter Auflast eine Diagenese erfahren haben. Manchmal ist der Auflastdruck so stark gewesen, dass der Tonstein zu schieferähnlichen Platten umgewandelt wurde und mithin eine leichte Metamorphose durchgemacht hat. Der Tonstein besteht überwiegend aus Tonmineralen, zumeist Illiten, manchmal aber auch Kaoliniten und Vermiculiten, und kann unterschiedliche Anteile von Chlorit enthalten. Oft sind Tonsteine unter reduzierenden Bedingungen abgelagert worden, dann finden wir auch Pyrit sowie meist geringe Anteile an Carbonat und Phosphat. Tonsteine bilden oft Flächen und Unterhänge in der Schichtstufenlandschaft (Kap. 3.2).

Bei der Bodenentwicklung (Abb. 3.19) laufen die anfänglichen Prozesse sehr schnell ab. Der an der Oberfläche liegende Tonstein bekommt durch die Druckentlastung einzelne vertikale und horizontale Risse, dadurch kann Wasser eindringen und die Gesteinsbruchstücke umgeben. Durch die starke Bindungskraft des Wassers in den feinen Rissen wird das Gestein angehoben und erfährt damit weitere Beanspruchung. Der Prozess wird durch Austrocknung und Wiederbefeuchtung verstärkt. Insbesondere wenn es zu Frostwechsel kommt und damit Volumenveränderungen und starker Druck auf das Gestein verbunden sind, zerfällt der Tonstein sehr schnell. Fein-

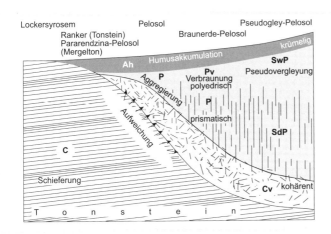

schichtige und schiefrige Tonsteine zerfallen dabei zunächst in feine Splitter, aber noch nicht in ihre Grundbestandteile. Dieses innerhalb weniger Jahre aufbereitete Gesteinsmaterial bietet Pflanzen bald einen ausreichenden Lebensraum. Deshalb finden wir bereits nach kurzer Zeit (5 – 10 Jahren) höhere Pflanzen, die sich auf dem verwitternden Tonstein ansiedeln. Will man diese Besiedlung fördern, so ist es gut Leguminosen zu säen, die Stickstoff aus der Luft anreichern können und damit den sonst meist günstigen Nährstoffhaushalt der Tonsteine weiter verbessern helfen. Das sich nach wenigen Jahren einstellende Rohbodenstadium wird wiederum **Syrosem** genannt (Ai-lCv-mCn-Profil).

Syrosem = Ai-lCv-mCn

Nach dem in wenigen Jahren erreichten Syrosemstadium gehen die Prozesse der Gesteinsauflockerung und Belebung des Bodens relativ rasch weiter. Durch die jetzt vorhandene Streu werden die Lebensbedingungen für Bodenorganismen zunehmend besser. Es kommt zum Umsatz der organischen Substanz und insbesondere zur bioturbaten Einarbeitung der organischen Substanz in den Oberboden. Die große innere Oberfläche des Bodens ermöglicht eine starke Kopplung von Humusmolekülen und Tonteilchen, sodass der Oberboden zunehmend humusreicher wird und eine Struktur bekommt, die stark durch das Bodenleben bedingt ist. Bei kalkfreiem, reinem Tonstein erhalten wir dann ein (**Ah-Cv-Cn**)-Bodenprofil mit Ah-Mächtigkeit zwischen 2 und etwa 15cm. Dieser Boden wird wegen seines Mineralbestandes in die Kieselserie eingestellt und man nennt ihn einen **Ranker** aus Tonstein. Dort, wo etwas Kalk vorhanden ist, finden wir einen tiefschwarzen, basenreichen, rendzinaähnlichen Oberboden. Man bezeichnet deshalb entsprechende Böden (Kap. 4), wenn der Kalkgehalt über 5% ist, als **Pararendzinen** (ähnlich einer Rendzina). Auch dieses Stadium dauert in der Tonserie lediglich einige Jahrzehnte (20–200 Jahre). Während dieser Zeit besteht die Wachstumsbegrenzung für die Pflanzen vor allem in der geringen Wasserspeicherung, weshalb nach Niederschlagsperioden rasch wieder Wassermangel auftritt.

Ranker = Ah-imC

Pararendzina =
Ah-elC-mC

Ist eine Bodentiefe um etwa 20cm erreicht, so wirken immer noch die oben beschriebenen Kräfte der Zerrüttung des Gesteins. Insbesondere der

Frostgare =
Bodenlockerung durch
Frostwechsel (tritt
bei verschiedenen
lehmigen und tonigen
Böden auf)

Frost sprengt kleine Scherben aus dem Tonstein heraus, die dann Wasser anlagern können und zwischen sich Wurzelraum bieten. Der durch häufigeren Frostwechsel entstandene, lockere Oberboden hat im Volksmund den Begriff **Frostgare** erhalten. Damit soll ausgedrückt werden, dass die Krümelstruktur des Bodens von guter Beschaffenheit und gut geeignet für die Frühjahrssaat ist. Bei der weiteren Entwicklung des Bodens spielt das Wasser eine besondere Rolle. Auf den Tonmineralflächen sitzende Kationen umkleiden sich im feuchten Zustand mit einer Hydrathülle, die umso mehr Bedeutung hat, je größer die innere Oberfläche und die Ladung derselben ist. Die so entstandene Wasserhülle kann die Kohäsion zwischen den Tonteilchen verringern, womit weiteres Wasser in die sich langsam vergrößernden Poren (Kapillaren) eintreten kann. Die geringe Auflast erlaubt eine Ausdehnung des Bodens, ohne dass der Zusammenhalt der Bodenkörper verloren geht (keine Dispersion). Langsam werden die Splitter des Ausgangsgesteins immer kleiner und die alten Tonteilchen können sich aus ihrer schiefrigen Einregelung herausdrehen. Der Vorgang verläuft konträr zur diagnetischen Verfestigung. Wenn die Tonteilchen durch das eingelagerte Wasser gegeneinander verschiebbar werden, so fühlt sich die tonige Masse weich an und ist dann steif **plastisch** (formbar). Den Übergang von dem harten, schiefrigen Tonstein in eine weiche, kohärente Masse bezeichnet man als **Aufweichung** (Abb. 3.20). Die Aufweichung der Tonsteine ist analog zur Vergrusung der Tiefengesteine. Dieser steif-plastische Zustand prägt die Cv-Horizonte und bleibt nur ganzjährig erhalten, wenn der Boden gleichmäßig feucht bleibt. Dies ist in unseren Breiten in einer Bodentiefe von 80 bis 100 cm möglich. Darüber beobachten wir einen regelmäßigen Wechsel des sich ändernden Wassergehalts. Wird der Boden wieder trocken, so erhält die formlose (kohärente) Masse erneut eine Gestalt. Der Wasserentzug führt dazu, dass die Tonteilchen sich gegenseitig anziehen und der Boden schrumpft. Durch die Schrumpfung sackt die Bodenoberfläche ein wenig ab und es bilden sich im tonigen Material Risse. Dieses Risssystem wird umso feiner, je geringer die Auflast und je schneller die Austrocknung stattfindet. Dabei bilden sich nicht nur senkrechte, sondern auch waagerechte Rissflächen, da der Ton von der Oberfläche ausgehend abtrocknet. Es entstehen Polyeder wie bei der Terra fusca Diese ersten Prozesse der Gefügebildung kann man zum Beispiel in Pfützen auf Erdwegen sehr gut beobachten. Wird beim Austrocknen der Prozess der Schrumpfung durch teilweise Wiederbefeuchtung unterbrochen oder beginnt nach nicht vollständiger Befeuchtung eine Austrocknung, so

Abb. 3.20:
Aufweichung und
Absonderung bei der
Bodenentwicklung aus
Tonstein.

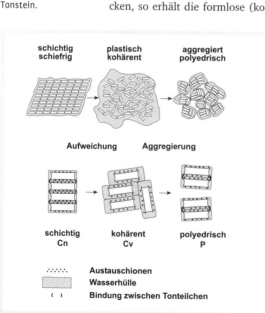

wird das Risssystem immer feiner. Ein Boden, der nach wiederholtem Quellen und Schrumpfen einen splittrigen Oberboden zeigt, hat gewissermaßen sich selbst gemulcht und so wird dies auch bezeichnet. **Selbstgemulchte** Böden haben einen günstigen Wasserhaushalt, da die splittrige Mulchdecke das Wasser sehr leicht eindringenlässt und eine Verdunstung von der Oberfläche durch die lockeren Aggregate verhindert wird. Damit spart der Boden Wasser. Die Unterteilung des kohärenten Bodenkörpers nennt man auch **Absonderung** (Segregation).

Wenn der gesamte Boden nach einer Schrumpfung wieder durchfeuchtet wird, dann setzt eine Hebung ein und alle Aggregate quellen, sodass sich die aufgetretenen, meist keilförmigen Risse wieder schließen. Bei erneutem Austrocknen reißen meist die gleichen Risse wieder auf. Somit kommt es zu einem stabilen, vielflächigen Gefüge, insbesondere wenn die Oberflächen der sich bildenden Aggregate wiederholt gegeneinander gepresst werden. Kann die Humusakkumulation in der Tiefe mit der weiteren Aufweichung und Aggregatbildung nicht mehr Schritt halten, so entwickelt sich unter dem A-Horizont ein weiterer Bodenhorizont, der wegen seines hohen Tongehaltes und seiner **polyedrischen** (vielflächigen) **Aggregate P-Horizont** genannt wird. Im Unterboden, etwa ab 40cm, dominiert beim Austrocknen ein vertikales Rissgefüge. Die horizontalen Risse treten wegen der stärkeren Auflast zurück. Deshalb entstehen hier nicht mehr Polyeder, sondern längliche **Prismen**. Auch diesen **prismatischen Horizont** bezeichnet man weiterhin als **P-Horizont**, denn er ist hauptsächlich durch die abiotische absondernde Aggregierung gekennzeichnet. Dieser Boden mit einem (**Ah-P-Cv-Cn**)-Profil wird nach dem griechischen Pelos (= Ton), **Pelosol** genannt. Bei der Entwicklung dieses Bodens kommt es zu Übergängen von Pelosolen mit Pararendzinen und Ranker, die Pararendzina-Pelosole oder Ranker-Pelosole genannt werden. Solche Übergänge kommen auch bei der Bodenentwicklung vor, die wir, wie in Kapitel 2.2 ff. beschrieben, bei der tonigen Verwitterung von **Gabbros** oder **Basalten** beobachten konnten.

Bei den Pelosolen finden wir also eine ganz regelmäßige Abfolge der Gefügebildung (Kap. 3.6) von zunächst biogen entstandenen **Krümeln** über immer größer werdende **Polyeder** hin zu den **Prismen** und zu dem **kohärentplastischen**, aufgeweichten Gefügezustand, der dann in das **schichtig-schiefrige** Gestein übergeht (Abb. 3.19).

Die Pelosole haben noch eine Reihe anderer, besonderer Eigenschaften. Wenn sich beim ungestörten Austrocknen das Rissgefüge immer weiter vergrößert, dann können mehrere Zentimeter breite Risse auftreten, die in unserem Klima 50 bis 80cm tief reichen. Solche Risse können dann, wenn zum Beispiel eine Schafherde darüber läuft, mit feinen Polyedern oder Krümeln aus dem Oberboden gefüllt werden. Bei der Wiederbefeuchtung ist für die Prismen und groben Polyeder im Unterboden nicht mehr ausreichend Platz, wodurch Quellungsdruck entsteht. Dieser kann dazu führen, dass die Prismen abreißen und ein wenig nach oben gedrückt werden. Diese Abriss-, oder besser Scherflächen, zeigen eingeregelte Tonminerale und im feuchten Zustand einen matten Glanz. Sie werden als Scherflächen, Stresskutane oder engl. slicken sides bezeichnet. Tritt dieser Vorgang sehr häufig auf, so wird der ganze Boden durchmischt (Vertisolprozess). Vertisole (von lat. vertere = durchmischen, umdrehen) finden wir in den Tropen und Subtropen und nur ausnahmsweise in Mitteleuropa.

Zwischen den Tonteilchen treten sehr feine Poren auf, in denen das Wasser (Kap. 3.7) sehr fest gebunden wird, und sie sind zu klein, um Wurzeln eindringen zu lassen. So haben Tonböden noch einen sehr hohen Wasseranteil, auch wenn Pflanzen schon verwelken. Solches Wasser bezeichnet man als Totwasser (Kap. 3.7). Darüber hinaus ändert sich mit dem Feuchtezustand auch die Härte bzw. die Plastizität des Bodens stark. Im sehr feuchten Zustand kann ein toniger Boden weich-plastisch, klebrig sein. Eine Bodenbearbeitung ist dann nicht möglich, da das Bodenmaterial an Reifen und Bearbeitungsgeräten kleben bleibt oder der Boden nach der Bearbeitung sofort wieder zerfließend in eine kohärente Masse übergeht. Umgekehrt wird er beim Austrocknen sehr schnell hart und verlangt für die Bodenbearbeitung eine sehr hohe Zugkraft, die ein Zugtier nicht mehr aufbringen kann. Nur dazwischen gibt es einen kurzfristigen Zustand, bei dem der Boden weich genug für eine Bearbeitung ist und gleichzeitig stabil genug für die Erhaltung der Gefügekörper nach der Bearbeitung. Wegen

Minutenboden

dieses Verhaltens werden tonige Böden auch **Minutenböden** genannt, da man die Minute für die **Bodenbearbeitung** genau abpassen muss.

Durch die starke Aufnahme von Wasser verändert der Boden beim Quellen auch die Bodenoberfläche. Typische Pelosole können jährlich bis zu 15 cm durch Austrocknung absacken und durch Quellung wieder angehoben werden. Diese Prozesse führen ebenso zu einer starken Veränderung des Porenvolumens und der Porengrößenverteilung. Beim Schrumpfen entstehen grobe Poren, die Luft gut transportieren und bei Starkregen auch Wasser leicht infiltrieren lassen. Die dazwischen liegenden Aggregate schrumpfen, wodurch die Poren immer kleiner werden, sodass es kaum Mittelporen gibt. Umgekehrt werden die Feinporen beim Quellen größer, während die Grobporen durch das Schließen der Risse verschwinden (vgl. Kap. 3.6 und 3.7). Eine solche Veränderung des Bodenzustandes bezeichnet man auch als ein **dynamisches Gefüge**. Bei dem Quellen und Schrumpfen bleibt regelmäßig ein Restbetrag erhalten, d. h., der Boden kommt nicht mehr in den ursprünglichen Zustand zurück. Ein solches Nachhinken zyklischer Prozesse bezeichnet man auch als **Hysterese** (Kap. 3.7).

Das Stadium des Pelosols ist relativ stabil, sobald die Austrocknungsfront und die Frosttiefe nicht mehr das Gestein erreicht, also die Aufweichung zum Stillstand kommt. Gleichzeitig haben die Pelosole ein sehr starkes Puffervermögen aufgrund ihrer hohen Austauschkapazität und der hohen Wasserbindung, sodass sie sich stärker chemischen Veränderungen widersetzen.

Gleichwohl werden die Entkalkung und die Versauerung langsam beginnen und auch die sulfidischen Eisenverbindungen oxidieren. Damit verbraunt der Boden oberflächlich (der 3. Weg der Verbraunung nach silikatischer Hydrolyse und carbonatischer Säureverwitterung). Ist also der Oberboden versauert und verbraunt, so sprechen wir von einem **Braunerde-**

Braunerde-Pelosol =
Ah-BvP-Cv-mCn

Pelosol. Er hat einen Pv- oder einen BvP-Horizont zwischen dem Ah und dem eigentlichen P-Horizont. Solche Verbraunungen reichen wenige Dezimeter in die Pelosole hinein und sind dadurch begünstigt, dass wir häufig im Oberboden der Pelosole eine geringe Beimengung von äolischem, periglazialem Löss finden (Kap. 4.1).

Andererseits kann das Quellen und Schrumpfen, insbesondere wenn Tonminerale vorhanden sind, die auch innere Quellungen und Schrumpfung erfahren (Vermiculite, Smectite), auch längere Phasen des Luftmangels verursachen. Dabei kommt es durch Wurzeln und Mikroorganismen zum Verbrauch des im Wasser gelösten Sauerstoffs und die Eisenoxide werden dann von den Mikroorganismen als Oxidationsmittel benutzt (Kap. 4.3). Gleichzeitig entstehen in den feinen Rissen bläuliche und grünliche Farben, die zweiwertige Eisenverbindungen anzeigen. Im besser durchlüfteten Aggregat-Inneren dagegen findet sich rostiges, dreiwertiges Eisenoxid. Wenn diese Farben (Fleckigkeit) auftreten, so sind wir sicher, dass häufiger und langanhaltender Luftmangel die Ursache dafür ist. Solche Böden bezeichnen wir als **Pseudogley-Pelosole** (Kap 4.3). Eine weitergehende Bodenentwicklung durch stärkere Versauerung oder fortschreitende Verlagerungsprozesse findet bei den Böden der Tonserie nicht statt.

Pseudogley-Pelosol =
Ah-SwP-SdP-Cn

> Merke: Der typische Boden der Tonserie ist der Pelosol. Vorstufen und
> Weiterentwicklung sind durch Übergänge zur Kieselserie und
> Mergelserie gekennzeichnet.

3.6 Bodengefüge

Das Bodengefüge ist die **räumliche Anordnung** der festen Teilchen in einem Boden. Das Bodengefüge wird beeinflusst durch die Größe und Form der Primärpartikel sowie durch natürliche und vom Menschen bedingte physikalische, biologische und chemische Prozesse. Das Bodengefüge bestimmt in hohem Maße die **Gestalt (Morphologie)** der Bodenhorizonte und ganzer Böden. Die Anordnung der Teilchen in den **Gefügeeinheiten (Aggregaten)** bestimmt die Größe und Verteilung der Poren im Boden (Kap. 3.7). Die kleinsten Körper des Bodengefüges sind **Aggregate**. Sie sind gleichzeitig die **kleinsten Einheiten**, die mit ihren Anteilen an fester, flüssiger und gasförmiger Phase, mit mineralischer und organischer Substanz die **Definition Boden** erfüllen. Wenn also das Pedon (Kap. 1) die kleinste Einheit der Bodendecke ist, so ist das Aggregat das kleinste Element eines Bodens.

Aggregate sind die
kleinsten Körper, die
alle Eigenschaften eines
Bodens haben

Ähnlich wie die Böden sind auch die Bodenaggregate sehr verschieden. Ohne dieses systematisch zu behandeln, haben wir bei den bisher vorgestellten Böden schon charakteristische Aggregatformen und deren Entwicklung kennengelernt. Besonders wegen der unterschiedlichen Ausbildung des Bodengefüges in Rendzina (Kalkserie) und Pelosol (Tonserie) erscheint es wichtig, unterschiedliche Gefügeformen systematisch darzustellen.

Wie unsere Böden, so entsteht auch das Bodengefüge zunächst aus dem Gestein. Dabei wird das **Gesteinsgefüge** zerstört und ein neues **Bodengefüge** entwickelt sich. Wenn wir als Bodenkundler über Gefüge sprechen, meinen wir nur das während der Bodenentwicklung entstandene Gefüge. Dabei lässt sich beobachten, dass in den Böden ähnliche Gefügeformen auftreten können, wie sie in Gesteinen vorkommen. Dies ist bedingt durch die Verwandtschaft von Sedimentgesteinen und Böden. In beiden Fällen strebt verwittertes Material einer neuen Ordnung zu.

Bei Betrachtung des Bodengefüges unterscheiden wir zuerst das Makrogefüge, das sind die Aggregate, die im Millimeter- bis Dezimeter-

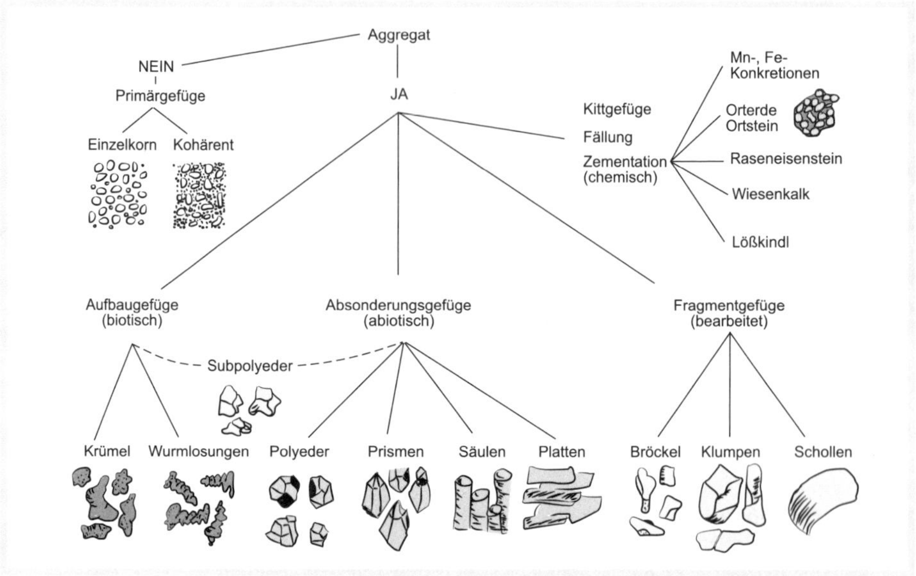

Abb. 3.21:
Einfache Unterteilung des Bodengefüges in Gefügeformen und Grundformen des Bodengefüges.

bereich ausgebildet sind und mit dem bloßen Auge, manchmal etwas besser mit einer Lupe, beschrieben werden können. Das Mikrogefüge stellt die innere Organisation der Aggregate dar, die uns oft Aufschluss über die Entwicklung der Formen gibt.

Beim Makrogefüge unterscheiden wir fünf Grundformen (Abb. 3.21):

1. Primärgefüge oder Nichtgefüge
2. Aufbau- oder Aggregatgefüge
3. Absonderungs- oder Segregatgefüge
4. Kitt-, Zementations- oder Flockungsgefüge
5. Bearbeitungs- oder Fragmentgefüge

> **Aufgabe:** Vier dieser fünf Grundformen haben wir in den bisherigen Böden bereits kennengelernt.
> Ordnen Sie die verschiedenen Grundformen des Gefüges der bereits bekannten Böden der Kiesel-, Kalk- und Tonserie zu! Welche Grundform wurde bisher nicht behandelt?

Primärgefüge = chaotisch

Einzelkorn

Beim **Primär- oder Nichtgefüge** gibt es keinerlei geregelte Verbindung zwischen den Partikeln der Festsubstanz. Sind alle Partikel ähnlich groß und nur durch die Reibung bzw. durch Wasserfilme miteinander verbunden, so sprechen wir von dem Gefügetyp des **Einzelkorngefüges** (singulär). Im trockenen Zustand rieselt das Gefüge über den Spaten oder die Hand, ohne dass sich bevorzugte Richtungen des Zerfalls ergeben. Interessanterweise ist der geringste Zusammenhalt sowohl bei sehr trockenem als auch bei sehr nassem Zustand feststellbar. Dies kann man zum Beispiel an einem sandigen Strand beobachten. Von den hohen trockenen Bereichen, bei denen jeder Schritt tief einsinkt und insbesondere die Körner gegeneinander verschiebt, kommt man in den feuchteren Bereich, auf dem man wie auf einem Brett laufen kann. Die Tritte bilden sich kaum noch ab. Gelangt man dann in den nassen Bereich, so sinkt man wieder stark ein und das Laufen wird schwer (versuchen Sie es doch einmal mit dem Fahrrad!). Während das Einzelkorngefüge in Dünen oder am Sandstrand ein Gesteinsgefüge darstellt, ist es im **Ae-Horizont** der Podsole ein **Bodengefüge**. Dadurch, dass feinere Teilchen und Kittsubstanz zerstört wurden, wird das Einzelkorngefüge aus den übriggebliebenen, meist groben Quarzkörnern aufgebaut.

Sind die Teilchen feiner oder ungleich körnig, so wird aus dem Einzelkorngefüge ein Gefüge mit wesentlich höherer innerer Reibung, in dem auch keine innere Struktur erkennbar ist. Dieses Gefüge nennt man **Kohärentgefüge**. Wir finden es, wenn ungleiche Teilchen abgeladen und dann, mit einer gewissen Auflast versehen, gewissermaßen ineinander gedrückt werden. Solches Kohärentgefüge entsteht unter Gletschern, unter belasteten Straßen oder durch Aufweichung schiefriger Tongesteine. Im Kohärentgefüge wie im Einzelkorngefüge gibt es keine bevorzugten Richtungen. Das Kohärentgefüge ist meist ein Unterbodengefüge.

Kohärent

Aus Sicht der Böden sind auch Gesteinsgefüge, wie das schichtige Gefüge und das schiefrige Gefüge als Nichtgefüge zu betrachten, denn sie haben keinerlei Ausrichtung ihrer Partikel durch bodenbildende Prozesse erfahren und sie weisen keine Bodenaggregate auf. Alle anderen Grundformen des Gefüges haben solche Bodenaggregate.

Das **Aufbaugefüge** zeigt sämtlich Aggregatformen, die Millimeter- bis Zentimetergröße haben, rundlich sind, aus einem Gemenge von mineralischen und organischen Substanzen bestehen und durch die Tätigkeit von Bodenorganismen der Makrofauna erklärt werden können. Eine ganz klassische Form des biotischen Aufbaugefüges sind die **Wurmlosungen**. Im Frühjahr, wenn die Böden sehr nass sind und langsam warm werden, kommen die Regenwürmer an die Bodenoberfläche und legen ihren Kot ab. Diese Wurmlosungen sind rundliche, meist geschraubte Formen, die durch das Verkneten der Bodenmasse im Darm der Regenwürmer und das Ausstoßen entstanden sind. Die Aggregate sind in sich dicht, haben aber zwischen sich große Hohlräume.

Aufbaugefüge = biotisch

Das wichtigste biotische Gefüge ist das **Krümelgefüge**. Man kann es leicht aus dem Wurmlosungsgefüge entstanden erklären. Es ist durch Befeuchtung und Austrocknung, durch Abbau der organischen Substanz oder durch Bewegung von anderen Lebewesen sowie durch die Pflanzenwurzeln aus sehr regelmäßigem Wurmlosungsgefüge in ein unregelmäßiges, aber typischerweise rundliches und lockeres Gefüge umgewandelt worden. Dabei spielen Bakterienkolonien und ihre Ausscheidungen als Schleim- oder Klebstoffe eine große Rolle. Das Feinkoagulatgefüge ist als eine weitere Form des Aufbaugefüges bekannt. Es zeigt eine innige Verbindung von organischer und mineralischer Substanz, ist aber fast immer im Millimetermaßstab ausgebildet und wird der Tätigkeit von Insekten (Ameisen) in sauren und häufig austrocknenden Böden zugeschrieben.

Krümel

Alle Formen des Aufbaugefüges befinden sich in einem dynamischen Gleichgewicht. Sie müssen ständig neu gebildet werden und neben der

Makrofauna enthalten sie hohe Anteile mikrobieller Biomasse, die Schleimstoffe absondert und damit das Gefüge stabil hält. Hört die biologische Aktivität auf, so zerfällt das biotische Gefüge mehr oder weniger schnell. Es zerfällt auch dann, wenn das Bodenmaterial begraben wird und damit die Auflast für ein so lockeres Gefüge zu groß ist.

Absonderungsgefüge = abiotisch

Die nächste Grundform, das **Absonderungsgefüge**, zeichnet sich meist durch weniger organische Substanz in den Aggregaten aus, dagegen aber durch glatte Kanten und ebene Flächen. Die rundlichen Formen des biotischen Gefüges sind nicht mehr zu finden. Das Absonderungsgefüge entsteht hauptsächlich durch Quellen und Schrumpfen oder durch Gefrieren und Wiederauftauen bzw. durch Überlagerung beider Prozesse. Bei der spezifischen Ausbildung der Gefügeformen hat auch der chemische Bodenzustand Bedeutung. Die meisten Formen des Absonderungsgefüges bilden sich besonders gut aus, wenn ein hoher Anteil an Calciumionen am Austauscher vorliegt. Mit Natrium- oder Magnesiumionen kommt es im feuchten Zustand zu einer stärkeren Dispergierung und im trockenen Zustand zu einer größeren Verhärtung. Dies führt in geringerem Maße zur Bildung regelmäßiger Risse, die dann die Gefügekörper absondern. Die häufigste

Polyeder

Form des Absonderungsgefüges ist das **Polyedergefüge**. Hier finden wir Körper von 2 mm bis etwa 2 cm Durchmesser, die durch vielflächige und geradlinig kantige Erscheinungen gekennzeichnet sind. Die Polyeder sind im Inneren sehr dicht und können sich nur in feineren Bodenarten durch Quellen und Schrumpfen bilden (toniger Lehm und feiner). Unter ähnlichen Bildungsbedingungen, aber bei höherer Auflast und langsamer Austrocknung und Wiederbefeuchtung, entsteht zwischen einem vertikal angeord

Prisma

neten Risssystem das **Prismengefüge**. Die Prismen sind mehrere Dezimeter hoch und haben Durchmesser von einigen Zentimetern bis zu 2 dm. Prismen tendieren beim Austrocknen zum Zerfall in feinere Gefüge, d. h. grobe Poly

Platten

eder. Das horizontal ausgerichtete, **plattige Gefüge** entsteht, wenn sich der Druck auf den Boden regelmäßig ändert, oder wenn sich in feinkörnigen Materialien Eislinsen bilden können, die den Boden horizontalen Rissen entlang zerteilen. Plattiges Gefüge findet sich meist unter Fahrwegen oder unterhalb der Pflugsohle. Die Platten sind 1–3 cm dick, aber 10-mal breiter. Sie sind besonders ungünstig, weil die vertikale Durchwurzelung stark behindert wird.

Säulen

Ein ebenfalls abiotisches Gefüge ist das **Säulengefüge**. Es ist dem prismatischen Gefüge sehr ähnlich, allerdings sind die Kanten abgerundet und die Köpfe der Gefügekörper sind rundlich. Das Säulengefüge ist in alkalischen Böden zu finden, dort wo die Partikel durch erhöhte Natriumsättigung im feuchten Zustand dispergieren können und damit das scharfkantige Absondern behindern.

Bei den Absonderungsgefügen gibt es auch noch eine Reihe Sonderformen, wie zum Beispiel muscheliges Gefüge, das wir häufig in Oberböden finden, in denen zuvor das tonige Material dispergiert wurde und dann aus dem Schlamm durch rasches Abtrocknen muschelige Formen entstanden. Ähnlich entstehen auch scherbige Aggregate in tonigen Böden. Die sogenannten Parallelepipeder, die in Unterböden von Pelosolen und Vertisolen auftreten, sind durch Schervorgänge beim Quellen des Bodenmaterials an der Untergrenze der Austrocknung zu finden.

Zwischen dem Aufbaugefüge und dem Absonderungsgefüge ist die in mitteleuropäischen Böden häufigste Gefügeform angesiedelt – der **Subpolyeder**. Ihm sieht man einerseits biotische Bearbeitung und andererseits abiotische Quellung und Schrumpfung an. Es ist ein unregelmäßiger Gefügekörper, der meist aus rauen Flächen und unregelmäßigen Kanten besteht. Wegen der biotischen Beeinflussung finden wir ab und an rundliche Formen, die zum Beispiel durch Wurzeln oder Tieraktivität erklärt werden können. Subpolyeder bilden typischerweise den Bv-Horizont von Braunerden, aber auch häufig den A-Horizont lehmiger Böden mit geringem und mittlerem Humusgehalt.

Der Subpolyeder liegt zwischen Aufbau und Absonderung

Auch das **Kitt- oder Zementationsgefüge** ist uns bereits bei Podsol und Gley begegnet. Hier wird zwischen den Primärteilchen ein Zement eingefüllt, der die Körner umhüllt oder verbindet und teilweise auch verdrängen kann. Solche Gefügeformen haben wir beim **Hüllengefüge** des Bs-Horizontes eines Podsols kennengelernt, dort werden die Sandkörner durch Hüllen organischer Substanz sowie von Eisen- und Aluminiumoxiden umgeben und miteinander verklebt. Dies führt zunächst zur **Orterde**. Wenn sich das Material fortsetzt, wird das Material vollständig miteinander verbunden und es entsteht **Ortstein**. Auch die chemische Ausfällung durch Oxidation von Eisen- und Manganoxiden im Go-Horizont von Gleyen kann zu einer Zementation und damit zur Bildung von **Raseneisenstein** führen. Wenn eine starke Anreicherung von Eisenoxiden geschieht, so wird der Kristallisationsdruck an den Brücken der Körner durch Kristallwachstum der Eisenoxide die Körner auseinanderpressen. Dann finden wir ein Gefüge, das durch seine Zementation den Boden auseinander getrieben hat und damit die primären Teilchen lockerer lagert als ursprünglich.

Kittgefüge = chemisch geflockt

Hüllen

Eine ähnliche Form mit ganz anderem Material finden wir im **Wiesenkalk**. Hier wird meist an der Grenze des Grundwasserspiegels durch Belüftung Kalk ausgeschieden. Dann finden wir einen weichen oder bereits verhärteten Kalkanreicherungshorizont (G_{oc}), der dem **Kalkgley** einen besonderen Charakter verleiht.

In den geschilderten Fällen führt die Verkittung zu einer Verhärtung und zu einem Zusammenhalt des gesamten Horizontes. Kittgefüge kann aber auch zur Ausbildung sogenannter **Gefügebesonderheiten** führen. Als solche werden die **Eisen- oder Eisen-Mangankonkretionen** von Pseudogleyen bezeichnet. Sie sind kleine, stecknadelkopf- bis erbsengroße Gefügekörper, die in Aggregaten durch Wechselfeuchte entstanden sind. Ähnlich, aber ganz anders entstanden, finden wir in C-Horizonten von Parabraunerden (Kap. 4) Kalkkonkretionen als **Lösskindel** oder weiche Kalkabscheidungen als **Pseudomycel**.

Die Kittgefüge werden in verschiedenen Lehrbüchern unterschiedlich angeordnet. Die Zusammenfassung in einer Grundform erscheint sinnvoll.

Wird der Boden durch Egge, Grubber oder Pflug zum richtigen Zeitpunkt bearbeitet, so dient das Bearbeitungsgerät lediglich dazu, den Boden anzuheben und die bereits bestehenden Gefügeformen (Aggregate) in eine lockere Lagerung zu versetzen. Häufig wird oder muss die Bodenbearbeitung aber zu Zeitpunkten durchgeführt werden, bei denen sich die Gefügekörper nicht ohne Weiteres voneinander lösen und einen lockeren Gefügeverband natürlicher Gefügekörper bilden. In solchen Fällen schneidet oder presst das Bodenbearbeitungsgerät die Gefügekörper in andere For-

Fragmente entstehen
durch Bearbeitung

men. Wenn durch die Bodenbearbeitung das Gefüge verändert wird, spricht man von **Fragmentgefüge**, denn diese Bearbeitung zerstört Gefüge. Sämtliche herkömmlichen Bodenbearbeitungsgeräte sind nicht in der Lage, Aufbau- oder Absonderungsgefüge von selbst zu erzeugen. Sie können lediglich vorhandene Gefügekörper unterteilen.

Bröckel

Entsteht bei der Unterteilung des Bodenkörpers durch ein oder mehrere Bearbeitungsgänge ein fein aggregierter, lockerer Oberboden, so haben wir meistens ein **Bröckelgefüge** vor uns. Dieses Bröckelgefüge ist dem Subpolyedergefüge sehr ähnlich, zeigt aber regelmäßig Schnitt- und Druckspuren der Bodenbearbeitungsgeräte. Wenn es bei der Bodenbearbeitung zu trocken ist und das Bodenbearbeitungsgerät in zu großen Abständen in den Boden eingreift, so entstehen Gefügeformen von 5 bis 20cm Größe, die für eine nachfolgende Einsaat sowie für eine Keimung von Samen sehr ungünstig sind. Entsteht zum Beispiel im Herbst bei der Bodenbearbeitung

Klumpen

ein **Klumpengefüge**, so kann der Landwirt oft durch Befeuchtung und Auffrieren im Winter einen Zerfall des Gefüges erwarten, sodass er im Frühjahr leichter nach Erreichung der sogenannten **Frostgare** den Boden bearbeiten (eggen) und säen kann. Wird der Boden in zu feuchtem Zustand bearbeitet, so schmieren große, meist 2 bis 5dm lange und 1dm oder mehr

Schollen

breite Gefügekörper als **Schollen** ab. Auch das Schollengefüge ist für die direkte Wiederbestellung des Bodens ein völlig ungeeignetes Gefüge. Es muss nach dem Abtrocknen weiter zerteilt oder nach Auffrieren und Abtauen wieder eingeebnet werden. Der Landwirt sollte versuchen, die Bodenbearbeitung zu einem Zeitpunkt durchzuführen, bei dem ein Bröckelgefüge entsteht oder das natürliche Gefüge erhalten bleibt.

Bodengefüge ist ähnlich vielfältig wie Böden. Die Gefügebildung sorgt im Allgemeinen für das Entstehen grober Poren, die für den Lufthaushalt und für die Durchwurzelung besonders wichtig sind. Eine ausgeprägte Gefügebildung mit der Entstehung von vielen groben Poren sorgt für einen lockeren Boden (Lagerungsdichte). Das Bodengefüge wirkt auch sehr stark auf den Wasserhaushalt von Böden, da es die Durchgängigkeit des Porensystems in der Regel unterbricht und damit der Wasserbewegung Widerstände entgegensetzt.

3.7 Bodenwasserhaushalt

Wasser ist ein Lebenselixier. Das gilt auch für unsere Böden. Wir haben bereits gelernt, dass Wasser zwischen der festen Phase, dem Leben und der Luft vermittelt. So ist das Wasser Transportmittel bei der Podsolierung, Entkalkung oder Vergleyung. Bei der Hydrolyse und bei der Umsetzung der organischen Substanz oder auch bei der Auflösung bestimmter Bodenbestandteile ist es **Lösungs- und Reaktionsmedium**. Wasser kann bei seinem Eindringen in tonige Böden auch Kräfte freisetzen, die zum Quellen oder dann zum Schrumpfen des Bodens führen. Wir müssen uns also dringend mit der Rolle des Wassers in Böden befassen. Dies tun wir zunächst aus physikalischer Sicht, indem wir die Wechselwirkungen des Wassers mit dem Porensystem des Bodens beschreiben. Wir nennen diese Wechselwirkungen den „**Bodenwasserhaushalt**".

Der Bodenwasserhaushalt lässt sich durch **Zustandsgrößen** und **Flüsse** charakterisieren. Die Zustandsgrößen sind der **Wassergehalt des Bodens** und das **hydraulische Potenzial**. Beide Größen sind zeitlich und räumlich variabel. Dies gilt auch für den Wasserfluss. Im Folgenden werden wir zur Vereinfachung laterale (horizontale) Flüsse, die vor allem in Hangböden eine wichtige Rolle spielen, vernachlässigen und nur vertikale Wasserflüsse betrachten.

Der Bodenwasserhaushalt wird vor allem durch **Niederschlag** und **Verdunstung** angetrieben. Im humiden Klima ist die Differenz von **Niederschlag** und **Verdunstung**, die **klimatische Wasserbilanz**, langfristig positiv. Dadurch kommt es zu einem Wasserfluss über die Untergrenze des Wurzelraums, der als **Sickerwasserspende** oder auch als **Grundwasserneubildung** bezeichnet wird.

Der **Wassergehalt des Bodens** ist als Anteil des Wassers im Boden definiert, der durch Trocknung bei 105°C entfernt werden kann. Bei der **gravimetrischen Messung** wird feldfeuchter Boden in Stechzylindern (Volumenprobe) aus dem Profil entnommen und so lange getrocknet, bis kein weiterer Masseverlust mehr auftritt. Durch die Temperaturwahl soll vermieden werden, dass Wasser, welches in Kristallen oder in den Zwischenschichten von Tonmineralen gebunden ist, entweicht. Dieses Wasser wird also nicht zum Wassergehalt gezählt. Der **gravimetrische Wassergehalt** ist der Quotient der Massen des durch die Trocknung entfernten Wassers und des trockenen Bodens. Für die meisten Anwendungen ist der **volumetrische Wassergehalt** relevanter, der als Quotient der Volumina des entfernten Wassers und des Bodens (im Stechzylinder) definiert ist. Der volumetrische Wassergehalt kann aus dem gravimetrischen Wassergehalt berechnet werden, indem dieser mit der **Lagerungsdichte** (Kap. 8) multipliziert wird. Beide Wassergehalte werden oft in Prozent angegeben.

Die gravimetrische Messung ist die Referenzmethode für den Wassergehalt und einfach durchzuführen, aber arbeitsaufwendig und zudem destruktiv. Eine zweite Messung am selben Ort ist nicht möglich. Aus diesen Gründen wurden verschiedene, technisch aufwendigere Alternativmethoden entwickelt. Die wichtigste Methode ist zur Zeit die **TDR-Messung** (Time Domain Reflectometry), bei der mit einer Sonde die Dielektrizitätskonstante des Bodens bestimmt wird. Bei dieser Methode macht man sich zunutze, dass die Dielektrizitätskonstante des Wassers (≈ 81) sehr viel höher ist als die der anderen (mineralischen oder organischen) Bodenkomponenten. Eine Zunahme des Wassergehaltes bewirkt deshalb einen Anstieg der Dielektrizitätskonstante des Bodens, die durch die TDR gemessen wird.

Dem Bodenwasser kann ein bestimmter Energieinhalt zugeordnet werden, das **hydraulische Potenzial**. Es gibt die Arbeit an, die notwendig ist, um eine infinitesimal kleine Wassermenge von einem Referenzzustand aus reversibel in den Boden zu bringen. Als Referenzzustand wird freies (ungebundenes), reines Wasser (frei von gelösten Stoffen) in einer bestimmten Bodentiefe bei atmosphärischem Druck und der Umgebungstemperatur gewählt. Die Wassermenge ist deshalb als infinitesimal klein definiert, damit der Zustand des Systems durch den gedachten Transfer des Wassers in den Boden nicht verändert wird.

Das hydraulische Potenzial ist eine Energie. Diese Energie wird in der Regel auf ein Einheitsvolumen bezogen, sodass sich als Einheit J m^{-3} ergibt.

Das hydraulische Potenzial gibt die Arbeit an, die man aufbringen muss, um Wasser von einem Referenzzustand aus in den Boden zu bringen

Da ein Joule einem Newtonmeter entspricht (Arbeit = Kraft mal Weg), kann das hydraulische Potenzial auch in Druckeinheiten (Pascal) angegeben werden:

$$J/m^3 = Nm/m^3 = N/m^2 = Pa$$

Aus Gründen, die im Verlauf des Kapitels noch erklärt werden, wird der Druck oft als Höhe einer Wassersäule angegeben, die gerade diesen Druck ausübt. Der Druck einer Wassersäule von 1cm Höhe beträgt annähernd 1hPa (genauer: 98 Pa). Angaben in Pa und cm Wassersäule lassen sich deshalb leicht ineinander überführen.

Das hydraulische Potenzial ist die Summe aller Teilpotenziale

Das hydraulische Potenzial ψ_h setzt sich additiv aus dem **Gravitationspotenzial** ψ_g und dem **Matrixpotenzial** ψ_m zusammen:

$$\psi_h = \psi_g + \psi_m$$

Bei speziellen Fragestellungen können weitere Teilpotenziale berücksichtigt werden. So hängt zum Beispiel die Wasseraufnahme von Pflanzen in versalzten Böden auch noch vom osmotischen Potenzial ab.

Das **Gravitationspotenzial** bezeichnet die potenzielle Energie des Bodenwassers in einer bestimmten Tiefe in Bezug auf eine frei gewählte Referenztiefe. Es entspricht der Arbeit, die geleistet werden muss, um ein Wasservolumen von der Referenztiefe auf eine bestimmte Bodentiefe anzuheben:

$$\psi_g = m_w \, g \, h \, / \, V_w = \rho_w \, g \, h$$
wobei m_w (kg), V_w (m^3) und ρ_w (kg m^{-3}) für die Masse, für das Volumen beziehungsweise für die Dichte des Wassers stehen, während g (9,81 m s^{-2}) die Erdbeschleunigung und h (m) die Hubhöhe, also den Abstand zwischen Referenztiefe und interessierender Bodentiefe, bezeichnen.

Wie die Gleichung zeigt, nimmt das Gravitationspotenzial nach oben (unten) linear mit dem Abstand von der Referenztiefe zu (ab).

Das **Matrixpotenzial** entspricht dem Energieverlust des Bodenwassers, der durch die physikalische Bindung an die feste Phase des Bodens (Bodenmatrix) hervorgerufen wird. Es ist negativ, denn es erfordert Arbeit, dem Boden gebundenes Wasser zu entziehen. Der Betrag des Matrixpotenzials wird als Wasserspannung bezeichnet. Der dekadische Logarithmus der Wasserspannung wird pF-Wert genannt, wobei die Wasserspannung in cm Wassersäule angegeben werden muss. Zum Beispiel entsprechen 100cm Wassersäule pF 2, 300cm Wassersäule pF 2,5 und 15.000cm Wassersäule pF 4,2.

Das Wesen des Matrixpotenzials lässt sich am besten verstehen, wenn ein Röhrchen mit einem sehr kleinen Innendurchmesser, eine sogenannte Kapillare, in Wasser eingetaucht wird (Abb. 3.22). In der Kapillare steigt das Wasser nach oben, und zwar umso höher, je geringer ihr Innendurch-

messer ist. Wenn das Material der
Kapillare vollständig benetzbar (hy-
drophil) ist, nimmt die Wasseroberfläche die Form einer Halbkugel an,
deren Radius gleich dem Radius der
Kapillare ist.

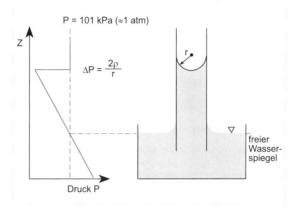

Wie Abbildung 3.22 zeigt, tritt an
der Grenzfläche zwischen Luft und
Wasser ein Drucksprung auf, der als
Kapillardruck bezeichnet wird. Unterhalb der Wasseroberfläche nimmt
der Druck linear mit der Tiefe um
≈ 100 kPa (≈ 1 atm) je 10 m zu. Der
Aufstieg des Wassers in der Kapillare
ist auf den Kapillardruck zurückzu-
führen.

Der Beitrag des Drucks zur Ener-
gie des Wassers wird Druckpotenzial genannt. Unterhalb einer freien Wasseroberfläche, zum Beispiel der des Grundwassers, ist das Druckpotenzial
positiv. An der Grundwasseroberfläche ist der absolute Druck gleich dem
Luftdruck. Hier sind relativer Druck (absoluter Druck minus Luftdruck) und
Druckpotenzial null. In den Poren des ungesättigten Bodens bilden sich wie
in der Kapillare gekrümmte Oberflächen aus und das Druckpotenzial ist
negativ. Obwohl eine begriffliche Unterscheidung für den positiven und
den negativen Bereich des Druckpotenzials unnötig ist, hat sich für den
negativen Bereich der Begriff Matrixpotenzial eingebürgert. Vom Matrixpotenzial spricht man also, wenn das Druckpotenzial negativ oder, im
Grenzfall, null ist.

Nach dem 1. Laplaceschen Satz gilt für den Drucksprung in einer
Kapillare, die aus vollständig benetzbarem Material besteht:

$$\Delta P = 2\,\sigma\,/\,r$$

wobei σ die Oberflächenspannung des Wassers (0,073 J m^{-2}) bezeichnet.
Je kleiner der Radius r (m) der Kapillare ist, desto stärker ist unter sonst
gleichen Bedingungen die Oberfläche gekrümmt, umso höher ist der
Kapillardruck und umso höher steigt das Wasser in der Kapillare. Im
Gleichgewicht ist der nach unten gerichtete Gewichtsdruck der Wassersäule
gerade so groß wie der Kapillardruck, der die Wassersäule nach oben zieht:

$$\rho_w\,g\,h = 2\sigma\,/\,r$$

Löst man diese Gleichung nach der Höhe h auf, erhält man die Steighöhen-
gleichung:

$$h = 2\sigma\,/\,(\rho_w\,g\,h)$$

Abb. 3.22:
Druckverteilung in
einer Kapillare.

Vereinfacht kann man sich merken:

Steighöhe [cm] = 3000/Porendurchmesser [µm]

Aus dieser Gleichung kann abgelesen werden, wie hoch von einer freien Wasserfläche (Grundwasseroberfläche) aus Wasser in unterschiedlich großen Bodenporen steigen kann.

Neben dem Wasser, das in Poren oder als Menisken zwischen Bodenkörnern vorliegt (**Kapillarwasser**), enthalten alle Böden, insbesondere Tonböden, auch noch Wasser, das durch verschiedene, vor allem elektrostatische Kräfte an die Oberflächen der festen Bodenbestandteile gebunden ist. Dieses **Adsorptionswasser** bildet 3–4 Molekülschichten ($\approx$ 1 nm) auf der Oberfläche der hydrophilen Teilchen. Es ist entsprechend der Polarität der Oberfläche (meist negativ) mit den H-Teilchen des Moleküls (positiv) zur Oberfläche orientiert. Die Dichte des Adsorptionswassers beträgt etwa 1,5 g cm^{-3}.

Das Matrixpotenzial lässt sich bis zu Werten von etwa – 900 hPa mit einem **Tensiometer** messen. Ein Tensiometer ist ein mit Wasser gefülltes Rohr, das an der unteren Seite in einer keramischen Kerze endet. An der oberen Seite wird das Rohr mit einer Abdeckung verschlossen, die mit einem Druckaufnehmer versehen ist. Die keramische Kerze wird in der gewünschten Messtiefe mit dem Boden in Kontakt gebracht, sodass sich ein Gleichgewicht zwischen dem Bodenwasser und dem Wasser im Tensiometer einstellen kann. Am Druckaufnehmer kann dann, nach Abzug des Drucks der Wassersäule im Tensiometer, das Matrixpotenzial in der Messtiefe abgelesen werden.

Eine der wichtigsten Eigenschaften eines Bodens ist seine **Retentionskurve** (Abb. 3.23). Sie stellt den Zusammenhang zwischen Wassergehalt und Matrixpotenzial her. Gebräuchliche Synonyme sind **Wasserspannungskurve** und **pF-Kurve**. Aus der Retentionskurve eines Bodens kann abgelesen werden, wie viel Wasser ein Boden bei einem gegebenen Matrixpotenzial speichert. Da die Retentionskurven in der Reihenfolge Sand, Schluff und Ton auf höherem Niveau verlaufen, lässt sich ablesen, dass ein toniger Boden bei gegebenem Matrixpotenzial mehr Wasser als ein schluffiger und dieser mehr Wasser als ein sandiger Boden speichert. Retentionskurven werden traditionell gemessen, indem man an **Stechzylinderproben** unterschiedliche Saugspannungen anlegt und nach Gleichgewichtseinstellung die Wassergehalte misst. In manchen Böden kann ein bestimmtes Matrixpotenzial mit verschiedenen Wassergehalten im Gleichgewicht stehen, je nachdem, ob die Proben bei der Messung bewässert oder entwässert werden. Dieses Phänomen wird **Hysterese** (Kap. 3.5) genannt.

Abb. 3.23: Retentionskurven für die Hauptbodenarten.

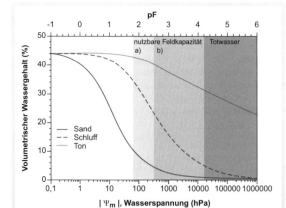

Aus der Retentionskurve eines Bodens lassen sich wichtige Kenngrößen ablesen. Die **Feldkapazität** gibt den Wassergehalt an, den ein Boden im statischen Gleichgewicht gegen die Schwerkraft zu halten vermag. Sie ist eine wichtige Größe für die Beurteilung der Wasserversorgung an einem Standort, auch wenn der Wasserfluss im Boden selten völlig zum Erliegen kommt. Am ehesten erreichen Böden im Frühjahr, einige Tage nach Niederschlägen oder nach der Schneeschmelze, Feldkapazität.

Die Wasserspeicherung eines Bodens hängt, wie schon diskutiert, vom Grundwasserstand am Standort ab. Im statischen Gleichgewicht entspricht der Betrag des Matrixpotenzials an der Bodenoberfläche, ausgedrückt in cm Wassersäule, gerade dem **Grundwasserflurabstand**, also dem Abstand zwischen Boden- und Grundwasseroberfläche. Bei der Berechnung der Feldkapazität wird der Einfluss des Grundwassers aber nur bei Grundwasserflurabständen zwischen 0,6 und 3m berücksichtigt. Die Untergrenze wird bei 0,6m, entsprechend pF 1,8, gezogen, weil Standorte mit Grundwasserflurabständen unter 0,6 m nicht mehr ackerfähig sind. Ist das Grundwasser hingegen mehr als 3m, entsprechend pF 2,5, von der Bodenoberfläche entfernt, hat der Grundwasserstand kaum Einfluss auf die Wasserspeicherung im Oberboden, weil die Zeitspanne bis zur Gleichgewichtseinstellung bei den dann sehr geringen Transportraten zu groß ist, um für die Natur oder Landwirtschaft relevant zu sein.

Experimente haben gezeigt, dass Pflanzen (Sonnenblumen) dauerhaft verwelken, wenn das Matrixpotenzial unter $-1{,}5$ MPa (entspricht 15 000cm Wassersäule oder pF 4,2) fällt. Dieser Wert wird deshalb als **Permanenter Welkepunkt (PWP)** bezeichnet. Wasser, das bei Matrixpotenzialen unterhalb des PWP gespeichert wird, wird Totwasser genannt. Nach Abzug des Totwassergehaltes, also des Wassergehaltes bei pF 4,2, von der Feldkapazität (also des Wassergehaltes bei Matrixpotenzialen zwischen, je nach Grundwasserstand, pF 1,8 (0,6m) und pF 2,5 (3m)), erhält man die **nutzbare Feldkapazität**. Diese wichtige Größe kennzeichnet folglich den Anteil des Bodenwassers, der für die Pflanzen nutzbar ist.

Die nutzbare Feldkapazität kann aus der Retentionskurve eines Bodens abgelesen werden (Abb. 3.24). Der Totwassergehalt dieses Bodens beträgt etwa 8%. Bei einem Grundwasserflurabstand von 0,6m, 1m oder 3m würde die Feldkapazität 36, 33 beziehungsweise 24 Volumen-% und folglich die nutzbare Feldkapazität 28, 25 beziehungsweise 16 Volumen-% betragen. Umgerechnet auf ein Bodenpaket von 1m Mächtigkeit entspräche dies einem Wasservolumen von 280, 250 beziehungsweise 160 l m^{-2} (Kap. 8).

Wegen der Bedeutung des Wasserhaushaltes werden die Poren des Bodens konventionell gemäß ihrem Beitrag zur Wasserspeicherung eingeteilt. Die **Feinporen** sind die Poren, die bei pF 4,2 noch wassergefüllt sind,

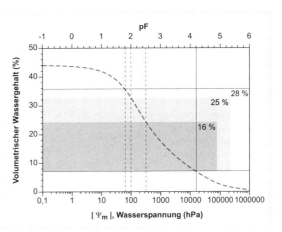

Abb. 3.24: Ermittlung der nutzbaren Feldkapazität (nFK) aus der Retentionskurve eines humusfreien schluffigen Bodenhorizonts.

Feldkapazität – Totwassergehalt = nutzbare Feldkapazität

also das Totwasser enthalten. Der Äquivalentdurchmesser einer Feinpore ist kleiner als 0,2 µm (Abb. 2.6). Pflanzenverfügbares Wasser, das unabhängig vom Grundwasserstand gespeichert wird, wird den **Mittelporen** zugeordnet, deren Äquivalentdurchmesser zwischen 0,2 und 10 µm liegen. Poren mit Durchmessern über 10 µm sind definitionsgemäß **Grobporen**. Diese können noch in langsam beziehungsweise schnell dränend unterschieden werden, wobei die Grenze bei pF 1,8 (entsprechend 50 µm) gezogen wird. Die Bezeichnung Äquivalentdurchmesser deutet an, dass die errechneten Durchmesser nicht die tatsächlichen Verhältnisse im Boden widerspiegeln. Stattdessen wird der komplexe Porenraum des Bodens gedanklich durch ein Bündel unverbundener Kapillaren ersetzt. Außerdem wird der Idealfall vollständiger Benetzbarkeit der Porenwände angenommen. Die errechneten Durchmesser dürfen deshalb nur als grobe Näherungen für die wirklichen Porendurchmesser angesehen werden.

Wasser fließt vom höheren zum niedrigeren Potenzial

Die Einführung des **hydraulischen Potenzials** war notwendig, weil das Wasser im Boden vom höheren zum niedrigeren hydraulischen Potenzial fließt. Entgegen der landläufigen Anschauung fließt das Bodenwasser demnach nicht notwendigerweise von oben nach unten und auch nicht immer aus feuchteren in trockenere Bereiche. Die hydraulische Energie, die beim Fließen verloren geht, wird vor allem in Wärme umgewandelt.

Nach dem Gesetz von DARCY-BUCKINGHAM (1907) gilt für den Wasserfluss im Boden:

$$q_w = -K(\psi_m) \, d\psi_h/dz$$

Die volumetrische Wasserflussdichte, q_w (m d^{-1}; Meter pro Tag), ist also zum Gradienten (zur räumlichen Ableitung) des hydraulischen Potenzials, $d\psi_h/dz$, proportional. Der Proportionalitätsfaktor, $K(\psi_m)$ (m d^{-1}), ist die **hydraulische Leitfähigkeit**. Die Klammern deuten an, dass diese keine Konstante ist, sondern im Gegenteil eine starke, nichtlineare Abhängigkeit vom Matrixpotenzial zeigt. Das liegt daran, dass der leitende Querschnitt mit sinkendem Matrixpotenzial sinkt, also weniger Poren am Transport teilnehmen. Mit sinkendem Matrixpotenzial werden die wasserführenden Poren aber auch immer kleiner und damit die Reibungsverluste größer, sodass bei gegebenem Gradienten die Wasserflüsse immer geringer werden. Das Minuszeichen erscheint in der Gleichung, weil das Bodenwasser zum niedrigeren Potenzial fließt und damit der Wasserfluss dem Gradienten entgegengerichtet ist.

Abbildung 3.25 zeigt die Abhängigkeit der hydraulischen Leitfähigkeit vom Matrixpotenzial für die drei Hauptbodenarten. Bei einem Matrixpotenzial von null ist der Boden wassergesättigt und die Leitfähigkeit am höchsten. Die gesättigte Leitfähigkeit steigt in der Reihenfolge Ton, Schluff, Sand. Bei niedrigen Matrixpotenzialen (höheren pF-Werten) verkehrt sich dann die Reihenfolge. Der Grund hierfür ist, dass, wie anlässlich Abbildung 3.23 besprochen, die Wassergehalte mit sinkendem Matrixpotenzial in Abhängigkeit von der Bodenart unterschiedlich stark abnehmen. Nahe Sättigung haben sandige Böden infolge ihres höheren Anteils an Grobporen eine wesentlich höhere Leitfähigkeit als tonige Böden, während bei niedrigen Matrixpotenzialen die tonigen Böden wegen ihrer höheren Wassergehalte die höheren Leitfähigkeiten aufweisen. Allerdings muss im gesättigten und im nahegesättigten Bereich der wesentliche Einfluss der Bodenstruktur (Bodengefüge) auf die Leitfähigkeit berücksichtigt werden. **Makroporen**, wie z. B. Regenwurmgänge und auch Schrumpfrisse, können die hydraulische Leitfähigkeit stark erhöhen. Infolgedessen kann gerade die gesättigte Leitfähigkeit in Landschaften stark variieren.

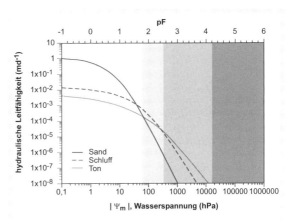

Abb. 3.25: Hydraulische Leitfähigkeit für die drei Hauptbodenarten.

Da beim Fließen des Wassers Unterschiede im hydraulischen Potenzial tendenziell ausgeglichen werden, kommt der Wasserfluss, wenn er nicht von außen angeregt wird, irgendwann zum Erliegen. Der Wasserhaushalt befindet sich dann im statischen Gleichgewicht. Normalerweise wird er unter mitteleuropäischen Verhältnissen aber vor dem Erreichen des Gleichgewichtszustandes wieder gestört, zum Beispiel durch Niederschlagsereignisse. Statische Zustände sind daher im Boden bei uns eher selten anzutreffen, manchmal am Ende des Winters oder im Spätherbst.

Vom statischen Gleichgewicht zu unterscheiden ist das stationäre Gleichgewicht. In diesem Zustand sind die Zustandsgrößen des Wasserhaushaltes zeitlich ebenfalls konstant, die Wasserflüsse sind jedoch ungleich null. Dieser Zustand ist eher typisch für größere Bodentiefen, in denen die zeitlichen Variationen von Niederschlag und Verdunstung ihre Wirkung verlieren. Abgesehen von einer begrenzten Zone nahe der Grundwasseroberfläche ist das Matrixpotenzial dort räumlich annähernd konstant und der Wasserfluss wird im Wesentlichen durch die Gravitation angetrieben (**Gravitationsfluss**).

3.8 Bodenverbreitung in Schichtstufenlandschaften

Am Beispiel der Schichtstufenlandschaften haben wir Böden aus Sandstein, Kalkstein und Tonstein (Kap. 3.3 bis 3.5) kennengelernt. Wir haben sie uns anhand der Chronosequenzen dieser Böden klar gemacht. Wenn wir die Böden dieser Chronosequenzen in den wirklichen Landschaften unserer Schichtstufenlandschaft suchen, so fallen uns Besonderheiten auf. Insbesondere kann es vorkommen, dass Böden, die nicht in der Chronosequenz auftauchen, plötzlich in der Landschaft aufgrund eines besonderen Wasserhaushaltes oder wegen Abweichungen in der Landschaftsgeschichte zu finden sind.

Beginnen wir mit der **Sandsteinlandschaft** (Abb. 3.16). In perhumiden Sandsteingebieten kann man am Beispiel des Schwarzwaldes sehen, dass die sehr sandigen, gut durchlässigen und eisenarmen Substrate stark zur Podsolierung neigen. Am Ober- und am Unterhang gibt es Übergänge zu

Braunerden. Am Oberhang ist es eher die beginnende Podsolierung, dominiert von Bleichung im Oberboden, am Unterhang wegen seitlichen Wasserzuzugs ist es eher die abschließende Podsolierung mit starken Anreicherungen in den Bs-Horizonten. Die feuchten Täler werden zum größten Teil von Gleyen eingenommen, in denen Eisen im Go-Horizont durch Verrostung angereichert ist. Neben diesen findet sich direkt am Bach oft ein nur einen Meter breiter Streifen junger Auenböden, der Paternia, (Kap. 5.2.). Auf den Hochflächen, auf denen wir im Schwarzwald, aber auch im Schwäbischen Wald meist die Rodungsinseln der Waldhufendörfer finden, ist das Verwitterungsmilieu etwas milder und das Ausgangsgestein meist etwas lehmiger. Hier finden wir Braunerden, die unter Wald sehr stark versauert sind, und dann Humusformen wie Moder oder Rohhumus tragen können. Unter Acker- und Grünlandnutzung finden wir die Humusform Mull. Auf diesen Hochflächen kommen häufig flachliegende, tonigere Schichtpakete in den Bereich der Bodenbildung. Hier finden wir dann mäßig oder stark staunasse Böden, wie die **Pseudogleye** und **Stagnogleye** (Kap. 4.4). Da diese Böden nicht ackerfähig sind, kommen sie nur unter Grünland oder Wald vor.

In der **Tonsteinlandschaft** (Beispiele finden sich im Vorland der Schwäbischen und Fränkischen Alb), wo die Gesteine des schwarzen Jura vorkommen oder in den Tonsteingebieten des unteren und mittleren Keupers dominieren **Pelosole** die Bodengesellschaft (Abb. 3.19 und 3.26). Der typische Normpelosol kommt häufig auf Hängen, aber auch an Kuppen und in den höheren Teilen der Hochflächen vor. Da die Pelosole meist aufgrund ihres hohen Basenvorrats und ihres hohen Humusvorrats relativ gute Acker- und Grünlandstandorte waren, sind die stärker herausragenden Kuppen bzw. die Ränder der Verebnungen und Oberhänge oft stärker erodiert.

Dort finden wir bei einigen Tonsteinen Ranker, bei mehr mergeligen Substraten Pararendzinen aus Tonstein bzw. Tonmergel. Das Vorkommen dieser Böden zeigt, dass die Erosion im Mittelalter oder gar noch in der Neuzeit die vorher vorhandenen tiefgründigeren Böden abgetragen hat. Das Bodenmaterial findet sich häufig in den Tälern, wo wir in den Auen Grundwasserböden wie Gleye aus sehr tonigem Material finden. In abflussträgen Bachtälern kann das Gebiet versumpfen und wir finden bei hohem Grundwasserstand Nassgleye und Anmoore (Kap. 4 und 5). Auf ausgedehn-

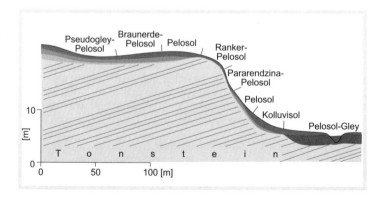

Abb. 3.26: Vereinfachte Bodengesellschaft einer Tonsteinlandschaft.

teren Verebnungen kann die Bodenentwicklung über das Pelosolstadium hinaus zum **Braunerde-Pelosol** gehen. Tiefgründig aufgeweichte Tonsteine **Braunerde-Pelosol** oder solche, die leicht zur Aufweichung neigen (z. B. Opalinuston, Braunjura α- und Gipskeuper), führen zur Ausbildung staunasser Böden. Hier finden wir Pseudogley-Pelosole. Je nach Einschaltung von Sandstein und Kalksteinbänken sind die Tonsteinlandschaften häufig fein gegliedert. Dort finden wir die staunassen Böden vor flachen Schichtstufen. Die Tatsache, dass oft in den Tonsteinlandschaften auch der Einfluss des periglazialen Lösses mitwirkt, führt zu einer weiteren Komplizierung der Bodengesellschaft, die hier nicht dargestellt wird.

Die Bodengesellschaft der **Kalkstein-landschaft** erscheint zunächst einfach, da am Bodenmosaik nur wenige Böden teilnehmen. Die Hänge, genauer gesagt die eigentliche Schichtstufe, sind von **Rendzinen** dominiert, die Hochflächen dagegen von **Terra fuscen** (Abb. 3.27). Die charakteristische Rendzina aus Kalkstein findet sich an den Rändern der Hochfläche oder auf Kuppen innerhalb der Kalksteinhochflächen. Hier haben wir die klassische Entwicklung der Rendzina mit Kalksteinlösung, Humusakkumulation und Bioturbation über einem festen Kalkstein. An den Hängen herausragende Kalksteinfelsen konnten wegen des dauernden Abtrages von Bodenmaterial das Stadium der Rendzina nicht erreichen und werden von Syrosemen eingenommen (früher Protorendzina). An den Hängen finden wir regelmäßig mehr oder weniger mächtige Kalkschuttdecken. Das Feinerdematerial zwischen dem Kalkschutt besteht meist aus umgefälltem Kalk und überwiegend aus organischer Substanz. Hier entstehen ebenfalls Rendzinen, deren A-Horizonte wegen des Steingehaltes meist mächtiger sind, aber nicht besser einzuschätzen, als die flachgründigen Böden auf festem Kalkstein.

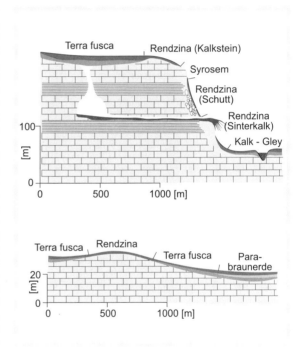

Abb. 3.27:
Bodenverbreitung in einer Kalksteinlandschaft (Karstgebiet).

Am Unterhang treten häufig Wasserstauer auf, über denen sich das Karstwasser ansammelt und schließlich aus dem Hang austritt. Solche Karstquellen führen zur Ausbildung von Sinterkalk-Terrassen. Über diese können sich Wasserfälle ergießen. Der frisch ausgefällte Kalk ist sehr rein, enthält fast kein silikatisches Material, aber relativ hohe Anteile von Calciumphosphaten (Apatit). Auf diesem lockeren, porösen, kalkreichen Material entstehen durch Humusakkumulation ebenfalls Rendzinen (Rendzina aus Sinterkalk). Diese Rendzinen grenzen dann häufig direkt an die Aue.

Auch in der Aue finden wir ein sehr kalkreiches Grundwasser, das viel sekundären Kalk auszuscheiden vermag, der meist weich und porös ist. Die hier auftretenden Böden sind typische Kalkgleye (Kap. 4.4). Die Hochflächen der Kalksteingebiete sind meist etwas ältere Landschaften (Abb. 3.27 unten). Deshalb finden wir dort auf Ebenen oder nur flach geneigten Lagen tonige Böden aus Kalkstein, die älter als Holozän sind und sich trotz Kryoturbation und Bodenfließen erhalten haben. Auf diesen älteren Hochflächen finden sich in Trockentälern oder auch in Dolinen oft schluffige Ablagerungen, die aus jüngerem oder älterem Löss bestehen. Dieser kann auch Terra fusca-Material beigemengt enthalten. Auf diesen Materialien entstehen in der Regel Parabraunerden (Kap. 4.3), welche sehr tiefgründig und gut für den Ackerbau geeignet sind.

3.9 Standorteigenschaften der Kalkserie und der Tonserie

In der **Kalkserie** ist das feste Gestein ein absolutes Durchwurzelungshemmnis (Tab. 3.6). Deshalb beginnen die Böden mit dem extrem flachgründigen Syrosem und sind bei der Rendzina meist noch sehr flachgründig. In den Kalksteingebieten ist also der Wurzelraum oft für das Pflanzenwachstum begrenzend. Deshalb sollte dringend durch Erosionsschutzmaßnahmen der Wurzelraum erhalten werden. Wegen des guten und meist stabilen Gefüges der Rendzinen und Terra fuscen ist dagegen die Durchwurzelbarkeit nur dann eingeschränkt, wenn ein sehr hoher Steingehalt auftritt. Auch beim Wasserhaushalt besteht eine eindeutige Tendenz. Böden von Kalksteingebieten sind generell trocken, auf jeden Fall trockener als die benachbarten Böden aus anderen Gesteinen unter gleichen klimatischen Voraussetzungen. Dabei ist bei den Rendzinen die nutzbare Feldkapazität (nFK) pro Volumeneinheit Boden sehr hoch, aber die geringe Tiefe des Wurzelraums begrenzt den Wasserhaushalt und macht ihn meist zu trockenen oder wechseltrockenen Standorten. Dies wird bei der Terra fusca nicht besser, da der Totwasseranteil stark ansteigt, die nutzbare Feldkapazität pro Volumeneinheit dagegen deutlich abfällt. So können mittelgründige Terra fuscen trockenere Standorte als Rendzinen sein. Lediglich der tiefere Wurzelraum sorgt für eine gewisse Abpufferung. Beim Lufthaushalt zeigt sich eine deutlich gegenläufige Tendenz. Böden aus Kalkstein sind meist gut durchlüftet. Durch hohe Luftkapazität der Rendzinen sind sie sogar extrem günstig.

Beim Wärmehaushalt sieht man sehr große Unterschiede, da hier der Syrosem ein Standort mit geringem Wasservorrat und damit geringer Wärmekapazität ist und sich deshalb sehr schnell erhitzen kann. Umgekehrt kann er auch schnell auskühlen, da Kalksteine die Wärme leicht abgeben. Die Rendzina ist dagegen ein warmer Standort, der sich insbesondere bei offener Lage durch rasche Erwärmung auszeichnet. Sie prädestiniert ihn in Südlagen als Standort für Frühlingsgeophyten. Unter Laubwald können diese sich entwickeln, bevor das Blätterdach gebildet ist. Die Terra fusca erwärmt sich wesentlich langsamer, da sie weder sonnenexponiert ist, noch wegen ihres hohen Totwassergehaltes rasch erwärmbar ist.

Hinsichtlich des Nährstoffhaushaltes (Tab. 3.6) sind diese Böden auch sehr gegensätzlich. Der atmogene Stickstoff wird mit dem Humus stark an-

Standort eigenschaft		Syrosem (Proto-Rendzina) 0	Rendzina Rd 1	Terra fusca Tf 2
		Bodentyp		
Gründigkeit		––	–	+
Durchwurzelbarkeit		–	++	+
Wasserhaushalt		––	–	±
Lufthaushalt		++	++	+
Nährstoffhaushalt				
atmogen	N vorrätig	––	+	±
	N verfügbar	–	+	+
lithogen	P, (K) vorrätig	++	++	+
	P, (K) verfügbar	––	–	+
lithogen	Ca vorrätig	++	++	+
	Ca verfügbar	+	++	++
Stabilität		–	+	±
Nutzung		Wald	(Acker) Wald	(Acker) Wiese/Weide Wald
Verbesserung			Erosionsschutz	

Tab. 3.6: **Kalkserie – Entwicklung der Standorteigenschaften.**

gereichert, sodass im Rendzina-Stadium der Stickstoffvorrat deutlich zunimmt. Solange die Wasservorsorgung gut ist, haben wir in den Böden aus Kalkstein eine gute Stickstoffverfügbarkeit. Von Rendzina zu Terra fusca ändern sich Vorrat und Verfügbarkeit kaum. Lediglich wenn die Terra fusca stärker versauert, ändern sich Humusform und Verfügbarkeit zum Negativen. Berücksichtigt man die Kalksteine, so ist der Vorrat an Phosphat und sogar an Kalium meist hoch. Er wird durch die Verwitterung und durch Auswaschung langsam erniedrigt. Auch wenn Phosphat im pH-Bereich um 7 kaum löslich ist, so sind diese relativ alten Böden doch an Phosphat verarmt. Die Verfügbarkeit beider Nährstoffe ist sehr gering bis gering, da sie von Kalk umschlossen sind und dann aufgrund des Löslichkeitsgleichgewichtes schlecht aufgeschlossen werden. Erst bei der Terra fusca nimmt die Verfügbarkeit dieser lithogenen Nährstoffe deutlich zu. Ganz anders ist das beim Calcium. Es ist in kalkig-dolomitischen Gesteinen im Überschuss vorhanden und auch nach vollständiger Entkalkung ist der Vorrat an Calciumionen in unterschiedlicher Bindungsform noch ausreichend hoch. Zu Beginn ist die Verfügbarkeit zwar sehr gering, solange Kalke und Dolomite eine geringe Oberfläche haben. Sobald Bioturbationsvorgänge einsetzen, ist die Versorgung mit Calcium und bei Dolomit auch mit Magnesium sehr gut. Der Erhalt der Stabilität der Böden ist durch Windwurf

Tab. 3.7:
Tonserie – Entwicklung der Standorteigenschaften.

Standort eigenschaft		Ranker Ra 1	Pelosol Pe 2	Braunerde Pelosol Be-Pe 3	Pseudogley- Pelosol Pg-Pe 4
				Bodentyp	
Gründigkeit		–	+	+	±
Durchwurzelbarkeit		+	±	+	±
Wasserhaushalt		–	±	±	++/–
Lufthaushalt		+	+	+	±
Nährstoffhaushalt					
atmogen N	vorrätig	–	+	+	+
	verfügbar	+	+	+	±
lithogen K, Mg	vorrätig	++	+	+	±
	verfügbar	–	±	+	+
Stabilität		–	±	±	±
Nutzung		Wald	Weide	(Acker) Weide	Wald
Verbesserung		Erosions-schutz N-Düngung	Erosions-schutz N-Düngung	Lockerung P-Düngung	Lockerung P-Düngung

und Erosion gefährdet. Auf der anderen Seite verharren Rendzinen und Terra fuscen wegen ihrer sehr stabilen Struktur in ihrem Zustand.

Die Syroseme entziehen sich jeder Form der wirtschaftlichen Nutzung. Rendzinen sind klassische Standorte für Buchenwälder. Nur sehr tiefgründige Rendzinen mit mehr als 25 cm Wurzelraum können auch beackert werden. Wenn der Terra fusca-Oberboden nicht zu tonig ist, so eignet er sich für Ackerbau. Als Grünland oder als Laubmischwaldstandort sind Terra fuscen immer gut geeignet.

Die Böden der **Tonserie** werden rasch wesentlich tiefgründiger (Tab. 3.7). Da der Aufweichungsprozess relativ schnell voranschreiten kann, sind die Pelosole oft mittelgründige Böden. Es gibt auch sehr tiefgründige Pelosole, die durch starkes Quellen und Schrumpfen und durch deutlich wechselnde Feuchte bis in die Tiefe von mehr als einen Meter entwickelt sind. Lediglich bei den staunassen Varianten, die zum Pseudogley übergehen, finden wir Wechselfeuchte und dadurch bedingte physiologische Flachgründigkeit (Kap. 8). Die Durchwurzelbarkeit ist bei stabilem Gefüge gut ausgeprägt. Die Wurzeln sind allerdings nicht in der Lage, in Tonaggregate einzudringen. Deshalb wirkt sich Prismengefüge sehr ungünstig aus. Staunässe schränkt ebenfalls die Durchwurzelbarkeit ein. Der Wasserhaushalt ist dadurch begrenzt, dass Ton eine sehr hohe, von Totwasser dominierte Feldkapazität hat und für den nutzbaren Anteil nur wenig übrig bleibt. Trotzdem wird durch zunehmende Tiefe auch die Wasserversorgung günstiger. Alle Pelosole erleiden bei längeren Trockenzeiten Wassermangel, was sich auf die Produktivität vor allem von spät reifenden Früchten, Grünland und Wald negativ auswirkt. Beim Pseudogley-Pelosol tritt bereits typische Wechselfeuchte auf, mit sehr guter Wasserversorgung im Frühjahr und regelmäßigen Wassermangelsituationen im Sommer und Herbst.

Gutes Gefüge bedeutet immer auch grobe Poren. Beim Schrumpfen, das bereits bei niedrigen Wasserspannungen einsetzt, dringt Luft in den Boden ein. Deshalb sind die jungen und wenig entwickelten Pelosole meist sehr gut durchlüftet. Erst im ausdifferenzierten Pelosolstadium wird die Durchlüftung schlechter. Der Wärmehaushalt leidet dadurch, dass das Totwasser die Wärmekapazität des Bodens sehr stark erhöht und damit die frühjährliche Erwärmung wesentlich langsamer ist, als zum Beispiel bei den Böden aus Kalkstein. Besonders ungünstig sind die Pseudogley-Pelosole. Dort finden wir im Frühjahr durch die Staunässe und damit sehr hohe Wärmekapazität sowie geringe Wärmeleitfähigkeit eine langsame Erwärmung, während im Herbst der dann trockene Boden auch wieder recht schnell abkühlen kann.

Im Gegensatz zu den physikalisch sehr problematischen Zuständen ist der Nährstoffhaushalt der Pelosole eher günstig (Kap 3.5). Der sehr hohe Tonanteil sorgt dafür, dass in den Pelosolen meist überdurchschnittliche Humusvorräte auftreten und der Vorrat an Stickstoff an den Tonteilchen rasch ansteigt. Die Humusform bleibt fast über den ganzen Bereich der Pelosolreihe günstig. Die Verfügbarkeit des Stickstoffs ist auch recht gut. Lediglich bei Luftmangel ist der Umsatz organischer Substanz stark gebremst und Stickstoff geht z. B. durch Denitrifikation verloren. Die lithogenen Nährstoffe Magnesium und Kalium zeigen hohe oder zu Beginn sogar sehr hohe Vorräte. Die Verfügbarkeit steigt mit Abnahme des pH-Wertes und mit Zunahme der Tiefgründigkeit. Sie ist beim Braunerde-Pelosol optimal. Aber auch bei den anderen Pelosolstadien ist die Basenversorgung so lange gut, wie der Wasserhaushalt eine Nährstoffaufnahme erlaubt. Die Stabilität der Standorte ist begrenzt, da im feuchten Zustand Oberflächenabfluss leicht auftreten kann und damit Erosion einsetzt. Dies beeinflusst die Gründigkeit und insbesondere auch den Wasserhaushalt negativ. Deshalb gibt es bei tonigen Böden keine sehr stabilen Standorte. Die jungen Böden der Tonreihe sind häufig stark verbuscht, da sie früher zwar landwirtschaftlich genutzt wurden, jetzt aber nicht mehr rentabel nutzbar sind. Norm-Pelosole sind oft Weidestandorte, können aber für Dauerkulturen, wie z. B. Wein und Obst, recht gut genutzt werden. Für Acker sind sie oft zu steil und leiden unter schlechter Bearbeitbarkeit. Braunerde-Pelosole sind dagegen bereits vielseitig als landwirtschaftliche oder gute forstliche Standorte verwendbar. Pseudovergleyung schränkt die landwirtschaftliche Nutzbarkeit stark ein. Als Grünland sind sie zu beweiden, im Ackerbau für Wurzelfrüchte bzw. Hackfrüchte kaum brauchbar. Da Pelosole feste und dichte Aggregate haben, ist die (Tiefen-)Lockerung des Bodens eine Verbesserungsmaßnahme, die sich positiv auswirkt. Lockerungen im Bereich des neutralen und schwach sauren pH-Wertes können bei Pelosolen lange Lebensdauer haben. Allerdings kann eine Lockerung auch als Drainage wirken, was jedoch nicht wünschenswert ist, da die Pelosole im trockenen Zustand ohnehin Wassermangelstandorte sind. Viele Flächen, die sich heute als Pelosole zeigen, sind ursprünglich Lössstandorte gewesen. Erst durch den ackerbaulich bedingten Abtrag des Lösses kamen die darunter liegenden Tonsteine in die Bodenbildung hinein und haben den Landwirten die Bestellung ihrer Felder wesentlich erschwert.

Fragen

1. Erläutere die Entstehung und den Aufbau einer Schichtstufenlandschaft.
2. Welche Bodeneigenschaften und Bodenmerkmale kann man zur Beurteilung des Luft- und Wasserhaushalts von Böden verwenden?
3. Wie läuft die Gefügeentwicklung in Böden aus Tonstein ab?
4. Erläutere die Begriffe hydraulisches Potenzial, Matrixpotenzial und Gravitationspotenzial. Wie werden diese Potenziale gemessen? Worin liegt die Bedeutung des hydraulischen Potenzials?
5. Welche Regelgrößen für die Wasserbewegung in Böden und Landschaften kennt man?
6. Vergleiche Glimmerschiefer und Tonstein hinsichtlich Entstehung, Mineralzusammensetzung und Verwitterbarkeit.
7. Was ist Diagenese?
8. Vergleiche einen Podsol aus Granit im Hochschwarzwald und eine Rendzina aus Kalkstein in der Muschelkalklandschaft Mitteldeutschlands hinsichtlich ihres Humushaushaltes.
9. Welche Grenzen gibt es für die Ackerfähigkeit von Böden?
10. Vergleiche eine Braunerde aus Buntsandstein und eine Terra fusca aus Weißjurakalk hinsichtlich Entwicklung und Standorteigenschaften bei ebener Lage und ähnlichen Klimabedingungen.
11. Gibt es Böden, die Eisen- und Manganmangel haben, und warum?

4 Bodengesellschaften in von Kaltzeiten geprägten Gebieten – Mergelserie

Hier sollen Böden besprochen werden, die sich in Landschaften befinden, in denen die Kaltzeiten Ablagerungen hinterlassen haben. Auch die Landschaften, welche zuvor besprochen wurden, haben Einflüsse der Kaltzeiten erkennen lassen. Diese sind zum Beispiel der Abtrag der Böden, welche vor der Kaltzeit vorhanden waren, und insbesondere die bereits im Kapitel 2 besprochene Frostsprengung und das dazugehörige Bodenfließen. Alle Böden, die in glazialen und periglazialen Landschaften entstanden sind, haben den Böden aus Festgesteinen eines voraus. Sie haben zu Beginn der Bodenbildung bereits eine wesentlich höhere Gründigkeit, dadurch dass die Lockergesteine den Wurzeln von Anfang an einen metertiefen Zugang gewähren.

> Böden aus Lockergestein haben von Beginn einen tiefen Wurzelraum – Gründigkeit >> Entwicklungstiefe

4.1 Entstehung und Landschaftsformen von Glazial- und Periglaziallandschaften

Ziel dieses Kapitels ist es, das Entstehen von Eiszeiten zu erklären und die morphologische Ausstattung der durch Gletscher geschaffenen (Glazial-) und durch Permafrost in ihrem Umfeld geprägten (Periglazial-) Landschaften darzustellen.

4.1.1 Eiszeiten – ein wiederkehrendes Ereignis

Auch wenn in Mitteleuropa nur noch wenige Bereiche der Hochalpen ständig vereist sind, wissen wir, dass diese Reste Zeugen von Vereisungen sind, die im Quartär – also der letzten Formation der Erdneuzeit –lange Zeitabschnitte dominiert haben. Und wir wissen auch, dass diese Vereisungen große Flächen Nord- und Mitteleuropas einnahmen (Abb. 4.1).

Wenden wir das Prinzip des Aktualismus an (Kap. 2.1) und suchen wir nach glazialen Formen wie z.B. Gletscherschliffen (das sind Striemen, die der Gletscher beim Überfahren von Felsen hinterlässt), so werden wir z.B. im Kambrium (vor etwa 600 Mio Jahren), am Übergang Perm/Carbon (vor etwa 300 Mio Jahren) und im **Pleistozän** (etwa 1,5 Mio–15000 Jahre) fündig. Diese Zahlen belegen eine bestimmte Rhythmik. Auch im Pleistozän, dem der Jetztzeit (Holozän) vorhergehenden sogenannten Eiszeitalter, können wir durch verschiedene Verfahren eine solche Rhythmik erkennen. Denn während des Pleistozäns gab es nicht nur Vereisungsphasen (**Glaziale**),

Abb. 4.1:
Vereisungsgrenzen in
Mitteleuropa.

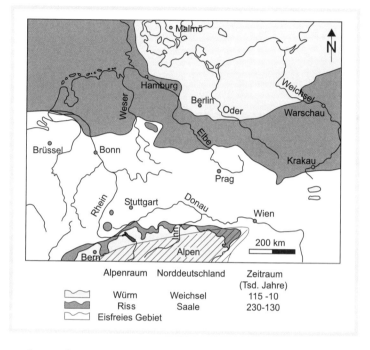

Alpenraum	Norddeutschland	Zeitraum (Tsd. Jahre)
Würm	Weichsel	115 -10
Riss	Saale	230-130
Eisfreies Gebiet		

sondern auch Warmzeiten (**Interglaziale**) (Abb. 4.2). Letztere wiesen Temperaturen auf, die den heutigen ähneln und waren zum Teil länger als das Holozän bisher andauert. Grund genug also, sich Gedanken darüber zu machen, ob die nächste Eiszeit vor der Tür steht.

Das Sauerstoffisotopenthermometer
geht auf Cesare Emilliani zurück, der als Erster erkannte, dass man die Sauerstoffisotopenzusammensetzung der Kalkgehäuse von abgestorbenen Einzellern des Meeres (sogenannten Foraminiferen) als Klimasignal auswerten kann. Vereinfacht kann man sich es so vorstellen, dass bei abweichenden Umgebungstemperaturen die unterschiedlich schweren Sauerstoffisotope aufgrund der differierenden Beweglichkeit in unterschiedlicher Menge in das Kalkgehäuse eingebaut werden. Untersucht man nun die geschichteten Meeressedimente auf diese Größe und datiert gleichzeitig ihr Alter, kann man die Jahresmitteltemperaturschwankungen rekonstruieren.
Isotope
sind unterschiedlich schwere Atome desselben Elements, die sich durch eine abweichende Anzahl von Neutronen im Atomkern erklären.

Welche Theorien gibt es zur Entstehung von Eiszeiten? Zur globalen Erklärung auftretender glazialer Formen – also auch von Glazialspuren in heutigen heißen Wüsten – werden geophysikalische Ansätze herangezogen,

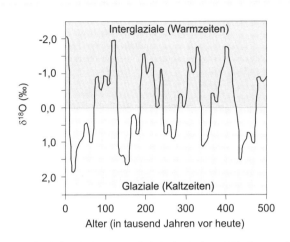

Abb. 4.2:
Muster der Sauerstoff-isotopenwerte von Foraminiferenkalk-schalen als Schätzgröße für die Klimaverände-rung im Spätquartär (aus BERNER und STREIF 2000 verändert).

z.B. Poländerungen und die Kontinentaldrift. Diese können aber ebenso wenig wie Meteoriteneinschläge oder Vulkanausbrüche, die die Atmosphärenzusammensetzung und damit das Strahlungsverhalten nur zu zufälligen Zeitpunkten und kurzfristig ändern, das rhythmische Auftreten von Glazialen und Interglazialen im Pleistozän erklären.

Die bisher einleuchtendste Theorie für die Rhythmizität lieferte MILUTIN MILANKOVIČ (1879–1958). Er berechnete auf astronomischer Basis die Veränderung der Sonneneinstrahlung auf die Erde. Dazu benutzte er die Phänomene Exzentrizität (periodische Änderung der Erdumlaufbahn um die Sonne), Obliquität (Neigung der Rotationsachse der Erde) und Präzession (Schwingungen innerhalb der Obliquität). Das Ergebnis dieser Berechnungen sind die sogenannten **Milankovič-Zyklen**, die mit den Temperaturänderungen in der jüngeren geologischen Geschichte relativ gut korrelieren.

Die Eiszeiten in Deutschland wurden nach Flussterrassen benannt, anhand derer sie sich belegen lassen. Diese Pionierarbeit leisteten PENCK und

		Süddeutschland		*Norddeutschland*
		Glazial	**Interglazial**	**Glazial**
Seit ca.	12 000 BP		Holozän?	
– ca.	70 000 BP	Würm		Weichsel
– ca.	120 000 BP		Eem	
– ca.	180 000 BP	Riss		Saale
– ca.	230 000 BP		Holstein	
– ca.	350 000 BP	Mindel		Elster
– ca.	500 000 BP		Cromer	
– ca.	780 000 BP	Günz		Elbe

Tab. 4.1:
Vereinfachte Gliederung der letzten Glaziale und Interglaziale in Deutschland.

BRÜCKNER zu Beginn des letzten Jahrhunderts. Zur einfacheren Einprägsamkeit wurden sie entsprechend ihrem zeitlichen Auftreten dem umgekehrten Alphabet nach sortiert. So unterscheiden wir in Süddeutschland mindestens vier Glaziale: **Würm** (als jüngstes), **Riss**, **Mindel** und **Günz**. In Norddeutschland werden dieselben Glaziale als **Weichsel**, **Saale**, **Elster** und **Elbe** bezeichnet (Tab. 4.1).

4.1.2 Phänomene der Glaziallandschaft

Hinsichtlich des Formenschatzes (Morphologie) und der abgelagerten Sedimente, sollen zuerst die durch den Gletscher direkt verursachten Phänomene beschrieben werden.

Der Gletscher entsteht in Hochlagen mit durchschnittlichen Jahresmitteltemperaturen unter 0°C, wo der Niederschlag (meist als Schnee) größer ist als der Wasserverlust durch Schmelzen und Abfluss oder Sublimation (direkte Überführung von Eis/Schnee in Wasserdampf ohne zwischengeschaltete flüssige Phase). Diese Nährgebiete sind häufig Hohlformen, die durch den Gletscher ausgebaut werden (**Kare**). Durch die positive Wasserbilanz wächst das Schneefeld zunächst vertikal. Durch die Auflast wandelt sich der Schnee in Eis. Überschreitet das Eis die Grenzen des Kars, fängt es an, entsprechend dem Schwerkraftgradienten zu fließen. Denn Eis weist eine gewisse Viskosität auf. Diese beruht auf einer Verformung von Eiskristallen unter Druck parallel zu Gitterebenen.

In seinem Bett wirkt der Gletscher wie ein Hobel, der den überfahrenen Untergrund einebnet. Typische Relikte dieser Dynamik sind **Gletscherschliffe** auf Felsen, wie sie heute in den Hochlagen der Alpen vielerorts anzutreffen sind oder **Rundhöcker** – das sind stromlinienförmig geschliffene Felsbuckel (Schärengebiet um Stockholm). Sind die Felsaufragungen sehr groß, können sie vom Gletscher auch umflossen werden. Dann werden nur die Seiten vom Gletscher bearbeitet, die Spitze kann aber aus dem Gletscher herausragen. Solche aus dem Eis herausragende Berge oder Felsen nennt man **Nunatak** (übernommen aus der Eskimosprache). Während des Gletschervorstoßes tritt aber nicht nur Tiefen-, sondern auch Seitenerosion ein. Resultat sind typische **U-Täler**. Besonders faszinierend sind diese Formen dort, wo ein kleinerer Gletscher orthogonal auf einen größeren traf, der eine größere Tiefenerosion aufwies. Denn beim Abschmelzen hinterlässt der kleinere Gletscher ein sogenanntes hängendes U-Tal, das nicht mit einem sanften Übergang, sondern einem Knick an das größere Tal anschließt.

Während des Wachstums kann der Gletscher Material vor sich herschieben (**Stauchmoräne**). Dieser an eine Planierraupe erinnernde Transportprozess ist aber nicht der hauptsächliche. Die Hauptmasse wird eingeschmolzen (inkorporiert) in oder auf dem Eis transportiert. Im Gleichgewichtszustand, das heißt, wenn die Zuwachs- der Abschmelzrate entspricht, wirkt der Gletscher wie ein Transportband, das an seinem Ende einen Berg von Material aufschüttet, das die sogenannte **Endmoräne** bildet. Die seitlichen Begrenzungen werden **Seitenmoränen** genannt und, wo zwei Gletscher zusammenfließen, kann sich aus den beiden Seiten- eine sogenannte **Mittelmoräne** ausbilden. Das am Grunde durch den Gletscher erodierte und transportierte Material formt die **Grundmoräne**. Schmilzt der

Kar = Hängegletscher

Moräne = Gletscherschutt

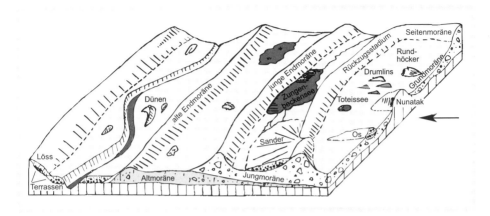

Abb. 4.3: Formen in der Glazial- und Periglaziallandschaft (nach BLEICH).

Gletscher ab, hinterlässt er als eine Art Schleier das inkorporierte Gesteinsmaterial in seinem ehemaligen Bett. Dieses bildet die sogenannte **Ablationsmoräne**, die im Gelände aber häufig nicht vom Grundmoränenmaterial zu unterscheiden ist. Von der Transportkraft der Gletscher künden die zum Teil mehrere Kubikmeter großen **Findlinge** (oder **Erratika**) in Norddeutschland, die sich kristallinen Gesteinen in Skandinavien zuordnen lassen. Dem Interessierten wird ein Besuch im Geopark Mecklenburgische Eiszeitlandschaften ans Herz gelegt (http://www.geopark-mecklenburgische-eiszeitlandschaft.de/).

Alle Moränensedimente haben eine gemeinsame Eigenschaft. Es finden sich im Sediment sowohl grobe (Geschiebe) als auch feinere (Sand, Schluff und Ton) Gemengeanteile. Man spricht von einem unsortierten Sediment. Ist es kalkhaltig, wird es **Geschiebemergel** genannt, ist es kalkfrei: **Geschiebelehm**. Diese verschiedenen Korngrößen in einem Sediment sind typisch für den glazialen im Gegensatz zum fluviatilen oder äolischen Transport, die ihrerseits immer in einer Sortierung entsprechend der Transportdistanz münden.

Geschiebemergel = Korngrößengemisch und Mineralgemisch

Auch im Eis und an dessen Untergrenze gibt es präferenzielle Fließwege für das Schmelzwasser. Dieses transportiert auch mehr oder weniger feines Gesteinsmaterial. In Hohlformen, wie z.B. Spalten und Gletschertunneln, kann dieses innerhalb des Gletschers abgelagert werden. Schmilzt der Gletscher, werden diese besser sortierten und oft geschichteten Materialien freigesetzt. Die hinterlassenen Formen nennt man ein **Os** (aus dem Schwedischen). Diese sind z.B. sehr prominent in Mittelschweden zwischen Stockholm und Uppsala.

Mit dem Abschmelzen verschwindet das Eis nicht immer vollständig aus der Landschaft. In geschützten Lagen – meist Hohlformen mit Bedeckung durch eine Ablationsmoräne – können isolierte Resteiskörper längere Zeit überdauern. Schmelzen diese später ab, hinterlassen sie meist rundliche Wannen oder Kessel, die **Toteislöcher** oder **Sölle** genannt werden.

Insbesondere in den sommerlichen Auftauphasen werden vor dem Gletscher und hier insbesondere vor dem Gletschertor durch die Schmelzwässer Sedimente abgesetzt. Diese werden mit der Entfernung von der

Endmoräne feiner. Da der Gletscher nicht immer an der gleichen Stelle verharrt, sondern oszillieren kann, sind diese flächenhaften Ablagerungen häufig geschichtet. Sie werden nach dem aus dem Isländischen stammenden Wort Sandur als **Sander** bezeichnet.

Lokal, besonders in den Oszillationsbereichen (Schwankungsbereichen) der Gletscherzunge, treten sogenannte **Drumlins** auf, deren dem Eis zugewandte Seite versteilt und breiter ist. Hier hat der Gletscher von ihm selbst abgelagertes Lockermaterial wieder überfahren. Einige wunderschöne Beispiele eines solchen Drumlin-Schwarmes kann man in der Nähe von Salem am Bodensee oder zwischen Tettnang und Lindau bewundern (Abb. 4.3).

Durch die räumliche Oszillation des Gletschers werden während eines Glazials häufig nicht nur eine einzige Endmoräne, sondern Endmoränenstaffeln gebildet. Zwischen zwei solcher Endmoränen befindet sich ein Bereich, der häufig kein gut ausgebildetes Entwässerungsnetz aufweist. Durch die einlaufenden Schmelzwässer können sich hier Stauseen bilden. In diesen Stauseen lagern sich die feineren Sedimente ab, die durch die zuführenden Gletscherbäche geliefert werden. Ein Großteil dieser Partikel befindet sich in der Tonfraktion (<2 μm). Es entstehen **Beckentone**. Diese können eine saisonale Schichtung aufweisen, und werden dann als **Warventone** bezeichnet. Hierbei wechseln eine helle Frühjahrslage aus mineralischem Material und eine dunkle tonige Herbstlage aus abgestorbener organischer Substanz und Ton ab. Diese Warventone können ähnlich wie die Jahresringe von Bäumen zur Altersdatierung verwendet werden (Kap. 7.1).

Die letztgenannten Phänomene treten in Süddeutschland nicht nur zwischen Endmoränenstaffeln einer Eiszeit, sondern besonders zwischen den geografisch nicht weit voneinander entfernten Endmoränen der Riss- (weiter vorstoßend) und der Würmeiszeit auf. Im weiteren Verlauf der geologischen Geschichte verlandeten viele der Stauseen und heute finden wir an diesen Stellen Moore, z.B. das bekannte Federseemoor bei Bad Buchau.

4.1.3 Periglaziale Phänomene

Die Umgebung des Gletschers war aufgrund der niedrigen Temperatur vegetationsfrei. Am Fuß des Gletschers kamen häufige, kalte Fallwinde hinzu, die Feinmaterial aus den Sandern ausblasen konnten. Die gröberen Komponenten (Sand) wurden gletschernah als **Dünen** abgesetzt. Die feineren Komponenten (Schluff und Ton) konnten in Suspension weiter transportiert werden und setzten sich erst dort ab, wo der Wind nachließ oder bodennahe Vegetation sie auskämmte und an der Bodenoberfläche festhielt. Da die süddeutschen Gletscher die Kalkalpen durchquerten, war das von ihnen abgesetzte Material kalkreich. Diese geochemische Zusammensetzung paust sich bis zu den äolischen Sedimenten durch. Diese kalkhaltigen äolischen Sedimente mit dem Korngrößenmaximum im Schluffbereich nennt man **Löss**. Petrografisch sind sie den Mergeln zuzuordnen. Da die norddeutschen Gletscher ihre Hauptliefergebiete im skandinavischen Kristallin haben, können ihre Absätze kalkfrei oder kalkarm sein. Daraus erklärt sich der Unterschied im Kalkgehalt der nord- und süddeutschen Lösse. Mit der Entfernung vom Gletscher werden die Lösse immer feiner (steigender Ton-

Periglaziale Windsedimente: Dünensand und Löss

gehalt) und kalkärmer (da die Carbonate in Schluffkorngröße transportiert werden).

Die Auswehung fand aber nicht nur aus Sandern, sondern auch aus den pleistozänen Flusstälern, insbesondere deren Auen, statt. Daher finden sich entlang der Flußtäler die größten Lössmächtigkeiten (>10m). Als Beispiel seien der Kaiserstuhl und die Iller-Lech-Platten genannt.

In unseren Flusstälern finden wir häufig **Terrassen**. Diese sind ein eindeutiger Indikator für Klimaschwankungen. Denn während der Glaziale mit herannahendem Gletscher wurden die Flusstäler aufgeschottert (Abb. 4.4). In den Interglazialen, mit höherem Wasseranfall aufgrund abschmelzender Gletscher, tieften sich die Flüsse ein. Dieser Vorgang wiederholte sich mehrere Male, sodass Terrassentreppen entstanden. Die Datierung dieser Terrassen ermöglichte erstmals eine zeitliche Gliederung des Pleistozäns.

Tal vor dem Glazial

Aufschotterung im ersten Glazial

Eintiefung im Interglazial

Aufschotterung im zweiten Glazial

Abb. 4.4:
Entstehung von Flussterrassentreppen im Pleistozän.

Die Periglazialgebiete waren zwar nicht von Gletschern bedeckt, aber aufgrund der Jahresdurchschnittstemperatur von unter 0°C im Unterboden von **Permafrost** gekennzeichnet. Nur die oberen Dezimeter tauten im kurzen arktischen Sommer auf. Die Tagesrhythmen mit Auftauen tagsüber und Gefrieren nachts führten zu starker Frostverwitterung, sodass die betroffenen Gesteine bei Einsetzen der Bodenbildung im Postglazial schon eine gewisse Vorverwitterung aufwiesen (Kap. 2.2 und 2.9).

Der Permafrost führte auch dazu, dass das durch Auftauen auftretende Wasser nicht vertikal versickern konnte. Das Porenvolumen nahe der Oberfläche war also wassergefüllt. Diese Suspension aus Wasser und Partikeln begann schon bei kleinen Hangneigungen zu fließen. Diesen Vorgang nennen wir **Solifluktion**. Wir erkennen sie an oberflächenparallel eingeregelten Steinen im Boden- oder Sedimentprofil. Man nimmt an, dass die Solifluktion der Grund für die Talasymmetrie vieler junger Flusstäler ist. Denn die südexponierten Hänge hatten eine längere Auftauphase als ihre nordexponierten Pendants und dadurch konnte mehr Material hangabwärts und schließlich aus der Landschaft transportiert werden.

Periglaziale Schuttdecken

Die Einregelung des Skeletts durch Solifluktion kann aber durch nachfolgende **Kryoturbation** wieder aufgehoben werden. Darunter verstehen wir die Durchmischung des Bodens durch Frieren und Tauen des Eises. Denn das Bodenwasser friert nicht homogen im gesamten Volumen. Vielmehr kann man oft beobachten, dass sich Eislamellen oder Eislinsen bilden, in denen sich das Wasser konzentriert. Solche wachsenden Eislinsen können selbst größere Steine anheben oder schrägstellen. Eine ständige Wiederholung dieses Vorgangs führt zu Frostmusterböden, in denen die Steine in geometrischen Mustern angeordnet sind. Dererlei Phänomene gibt es in arktischen Klimaten viele.

In unseren Mittelgebirgen treten infolge der Periglazialgeschichte der letzten Kaltzeit, meist regelmäßig aufgebaut, **Deckschichten** auf, die durch das Zusammenwirken von Solifluktion und Lössanwehung häufig 2- bis 3-gliedrig sind. Ähnlich wie die Moränen im Glazialgebiet sorgen sie für einen raschen Beginn der Bodenentwicklung in der Nacheiszeit.

4.2 Böden aus Geschiebemergel und Löss – Mergelserie

Wie wir gelernt haben, kommen Geschiebemergel und Löss in verschiedenen Bereichen der Glazial- bzw. Periglaziallandschaft vor. Während der Geschiebemergel das Niedertausediment der Glaziallandschaft ist, ist der Löss das angewehte Staubsediment in der Periglaziallandschaft. Trotzdem haben diese Sedimente vieles gemeinsam. Sie sind hinsichtlich des Mineralbestandes sehr ähnlich, sind beides Lockergesteine und zeichnen sich durch einen mehr oder weniger hohen Kalkgehalt aus. Der bei der Ablagerung herrschende Klimaunterschied hat sich bis heute durchgepaust. So sind die Lössgebiete auch heute etwas wärmer und trockener als die feucht-kühlen Geschiebemergellandschaften. Das führt dazu, dass die Entwicklungsreihe zwar dieselbe ist, dass die heutige Bodenverbreitung aber sehr verschieden sein kann (Kap. 4.4).

Die Bodenentwicklung der Mergelserie läuft rasch ab, da die Besiedelung mit höheren Pflanzen in der Regel spontan geschehen kann und diese auch in der Anfangsphase bereits eine relativ hohe Biomasse und damit Streuproduktion verursachen. Deshalb läuft zu Beginn der Bodenentwicklung die Humusakkumulation und infolge der Besiedlung mit Bodentieren die Gefügebildung sehr schnell ab. Wir finden daher nur kurze Zeit das Initialstadium der Bodenentwicklung, den **Lockersyrosem**. Dieser entwickelt sich weiter zum zweiten Bodentyp, der dann entsteht, wenn der Ai-Horizont durchgängig im Oberboden vorhanden ist und über 2cm Mächtigkeit erreicht und dann Ah-Horizont genannt wird. Dieses Stadium, das durch die verstärkten Prozesse **Humusakkumulation** und **Bioturbation** gekennzeichnet ist, nennt man in Anlehnung an die Kalkserie **Pararendzina**. Man hätte es auch in Anlehnung an die Kieselserie als „Kalkregosol" bezeichnen können. Die Pararendzina unterscheidet sich von der Rendzina dadurch, dass sie ein rasches Durchgangsstadium ist und deshalb die Ton-Humus-Bindung nicht so intensiv und beständig ist wie bei der Rendzina. Sie unterscheidet sich vom Regosol durch den Kalkgehalt und damit durch günstigere bodenchemische Bedingungen für das Bodenleben, sodass Bioturbation und Gefügebildung intensiver ablaufen. Die Humusform ist Mull und der Oberboden ist krümelig. Solange der Boden kalkhaltig bleibt, bleiben auch die dominierenden bodenbildenden Prozesse gleich, und der Humushorizont vertieft sich in den Mineralboden hinein. Durch die Bioturbation wird der Boden etwas aufgelockert und damit besser durchlüftet. Die verstärkte Bioturbation kann auch die **Entkalkung** aufhalten, da durch die Durchmischung ein Aufwärtstransport von verlagertem und wieder aus-

Lockersyrosem = Ai-elC

Pararendzina = Ah-elC

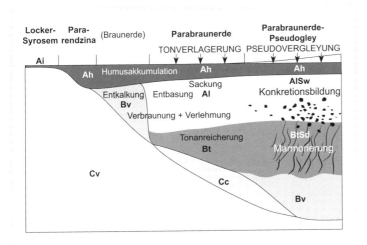

Abb. 4.5:
Chronosequenz der
Bodenentwicklung in
der Mergelserie.

gefälltem Kalk stattfinden kann. In unserem Klimagebiet siegt dagegen auf die Dauer immer die Entkalkung (also der Abwärtstransport des Kalks mit dem Sickerwasser), und der Oberboden wird langsam kalkärmer und schließlich kalkfrei werden.

Zu diesem Zeitpunkt kommt es dann in dem kalkfreien Bodenmaterial zu **Silikatverwitterungsprozessen**, wie in der Kieselserie beschrieben, also zu **Verbraunung** und **Verlehmung**. Gleichzeitig ist die Stabilität der organischen Substanz etwas geringer und es kommt zu einem rascheren Umbau des Humus und damit zu einer Abnahme von Humusgehalt und Mächtigkeit des Humushorizonts. Zwischen den kalkhaltigen Mergeln und den humosen Oberböden schaltet sich ein brauner B-Horizont ein. Die Entstehung des B-Horizontes ist nur ein kurzes Übergangsstadium, das zu der weiter ausdifferenzierten Parabraunerde der Mergelserie führt. Man könnte es deshalb treffender als **Pararendzina-Parabraunerde** bezeichnen, denn als Braunerde aus Geschiebemergel (Abb. 4.5).

Nahezu gleichzeitig mit Entkalkung, Verbraunung und Verlehmung des Unterbodens setzt nämlich ein Verlagerungsprozess ein, der den Oberboden tonärmer und den Unterboden tonreicher macht. Diese **Tonverlagerung** oder **Lessivierung** ist der Schlüsselprozess für den Bodentyp **Parabraunerde**, der deshalb auch **Lessivé** genannt wird. Im Laufe der fortschreitenden Tonverlagerung werden die Oberböden, d.h. der Ah-Horizont, und der zuerst verbraunte und verlehmte Teil des Unterbodens tonärmer. Letzterer wird zum **Al-Horizont** und der untere tonangereicherte Bereich zum **Bt-Horizont**. Bei der Verbraunung und Verlehmung hatten wir immer das Tonmaximum an der Bodenoberfläche, wo die intensivste Verwitterung abläuft. Jetzt finden wir durch den Verlust des Tons im Oberboden dort eine scheinbar geringere Verwitterung und im Unterboden scheinbar eine höhere. Dies hat früher zu Missverständnissen geführt, da man dachte, dass der gleichmäßig feuchtere Unterboden intensiver verwittert und der stärker austrocknende Oberboden weniger verwittert und tonärmer bleibt. Seit der Entdeckung

Parabraunerde =
Ah-Al-Bt-Cc-elC

der Tonverlagerung wissen wir aber, dass auch in diesen Böden die Tonbildung in der Nähe der Bödenoberfläche am stärksten ist, der Tongehalt dort aber durch Abtransport regelmäßig verringert wird. Durch den Verlust des Tones – und der an ihn gebundenen Eisenoxide – wird das Gefüge im Oberboden instabiler. Dem ursprünglichen Gestein, dem bereits der Kalk entzogen wurde, fehlt nun zusätzlich der Ton. Das können insgesamt 40 oder mehr Masseprozent des Bodens sein. Deshalb wird dieses (innen ausgehöhlte) Material jetzt instabil und kann sacken. So haben wir oft beim Al-Horizont der Parabraunerde eine höhere Lagerungsdichte als bei den Ah-Horizonten der Pararendzina. Der eingelagerte Ton im Unterboden wirkt dagegen gefüge-stabilisierend. Deshalb sackt der Unterboden nicht, wohl aber wird er dichter durch die Einlagerung des Tons. Diese Einlagerung des Tons gleicht die vorhergegangene Auflockerung durch Kalkabfuhr nicht aus, sodass der Bodenhorizont eine geringere Lagerungsdichte haben kann als das Ausgangsgestein. Durch das im Jahreslauf auftretende Befeuchten und Wiederaustrocknen entsteht in den Bt-Horizonten ein ausgeprägtes **Absonderungsgefüge**, das häufig polyedrisch bis prismatisch, manchmal nur subpolyedrisch, ausgebildet ist. Unterhalb des Bt-Horizonts kommt es häufig zu einer Wiederausfällung des im Oberboden gelösten Kalks (Cc-Horizont). Bei den Böden der Mergelserie ist die Wasserspeicherungsleistung relativ hoch, insbesondere was pflanzenverfügbares Wasser betrifft. Das bedeutet, dass Niederschläge sehr stark abgepuffert werden und es dann in tieferen Unterböden zu einem Stillstand der Wasserbewegung kommen kann. Bei diesem Stillstand kann das Wasser den gelösten Kalk allein schon dadurch verlieren, dass das langsam unter Spannung geratene Wasser entgast und das CO_2 über Risse, Wurmröhren oder ehemalige Wurzelbahnen wieder nach oben diffundiert.

Durch die **Sackung im Oberboden** und durch die **Einlagerung von Ton im Unterboden** ist das Material jetzt etwas dichter, sodass die Leitfähigkeit für Wasser herabgesetzt wird. Insbesondere dann, wenn der Wasseranfall bei der Schneeschmelze oder bei sommerlichen Starkregen hoch ist, kann das Wasser nicht mehr rasch abgeführt werden. Dies führt dazu, dass der Oberboden wassergesättigt werden kann, weil die Weiterführung in den Unterboden durch den tonigen, stauenden Bt-Horizont begrenzt wird. Wir haben jetzt in unserem Boden wiederkehrend eine obere Zone, in der sich das Wasser staut – die **Stauzone** – und einen unteren Bereich der als Wasserstauer oder Staunässesohle fungiert. In Zeiten, wie im Spätwinter und Frühjahr, in denen dieser Zustand lange anhält, wird auch der Wasserstauer bzw. **Staukörper** durchnässt und ist wassergesättigt und luftarm oder -frei. Während der Zeiten der **Wassersättigung** treten **reduzierende Verhältnisse** auf und redoxempfindliche Stoffe (Kap 4.6.), insbesondere Mangan und Eisen, werden in die zweiwertige Form überführt und damit leicht wasserlöslich. Da gleichzeitig die Wasserbewegung sehr gering ist, findet keine Auswaschung dieser Stoffe statt, sondern sie diffundieren von den Orten ihrer Mobilisierung weg, meist ins Aggregatinnere. Dort werden sie bei Austrocknung wieder ausgefällt. Damit entsteht ein farbiges Muster in diesen Horizonten. An den Aggregatoberflächen und Wurzelbahnen finden wir eine Verarmung an färbenden Eisen- und Manganoxiden, während wir im Aggregatinneren eine Anreicherung erkennen. Diesen Vorgang der Entstehung verschiedener Farben durch Nassbleichung und Oxidationsverfärbung nennt man **Marmorierung**. Findet der Prozess sehr häufig statt, so kommt es im Oberboden zu immer stärkerer Umlagerung der Stoffe, die sich im zentralen Bereich der Aggregate zu **Konkretionen** vereinigen. Dieser Boden wird **Pseudogley** genannt. Bodenhorizonte, die durch Wasserstau stark geprägt werden, nennt man **S-Horizonte**. Der Horizont, welcher die **Stauzone** bildet wird als **Sw-Horizont** („w" von Wasser), der Horizont, der den Staukörper bildet, als **Sd-Horizont** („d" von dicht) bezeichnet. Da in der Mergelserie die Staunässe erst im Anschluss an die Tonverlagerung entsteht, haben wir in sehr vielen Fällen Übergangsbedingungen. Solche Böden nennt man **Parabraunerde-Pseudogley**, da sie die Merkmale der Parabraunerde und des Pseudogleys in sich vereinigen. Generell nennt man Böden, die nach anderen voll entwickelten Böden entstehen, sekundär. So ist der Parabraunerde-Pseudogley ein **sekundärer Pseudogley**. Im Gegensatz dazu sprechen wir dort, wo der Wasserstau schon im Gestein angelegt ist und die Pseudovergleyung ein sehr früher Prozess sein kann, von einem **primären Pseudogley** (z.B. in der Tonserie vorkommend, Kap. 3.5). In den Böden aus Mergel gibt es in Abhängigkeit von den bodenbildenden Faktoren Relief, Klima und Gestein (Kalkgehalt) noch einige Besonderheiten (Kap. 4.4). Zunächst sollen aber die beiden zentralen Prozesse besprochen werden.

Pseudogley =
Ah-Sw-Sd-C

Parabraunerde-
Pseudogley =
Ah-AlSw-BtSd-C

4.3   Tonverlagerung und Pseudovergleyung

Der Prozess der **Tonverlagerung** ist ein klassischer **Verlagerungsprozess** wie die Podsolierung. Der wesentliche Unterschied dabei ist aber, dass hier nicht Ionen in gelöster Form, sondern **Partikel der Tonfraktion**, also Bestandteile der Festphase, transportiert werden. Wir stellen bei den Parabraunerden fest, dass im Zuge der Lessivierung im Ah- und Al-Horizont der Tongehalt abnimmt, die Farbe vor allem im Al-Horizont fahlgrau-gelb wird und die Bodenlösung in der Regel eine sehr geringe Ionenkonzentration hat. Demgegenüber finden wir im Unterboden erhöhte Tongehalte (bis zu 40%) und eine kräftig braune, manchmal schokoladenbraune Farbe, vor allem der Aggregatoberflächen, sowie einen Anstieg des pH-Wertes und der Konzentration der Bodenlösung. Wollen wir den Prozess der Tonverlagerung verstehen, so müssen wir die drei Phasen Mobilisierung, Transport und Ablagerung beschreiben.

Tonverlagerung ist ein
Translokationsprozess

Bei der **Mobilisierung** werden die Tonteilchen aus den Aggregaten befreit. Dies funktioniert dann, wenn die chemischen Bedingungen für eine **Dispergierung** günstig sind. Dies ist der Fall, wenn der Boden entkalkt und, falls vorher salzhaltig, auch entsalzt ist. Eine abnehmende Calciumkonzentration im pH-Bereich unter 7 fördert die Dispergierung ebenso wie kleine ($< 0,2\ \mu m$) und stark quellfähige Tonminerale (Smectite). Unter diesen Bedingungen nehmen im pH-Bereich von 6,5 bis 5,0 an den Austauscherplätzen der Tonminerale alle einwertigen Kationen zu. Im Vergleich zu mehrwertigen Kationen bewirken diese eine relativ dicke Doppelschicht (Abb. 2.18). Sie fördert die Dispergierungsneigung. Die Dispergierung erfolgt vor allem durch Starkregen, der mit seinen Tropfen an der Oberfläche Bodenaggregate zerschlägt und damit den Ton dispergiert. Auch bei Anfall großer Wassermengen, z.B. bei Schneeschmelze oder Sommergewittern, kann schnell bewegtes Wasser leicht dispergierbare Teilchen mit-

3 Phasen:
Mobilisierung → **Transport** → **Ablagerung**

reißen. Die Verfärbung zeigt uns, dass neben den Tonteilchen auch Eisenoxide der Tonfraktion, die bei dem Prozess der Verbraunung meist auf den Tonteilchen haften, mittransportiert werden. Selbstverständlich werden auch an oder in den Tonteilchen gebundene Moleküle organischer Substanz mobilisiert. Unterhalb eines pH-Bereichs von 5 steigt die Ionenkonzentration der jetzt mobilisierten Aluminiumionen stark. Da es sich um mehrwertige Ionen handelt, die die Dicke der Doppelschicht stark herabsetzen, kommt es zur Flockung des Tons, sodass die Tonverlagerung bei stärkerer Versauerung zur Ruhe kommt. Auf diese Weise können Tonverlagerung und Podsolierung in ihrem pH-Bereich klar getrennt werden.

Der zweite Schritt des Prozesses ist der **Transport**. Nur solange sich Wasser rasch bewegt, bleiben die Tonteilchen in Suspension. Die günstigsten Bedingungen für den Transport sind gegeben, wenn Grobporen aus Wurmgängen, ehemaligen Wurzelröhren oder aus durch Austrocknung entstandenen Rissen vorhanden sind. Solche für den Transport gut geeignete Poren haben Durchmesser im Millimeterbereich. Nur in solchen Poren kann sich das Wasser schnell (zum Teil turbulent) bewegen.

Der dritte Schritt ist jetzt die **Ablagerung** des Tons. Diese findet dann statt, wenn die groben Poren aufhören und die Suspension auf der Aggregatoberfläche gewissermaßen abfiltriert wird. Auf diese Weise entstehen die typischen **Tonbeläge** oder **Tonhäutchen**. Sie sind kräftiger gefärbt als die Matrix der Aggregate und deshalb auch mit dem Auge oder der Lupe erkennbar. Die Tonteilchen werden auf der Oberfläche meist eingeregelt, sodass man sie im Dünnschliff als eine Haut meist fein geschichteter Teilchen auf den Aggregatoberflächen bzw. in der Umrandung von Poren gut erkennen kann. Sie sind so gleichmäßig eingeregelt, dass sie bei polarisiertem Licht eine Doppelbrechung, ähnlich wie Eiskristalle, erzeugen können. Die Ablagerung kann schon vorher geschehen, wenn nämlich die Wasserbewegung zum Stillstand kommt, da das Wasser in die Feinporen der Aggregate eingedrungen ist. Chemisch wird die Flockung dann begünstigt, wenn die Ionenkonzentration der Bodenlösung zunimmt, was insbesondere dann der Fall ist, wenn sich die Suspension der Entkalkungsfront nähert. Ausgeflockter Ton ist ja wieder gröber und deshalb nicht mehr transportierbar (Abb. 4.6).

Wenn sich das Wasser in grobporigen sandig-kiesigen Substraten in einer Wasserfront abwärts bewegt, so kann auch die Wasserbewegung durch eingeschlossene Luft zum Stillstand kommen und dann wird der mitgeführte dispergierte Ton an dieser Wasser-Luftgrenze in Form eines Bandes abgelagert. So finden wir bei der Tonanreicherung die Form des sogenannten Häutchen-Bt-Horizontes in lehmigen, gut aggregierten Böden, während wir in sandigen und kiesigen Böden (ehemalige Dünensande und Terrassenschotter) oft die **Tonanreicherung** in Form von **Bändern** beobachten können. Durch die Tonverlagerung verändert sich das Gefüge. Im Oberboden wird der Humusgehalt durch gesteigerten Humusabbau geringer und Quellung und Schrumpfung lassen nach, sodass aus Krümeln und Polyedern Subpolyeder gebildet werden. Im Unterboden dagegen nimmt die Tendenz zu Quellung und Schrumpfung zu und Subpolyeder werden über Polyeder hin zu Prismen umgestaltet.

Neben der Bedeutung für die Bodenmorphologie hat die Tonverlagerung auch eine große Bedeutung für die Ökologie, insbesondere für den Boden als

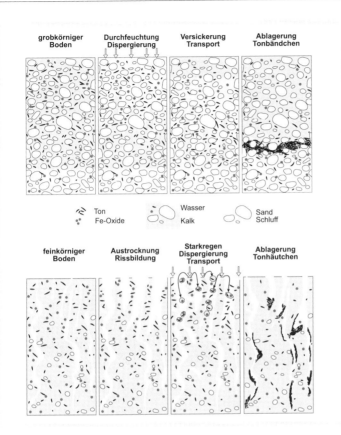

Pflanzenstandort. Der Verlust von Ton im Oberboden bedeutet eine Verringerung der Kationenaustauschkapazität, eine Abnahme der Feinporen und später auch eine Abnahme der Grobporen sowie die Fortfuhr wesentlicher Nährstoffe, insbesondere von Kalium und Magnesium. Im Unterboden dagegen wird sich die Austauschkapazität erhöhen. Auch die Kationenbelegung der Austauscher nimmt zu oder bleibt hoch und es entstehen viele Fein- und Feinstporen. Die Veränderung der Gefügeformen, insbesondere, wenn der Oberboden durch Sackung und unter Befahrung kohärent bis plattig wird, führt zu einer Verschlechterung der Durchwurzelbarkeit im Unterboden und zu einer Stabilisierung der Wurzelporen im Unterboden. Schließlich sorgt die geringe Gefügestabilität für eine starke Erosionsneigung des Oberbodens. Dies hat dazu geführt, dass auf vielen Ackerstandorten die früheren Al- und Ah-Horizonte abgetragen sind und wir dort heute oft einen Pflughorizont finden, der im ehemaligen Bt-Horizont liegt. Solche Böden, in denen die tonverarmten Oberböden fehlen, nennt man auch erodierte Parabraunerden. Die Tatsache, dass sie keine Braunerden, sondern Parabraunerden waren, lässt sich leicht daran erkennen, dass die Tonhäutchen im Unterboden eindeutig den Prozess der Tonverlagerung dokumentieren.

Frage: Wieviel Ton pro m² wurde verlagert, wenn Ah+Al 15%, Bt 35% Ton enthalten und beide Bereiche je 40cm mächtig sind und eine durchschnittliche Lagerungsdichte von 1.40 kg·dm⁻³ haben? Wieviel Kalium pro Hektar wurde dabei in die Unterböden verfrachtet, wenn der Ton 4% K enthält?

Die **Pseudovergleyung** gehört zu den **reduktomorphen** Prozessen, denn Pseudogleye lassen sich an der Umverteilung der besonders redoxempfindlichen Elemente Eisen und Mangan bzw. ihrer Oxide erkennen. Diese farblichen Veränderungen sind bedingt durch einen regelmäßigen Wechsel von Durchfeuchtung bis hin zur Wassersättigung und daran anschließender Austrocknung bis hin zur Dürre. Diese Zyklen finden im Jahreslauf mindestens einmal statt. Verbunden mit der Wassersättigung tritt Luftmangel und Reduktion auf, als Folge der Austrocknung wieder Oxidation. Der **Wasserstau** behindert Transport- und Transformationsprozesse, sodass nach Eintreten des Staus die Silikatverwitterung, insbesondere die Tonmineralumbildung, verlangsamt wird und generell die bei den **Reduktions-** und **Oxidationsprozessen** umgewandelten Stoffe dem Boden nicht verloren gehen, sondern lediglich umverteilt werden. Da es sich bei dem die Pseudovergleyung verursachenden **Stauwasser** um **Niederschlagswasser** handelt, kann es nicht zu Stoffzufuhr aus anderen Böden kommen. Es kommt aber zu einer **Umverteilung** innerhalb der Horizonte. Auch diese Umverteilung gehorcht, ähnlich wie die Verlagerungsprozesse, dem Grundschema Mobilisierung, Transport und Ablagerung.

Wie aus Abbildung 4.7 sichtbar wird, setzt die **Mobilisierung** nach Durchfeuchtung und Entstehung von **Wasserstau** ein. Die groben Poren sind mit Wasser gefüllt. Die dort vorhandenen Mikroorganismen veratmen die organische Substanz und verbrauchen deshalb den im Wasser vorhandenen Sauerstoff. Ist dieser verbraucht, so setzen **anaerobe Atmungsprozesse** (Kap. 4.6.) ein. Dabei können insbesondere Manganoxide und wenig später auch Eisenoxide als Oxidationsmittel verwendet werden. Dadurch werden Mn^{4+} und Fe^{3+} in die zweiwertige Form reduziert. Dies geschieht am Rande der groben Poren, da dort die Umsetzungsprozesse der organischen Substanz stattfinden. Dadurch erhöht sich an den Aggregatoberflächen die Konzentration des zweiwertigen Eisens wesentlich, und in dem wassergesättigten Milieu diffundiert dieses neu gebildete **wasserlösliche Eisen und Mangan** vom Ort seiner Entstehung weg, um eine gleichmäßige Konzentration im ganzen Bodenhorizont zu erreichen. Dabei gerät es auch in das **Aggregatinnere**. Dort kann noch aus der letzten Tro-

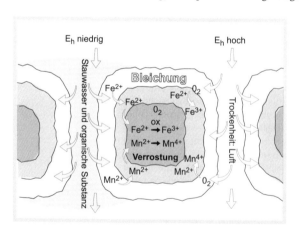

E_h niedrig E_h hoch

Stauwasser und organische Substanz

Trockenheit: Luft

Bleichung

Fe^{2+} Fe^{2+} O_2
Fe^{2+} O_2 Fe^{3+}
ox
$Fe^{2+} \rightarrow Fe^{3+}$
$Mn^{2+} \rightarrow Mn^{4+}$
Verrostung Mn^{4+}
Mn^{2+} Mn^{2+}
Mn^{2+} O_2

ckenphase Sauerstoff vorhanden sein. Treffen die Ionen auf Bereiche, die noch oxidierend sind, d.h. ein hohes Redoxpotenzial haben, so kann es zu einer **Oxidation** kommen, sodass dort dreiwertige Eisenoxide und vierwertige Manganoxide auskristallisieren, was zu einer Verfärbung Richtung dunkelbraun bis schwarzbraun führt. Auch dann, wenn bereits im Aggregatinneren aller Sauerstoff verbraucht ist, werden die am Rande der Aggregate entstandenen wasserlöslichen Eisen- und Manganionen ins Zentrum der Aggregate wandern. Lässt nun die Durchfeuchtung nach und das Wasser wird verbraucht oder kann langsam versickern, so werden zuerst die groben Poren entleert und Luft mit Sauerstoff dringt ein. Das Redoxpotenzial erhöht sich spontan und damit können jetzt die Eisen- und Manganoxide wieder ausfallen. In diesem Zustand würden sich die im Aggregatinneren befindlichen Eisen- und Manganionen wieder auf den Weg zu ihrem ursprünglichen Platz machen. Dies wird ihnen aber verwehrt, da sie auf diesem Weg von dem aus den Grobporen in das Aggregatinnere diffundierenden Sauerstoff abgefangen und ausgefällt werden. Unabhängig davon, ob die Reduktion den ganzen Horizont erfasst hat oder nur die Bereiche, welche reicher an organischer Substanz sind, wird es zu einer Konzentration von Eisen- und Manganoxiden im Aggregatinneren kommen. Diese Prozesse erzeugen im Allgemeinen eine **Dreifarbigkeit** der Horizonte, nämlich dort wo das Eisen reduziert und mobilisiert wird, eine **Bleichung**, dort wo es abgelagert wird, eine **Verrostung**, und dort wo nichts passiert, bleibt die Farbe der vorhergehenden Horizonte (z.B. Al- oder Bt-Horizonte) erhalten. Mit dem regelmäßigen Wechsel von Reduktion und Oxidation verstärkt sich der Unterschied und die Aggregatoberflächen werden immer heller und bleicher. Weil die Bleichung im nassen Zustand abläuft, spricht man auch von **Nassbleichung**. Im Aggregatinnern wird die Verrostung immer stärker. Läuft dieser Prozess häufig ab, wie das zum Beispiel in den Oberböden der Fall sein kann, so wird der verarmte Bereich immer größer. Man spricht davon, dass der Horizont **vergraut**. Die graue Farbe ist bedingt durch die Wegfuhr der färbenden Mangan- und Eisenoxide und eine Beimengung von etwas organischer Substanz. Im Zentrum der Aggregate aber konzentrieren sich die Oxide immer stärker und verkrusten damit die vorher vorhandenen Mineralteilchen. Damit entstehen meist erbsengroße **Konkretionen**. So findet in der **Stauzone** häufig **Konkretionsbildung** statt, während sich im Bereich des **Wasserstaues**, wo die Prozesse sehr langsam und seltener ablaufen, die **Marmorierung** findet. Der Prozess der Pseudovergleyung hat ökologische Folgen. In den Bleichzonen und im vergrauten Bereich fehlen jetzt Eisen- und Manganoxide und damit Sorbenten für Anionen wie Phosphat, Sulfat und Molybdat. Diese werden in den verrosteten oder konkretionären Bereichen angereichert oder können dort auch austauschbar gebunden werden. Da bei der wechselnden Lösung und Fällung die Anionen häufig ins Innere der Rostzonen oder Konkretionen geraten, sind sie nicht mehr zugänglich, d.h. **fixiert**. Wenn die Nährstoffanionen von Eisenoxiden umschlossen werden, spricht man auch von **Okklusion**. Eine weitere wesentliche Konsequenz aus der Pseudovergleyung ist die Tatsache, dass im reduzierten Zustand die Wurzeln der meisten Pflanzen absterben bzw. neu gebildete Pflanzenwurzeln sich nicht entwickeln können. Die Pflanzen können also in Pseudogleyen häufig nur einen Wurzelraum nutzen, der den Ah-Horizont und den oberen Teil des Sw-Horizontes um-

Konkretionen verstecken (okkludieren) Nährstoffe

fasst, obwohl keine mechanischen Hindernisse für ein tieferes Wurzeln vorhanden sind. Eine solche Eigenschaft nennt man **physiologische Flachgründigkeit**.

4.4 Chronosequenzen und Toposequenzen in Mergellandschaften

Wir haben gehört, dass Mergel Gemische aus silikatischem und carbonatischem Material sind (Kap. 4.1). In den Kaltzeiten kann diese Mischung durch das Eis (glazial), durch das Wasser (fluvioglazial) und auch durch den Wind (periglazial-äolisch) geschehen. Dabei treten uns mit dem Geschiebemergel, den Sanden und Terrassenkiesen, den Dünensanden und dem Löss bezüglich der Korngrößenverteilung völlig verschiedene Sedimente entgegen. Sie sind aber hinsichtlich ihres Mineralbestandes (bis auf den Dünensand) sehr ähnlich. Deshalb kann man auf allen diesen Gesteinen Böden der sogenannten Mergelserie finden. Während der Kaltzeiten waren in den verschiedenen Landschaften die Klimate unterschiedlich. Dies hat sich bis heute erhalten. Wenn wir also die Mergelserie in allen diesen Gesteinen finden, so unterscheiden sich ihre Böden doch durch den Faktor Klima. So finden wir in den Lössbörden („Magdeburger Börde", „Leipziger Bucht" oder „Mainzer Becken", „Wetterau" und „Kaiserstuhl") heute ein trockeneres und wärmeres Klima, als in den kühlen und rauen Landschaften, die von Jung- und Altmoränen eingenommen werden. Dies führt dazu, dass sich die Chronosequenz der Böden klimabedingt verändern kann (Abb. 4.8).

Ist das Klima trockener, wärmer oder kontinentaler, so ist die Kalkauswaschung geringer und die Bioturbation im Stadium der Pararendzina durch die starke Austrocknung im Sommer und den Bodenfrost im Winter gezwungen, tiefer in den Boden einzugreifen. Dies führt zu einer intensiven Vermischung von organischer und mineralischer Substanz, wobei Wurmlosungen, Krümel und schließlich ein schwammiges Gefüge entstehen. Wenn dieses schwammige Gefüge tiefer als 40cm reicht, so sprechen wir nicht mehr von **Pararendzinen**, sondern von **Schwarzerden (Tschernosemen)**. Diese Böden werden durch die Bioturbation in einem Gleichgewichts-

Tschernosem = Axh-AC-Cc-elC

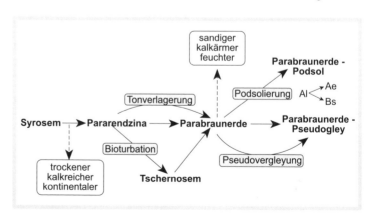

Abb. 4.8:
Klima- und gesteinsabhängige Veränderungen der Mergelserie.

zustand gehalten, da die Bioturbation der Entkalkung entgegenwirkt und die Erhöhung der Austauschkapazität durch hohe Humusgehalte der Versauerung einen weiteren Puffer entgegenhält. Dazu fördert die locker werdende Struktur die Wasserspeicherung. Erhöhte Wasserspeicherung bedeutet wiederum geringere Auswaschung und Entkalkung. So fördern Klima und Bodenorganismen gemeinsam die Stabilisierung dieses Zustandes günstiger Bodeneigenschaften. Dadurch wurde der **Tschernosem** zum Inbegriff eines **fruchtbaren Ackerbodens**. Die sehr günstige Struktur des Tschernosemoberbodens hat dazu geführt, dass sein Horizont mit hohem Humusgehalt, hoher Basensättigung und stabiler Struktur nicht nur Ah, sondern **Axh** (x von mix) genannt wird. Trotzdem sind in Mitteleuropa diese Böden aufgrund der Dauer der Entwicklung bereits an die Grenze ihrer Stabilität gelangt. Besonders günstig für eine langfristige Erhaltung der Tschernoseme ist es, wenn ein 1 bis 2m tiefer Grundwasserkörper durch seinen Kapillaraufstieg die Entkalkung hemmt. So finden wir z.b. in der Hildesheimer Börde regelmäßig bei den Böden mit Grundwasseranschluss noch Tschernosemeigenschaften, während sich Böden in höheren Landschaftsteilen, die keinen Grundwasserkontakt haben, bereits zu Parabraunerden weiterentwickelt haben.

Auf der anderen Seite finden wir im Bereich der Altmoränen, insbesondere dann, wenn Flugsanddecken über dem Geschiebemergel liegen, deutlich sandigere Verhältnisse, die schon primär kalkärmeres Substrat für die Bodenbildung bereitgehalten haben (Abb. 4.8). Dort wird wegen des feuchteren Klimas und der geringeren Wasserhaltefähigkeit (Feldkapazität, FK) die Auswaschung gefördert. Ist die Parabraunerde dort bereits tiefgründig (d.h. 1,5 m oder mehr) entkalkt und der Oberboden sehr tonarm, kommen weder die Bodentiere noch die Wurzeln an das basenreiche Material des Untergrundes heran. Dann stellt sich eine Situation für die weitere Bodenentwicklung ein, die der Kieselserie gleicht. Dabei beobachten wir oft ein Zwischenstadium, bei dem der Al-Horizont besonders aufgehellt ist (Ael) und der obere Bt-Horizont häufig bereits Auflösungserscheinungen (zungenförmige Ael-Zapfen in Bt) zeigt. Diesen Boden bezeichnet man als **Fahlerde**. In dieser Situation kann der Oberboden stärker versauern, da alle Puffermechanismen nicht mehr greifen, und es stellen sich Bedingungen ein, bei denen wir eine schwach ausgeprägte Podsolierung beobachten können. Die Besonderheit dieser **Podsole** ist, dass sie sich recht **flachgründig** nur im Oberboden der ehemaligen Parabraunerden und Fahlerden ausbilden. Der obere Teil des **Al-Horizontes** wird dann zum **Ae-Horizont**, der untere Teil zum **Bs-** oder **Bhs-Horizont**.

Fahlerde =
Ah-Ael-Ael+Bt-Bt-C

Parabraunerde-Podsol =
Ah-Ae-Bhs-Al-Bt-C

Als Sonderfall kann bei Dünensanden die Hinwendung zur Kieselserie bereits sehr früh beginnen. Hier wird das Pararendzinastadium von einer kurzen Phase der Bildung bänderförmiger Tonanreicherung abgelöst, dann stellen sich im Oberboden Bedingungen der Kieselserie mit der Entwicklungsrichtung Braunerde und Podsol ein.

Die Bodenentwicklung wird, insbesondere hinsichtlich des Wasser-, Luft- und Wärmehaushaltes, sehr stark durch das Relief modifiziert (Kap. 2.9). Eine Abfolge von Böden in der Landschaft ist immer eine Überlagerung mit einer Chronosequenz, da ja das Alter der Landoberfläche, gemeinsam mit den anderen bodenbildenden Faktoren, den aktuellen Zustand bestimmt. Um dies zu erkennen, können wir die aktuelle Bodenverbreitung in einer

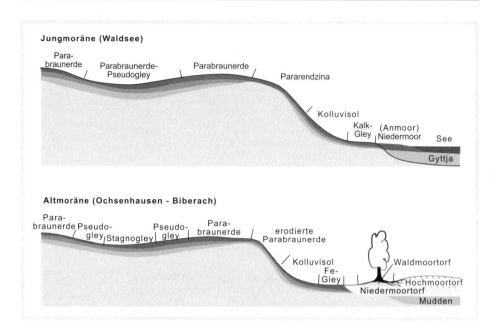

Abb. 4.9:
Toposequenz der Bodengesellschaft in der Jungmoränen- und Altmoränenlandschaft.

Jungmoränenlandschaft (Alter etwa 20 000 Jahre) mit der einer Altmoränenlandschaft (Alter etwa 100 000 Jahre) vergleichen (Abb. 4.9). Wir begehen dabei eine Vereinfachung, da natürlich auch die Altmoränenlandschaft durch die letzte Kaltzeit, wenn auch nicht durch den Gletscher, so aber doch durch periglaziale Prozesse mitgeprägt ist.

In der **Jungmoränenlandschaft** sind heute die **Parabraunerden**, welche sich bereits 2000 bis 3000 Jahre nach Abschmelzen des Eises entwickelt hatten, immer noch die am weitesten verbreiteten Böden. Sie treten vor allem auf Hochflächen, an Kuppen und flachen Oberhängen auf. Dort, wo in flachen Senken oder großen, ebenen Gebieten der Bt-Horizont gut ausgeprägt ist, stellt sich Wasserstau ein, und es bilden sich Übergänge zwischen Parabraunerden und Pseudogleyen, die wir **Parabraunerde-Pseudogley** oder **Pseudogley-Parabraunerde** nennen, je nachdem, welches der dominierende Zustand ist (der dominante Typ steht immer hinten).

Die jungen Böden wie Lockersyrosem und Pararendzina sollten wir eigentlich nicht mehr erwarten. Gleichwohl treffen wir insbesondere die **Pararendzina** oft bereits an mäßig geneigten Hängen an. Da aufgrund von **Pararendzinen sind meist erodierte Parabraunerden** Klima und Alter der Landoberfläche hier eine Parabraunerde zu erwarten wäre, sehen wir uns genauer die Übergänge zwischen den meist auf der Hochfläche angrenzenden Parabraunerden und den Pararendzinen an. Dort stellen wir fest, dass von der Hochfläche zum Hang sehr rasch die Al-Horizonte fehlen und der Humushorizont in einem Bt-Horizont entwickelt ist. Solche Zustände nennen wir **erodierte Parabraunerden**. Wenig weiter hangabwärts finden wir auch den Bt-Horizont nicht mehr. Wir haben es damit mit einer jungen Bildung zu tun, die erst entstehen konnte, nachdem die Parabraunerde **abgetragen** wurde.

Tafel 1

1.1 (unten links). Normbraunerde aus Granit-Fließerden, St Ursula (Aufnahme: O. Ehrmann).

1.2 (oben rechts). Humuseisenpodsol aus Buntsandstein-Fließerden bei Klosterreichenbach, Nordschwarzwald (Aufnahme: O. Ehrmann).

1.3 (oben links). Auengley aus Auenlehm bei Jülich, Kölner Bucht (Aufnahme: K. Stahr).

1.4 (unten rechts). Niedermoor im Kolbenmoos im Schwäbischen Allgäu (Aufnahme: O. Ehrmann).

Tafel 2

2.1 (oben links). Rendzina aus Weißjura-beta-Kalkstein, Schwäbische Alb (Höhe ca. 1m) (Aufnahme: O. Ehrmann).

2.2 (oben rechts). Pseudovergleyter Kalkpelosol aus tertiärem Haldenhofmergel, Hombollhof im Hegau (Aufnahme: O. Ehrmann).

2.3 (Mitte rechts). Pararendzina aus würmzeitlichem Geschiebemergel, Besetze, Oberschwaben (Aufnahme: O. Ehrmann). Der Geschiebemergel ist stark von sandiger Südwassermolasse geprägt. In den Rissen sind Kalkanreicherungen zu sehen, die wahrscheinlich aus der Zeit stammen als die vorangegangene Parabraunerde noch nicht erodiert war.

2.4 (unten rechts). Gley-Paternia aus Auenmergel über Rheinkies, Bietigheim, Rheinaue (Aufnahme O. Ehrmann).

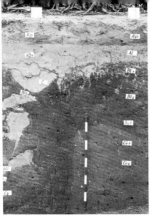

Tafel 3

3.1 (oben links). Parabraunerde aus weichselzeitlichem Geschiebemergel der Teltowplatte am Lollopfuhl in Berlin-Rudow. Auf der linken Bildseite ist ein periglazialer Sandkeil mit Tonbändern zu erkennen (Aufnahme K. Stahr).

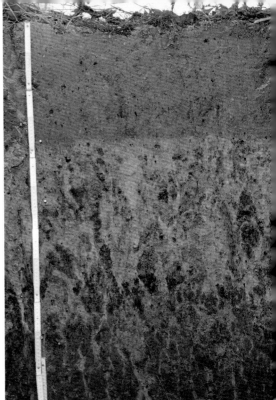

3.2 (oben rechts). Pseudogley unter Acker aus Lößlehm im Versuchsgut Kleinhohenheim, Stuttgart Der Ap-Horizont ist deutlich abgegrenzt (Aufnahme: O. Ehrmann).

3.3 (unten links). Tschernosem aus Löß in der Wiesensteppe, Südungarn. (Aufnahme E. Schlichting).

3.4 (unten rechts) Kalkmarsch aus Wattenschlick bei Husum, Schleswig.-Holstein. Im Profil ist noch deutlich die Schichtung durch Sturmfluten (weiße Lagen) erkennbar. Im Unterboden zeigt die schwarze Farbe sulfidische Reduktionsbedingungen an. Darüber ist ein blau-grauer Bereich, der reduziertes Eisen enthält. (Aufnahme: K. Stahr).

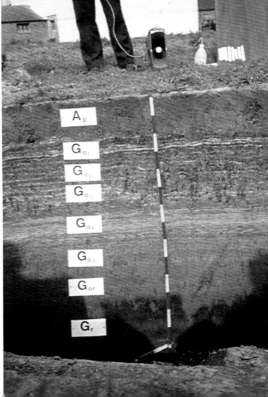

Tafel 4

4.1 (oben links). Ferralsol aus Gneiss in der Terra firme bei Brasilia, Brasilien. Auffällig ist die starke Durchwurzelung in dem lockeren ferralitischen Oberboden (Aufnahme: E. Schlichting).

4.2 (oben rechts). Vertisol aus tertiärem Basalt bei Hyderabad, Indien (Aufnahme: K. Stahr).

4.3 (unten links). Haplic Solonchak aus tertiären Mergeln. Vollwüste bei der Oase Siwa, Nordägypten. Typisch und auffällig ist die plattige Struktur im Oberboden mit ihrem takyrischen Risssystem (Aufnahme: K. Stahr).

4.4 (unten rechts). Gelisol aus Fließerden Banks Island, Nordkanada (Aufnahme: K. Bleich).

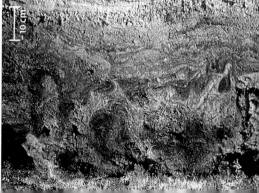

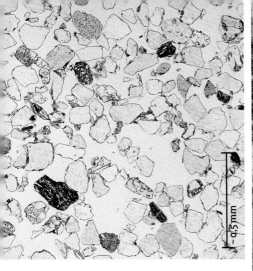

Tafel 5

5.1 (oben links). Einzelkorngefüge aus einem Ae-Horizont eines Podsols. (Aufnahme: O. Ehrmann).

5.2 (oben rechts). Hüllengefüge in einem Ortsteinpodsol aus Buntsandstein-Fließerden im Nordschwarzwald (Aufnahme: J. Andruschkewitsch).

5.3 (unten links). Gley-Go Horizont mit Eisenoxidsäumen um Hohlräume im Geschiebemergelgebiet bei Weiterdingen, Hegau/Oberschwaben (Aufnahme: O. Ehrmann).

5.4 (unten rechts). Eisenkonkretion im Sw-Horizont eines Pseudogleys, Versuchsgut Klein-Hohenheim (Aufnahme: O. Ehrmann).

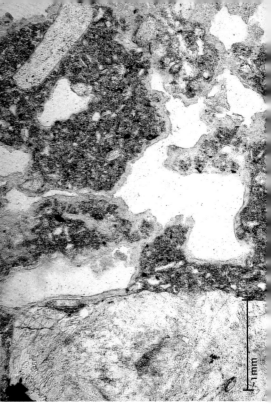

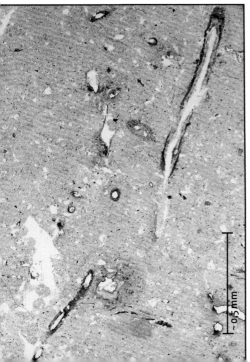

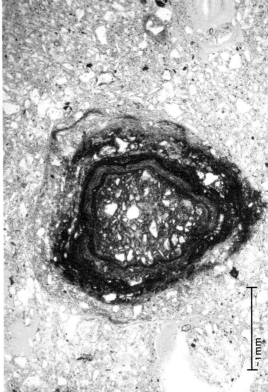

Tafel 6

6.1 (oben links). Krümeliges Gefüge im Oberboden einer Pararendzina aus Geschiebemergel am Homboll im Hegau (Aufnahme: O. Ehrmann).

6.2 (oben rechts). Polyedrische Gefüge im Oberboden einer Rendzina-Terrafusca aus Muschelkalk in Hohenlohe (Aufnahme: O. Ehrmann).

6.3 (unten links). Prismatisches Gefüge aus einem Pelosol-Gley in Westpolen (Höhe ca. 80 cm) (Aufnahme: O. Ehrmann).

6.4 (unten rechts). Subpolyedergefüge im Oberboden einer Parabraunerde aus Lößlehm, Goldener Acker, Stuttgart-Hohenheim (Aufnahme: O. Ehrmann).

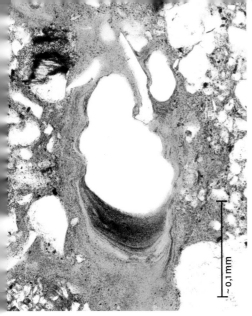

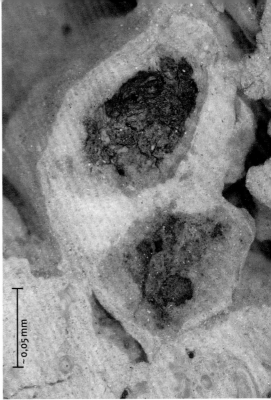

Tafel 7

7.1 (oben links). Tonbeläge in einer steinreichen Parabraunerde aus tertiären Mergeln, Liggeringen im Bodanrück (Aufnahme: O. Ehrmann).

7.2 (oben rechts). Marmorierung im SW-Horizont eines Pseudogleys, Versuchsgut Kleinhohenheim, Stuttgart (Aufnahme: O. Ehrmann).

7.3 (unten links). Kalkkonkretion im Löss einer Parabraunerde am Kaiserstuhl (Aufnahme: O. Ehrmann).

7.4 (unten rechts). Pyrit (Eisensulfide) in einem Reduktionshorizont eines Moorgleys der Toteissenke Heiliggrab im Hegau bei Weitertingen (Aufnahme: O. Ehrmann).

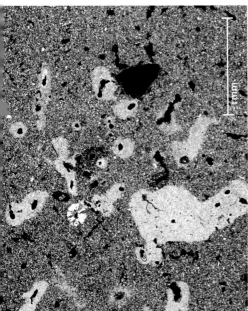

Tafel 8

8.1 (oben links). Stagnogley aus Decksand über Geschiebemergel in einer glazialen Depression am Lollopfuhl in
Berlin-Rudow (Aufnahme: K. Stahr).

8.2 (oben rechts). Terra rossa aus Kalkstein in Südspa-
nien unter Macchie. (Aufnahme: K. Stahr).

8.3 (unten links). Gley-Kolluvisol aus Ackerkolluvium
in der Hallertau in Niederbayern (Höhe ca. 1m) (Aufnahme: K. Stahr).

8.4 (unten rechts). Gleyic Solonchak mit Salzkruste im
Bewässerungsfeld der Oase Quara (Nordägypten). (Aufnahme: K. Stahr).

Eine Parabraunerde der Jungmoränenlandschaft ist etwa 1,20m tief entkalkt und hat eine durchschnittliche Lagerungsdichte von 1,4 kg/dm^3.

Frage: Wie viel Bodenmaterial [t ha^{-1}] musste abgetragen werden, damit wieder kalkhaltiges Löss- oder Geschiebemergelmaterial für eine neue Bodenbildung an die Oberfläche gelangte?

Dass die Landwirte gemerkt haben, was mit ihren Böden geschieht, sehen wir daran, dass in vielen Mergellandschaften heute Ackerterrassen zu beobachten sind. Solche Ackerterrassen entstehen, wenn quer zum Hang eine Hecke oder ein Grünstreifen das oberhalb abgetragene Bodenmaterial wieder sammeln kann. Dann häuft sich direkt vor oder in der Hecke das Bodenmaterial auf. Oberhalb und unterhalb wird die Landoberfläche langsam tiefer gelegt. Der Hang wird also insgesamt flacher, und nach unten bildet sich eine Stufe. Auf Äckern konnte dieser Prozess dadurch gefördert werden, dass hangab gepflügt wurde. Den Beweis für unsere Theorie, dass die ehemaligen Parabraunerden abgetragen wurden, finden wir am Unterhang, dort wo im konkaven Teil des Hanges das Gefälle geringer wird und deshalb das oben erodierte Material abgelagert werden kann. Wir finden dort manchmal mehrere Meter mächtige, graubraune Bodenmaterialien, die im unteren Teil kalkfrei sind, nach oben hin oft einen geringen Kalkgehalt bekommen. Dies ist das vermischte Material der abgetragenen Parabraunerden. Wir nennen dieses Material **Kolluvium** und den vom Menschen verursachten Boden, welcher sich daraus über Jahrhunderte hinweg gebildet hat, einen **Kolluvisol**. In Mergellandschaften sind Kolluvisole relativ fruchtbare Böden, da sie bei geringem Kalkgehalt vom Erosionsort humoses und meist **nährstoffreiches Bodenmaterial** mitbekommen haben. Leider trifft das aber nicht immer zu. Wenn so ein Boden sauer wird, der Humusgehalt abnimmt und damit stark zur **Verschlämmung** neigt, können wir auch unfruchtbare, **schwer bearbeitbare** Böden vorfinden. Die Senken der Jungmoränenlandschaften sind häufig von Seen erfüllt, die sich in Zungenbecken der Gletscher ausgebildet haben. Dies beobachten wir in Mecklenburg, Schleswig-Holstein, in den oberbayrischen und oberschwäbischen Seen, im Schweizer Mittelland und schließlich auch in den oberitalienischen Seen. Im See selber finden wir meist ein relativ nährstoffreiches Sediment, das belebt ist, aber bei größerer Mächtigkeit sehr schnell in O$_2$-Mangelzustände übergeht. Diese Unterwasserböden nennen wir **Gyttja**. Am Rande der Seen bildet sich ein Gürtel mit Schwimmblattgewächsen und weiter zum Ufer dann auch mit Sumpfpflanzen wie Rohrkolben, Schilf und Wasserschwertlilien aus. Diese Pflanzen sterben ab, sinken in das Wasser und die Streu kann unter Sauerstoffabschluss nicht vollständig abgebaut werden. Hier bildet sich ein Körper aus reiner organischer Substanz, die nur teilzersetzt ist. Solche Materialien nennt man Torf und da sie im See bzw. an dessen Rande zu finden sind, nennt man sie **Niedermoore** (vgl. Kap. 4.5, Abb. 4.10; S. 168).

Am Rande der Seen finden sich weitere Böden, die einen hohen Grundwasserstand haben. Alle Böden, bei denen der Grundwassereinfluss bereits

Kolluvisol = MAh-M-IIfAh

Gyttja = Fo-Gr

im ersten Meter unter der Bodenoberfläche vorkommt, gehören zur Gruppe der **Gleye**. Am Rand des Sees, wo das Grundwasser sehr hoch steht, ist auch bei den Mineralböden noch eine Abbauhemmung der organischen Substanz zu erkennen. Hier kann sich dann ein sehr humusreicher Oberboden ausbilden, der lange Zeit des Jahres unter Luftmangel leidet. In diesen Böden wird die Streu soweit abgebaut, dass die Gewebestrukturen verloren gehen. Es bleiben aber pechschwarze Huminstoffe zurück. Liegt der Huminstoffgehalt zwischen 15 und 30%, spricht man nicht mehr vom Moor, sondern

Anmoor = GoAa-Gr von anmoorigen Bedingungen. Unter dem Aa-Horizont des **Anmoors** finden wir direkt den Grundwasserreduktionshorizont. Steigt das Gelände ein wenig an, dann erreicht der Grundwasserspiegel nicht mehr den Humushorizont und damit werden auch die Bioturbation und die Mineralisation der organischen Substanz stärker. Das Grundwasser aus der Jungmoränenlandschaft enthält sehr viel Kalk von der Entkalkung aller angrenzenden Landböden. Dort wo das Grundwasser ruhig steht und nur wenig schwankt, kommt es wieder zur **Ausfällung des Kalkes**. Statt eines verrosteten Go-Horizontes, findet man jetzt einen milchigweißen Goc-Horizont, in dem nur wenige Rostflecke zu finden sind. Dieser Grundwasserkalkanreicherungs-

Kalkgley=Ah-Goc-Gr Horizont führt den Boden zum Typ des **Kalkgleys**.

In der Altmoränenlandschaft dagegen sind die Böden meist mehrere Meter (in Süddeutschland durchschnittlich 3 m) entkalkt. Unter diesen Bedingungen finden wir in der gleichen Landschaftsposition die aus Gebieten silikatischer Gesteine bekannten Normgleye oder **Eisengleye**. Vergleicht man die Altmoränen- mit der Jungmoränenlandschaft, so kann man generell feststellen, dass die Reliefunterschiede wesentlich geringer sind. Diese Veränderung geht z.T. auf die Wirkung der letzten **Kaltzeit** zurück, während der in der Altmoränenlandschaft durch **Bodenfließen** von den Kuppen Bodenmaterial in die Senken gebracht wurde, wodurch diese aufgehöht sind. Trotz der tieferen Entkalkung und der Umlagerungen in der Landschaft ist auch in der Altmoränenlandschaft die **Parabraunerde** der charakteristische und am weitesten verbreitete Boden in den konvexen und gestreckten Bereichen des Reliefs. Durch die ausgeprägtere Bodenentwicklung und insbesondere durch die Verlagerung verwitterter Bodenmassen in die Dellen sind dort die Staunässezustände wesentlich stärker. Wir finden deshalb in den Senken neben den typischen wechselfeuchten **Pseudogleyen**

Stagnogley = auch stark staunasse Böden, die **Stagnogleye**. Im Gegensatz zu den Pseudo-
Ah-Srw-Srd-C gleyen finden wir hier im Oberboden lange Zeit – in feuchten Jahren, auch den ganzen Sommer über – gestautes Wasser und damit Sauerstoffmangel bzw. reduzierende Bedingungen. Die Eisen- und Manganoxide, welche sich in zweiwertiger Form befinden, können wegen der behinderten Sickerung nicht in den Unterboden verfrachtet werden. Wohl aber fließen oder diffundieren sie an die Ränder der Senke und führen dort zu erhöhten Gehalten an Eisenkonkretionen.

An den flachen Hängen der Altmoränen kommt es unter landwirtschaftlicher Nutzung (Ackerbau) trotzdem zu Abtrag. Da aber der Kalkgehalt erst in drei Meter Tiefe beginnt, führt die Wassererosion dazu, dass lediglich die ehemaligen Oberböden abgetragen werden. Drei Meter entkalkte Bereiche werden von Erosion meist nicht vollständig erfasst, sodass auch bei stärker erodierten Böden der kalkhaltige Untergrund nicht mehr freigelegt wird. Deshalb nennen wir diese Böden nur **erodierte Parabraunerden**. Das

Gegenstück, nämlich der **Kolluvisol,** findet sich gleichwohl, ist aber fast immer ein kalkfreier Boden mit starkem Humusumsatz. Wenn wir die Senkenböden der Altmoränenlandschaft, insbesondere in Norddeutschland betrachten, so sind in der Zwischenzeit die Seen verloren gegangen. Genauer beobachtend, sieht man, dass sie verlandeten, d.h., durch nach innen fortschreitende Torfentwicklung sind die Seen mit der Zeit verschwunden. Der Torfkörper behindert den Wasseraustausch in der Landschaft stark und damit wird das Grundwasser etwas angehoben, wodurch dann auch nach außen das Moor über den Rand des Sees hinweg wächst und schließlich die gesamte Senke erfüllen kann (Kap. 4.5).

In den Moränengebieten finden wir also eine **Parabraunerde Pseudogley Gley Bodengesellschaft.** Zwischen den jüngeren, weniger entwickelten Jungmoränenlandschaften und den stärker entwickelten Altmoränenlandschaften treten als **differenzierende Böden** auf der Seite der **Jungmoräne** die **Pararendzina** und die Unterwasserböden, mit dem Beispiel der **Gyttja** auf. Auf der Seite der Altmoräne finden wir Podsol-Braunerden oder **Fahlerden** sowie die stark staunassen Böden, die **Stagnogleye,** und die vollständig vermoorten Senken mit den **Hochmooren** in ihren Zentren. Schauen wir von dieser Bodengesellschaft zurück in das Gebiet der Granitlandschaften, wie sie sich im Südschwarzwald oder im Bayerischen Wald und im Harz finden lassen, so stellen wir fest, dass auch in letzteren die Senken **vermoort** und Hochflächen stark **staunass** sind. Staunasse und vermoorte Böden sind nicht einer einzigen Landschaft (dem Gestein), sondern mehr dem Relief zuzuordnen.

Pseudogleye und Stagnogleye sowie Moore können besser zu Toposequenzen als Lithosequenzen zugeordnet werden.

4.5 Vergleyung und Vermoorung

Gleye sind Böden mit Grundwassereinfluss (Kap. 2.8). Das Grundwasser schwankt dabei im Jahreslauf um wenige Dezimeter und findet sich immer in weniger als 1 m Tiefe unter der Bodenoberfläche. Diese Tatsache hat wesentliche Folgen für die ökologischen Eigenschaften und für die Entwicklung von Gleyen als Böden von Senken und Niederungen.

Zunächst garantiert der Grundwasseranschluss (Kapillaraufstieg) auch in trockenen Zeiten eine ausreichende Wasserversorgung der Pflanzen. Hinsichtlich des Landschaftswasserhaushaltes bedeutet dies, dass in den trockeneren Gebieten Mitteleuropas die Gleye mehr Wasser verbrauchen als unmittelbar durch Niederschlag zugeführt wird. Solche Böden bezeichnen wir als Böden mit Zuschusswasser, da sie aus der Landschaft versickertes Wasser zusätzlich erhalten. Wenn wir die Wasserbewegung in der Nähe des Grundwasserspiegels beobachten, so ist im feuchten Zustand keine Abwärtsbewegung möglich, sondern das in den Boden eindringende Wasser füllt die noch freien Poren oberhalb des Grundwasserspiegels auf, ohne sich weiter abwärts zu bewegen. Dies hat zur Folge, dass in Gleyen Auswaschungsprozesse, insbesondere die Entkalkung, behindert sind oder gar nicht auftreten.

Im Gegenzug steigt in trockenen Perioden das Grundwasser kapillar in den Wurzelraum auf und führt Stoffe mit, die in ihm gelöst sind. Darüber hinaus bewegt sich das Grundwasser entsprechend seines Gefälles und durchströmt damit die Böden im Wesentlichen in horizontaler Weise. Das horizontal bewegte Wasser bringt Stoffe mit, die von den Landböden der Hochflächen, den Kuppen und Hängen ausgewaschen wurden. Somit sind die Gleye in ihrem Wasser- und Stoffhaushalt in hohem Maße von den Eigenschaften der Landschaft abhängig. Das dies zu unterschiedlichen Ausprägungen führen kann, lässt sich sehr gut beim Vergleich der Jung- und Altmoränenlandschaften feststellen.

In der **Jungmoränenlandschaft** versickert Wasser aus Pararendzinen und Parabraunerden und führt, bedingt durch die **Entkalkung,** bis zur Sättigung Calciumhydrogencarbonat mit (Kap. 3.4). Gelangt dieses Wasser in den Bereich der Grundwasserböden, so kann durch kapillare Bewegung das Wasser sowohl erwärmt werden, als auch durch Kontakt mit der Bodenluft CO_2 abgeben. Auf diese Weise wird in den Hohlräumen des Schwankungsbereichs des Grundwassers bzw. des Kapillarsaums Kalk ausgefällt. Die Böden erfahren eine echte Anreicherung an Kalk. Diese sogenannten **Kalkgleye** haben eine Horizontfolge **Ah – Goc – Gr.** Der weiche Kalk wird meist in großen Hohlräumen, ehemaligen Wurzelbahnen und Rissen ausgefällt und behält, solange er feucht bleibt, eine puddingartige Konsistenz. Nur wenn er ab und an austrocknet, kann er verhärten.

Ganz anders sieht die Situation in der **Altmoränenlandschaft** aus. Hier ist die Entkalkung meist schon mehrere Meter fortgeschritten, und die Oberböden sind **sauer.** Durch die flacheren Landschaftsformen ist die Bewegung des Grundwassers langsamer. Dadurch können unter reduzierenden Bedingungen oder im stark sauren Milieu Eisenionen und ein Teil ihrer Begleitelemente (Mangan, Phosphor) im Grundwasserstrom transportiert werden. Im permanent wassergesättigten Bereich des Grundwassers, in dem immer ein wenig organische Substanz gelöst ist, wird Sauerstoff vollständig durch mikrobielle Atmung verbraucht. Das Eisen bleibt reduziert und ist damit mobil. Wenn das Wasser kapillar aufsteigt, wird in großen Hohlräumen mit dem vorhandenen Sauerstoff eine **Oxidation** stattfinden. Diese führt dazu, dass in den Hohlräumen Eisen als dreiwertige Verbindung (Ferrihydrit oder Goethit) **Rostüberzüge** bildet. Anders als bei den Pseudovergleyungen ist die **Eisenabscheidung** in den Gleyen **extrovertiert** (nach außen gerichtet). Die Oberflächen von Aggregaten, Wurzelröhren und Wurzelgängen werden durch Eisenoxide verkittet. Im Aggregatinneren und nach unten in den Grundwasserkörper bleiben die Bedingungen immer reduzierend. In Mergellandschaften sind diese Eisengleye meist nur mit wenig Eisen angereichert, da hauptsächlich das im Unterboden mobilisierte Eisen zur Verfügung steht. In Landschaften, in denen **keine Kalkpufferung** möglich war und die **stark versauert** sind (Kap 2.8), kann Eisen aus der Landschaft zugeführt werden und es kommt zur Bildung von **Raseneisenstein.**

Mit der **Vergleyung** ist eine weitere Gruppe von Prozessen verknüpft, die im Wesentlichen zur Veränderung des **Humushaushaltes** und der Gefügeform führen. Bei hoch stehendem Grundwasser kommt es nach wenigen Tagen zu **Luftmangel.** Damit ist für höhere Pflanzen die Wurzelatmung nicht mehr möglich, und die Wurzeln sterben ab. Außerdem sind die Bedingungen für im Boden lebende wühlende Organismen zu dieser Zeit schlecht. Der **anaerobe Abbau** ist aber (Kap. 2.6.2) wesentlich schwächer als der aerobe und führt dazu, dass kaum umgewandelte organische Stoffe, wie Zellulose und Lignin, zurückbleiben. Diese **Abbauhemmung** führt dazu, dass der Humusgehalt in Gleyen in der Regel höher ist, als in den benachbarten, nicht

Raseneisenstein = Eisenerz aus dem Grundwasser angereichert

vom Grundwasser beeinflussten Böden. Der **erhöhte Humusgehalt** hat aber auch noch andere Folgen. Mit dem Humus werden Nährstoffvorräte, Austauschkapazität und Wasserspeichervermögen erhöht.

Die durch Grundwasserhochstand oder -anstieg, d.h. durch **Luftmangel** bedingte Humusakkumulation tritt verstärkt auf, wenn das Grundwasser näher an der Bodenoberfläche liegt. Erreicht der Grundwassertiefstand 2–4 dm unter Geländeoberfläche, so ist für den Go-Horizont bzw. den Gc-Horizont kein Platz mehr vorhanden. Diese werden durch das ansteigende Grundwasser gewissermaßen in den Ah-Horizont hineingedrückt.

Das Bodenprofil hat dann die Horizontfolge **GoAh-Gr**. Einen solchen Boden nennt man einen **Nassgley**. Unter diesen Bedingungen gibt es meist noch wühlende Bodenorganismen wie Regenwürmer und Mäuse. Diese bewegen sich aber sehr nahe der Bodenoberfläche. Wenn der Grundwasserspiegel bei etwa 2 dm angelangt ist, sind die Phasen, in denen der Oberboden durchlüftet ist, nur sehr kurz, d.h., die Vegetation, die hier wachsen kann, muss an den starken Luftmangel angepasst sein (Pflanzen mit Luftleitgewebe, Aerenchym, wie Binsen, Seggen und Schilf). Es tritt jetzt eine verstärkte Abbauhemmung ein. Die Humusgehalte steigen über 15 Gewichtsprozent und die Oberbodenstruktur wird dicht, was die Konservierung der organischen Substanz weiter fördert. Einen solchen Oberbodenhorizont, der pechschwarz ist, nennen wir anmoorig (vgl. Kap. 2.6.3). Der Bodentyp mit **Aa-Gr** ist ein **Anmoor**. Solche Böden finden wir in glazialen Senken häufig. Sie sind hinsichtlich der Bodenentwicklung, aber auch hinsichtlich ihrer ökologischen Eigenschaften, Übergänge zu dem, was wir Moor nennen. Anmoore findet man deshalb oft in der Landschaft an **Rändern von Mooren**.

Bevor wir uns weiter diesem Übergang widmen, wollen wir uns an einem anderen Beispiel, nämlich an der Verlandung eines Sees, die Entstehung eines Moores klar machen.

Seen findet man in Glaziallandschaften häufig. Es sind von Zungenbecken (Starnberger See, Ammersee, Gardasee) oder ehemals von Toteis erfüllte Senken oder Depressionen, die mit ihrem tiefsten Punkt unter dem heutigen Wasserspiegel der Landschaft liegen (Mecklenburgische Seenplatte).

Ein **Zungenbeckensee** ist beim Abschmelzen des Eises noch vom Schmelzwasser beeinflusst, das direkt vom Gletscher kommt. Dieses Schmelzwasser schüttet ein kleines Delta bzw. einen Schuttkegel in den See hinein. Das feine Material bleibt als Trübe im See und setzt sich langsam ab. In Mitteleuropa geschah dies vor etwa 20 000 Jahren. Regelmäßig im Winter froren die Seen zu, und auch das frei lebende Plankton starb ab und sank zu Boden. Im Frühjahr mit dem Auftauen und der Zunahme der Wasserzufuhr wurde etwas gröberes Sediment in den See gebracht, das sich auf die feine schwarze Lage organischer Substanz legte. Diese feingeschichteten **Beckentonen** füllen oft mit mehreren Metern Mächtigkeit den See (Kap. 4.1.2). Aus ihnen kann man ablesen, wann der See eisfrei wurde und wie lange er unter periglazialen Bedingungen lag. Für uns ist hier nur wichtig, dass der See dadurch flacher wurde. Auch nach Erwärmung und Ausbreitung intensiverer Vegetation in der Umgebung war die Situation noch sehr ähnlich. Es wurde Ton in den See hineintransportiert, und es wurde mit dem Ton, insbesondere im Winter, organische Substanz akkumuliert. Diese mineralischen und organischen Sedimente bezeichnen wir als **Mudden**. Solche

Nassgley = GoAh-Gr

Anmoor = Aa-Gr

Mudden, die im Austausch mit dem Wasser stehen und belebt sind, können auch als Unterwasserböden betrachtet werden. Eine solche Tonmudde und auch die folgenden Entwicklungsstufen entsprechen dem Bodentyp **Gyttja**. Mit der Bewaldung in der Umgebung vor 12000 bis 14000 Jahren kam die natürliche Sedimentzufuhr fast zum Stillstand. Dagegen nahm in den Böden der Umgebung die Entkalkung deutlich zu, da die Böden nicht mehr gefroren waren und sich im Pararendzinastadium befanden. Deshalb wurde mit dem Grundwasser vor allen Dingen Calciumcarbonat in den See eingetragen. Durch die regelmäßige Belüftung im See kommt es zur Ausgasung des Wassers (und CO_2-Verlust) und damit zum Ausfällen des Kalkes. Auch dieser Kalk wird regelmäßig mit organischer Substanz am Boden des Sees abgelagert. Diese Ablagerung nennen wir **Kalkmudde**. Es gibt einige Voralpenseen, die heute noch in diesem Zustand sind. Bei anderen wird durch die feinen Sedimente der **See** gegenüber der Grundwasserströmung **abgedichtet** und das Grundwasser fließt dann um den See herum. Lediglich die Zuflüsse, die Bäche, bringen noch nährstoffreiches (eutrophiertes) Wasser mit. Im See entsteht ein immer intensiveres pflanzliches und tierisches Leben. Dieses stirbt aufgrund seines Lebenszyklus oder aufgrund der winterlichen Kälte ab und sinkt zu Boden. Wir haben jetzt eine rein organische Sedimentation von Plankton und Lebewesen, die sehr große Anteile leicht zersetzbarer, eiweißreicher organischer Substanz enthalten. Dadurch wird ein Teil noch abgebaut und wir finden in dem organischen Sediment kaum Reste von Pflanzen und Tieren, die leicht zu identifizieren sind, vielmehr eine strukturlose, zähe Masse organischer Substanz von grau-grüner Farbe (reduzierende Bedingungen). Dieses Material, da es sich ähnlich wie frische Leber anfühlt, wird **Lebermudde** genannt. Der entsprechende Bodentyp ist jetzt das **Sapropel** (= Faulschlamm). Im Laufe der weiteren Sedimentation werden der Austausch des Sees mit seiner Umgebung und die Umlagerung im See immer geringer. Das Gewässer wird sehr flach und am Rande bildet sich ein Gürtel von Seggen, Schilf und Rohrkolben sowie von Schwimmblattgewächsen. Diese Pflanzen sterben ebenfalls regelmäßig ab und setzen sich dann auf dem Grunde des nur noch flachen Gewässers ab. Sie werden nicht mehr vollständig zersetzt und leiten den Beginn der Torfbildung ein. In manchen Seen gibt es Übergänge von den **Mudden** zu den **Torfen** (sogenannte Torfmudden). In anderen Fällen geht aber die abgelagerte Mudde direkt in den abgesetzten Torf über. Die Erhaltung des Torfs ist dadurch bedingt, dass die sehr hohen Mengen organischer Substanz eine Sauerstoffzufuhr, die die Zersetzung intensivieren könnte, gar nicht mehr zulassen. Die abgesetzte organische Substanz bildet einen sehr lockeren, **schwammartig-porösen Torfkörper**. Am Rande des Sees wird er bald an der Wasseroberfläche ankommen. In der Folge wird durch die Auflast neuer organischer Substanz und durch eine teilweise Zersetzung der Torf langsam verdichtet: er sackt. Gleichzeitig wandert der Gürtel von Schilf und Schwimmblattgewächsen weiter auf das Zentrum des Sees zu. In der vom Torf eingenommen Fläche finden wir jetzt **Seggenriede**. Der See wird immer kleiner. Er verlandet schließlich.

In dem Augenblick, wenn im früheren Zentrum des Sees sich die Vegetation schließt, sprechen wir davon, dass der See **verlandet** ist. Dadurch, dass die Ablagerungen des Torfes sehr locker sind und durch die Auflast der über das Wasser reichenden Vegetation immer etwas komprimiert wird,

Marginalien:

Mudden = F-Horizonte = Seesedimente mit org. Substanz

Moore und Seen speichern Kohlenstoff

Verlandung

kann dieser Zustand des **Niedermoors** relativ lange andauern. Im Zustand des Niedermoors ist der Grundwasserspiegel auf gleichem Niveau wie zuvor der Wasserspiegel des Sees. Der Austausch mit dem Grundwasser der Umgebung ist sehr gering, aber noch vorhanden. Das bedeutet insbesondere, dass mineralische Nährstoffe wie Kalium, Magnesium und Phosphor weiterhin zugeführt werden und eine üppige, anspruchsvolle Vegetation ernähren können. Dazu kommt ein erheblicher Nährstoffumsatz durch die bei der Zersetzung frei werdenden Nährstoffe, insbesondere Stickstoff, die die Versorgung der Pflanzen sicherstellen.

Niedermoor = nH-IIF oder nH-IIGr

Im Laufe der Zeit können sich vom Rand her auch Baumarten auf dem Moor ansiedeln. Sie haben durch ihre vieljährige Lebenszeit einen Vorsprung gegenüber den einjährigen Pflanzen und können diese deshalb teilweise verdrängen. Solche Baumarten sind Erlen und Weiden, Birken und je nach Klimagebiet auch Fichten und Kiefern. Diese Bäume und die mit ihnen gemeinsam einwandernden Zwergsträucher sind mit ihrem Wurzelsystem auf eine bessere Sauerstoffzufuhr angewiesen als es die vorhergehenden Sumpfpflanzen waren. Das führt dazu, dass deren Wurzelsystem sehr flach ist, damit sie ausreichend mit Luft bzw. Sauerstoff versorgt sind. Wenn sich das Wurzelsystem aus dem Torfkörper und damit auch teilweise aus dem Grundwasser zurückzieht, wird die Wasserversorgung verstärkt durch Regenwasser und damit durch nährstoffärmeres Wasser sichergestellt. Außerdem ist der Nährstoffaustausch in dem verlandeten See (Torfkörper) wesentlich geringer als er in einem durchströmten Seekörper war. Sterben diese Holzpflanzen ab, so werden sie ebenfalls langsam unter Wasser sinken und mit ihren hohen Anteilen an Lignin und Cellulose bei gleichzeitig sehr geringen Eiweiß- und Zuckeranteilen der Zersetzung mehr Widerstand entgegensetzen als es die nährstoffreichen Sumpfpflanzen getan haben. Der holzreiche Torf des sogenannten **Waldmoors** (Übergangsmoor) steht bereits stärker unter Einfluss des Niederschlagwassers und bietet durch die schlechte Qualität der Streu eine geringere Nährstoffanlieferung für die nächste Generation. Während der Waldtorf langsam in den Niedermoortorf hinein sinkt und diesen weiter komprimiert, wird die Nährstoffsituation an der Oberfläche immer schlechter. Vor allem die Versorgung mit den mineralischen Nährstoffen Kalium und Phosphat, aber auch die Stickstoffversorgung, die aus der organischen Substanz zuvor sehr gut war, werden wesentlich schlechter. Dies führt dazu, dass Pflanzen mit sehr geringen Nährstoffansprüchen im Vorteil sind. Solche Pflanzen sind zum Beispiel das Wollgras (*Eriophorum*) oder die Torfmoose (*Sphagnen*). Diese siedeln sich zwischen den Bäumen an, wie zuvor schon Heidekraut (*Erica*) und Beersträucher (*Vaccinium*), und können sie auch in ihrem Wachstum behindern. Diese anspruchslosen Pflanzen setzen sich nur dann durch, wenn das Klima für sie günstig ist. Es muss wie im Alpenvorland oder im Schwarzwald ganzjährig humid sein. Dann bildet sich als Abschluss der Moorentwicklung ein **Hochmoor**. Diese aus dem Absatz von Hochmoortorf entstehenden **Regenmoore, die ausschließlich von Regenwasser** (ombrogen) genährt werden, gab es früher auch weit verbreitet in Norddeutschland. Durch Eingriffe in den Wasserhaushalt der Landschaft, durch Torfgewinnung und in letzter Zeit durch Nährstoffeinträge über Staub und Regen sind die Hochmoore dort nahezu ausgestorben. In den sehr feuchten Reinluftgebieten Süddeutschlands und der Mittelgebirge können sie sich

Waldmoor = uH-nH-IIF

Hochmoor = hH-IImC oder hH-nH-IIF

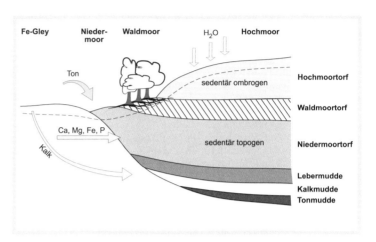

weiter entwickeln und dabei sehr seltenen Pflanzen, wie der Moosbeere oder dem Sonnentau, einen Lebensraum bieten (Abb. 4.10).

Der größte Teil unserer **Moore**, wie sie in Bayern und Baden-Württemberg, Niedersachsen, Schleswig-Holstein, Mecklenburg- Vorpommern und Brandenburg vorkamen, wurden in der Neuzeit durch **Entwässerung** und **Inkulturnahme** für Grünland-, Ackerbaunutzung und Gartenbau in Kulturland umgewandelt. Dabei wird das Moorwachstum gestoppt. Deshalb stellt jede Form der agrarischen **Moornutzung** einen **Ressourcenabbau** dar, der nicht nachhaltig sein kann, da durch die Entwässerung und den stärkeren Abbau der organischen Substanz der Moorkörper etwa um 1cm pro Jahr durch **Sackung** und **Torfabbau** schwindet. Auf jeden Fall hört bei jeglicher Nutzung (Biomasseentzug) das Wachstum des Moores auf. Durch ihre hohe Wasserspeicherfähigkeit und die hohen Nährstoffvorräte haben Moore für Kulturpflanzen, wenn der Wasserhaushalt geregelt ist, sehr günstige Wachstumsbedingungen. Bei der Entwässerung und der Bodenbearbeitung verändert sich der Torf rasch. Er wird oxidiert und belebt. Belebung und Bodenbearbeitung führen dazu, dass der Torf Struktur bekommt: er **vererdet**. Die Umsetzung kann aber auch sehr ungünstig sein, sodass der teilzersetzte Torf beim Austrocknen hydrophob wird und dann für Pflanzenwurzeln sehr ungünstige Bedingungen hat. Solcher **vermulmter** Torf kann leicht vom Wind weggetragen werden.

Es gibt eine Reihe verschiedener Verfahren der Moorkultur. Die einfachsten sind diejenigen, bei denen nur das Moor gerodet oder abgebrannt und dann nach Entwässerung der Torf genutzt wird. Dazu gehören die **deutsche Hochmoorkultur** und die **Niedermoorschwarzkultur**. In anderen Fällen wird erst ein Teil des Torfes als Brenntorf abgegraben und verkauft und auf dem verbleibenden Moorrest eine Kultur durchgeführt (**Fehnkultur**). In der Sorge um eine Dauerhaftigkeit der Nutzung brachte man später auch Sanddecken auf den Torf, die den Bearbeitungshorizont und Wurzelraum liefern sollten (**Sanddeckkultur**). Wurde der Torf zuvor weitgehend genutzt und lag eine günstige Sandschicht darunter, so wurde durch Tiefpflügen der Torfrest und der darunterliegende Sand balkenweise umgepflügt und

Erdniedermoor =
nHv-nH-IIF

dann oberflächlich gemischt (**Sandmischkultur**). Heute nimmt die Moorkultur stark ab, und Renaturierung und **Wiedervernässung** der Moore gewinnen an Bedeutung. Moore werden von starken CO_2-Quellen wieder zu CO_2-Senken und können so dem anthropogenen Treibhauseffekt entgegenwirken.

4.6 Redoxreaktionen in Böden

Reduktions- und Oxidationsreaktionen stellen in der Natur sehr wesentliche Prozesse dar. Sie treten als Hin- und Rückreaktion häufig paarweise auf. Das wichtigste Prozesspaar sind die **Assimilation** und die **Atmung**. Die Assimilation ist dabei die Reduktionsreaktion. Zu ihrem Ablauf ist **Energie** notwendig. Die Atmung dagegen ist die Oxidationsreaktion, und bei ihrem Ablauf wird Energie frei. In Böden kann wegen der nicht vorhandenen Licht-energie keine Assimilation ablaufen, dagegen spielt die Atmung eine sehr wesentliche Rolle. Nährstoffe und Bioelemente können Reduktions- und Oxidationsreaktionen in Böden unterliegen, so z.B. Stickstoff, Schwefel, Mangan, Eisen, Kupfer und andere mehr. Bei allen Redoxreaktionen in Böden sind Organismen beteiligt. Generell wird dabei organische Substanz zur Gewinnung von Energie oxidiert. Der wichtigste Prozess ist die bereits erwähnte Atmung. Hier werden organische Stoffe unter Verbrauch von Sauerstoff in CO_2 und H_2O umgewandelt, wobei Energie frei wird. CO_2 mit Wasser ist Kohlensäure. Wir können ganz allgemein daraus schließen, dass bei allen **Oxidationsprozessen Säure** entsteht bzw., dass alle **Reduktions-prozesse Säurepuffer** darstellen. Die Vielfalt der Redoxprozesse in Böden ist dadurch bedingt, dass nicht immer ausreichend Sauerstoff vorhanden ist und deshalb die Organismen auf andere Oxidationsmittel ausweichen müssen. Alle Oxidationen, die ohne Beteiligung von Sauerstoff stattfinden, nennt man anaerobe Oxidation. Sie können nur von bestimmten Gruppen von **Bakterien**, die **obligat** oder **fakultativ anaerob** leben, durchgeführt werden. Deshalb sind alle anaeroben Prozesse wesentlich weniger effektiv als die Atmung, die von allen anderen Mikroorganismen, den höheren Pflanzen und den Tieren durchgeführt werden kann.

Solange freier Sauerstoff im System ist, ist das Oxidationspotenzial hoch und die Bedingungen sind aerob. Der Verlust des Sauerstoffs sorgt dafür, dass das Redoxpotenzial (Eh-Wert) absinkt. Dieses Redoxpotenzial wird mit der Nernst'schen Formel angegeben. Sie lautet:

Oxidation setzt Engerie frei

Oxidation produziert Säure

$$Eh = E_0 + RT/nF \times \ln a_{ox}/a_{red}$$

Hierbei bedeutet:

Eh = das Redoxpotenzial der Bodenlösung (mV)

E_0 = das Standardpotenzial der jeweils interessierenden Redoxreaktion (mV)

R = die allgemeine Gaskonstante

T = die absolute Temperatur

n = die Zahl der an der Reaktion beteiligten Elektronen

F = die Faraday-Konstante

a = die Aktivität der oxidierten und der reduzierten Phase

Wenn man die Konstanten einsetzt und den natürlichen Logarithmus in einen 10er Logarithmus umwandelt, so ergibt sich eine etwas einfachere Formel mit:

$$Eh = E_0 + 0{,}059/n \times \lg a_{ox}/_{ared}$$

Über die beteiligten Elektronen ist das Redoxpotenzial auch abhängig vom pH-Wert. Deshalb kann man Redoxpotenziale nur vergleichen bzw. vorher berechnen, wenn auch der pH-Wert und die Aktivitäten der beteiligten Ionen bekannt sind. Gemessen wird das Redoxpotenzial mit einer feinen inerten Platinelektrode, die in den Boden eingeführt und gegen eine Standardelektrode, deren Potenzial bekannt ist, gemessen wird. International ist das Redoxpotenzial standardisiert gegenüber der sogenannten Normalwasserstoffelektrode. Die in der Natur beobachteten Redoxpotenziale liegen dabei zwischen +1000mV und –500mV, wenn man einen pH-Wert von 7 als Bezugswert zugrunde legt.

In Anlehnung an Tabelle 4.2 wollen wir die für unsere Böden wichtigen Redoxprozesse mit sinkendem Redoxpotenzial verfolgen. Zunächst finden wir die Atmung, die wir bereits ausführlich besprochen haben (vgl. auch Kap. 9). Sobald nicht mehr ausreichend Sauerstoff zur Verfügung steht,

Tab. 4.2:
Wichtige Redox-reaktionen in Böden.

Eh [pH 7]	oxidiert – reduziert	Reaktionsgleichungen	Energie [kJ · mol^{-1}]
+ 0,8	$O_2 \leftrightarrow 2O^{2-}$	$C_6H_{12}O_6$ (z.B. Zucker) $+ 6O_2$ $\rightarrow 6CO_2 + 6H_2O$ Atmung	+ e
+ 0,5	$N^{5+} \leftrightarrow N_2 \uparrow$	$2C_6H_{12}O_6 + 5Me(NO_3)_2$ $\rightarrow 12CO_2 + 7H_2O + 5Me(OH)_2$ $+ N_2O + 4N_2\uparrow$ Denitrifikation	+ e
+ 0,4	$Mn^{4+} \leftrightarrow Mn^{2+}$	$C_6H_{12}O_6 + 5MnO_2$ $\rightarrow 6CO_2 + 6H_2O + 6Mn^{2-}$ Manganreduktion	+ e
+ 0,1	$Fe^{3+} \leftrightarrow Fe^{2+}$	$C_6H_{12}O_6 + 4Fe_2O_3$ $\rightarrow 6CO_2 + 6H_2O + 8Fe^{2+}$ Eisenreduktion	+ e
– 0,1	$S^{6+} \leftrightarrow S^{2-} \rightarrow FeS \downarrow$	$C_6H_{12}O_6 + 3MeSO_4$ $\rightarrow 6CO_2 + 3Me(OH)_2 + 3H_2S\uparrow$ Desulfurikation	+ e
– 0,2	$CO_2 \leftrightarrow CH_4 \uparrow$	$C_6H_{12}O_6 + 3CO_2$ $\rightarrow 6CO_2 + 3CH_4$ Methanogenese	+ e
– 0,5	$H_2O \leftrightarrow H_2 \uparrow$	$C_6H_{12}O_6 + 6H_2O$ $\rightarrow 6CO_2 + 12H_2$ Wasserstoffreduktion	+ e

werden die ersten anaeroben Prozesse in Gang gesetzt. Der wichtigste dabei ist die Denitrifikation. Hier wird Nitrat als Oxidationsmittel verwendet, wobei elementarer Stickstoff sowie Lachgas N_2O entstehen, die das System als Gase verlassen. Außerdem kann in extremen Fällen eine Nitratammonifikation stattfinden, bei der NH_4^+ entsteht. Diese Denitrifikation ist ein segensreicher, aber auch sehr gefährlicher Prozess. Es werden überschüssige Stickstoffmengen aus dem System genommen und – soweit sie zu N_2 werden – unschädlich entsorgt. Entsteht aber N_2O (Lachgas), so haben wir ein sehr wichtiges klimarelevantes Gas, das außerdem als Zellgift sehr wirksam ist. Dieser Prozess erscheint gleichzeitig nützlich und schädlich. Er findet z.B. in biologischen Kläranlagen in sehr großem Maße statt und verhindert dabei die Eutrophierung der darunter liegenden Gewässer. Aus landwirtschaftlicher Sicht ist die Denitrifikation ein sehr negativ zu betrachtender Prozess, da durch ihn große Mengen an Stickstoff, dem wichtigsten Nährstoff, verloren gehen. Entscheidend für die Gefährlichkeit dieses Prozesses ist, dass er im Boden keine sichtbaren Merkmale hinterlässt. Alle beteiligten Verbindungen sind völlig farblos und lediglich Ammoniak in großer Konzentration ist zu riechen. Wir haben es in landwirtschaftlichen Böden häufig mit Denitrifikation zu tun, wenn die Ackerkrume relativ dicht ist und im Frühjahr feucht bleibt, ohne dass der Landwirt ein einfaches Mittel hat, diesen Missstand zu erkennen.

In natürlichen Böden, aber auch in landwirtschaftlichen Böden, ist der Nitratvorrat rasch aufgebraucht. Dann sackt das Redoxpotenzial weiter ab, und es findet als nächster Prozess die Manganreduktion statt. Auch hier entstehen CO_2 und Wasser sowie die mobilen Mn^{2+}-Ionen. Da die Oxide des 4-wertigen Mangans durch ihre pechschwarze Farbe leicht zu erkennen sind, ist auch die Reduktion von Mangan gut erkennbar, insbesondere dann, wenn das Mangan außerhalb des reduzierenden Bereichs wieder in 4-wertiger Form ausgeschieden wird.

Ebenso gut sichtbar ist die Eisenreduktion. Die braunen, ockerfarbenen oder roten Oxide des 3-wertigen Eisens werden reduziert, zunächst zu mobilem Fe^{2+}, das sich dann aber als grüner Rost mit Silikaten verbinden kann oder später mit frei werdenden Sulfiden zu pechschwarzem Eisensulfid niederschlägt (Kap. 2.4.2).

Ist das Eisen vollständig reduziert, so kommt als nächster wichtiger Redoxprozess die Desulfurikation zum Tragen. Hierbei wird Sulfatschwefel, z.B. aus Gips ($CaSO_4 \times 2H_2O$), als Oxidationsmittel verwendet und zu Sulfid reduziert. Dies ist wie beim Stickstoff eine umfangreiche Redoxtreppe, bei der pro Molekül acht Elektronen gebunden werden können. Wie beim Stickstoff gibt es auch hier Seitenwege und es kann unter Umständen elementarer Schwefel entstehen. Im Allgemeinen wird aber H_2S gebildet. Dieses H_2S kann sich mit vielen Schwer- und Buntmetallkationen verbinden, die in Lösung vorliegen. Es entstehen Sulfide, die ausfallen. Diese Sulfide sind durchweg pechschwarz gefärbt, deshalb sind Böden mit stark reduzierten Horizonten ebenfalls pechschwarz, z.B. Gleye im Gipskeupergebiet oder das Schlickwatt in der Marschenserie (Kap. 5.3).

Wenn das Sulfat ebenfalls als Oxidationsmittel verbraucht ist, so gibt es noch den großen CO_2-Vorrat, der meist im Boden nahezu unerschöpflich ist, da bei allen bisherigen Prozessen CO_2 entstanden ist. Dieses CO_2 kann jetzt als Oxidationsmittel gegenüber reduzierten Kohlenstoffverbindungen verwendet werden. Dabei kommt es zu einer Disproportionierung und es entsteht als reduzierte Phase Methan und bei der anderen Halbreaktion mehr CO_2. Unterhalb der Methanogenese gibt es noch die Möglichkeit, dass Wasser als Oxidationsmittel fungiert und dabei aus organischer Substanz und Wasser, CO_2 und Wasserstoff entsteht. Dieser Prozess steht an der Grenze des Stabilitätsbereichs des Wassers und deshalb auch des Lebens, d.h., er kann nur in Extremsituationen stattfinden (vgl. Kap. 4.5, 4.6 und 9.2.2).

In der Natur beobachten wir häufig, dass bei vollständigem Verbrauch des Sauerstoffs das Redoxpotenzial in unseren Böden zunächst bis zur Methanbildung absackt, da leicht verfügbare organische Substanz und Mikroorganismen dann Methan bilden können. Sind noch andere redoxaktive Substanzen im Boden, so steigt das Redoxpotenzial rasch wieder an, zum Beispiel in den Bereich der Eisenreduktion, und sinkt erst wieder, wenn das verfügbare Fe^{3+} vollständig reduziert ist.

Wir müssen also feststellen, dass die Redoxprozesse wichtige Teilprozesse im Haushalt des Kohlenstoffs, des Stickstoffs, des Schwefels, des Mangans und des Eisens darstellen. Neben diesen findet die Reduktion und Oxidation auch noch eine wesentliche Bedeutung bei redoxempfindlichen Spurenstoffen, wie Kobalt und Kupfer. Auch die nicht redoxempfindlichen Elemente Zink, Molybdän und Phosphor sind mit ihrer Bindung an redoxempfindliche Ionen in diese Prozesse einbezogen.

4.7 Stickstoff-, Phosphor- und Schwefelhaushalt von Böden

Stickstoff, Schwefel und Phosphor sind drei wichtige Nährstoffe in allen unseren Ökosystemen. Es sind zugleich drei Nährstoffe, die sich durch sehr unterschiedliche Bindungsformen in unseren Böden auszeichnen. Die Bindungsform entscheidet darüber, ob ein Nährstoff im Boden festgehalten oder aus dem Boden ausgewaschen wird, von den Pflanzen aufgenommen werden kann oder als Belastung für Luft, Trinkwasser oder Pflanzen betrachtet werden muss. Der folgende Absatz zeigt nicht direkt eine Bewirtschaftung von Flächen auf, sondern soll dem Verständnis des Kreislaufs dieser Elemente in unseren Böden sowie der Mobilisierungs- und Immobilisierungsprozesse, die dabei auftreten, dienen.

4.7.1 Stickstoffhaushalt

In der **Luft** kommt **Stickstoff** mit 79% als häufigstes Gas vor. Andere Stickstoffverbindungen (NH_{32}, NO, N_2O, NO_2) kommen nur im Spuren- oder im Ultraspurenbereich vor (Nanogramm pro Liter). In unseren Böden kommt Stickstoff hauptsächlich in organischer Bindungsform vor. Zwischen 90 und 98% der **Stickstoffvorräte** von 3000 bis über 20000 kg pro Hektar sind in unseren Böden organisch gebunden. Der Rest kommt als sogenannter **Mineralstickstoff** in Form von **Ammonium** (NH_4^+) oder **Nitrat** (NO_3^-) vor. Abbildung 4.11 zeigt, dass in unseren Böden der Stickstoffvorrat im Wesentlichen in fünf Vorratspools aufgeteilt ist, die sehr unterschiedlich groß sind.

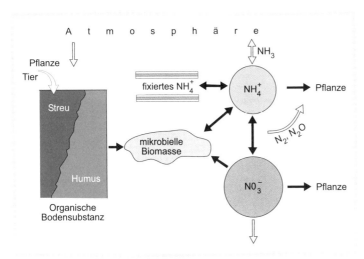

Abb. 4.11:
Stickstoffvorräte
in Böden.

Die Hauptmasse kommt in den Streustoffen und im Humus vor. Den Anteil des Stickstoffs an der organischen Substanz gibt man konventionell mit dem C/N-Verhältnis an. Sehr stickstoffreiche organische Substanz hat ein C/N-Verhältnis zwischen 6 und 10, sehr stickstoffarme Huminstoffe haben ein C/N-Verhältnis über 25. Streustoffe sind generell stickstoffarm. Im Laufe der Umsetzung der Streu zu Humus (Kap. 2.6) geht dem System mehr Kohlenstoff (CO_2) als Stickstoff verloren; dadurch reichert sich Stickstoff relativ an und das C/N-Verhältnis wird enger. Der zweite Pool, der jahreszeitlich und auch von Ort zu Ort sehr stark schwankt, ist der mikrobiell gebundene Stickstoff. Hier werden generell zwischen 100 und 400kg pro Hektar gespeichert. Noch stärker schwanken die beiden Pools des Mineralstickstoffs. Bei der Zersetzung der organischen Substanz durch Mikroorganismen entsteht immer zunächst Ammonium, das aber in biologisch aktiven, gut durchlüfteten, nicht zu sauren Böden sehr rasch über Nitrit zu Nitrat oxidiert wird. Daraus folgt: In sehr sauren oder luftarmen Böden findet man hauptsächlich Ammonium, in gut durchlüfteten und mäßig sauren bis alkalischen Böden hauptsächlich Nitrat. Wenn im Frühjahr durch Erwärmung die **Stickstoffmineralisierung** stark ansteigt, kann der Mineralstickstoffanteil mehrere 100kg N pro Hektar erreichen. Er nimmt dann generell durch Pflanzenentzug während der Vegetationsperiode wieder ab. Ein Teil des Ammoniums kann an Tonmineralen eingetauscht werden. Bei stark aufgeweiteten Illiten oder leicht kontrahierbaren Smectiten (Kap. 2.4.3) tritt auch eine **Stickstofffixierung** in den Zwischenschichten der Tonminerale ein. Diese kann bis zu 250kg N pro Hektar umfassen.

Das Stickstoffangebot steigt im Frühjahr durch Mineralisierung

Biologische Bindung von Luftstickstoff

Bei Stickstoff ist der Umsatz im Verhältnis zum Vorrat relativ hoch, d.h., 10% und mehr des Vorrats können jährlich umgesetzt werden. Zufuhren zu den Böden geschehen auf landwirtschaftlich genutzten Böden in erster Linie durch Düngung, wobei die Bindungsform des Stickstoffs im Düngemittel über die Verfügbarkeit für die Pflanze entscheidet. Die meisten angebotenen Düngemittel enthalten sehr schnell verfügbaren Stickstoff und

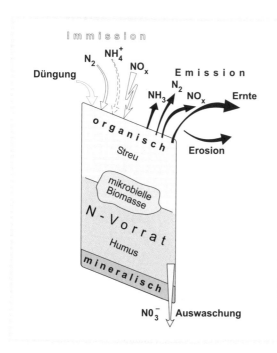

Abb. 4.12:
Stickstoffvorräte und Stickstoffflüsse in Böden (Vorräte und Flüsse sind durch Wahl der Zeichen grob in ihre Größe eingestuft).

Nitratauswaschung = Nährstoffverlust und Grund(Trink-)wasserbelastung

deshalb besteht die Gefahr, dass er dem System verloren geht, ohne dass die Vegetation ihn entziehen kann. Neben der Düngung können auch **Erntereste**, Streu und rückgeführte betriebseigene oder zugeführte Stoffe als Einträge in Frage kommen (**Kompost, Gülle**, Mist, Klärschlamm). Aus der Luft kommen durch Blitzschlag oder durch Verbrennungsprozesse Stickoxide (NO oder NO_2), die durch **Niederschläge** oder Tau auf den Boden gelangen. Ebenso kann auch Ammonium bzw. Ammoniak zugeführt werden. In vielen Ökosystemen, in denen Pflanzen vorkommen, die in Symbiose mit Stickstoff-fixierenden Knöllchenbakterien leben (Klee, Erlen), oder in denen frei lebende Stickstoff-fixierende Mikroben vorhanden sind, kann Luftstickstoff (N_2) in organische Bindungsformen überführt werden (**Luft-Stickstoff-Bindung**). Dieser Prozess kann mit 100 bis 200kg pro Hektar und Jahr ähnliche Größenordnungen erreichen wie die Düngung.

Stickstoffverluste können die Gewinne in vielen Standorten übertreffen. Das hat dazu geführt, dass in vielen Landnutzungssystemen erhebliche Stickstoffdüngung zum Ausgleich der Verluste stattfindet. Der am häufigsten betrachtete und wahrscheinlich mengenmäßig wichtigste Verlust, ist die **Auswaschung** des Stickstoffs als **Nitrat**. Alle Nitrate, die sich in Böden bilden, sind sehr leicht löslich, und zudem wird Nitrat an Oberflächen kaum festgehalten. Deshalb kann es mit dem Sickerwasserstrom und dann mit dem Grundwasserstrom leicht transportiert werden. In Bereichen, in denen die Durchlüftung unzureichend ist und Nitrat angeliefert wird, kann dieses mikrobiell abgebaut werden, es dient dabei als Oxidationsmittel. Diesen Prozess bezeichnet man als **Denitrifikation** (Kap. 4.6). Dabei geht der Stickstoff dem System als N_2 oder als **Lachgas (N_2O)** verloren. Leider gibt es auch Defekte bei der Oxidation des Ammoniums zu Nitrat, sodass auch hierbei Lachgas verloren gehen kann. Treten durch Düngung, durch Zufuhr von Gülle oder durch intensive biologische Umsetzungen hohe Ammoniumkonzentrationen nahe der Bodenoberfläche auf und ist gleichzeitig warmes Wetter oder sind die Böden kalkhaltig, dann kann das Ammonium zum hohen Anteil als **Ammoniak** gasförmig in die Luft entweichen.

Je nach Kultur treten bei der Ernte landwirtschaftlicher Produkte **Stickstoffentzüge** zwischen 100 und 400kg pro Hektar auf. Bei forstlichen Nutzungen liegt dieser Wert bei ausschließlicher Nutzung des Holzanteils nur zwischen 1 und 10% des Entzugs durch die Ernte landwirtschaftlicher Produkte. **Bodenerosion** führt natürlich mit dem Humus auch Stickstoff weg.

Diese Abträge sind auch dort, wo starke Erosion auftritt, im Verhältnis zu den anderen Flüssen relativ niedrig.

Der **Stickstoffhaushalt** ist in den meisten Böden ein sehr **schnelllebiger**. Hochflächenböden wie Parabraunerden verlieren durch Sickerwasser und Erosion oft erhebliche Mengen an Stickstoff. Senkenböden erhalten durch Sedimentation und Grundwasserzustrom große Mengen, vergeuden diese aber durch Ammoniakemission und Denitrifikation oft in hohem Maße.

4.7.2 Phosphorhaushalt

Während **Stickstoff** ein **atmogenes** Element ist, das zu Beginn der Bodenentwicklung in der Atmosphäre ist und erst im Laufe der Zeit in größeren Mengen im Boden angereichert wird, so ist **Phosphor** ein rein **lithogenes** Element und findet sich in Gesteinen primär, nahezu ausschließlich, in dem typischen Mineral **Apatit** $Ca_5[OH, Cl, F](PO_4)_3$. Dieses Mineral kommt in den meisten Gesteinen in Gehalten bis zu mehreren 100mg pro kg vor. Es gibt auch angereicherte Vorkommen in **Lagerstätten**, in denen bis zu 30% Apatit auftritt, die zur Düngemittelgewinnung abgebaut werden können. Im Laufe der Zeit wird Phosphor immer stärker in den Kreislauf der **organischen Substanz** einbezogen und verbleibt dann im Humus. Stärker verwitterte Böden haben deshalb den größten Teil ihres Phosphorvorrates in der organischen Fraktion, während junge Böden noch einen hohen mineralischen Vorrat haben. Die Vorräte an Phosphor betragen in sehr armen Böden nur etwa 100kg pro Hektar, in phosphorreichen Böden bis zu 10000kg pro Hektar (Abb. 4.13).

Phosphor ist gesteinsbürtig = lithogen

Abb. 4.13: Phosphorvorräte und Flüsse in Böden.

Die **Einträge** von Phosphor in Ökosysteme geschehen zum allergrößten Teil über **mineralische** und **organische Düngung**. Phosphor ist besonders in Klärschlämmen stark angereichert, sodass **Klärschlammzufuhren** häufig auf der Basis der Phosphorgehalte bemessen werden. Aus der Luft wird P nur in Staubform zugeführt, und diese Mengen sind sehr gering. An Rändern von **Senken**, in Senken selbst und insbesondere in Flussauen (Kap. 5) kommt es zur Zufuhr von Phosphat über die eingetragene **organische Substanz** oder Partikel aus der **Tonfraktion**.

Umgekehrt ist die größte **Verlustsenke** für Phosphor die **Bodenerosion**. Da sich das Phosphat über den Kreislauf der organischen Substanz im Oberboden anreichert und

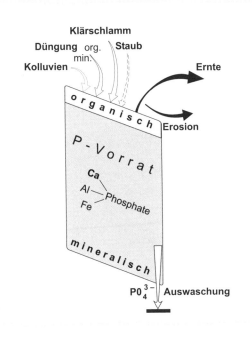

**Problem Nr. 1 im Phos-
phorhaushalt: Erosion**

auch über die Düngung meist in immobiler Form vorliegt, kann ein hoher Anteil des Phosphats durch oberflächlichen Abtrag verlorengehen. Eine weitere Senke ist der Verlust durch die **Ernte**. Demgegenüber ist die Auswaschung von Phosphor aus den Böden relativ gering. Böden, die bis ins Grundwasser pH-Werte zwischen 5 und 6,5 haben und in denen organische Substanz gelöst werden kann, haben deutlich höhere Austräge. In allen anderen Böden findet sich erst im Unterboden eine Sperre, in denen das Phosphat, das im Oberboden mobil wird, wieder fixiert werden kann. Diesen Mechanismus zeigt Abbildung 4.14. Das Gesteinsphosphat Apatit wird umso leichter löslich, je saurer der Boden ist. Umgekehrt können sich in sauren Böden die dort sehr schwer löslichen Phosphate **Strengit** (AlPO4) und **Variscit** (FePO4) bilden. Diese fangen gewissermaßen das bei der Versauerung mobilisierte Phosphat wieder ab. Steigt der pH-Wert, so werden diese besser löslich, die gelösten Phosphate können aber von neu gebildetem Apatit wieder abgefangen werden. Auf diese Weise ergibt sich ein **Mobilitätsoptimum** für Phosphor zwischen **pH 5 und 6**. Da in diesem pH-Bereich auch die organische Substanz am stärksten umgesetzt wird und damit auch die Phosphorfreisetzung aus dem Abbau organischer Substanz optimal ist, ergibt sich ein ausgeprägtes Optimum für die Phosphorversorgung in diesem schwach sauren Bereich.

Neben den genannten Phosphormineralen gibt es noch ein interessantes Mineral, das sich unter reduzierenden Bedingungen mit zweiwertigem Eisen bilden kann, den **Vivianit**. Dieses Mineral findet man z.B. unter Viehtränken, wenn sich der Boden reduziert und im mäßig sauren Zustand befindet. Dieses Mineral ist weiß, wird aber unter Luftzutritt leuchtend himmelblau (Eisenoxidation), sodass es nahezu unverwechselbar ist. Es zeigt eine starke **Phosphoreutrophierung** an.

Da Phosphor in den meisten unserer Gewässer ein limitierender Nährstoff ist, kann die Auswaschung organischer Phosphate oder der Abtrag phosphorreicher Oberböden durch Erosion in den Gewässern zu einer Phosphoreutrophierung führen. Seen in den Moränenlandschaften Norddeutschlands oder Gewässer in sehr intensiv landwirtschaftlich (insbesondere durch Tierproduktion) genutzten Gebieten (Oldenburger Land) zeigen durch Phosphoreutrophierung starkes Algenwachstum, Sauerstoffverbrauch im Gewässer und damit die Gefahr eines sogenannten „Umkippens" (anaerober Zustand). Allgemein ist der Phosphorumsatz wesentlich langsamer als der Stickstoffumsatz, und es gibt nur wenige, sehr gut verfügbare Phosphordüngemittel (Superphosphat). Dies führt dazu, dass Landwirte in den letzten Jahrzehnten, um Phosphor gut verfügbar für die Pflanzen zu halten, wesentlich mehr gedüngt haben, als

Abb. 4.14:
Verfügbarkeit unterschiedlicher Phosphate in Abhängigkeit vom pH-Wert.

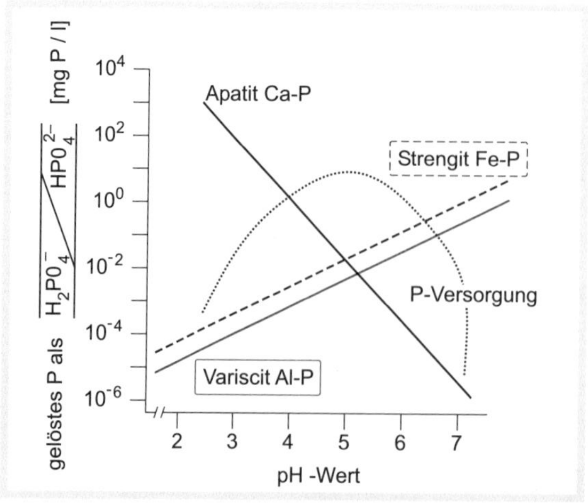

den Böden entzogen wurde. Dies hat dazu geführt, dass die meisten agrarisch genutzten Standorte Mitteleuropas eine gute P-Versorgung haben. Dagegen fallen Waldstandorte extrem ab; besonders in Gegenden, wo man sich das teure Phosphat nicht leisten konnte (Osteuropa und Dritte Welt) finden wir sehr P-arme Böden. In Mitteleuropa sind vor allem die Böden im Gebiet des Buntsandsteins und der armen, sandigen Alt-Pleistozängebiete Phosphormangel-Standorte.

4.7.3 Schwefelhaushalt

Schwefel ist wie Phosphor ein **lithogenes Element**, ist aber wie Stickstoff ein Element, das in sehr verschiedenen Bindungsformen und vor allem Oxidationsstufen vorkommen kann. In Gesteinen kommt Schwefel hauptsächlich in sulfidischer Form vor. Das häufigste dieser **Sulfide** ist der **Pyrit** (FeS_2.) Daneben gibt es eine ganze Reihe anderer Sulfide, die in Erzlagerstätten sehr stark konzentriert sein können (Kupferkies, Zinkblende), aber sonst sehr selten vorkommen. In Sedimenten sind **Gips** ($CaSO_4 \times 2H_2O$) und **Anhydrit** ($CaSO_4$) häufige Schwefelverbindungen. Andere Sulfate gehören zu den extrem schwer löslichen Salzen, wie **Schwerspat** ($BaSO_4$) oder Cölestin ($SrSO_4$), und andererseits auch zu den sehr leicht löslichen Verbindungen wie **Bittersalz** ($MgSO_4$) oder **Glaubersalz** (Na_2SO_4).

Der größte Teil des Schwefelvorrates in unseren Böden findet sich in der **organischen Substanz**, da sowohl Gips durch seine leichte Auswaschbarkeit und Sulfide durch ihre spontane Oxidation in Böden des humiden Klimagebiets kaum angereichert werden. Ausnahmen bilden Senkenböden und Seegründe, in denen aufgrund hoher Gehalte an organischer Substanz reduzierende Bedingungen herrschen. So finden wir in den schwarzen Gr-Horizonten oder in Sapropel- bzw. Unterwasserböden hohe **Eisensulfidgehalte**. Solche beobachten wir später auch im Watt (Kap. 5.3). Starke Sulfidanreicherungen führen aber zu lebensfeindlichen Bedingungen, da bei ihrer Zersetzung **Schwefelwasserstoff**, ein hochaktives Zellgift, frei werden kann (Geruch nach faulen Eiern). Da Schwefelverbindungen generell mobiler als Phosphorverbindungen sind und es auch sehr schwefelarme Gesteine gibt, kann trotz relativ geringen Bedarfs der Pflanzen Schwefelmangel entstehen (Abb. 4.15).

Die Zufuhren zu unseren Ökosystemen geschehen im Wesent-

Abb. 4.15:
Schwefelvorräte und -flüsse in Böden.

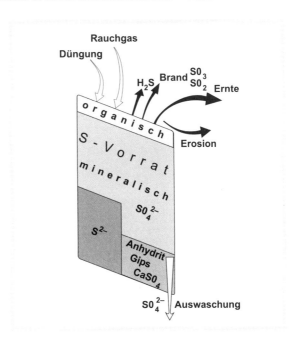

lichen durch **Düngung**, wobei häufig Schwefel als Begleitanion für Nährstoffe dient, die in größeren Mengen gebraucht werden, wie **K₂SO₄** und **MgSO₄**. Gasförmige Schwefelverbindungen SO_2 und SO_3 sind sehr gut wasserlöslich ($SO_2 + H_2O \rightarrow H_2SO_3$, $SO_3 + H_2O \rightarrow H_2SO_4$) und kommen dann mit dem Regen wieder in den Boden. Die natürlichen Quellen für das Sulfit und Sulfat in der Atmosphäre sind Meeresgischt und **vulkanische Exhalationen**. Sie können auch, und das ist in den Industrieländern heute hauptsächlich der Fall, durch **Verbrennungsprozesse** in gasförmiger Form in die Luft gelangen. Die Schwefelsäureauswaschung aus der Atmosphäre, auch als **saurer Regen** bekannt geworden, hat in der zweiten Hälfte des 20. Jahrhunderts zunächst sehr stark zugenommen. Besonders Reinluftgebiete, in denen partikuläre alkalische Puffersubstanzen kaum vorhanden waren, waren dadurch gefährdet (Ostschwarzwald, Solling, Harz, Erzgebirge), während in den übrigen Landschaften die Schwefelernährung der Pflanzen völlig ohne Düngung funktionierte. Seit der Rauchgasentschwefelung der Kraftwerke und anderer Anstrengungen hat zwischen den Jahren 1975 und 2005 die Immission von Schwefelverbindungen stark abgenommen. Dies geht so weit, dass in industriefernen Gebieten bereits wieder Schwefeldüngung notwendig wird (Ostholstein).

Abb. 4.16:
Tiefenfunktion verschiedener wichtiger Bodeneigenschaften in Böden der Mergelserie.

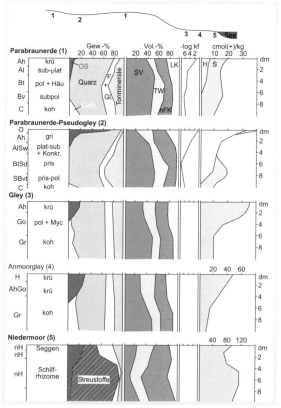

4.8 Standorteigenschaften der Böden der Mergelserie

Wie wir gesehen haben, kommen die Böden der Mergelserie in verschiedenen Landschaften vor. Deshalb sind die Anteile der verschiedenen Entwicklungsstadien sehr unterschiedlich und insbesondere der Anteil der Senkenböden ist sehr stark vom Landschaftswasserhaushalt, insbesondere vom Grundwasserstand abhängig. Abbildung 4.16 versucht zu veranschaulichen, wie die Verteilung des Stoffbestandes einerseits (Tiefenfunktion des Kalk- und Humus- sowie Tongehalts) und die Porenverteilung andererseits sich auf die Standorteigenschaften auswirken. Auch die Basensättigung bzw. der Basenvorrat in Abhängigkeit von der Tiefe kann als eine Folge des Stoffhaushalts der Böden verstanden werden.

Versuchen wir systematisch die Standorteigenschaften der Mergelserie bzw. der Glaziallandschaften zusammenzufassen (Tab. 4.3), dann

Standorteigenschaft	Bodentyp						
	Pararendzina	Parabraunerde	Parabraunerde-Pseudogley	Gley	Anmoor	Niedermoor natürlich	Niedermoor drainiert
	Pr	Pb	Pb-Pg	Gl	An	Nm	Nm
Gründigkeit	±	++/+	±	-!	--	--	+
Durchwurzelbarkeit	+	±	±	++	+	-	(+) Frost
Wasserhaushalt	±	+	+∫-	++	+++	+++	+
Lufthaushalt	++	+	-∫+	-	--	--	+
Wärmehaushalt	++	+	-∫+	±	-	-	-
Nährstoffhaushalt							
N vorrätig	+	+	++	++	++	+++	+++
N verfügbar	+	+	-	+	±	-	+++
P vorrätig	+	+	+	+	+	±	±
P verfügbar	(-)	+	-	+	±	-	+
K vorrätig	+	+	+	+	±	-	-
K verfügbar	(-)	+	++	+	+	++	++
Nutzung	2. Acker / 1. Wald	1. Acker / 2. Wald	Acker (Wiese) (Wald)	(Acker) 1. Wiese (Wald)	Wiese (Wald)	Wiese	Acker Wiese/ Weide
Verbesserung	Organische Substanz	Organische Substanz, Kalk, Lockerung	Lockerung	Entwässerung	Entwässerung		

muss uns bewusst sein, dass wir es auf jeden Fall mit einer Bodenentwicklung auf Lockergestein zu tun haben. Das bedeutet, dass wir erstmalig Böden vorfinden, die von Beginn an einen relativ tiefen Wurzelraum haben. Die Durchwurzelung kann also in den lockeren C-Horizont vordringen, während die Bodenentwicklung mit Humusakkumulation z.B. noch in den oberen Dezimetern verweilt.

Die **Gründigkeit** dieser Böden ist also von Beginn an nur dann begrenzt, wenn der Unterboden aus sehr dichten Sedimenten besteht. Sonst können bereits die Pionierpflanzen tief wurzeln. Die Durchwurzelung wird mechanisch eingeschränkt, wenn der Unterboden durch Tonanreicherung und Einlagerungsverdichtung weniger Grobporen zeigt, wie beim Pseudogley oder wenn der Grundwasserstand physiologisch die tiefere Durchwurzelung ausschließt. Beim Gley ist durch den Anschluss an das Grundwasser der mittel- oder flachgründige Wurzelraum nicht prinzipiell hinderlich, denn das Wurzelsystem wird ja aus dem Grundwasser mit Wasser- und Nährstoffen versorgt, sodass ein tiefer Wurzelraum gar nicht notwendig erscheint (außer bei Wurzelfrüchten wie Zuckerrüben und Karotten).

Tab. 4.3:
Übersicht über die Standorteigenschaften der Mergelserie.

Dasselbe gilt auch bei entwässerten Niedermooren, wobei allerdings die Entwässerung nicht tiefer als 4 bis 6dm reichen sollte, da sonst infolge der guten O_2-Versorgung der Torfabbau zu schnell verläuft.

Bei den meisten Böden der Mergelserie ist die **Durchwurzelbarkeit** insbesondere im Oberboden günstig. Lediglich bei der Parabraunerde oder beim Pseudogley nimmt die Durchwurzelbarkeit durch die großen Aggregate nach unten hin deutlich ab. Natürliche Niedermoore haben insbesondere im Frühjahr bereits nahe der Bodenoberfläche Luftmangel und deshalb für die meisten Pflanzen Durchwurzelungshindernisse. Beim Niedermoor kann im Frühjahr die Durchwurzelung dadurch behindert sein, dass in geringer Tiefe der Boden lange Zeit gefroren bleibt.

Bei der Betrachtung des **Wasserhaushalts** finden wir in dieser Landschaft oder Entwicklungsserie nahezu alle Extreme. Pararendzinen, insbesondere wenn sie am Oberhang oder exponiert nach Süden liegen, gelten als relativ trockene Standorte. Je tiefer der Wurzelraum, desto stärker ist die Trockenheit abgemildert. Parabraunerden sind meist mäßig frisch, Gleye sind feuchte und damit optimal mit Wasser versorgte Standorte, während Anmoore und Niedermoore von Natur aus nass sind und damit nie Wassermangel haben. Dagegen ist bei entwässerten Niedermooren darauf zu achten, dass der Kapillaranschluss an das Grundwasser erhalten bleibt. Dann sind sie frische bis feuchte Standorte, andernfalls kann Wassermangel und damit Bewässerungsbedarf auftreten. Am schwierigsten ist der Wasserhaushalt von staunassen Böden (Pseudogleyen) zu beurteilen. Im Frühjahr sind sie sehr feucht, trocknen dann relativ schnell ab und verursachen im Sommer, wenn das Stauwasser verschwunden ist, oft wegen der flachgründigen Durchwurzelung ausgeprägten Trockenstress.

Der **Lufthaushalt** unterscheidet sich grundlegend vom Wasserhaushalt. Pararendzinen sind immer sehr gut durchlüftete Böden, wegen ihrer Reliefsituation meist bis in den tieferen Unterboden. Bei Parabraunerden kann bereits im Unterboden kurzfristig Luftmangel auftreten. Die dann reduzierenden Verhältnisse zeigen sich in kleinen Mangankonkretionen im Bt-Horizont. Bei Gleyen haben wir ganz besondere Verhältnisse. Hier wirkt der schwankende Grundwasserstand als Luftpumpe, sodass im Oberboden oft gute Durchlüftung herrscht, während bereits in etwa 40cm starker Luftmangel auftritt, weil dort dauerhaft Wassersättigung herrscht. Die nassen Böden sind generell auch luftarm. Das entwässerte Niedermoor ist ein Beispiel dafür, dass ein Boden sowohl einen guten Wasser- als auch einen guten Lufthaushalt haben kann. Die bis zu 90% Porenvolumen können sich in etwa 60% Feldkapazität und 40% Luftkapazität aufteilen. Trotz ausgezeichneter Wasserversorgung haben wir hier auch eine sehr gute Durchlüftung. Der Pseudogley hebt sich wieder negativ ab. Im Frühjahr herrscht bis nahe an die Bodenoberfläche wegen des Stauwassers Luftmangel, im Sommer, wenn der Boden ausgetrocknet ist, ist er dagegen gut durchlüftet. Nur für kurze Zeit, meist im Juni, sind Wasser- und Lufthaushalt gleichermaßen günstig.

Im Hinblick auf den **Wärmehaushalt** gilt die Pararendzina als ein sehr warmer Standort. Das ist durch die schwärzliche Farbe und durch die Lage am Oberhang bedingt, wo sie sich sehr gut erwärmen kann. Da die Parabraunerde eine höhere **Wärmekapazität** hat, dauert die Erwärmung länger. Trotzdem stellt sie noch einen günstigen Standort dar. Gleye sind dagegen eher kalte Standorte, weil sie sehr lange zur Erwärmung brauchen. Gleichwohl sind sie dann günstig, wenn das Grundwasser häufiger ausgetauscht wird und im Frühjahr aus dem Untergrund ein warmes Grundwasser zur Verfügung steht. Anmoore und Niedermoore sind nicht nur wegen ihrer hohen Wärmekapazität schlecht zu erwärmen, sie liegen zudem immer in Senken, wo es im Frühjahr und im Herbst zu **Kaltluftansammlungen** kommen kann. Entwässerte Niedermoore erwärmen sich dagegen an der Oberfläche sehr stark. Die **Wärmeleitung** in den Unterboden ist jedoch behindert und hier gilt besonders die Gefahr der Entwicklung von **Spätfrost**, falls der Oberboden bereits abgetrocknet ist.

Beim **Nährstoffhaushalt** erkennen wir für den atmogenen **Stickstoff** eine Vorratszunahme in der Landschaft zu den Senken hin. Diese reicht von etwa 3 bis 5 Tonnen bei den Pararendzinen bis zu weit über 20 Tonnen pro Hektar bei den Mooren. Bei den gut durchlüfteten und basenreichen Böden ist auch die Stickstoff-Verfügbarkeit gut. Lediglich dort, wo der Oberboden stärker verarmt ist, wie beim Pseudogley, oder wo akuter Luftmangel die Umsetzung behindert, wie beim natürlichen Niedermoor, kann es auch zu einer schlechten Stickstoffversorgung kommen.

Phosphor als lithogener Nährstoff ist in den meisten Gesteinen der Mergelserie in ausreichendem Maße vorhanden. Lediglich bei Torfen kann es zu geringen Vorräten kommen. Dies ist abhängig von der Phosphorarmut der jeweiligen Landschaft. Da die Phosphorverfügbarkeit durch verschiedene Faktoren begrenzt sein kann (Kap. 4.7.2), ist in der alkalischen Pararendzina das vorhandene Phosphat kaum löslich. Im sauren Pseudogley dagegen wird es in Eisen- und Mangankonkretionen festgelegt und kann deshalb von den Pflanzen schlecht aufgenommen werden. In sehr humosen, nassen Böden dagegen ist der Umsatz der organischen Substanz begrenzt und deshalb das organisch gebundene P nicht verfügbar. Unter den Bedingungen der restlichen Böden der Mergellandschaft haben wir mit ausreichender P-Versorgung zu rechnen.

Der ebenfalls lithogene **Kaliumvorrat** ist stark an die Tonmenge, den Glimmer- und Feldspatvorrat gebunden. Dementsprechend ist bei zunehmend humosen Oberböden der Kaliumvorrat sehr gering, zumal Kalium an der organischen Substanz nicht festgehalten, sondern leicht ausgewaschen wird. Die Verfügbarkeit des Kaliums ist nur in den Böden gering, die sich noch im Kalkpuffersystem befinden. Saure und feuchte Böden haben eine gute bis sehr gute Kaliumverfügbarkeit.

Von der natürlichen **Nutzungseignung** sind die terrestrischen Böden mehr oder weniger gut als Acker nutzbar. Staunasse Böden sind immer problematisch, die meisten sind ausreichend tiefgründig, um insbesondere für Getreide genutzt zu werden. Die Grundwasserböden sind von Hause aus Grünlandstandorte. Erst wenn sie entwässert werden bzw., wenn der Wasserhaushalt reguliert wird, können sie (Gley und Niedermoor) auch sehr gut ackerbaulich oder gar gartenbaulich genutzt werden. Wenn wir nach der Nutzungseignung fragen, muss uns bewusst sein, dass alle diese Böden natürlich (mit Ausnahme des Niedermoors) Waldstandorte sind, allerdings für unterschiedliche Lebensformen des Waldes (z.B. Eichen-Hainbuchenwälder auf Parabraunerde und Erlenbruchwälder auf Gleyen).

Wenn wir fragen, wie die landwirtschaftliche Ertragsfähigkeit verbessert oder erhalten werden kann, so ist es besonders wichtig, dass bei den

Pararendzinen, in denen der Umsatz der organischen Substanz sehr rasch ist, ausreichend organische Substanz erzeugt oder zugeführt wird. Parabraunerden und stärker versauerte Standorte der Serie sind dankbar für regelmäßige Kalkzufuhr und für alle Erosionsschutzmaßnahmen. Von Natur aus verdichtete Böden wie Pseudogleye können nicht durch Entwässerung, sondern hauptsächlich durch Lockerung verbessert werden. Sie haben insbesondere im Sommer nicht zu viel Wasser, sondern einen zu flachen Speicherraum, der durch Lockerung vergrößert werden kann. Grundwasserböden können nach Entwässerung oder besser Regulierung des Wasserhaushaltes als fruchtbare oder sehr fruchtbare Standorte bezeichnet werden. Bei ihnen ist zu beachten, dass die Entwässerung meist einen Abbau des Humusvorrates (beim Niedermoor in sehr starkem Maße) fördert und damit die Regulierung des Wasserhaushaltes keine nachhaltige Maßnahme ist, sondern Vorräte und Potenziale zerstört.

In den Landschaften des Glazials, meistens in den Altmoränenlandschaften oder auch auf den alten Schotterflächen finden wir auch extreme Bodenentwicklungen. Zwei davon, der Stagnogley und das Hochmoor, sind in Tabelle 4.4 mit ihren Standorteigenschaften dargestellt. Von Natur aus sind Stagnogley und Hochmoor physiologisch flachgründig oder gar sehr flachgründig. Lediglich durch Drainage kann das Hochmoor mittelgründig werden. Beim Hochmoor wird allerdings eine reine Drainage nur zum Zusammenbruch der natürlichen Vegetation, nicht zu einer Zunahme der Bodenfruchtbarkeit führen, deshalb wurden Hochmoore früher durch verschiedene Moorkulturmaßnahmen in Bewirtschaftung genommen (Kap. 4.5). In der sehr flachen Zone des Wurzelraumes ist allerdings die Durchwurzelbarkeit ungehindert, sodass sich hier oft ein sehr flacher Wurzelteller ausbildet. Der Wasserhaushalt dieser Extremstandorte ist meist als gut zu bezeichnen, da Stagnogleye eine sehr lange Nassphase haben und deshalb nur in extremen Trockenjahren wirklich austrocknen. Dagegen sind die sehr flach wurzelnden Pflanzen des Hochmoors häufiger Trockenstress ausgesetzt, da bereits bei geringfügigem Absinken des Wasserstandes an ihre Wurzeln kein Kapillaranschluss mehr besteht. In Moorkulturen herrscht dagegen eine sehr hohe Speicherkapazität für Wasser und deshalb ist dort der Wasserhaushalt meist ausgeglichen.

In Stagnogleyen ist der Lufthaushalt sehr ungünstig, weshalb sie in erster Linie durch den Luftmangel für viele Kulturen nicht geeignet sind. Auch in Hochmooren herrscht Luftmangel. Da der Torf aber keine sehr hohe biologische Aktivität besitzt, wodurch der Sauerstoffverbrauch geringer ist und gleichzeitig das Moor mit differenziertem Wachstum ein Relief ausbildet, gibt es auf den sogenannten Bulten (Buckeln) auch Bereiche guter Durchlüftung. Bei der Entwässerung von Hochmooren erreicht man neben dem guten Wasserhaushalt auch einen guten Lufthaushalt.

Stagnogleye sind kalte Standorte. Sie erwärmen sich im Frühjahr kaum und wenn sie im Herbst oberflächlich trocken sind, kühlen sie rasch wieder aus. Da sie zudem oft in flachen Mulden liegen, kann sich Kaltluft anreichern. Auch Hochmoore sind kalte Standorte. Da die Bodenoberfläche häufiger abtrocknet, kommt es dort zu einem sehr starken Tagesgang der Temperatur. Auch drainierte Hochmoore erwärmen sich tagsüber sehr stark, können aber nachts so stark abkühlen, dass sie auch im Hochsommer noch frostgefährdet sind (Kap. 8.4).

Standort- eigenschaft	Stagnogley	Hochmoor natürlich	Hochmoor drainiert
		Bodentyp	
Gründigkeit	$--$	$--$	$+$
Durchwurzelbarkeit	$\pm$	$+$	$+$
Wasserhaushalt	$++\sim$	$+(+)$	$+$
Lufthaushalt	$---\sim$	$-$	$+$
Wärmehaushalt	$--$	$-\sim$	$\sim$
Nährstoffhaushalt			
N vorrätig	$+$	$-$	$-$
N verfügbar	$-$	$--$	$\pm$
P vorrätig	$+$	$--$	$--$
P verfügbar	$-$	$+$	$+$
K vorrätig	$-$	$--$	$--$
K verfügbar	$++$	$++$	$+$
Cu vorrätig	$+$	$-$	$-$
Cu verfügbar	$+$	$+$	$-$
Nutzung	Bruchwald Wiese	Hochmoor	(Acker) Wiese
Verbesserung	Entwässerung ⟶ Bewässerung Kalkung ⟶ Düngung		

Während der Stickstoffvorrat beim Stagnogley recht hoch ist, ist er bei Hochmooren niedrig, da die Torfmaterialien sehr wenig Stickstoff enthalten. Wegen des Luftmangels und der geringen Umsetzung der organischen Substanz ist die Verfügbarkeit von Stickstoff beim Stagnogley schlecht und beim Hochmoor sogar sehr schlecht. Lediglich drainierte und meliorierte Hochmoore haben eine ausreichende Stickstoffversorgung. Beim Stagnogley ist der Vorrat an Phosphor im Gestein meist ausreichend, dagegen ist er beim Hochmoor extrem gering, da bei seiner Entstehung fast kein P zugeführt wird. Die Verfügbarkeit des Phosphats ist in den luftarmen Stagnogleyen, zumal P oft in Konkretionen festgelegt ist, gering, bei Hochmooren dagegen gleichmäßig hoch, da zugeführte P-Dünger sehr gut verfügbar sind und bleiben. Hinsichtlich des Kaliums sind wegen der fehlenden Minerale als Nährstoffträger geringe und sehr geringe Vorräte in diesen beiden Böden anzutreffen. Dagegen ist die Verfügbarkeit gut bis sehr gut, sodass insbesondere nach Entwässerung die Kaliumauswaschungsgefahr sehr hoch ist. Der Spurennährstoff Kupfer hat in Stagnogleyen meist noch ausreichende Vorräte und ist auf diesen feucht-sauren Standorten ausreichend verfügbar. In Hochmooren sind die Spurenstoffe ohnehin in sehr geringen Mengen vorhanden. Wenn bei der Melioration das Hochmoor aufgekalkt wird, entsteht häufig ein induzierter Kupfermangel, der auch andere Spurenstoffe betreffen kann. Natürliche bzw. naturnahe Stagnogleye und Hochmoore sind für landwirtschaftliche Nutzung uninteressant, dagegen von sehr hohem Wert als Rückzugsstandorte für seltene Pflanzen und Tiergruppen. Deshalb ist heute eine landwirtschaftliche Nutzung oder gar Melioration solcher Standorte nicht mehr angeraten. Trotzdem sind große Flächen der Moore früher in Grünland oder durch Hochmoorkulturen in Ackerkultur überführt worden, während Stagnogleye sich ackerbaulich nirgends bewährt haben. In beiden Fällen führt Entwässerung und Kalkung zu einer höheren biologischen Umsetzung und damit auch zu einer Verbesserung der Bodenfruchtbarkeit. Hochmoore bedürfen einer mineralischen Düngung für intensivere Nutzung. Hier ist dann oft auch eine Bewässerung notwendig, um den Wasser-, insbesondere aber den Wärmehaushalt, auszugleichen.

Fragen:

1. Errechne das Verhältnis zwischen Teilchengröße und Porengröße bei der Tonverlagerung.
2. Warum ist es sinnvoll, zwischen Gründigkeit und Entwicklungstiefe zu unterscheiden?
3. Warum sollten Pseudogleye besser gelockert und nicht entwässert werden?
4. Warum finden wir bei entwässerten Mooren hohe Nährstoffausträge im Drainwasser?
5. Warum ist der flache oder mittelgründige Wurzelraum bei Gleyen meist nicht nachteilig für das Pflanzenwachstum?
6. Was geschah in der letzten Eiszeit in der Altmoränenlandschaft?
7. Welche Nährstoffe können unter oxidierenden und welche unter reduzierenden Bedingungen angereichert werden?
8. Welche prinzipiellen Unterschiede bestehen im Stoffhaushalt von Stauwasser- und Grundwasserböden?
9. Wie erkennt man, ob ein Boden von Grundwasser oder Stauwasser beeinflusst ist?
10. In welchen Böden der Geschiebemergellandschaft wird am wenigsten und in welchen am meisten Kohlenstoff gespeichert?
11. In welchen Böden spielt die Nassbleichung eine Rolle? In welchen Böden die Sauerbleichung?
12. Viele Pflanzen sind empfindlich auf Luftmangel im Wurzelraum. Wie kann man Luftmangel im Wurzelraum im Gelände erkennen?
13. Eine beackerte Pararendzina aus Geschiebemergel zeigt Manganmangel, obwohl sie relativ viel Mangan enthält. Wie kann man die Manganverfügbarkeit verbessern?
14. Stickstoff ist ein sehr wichtiger Nährstoff. Kann man seinen Vorrat und seine Verfügbarkeit einschätzen?
15. Unterscheide Verrostung und Marmorierung. In welchen Böden kommen sie vor?

16. Welche Gemeinsamkeiten und welche Unterschiede gibt es im Stickstoff- und Schwefelhaushalt eines Gleyes?
17. Warum werden Böden gekalkt? Gibt es dabei positive und negative Wirkungen?
18. Charakterisiere die Bodengesellschaft aus Geschiebemergel. Welche bodenbildenden Faktoren wirken differenzierend?
19. Für welche Nährstoffe ist der Ionenaustausch besonders wichtig?
20. Wirkt sich die Veränderung des Redoxpotenzials (Eh-Wert) auf den Nährstoffhaushalt des Bodens aus? Gib Beispiele.
21. Wie hoch ist die Basensättigung einer Rendzina AXh, einer Parabraunerde Bt und eines Podsols Ae? Welches sind die dominierenden Kationen am Ionenbelag?
22. Welche Bodengesellschaft entsteht in einer Lösslandschaft?
23. Welche Voraussetzungen bestehen zur Tonverlagerung? Wie läuft der Prozess ab?
24. Wie kommt es zu Phosphor- und Stickstoffverlusten in Böden und wie sind sie ökologisch zu bewerten?
25. Vergleiche die Bodentypen Ranker, Regosol, Pararendzina und Rendzina hinsichtlich ihrer Entstehung, ihrer Standorteigenschaften und ihrer Zukunftsprognosen.
26. Mit welchen Messgrößen kann man den Entwicklungsgrad von Böden aus Kalkstein, Löss und Granit bestimmen?
27. Beschreibe die Entstehung und Erhaltung von Schwarzerden.
28. Vergleiche die Entwicklung und die Standorteigenschaften von Niedermooren und Hochmooren. Warum gibt es Hochmoore nur in bestimmten Regionen?
29. Welchen Einfluss hat die Bodenerosion auf die Bodenentwicklung und auf Standorteigenschaften? Gib Beispiele.

5 Bodenentwicklung in Fluss- und Küstenlandschaften

5.1 Entstehung und geomorphologische Aspekte von Fluss- und Küstenlandschaften

Flüsse sind – neben dem Menschen – unter den aktuellen klimatischen Bedingungen in unserer Umwelt die bedeutendsten Landschaftsformer. Sie tragen zu den Landschaftsformen durch Erosion, Transport (auch gelöster Stoffe) und Sedimentation bei. Ziel dieses Kapitels ist es, die Entwicklung der Formen in Flusstälern von der Quelle bis zur Mündung zu beschreiben und die spezifischen Eigenschaften der anfallenden Sedimente als Ausgangsmaterial für die Bodenbildung herauszuarbeiten. Gleiches gilt für die ähnlichen Gesetzen unterliegenden Küstenlandschaften im Gezeitenbereich.

5.1.1 Flüsse und Flussnetze

In unseren mitteleuropäischen Landschaften finden wir in der Regel perennierende (ganzjährig wasserführende) Flüsse. Diese sind davon abhängig, dass über die Fläche gemittelt der **Niederschlag** höher ist als die **Evapotranspiration** (Kap. 3.7). Mitteleuropa ist ein **humides** Klimagebiet, wo im Jahresmittel der Niederschlag höher ist als die Verdunstung.

Niederschlag > Verdunstung = humides Klima

Das Wasser kann durch direkten Oberflächenabfluss in die Flusstäler gelangen, wenn die Infiltrationsleistung an der Bodenoberfläche geringer ist als die Regenintensität. Die Hauptmasse des transportierten Wassers stammt allerdings aus Quellschüttungen.

Im Hochgebirge treten Quellen häufig aus Spalten und Rissen des Gesteins aus, in denen sich Wasser aus einem größeren Einzugsgebiet gesammelt hat. Die Risse wurden durch tektonische Prozesse (z.B. Verwerfungen) oder durch Druckentlastung gebildet (Kap. 2.3 und 3.1). Daneben gibt es **Hangschuttquellen**, die dort entstehen, wo porenreicher Hangschutt auf einem undurchlässigen massiven Gesteinsuntergrund lagert. In Tiefländern sind **Schichtquellen** häufiger. Hier tritt Wasser aus, wo ein Gesteinswechsel mit Schichten höherer und geringerer Wasserleitfähigkeit auftritt. Ein typisches Beispiel sind die Schichtquellen der Schwäbischen und Fränkischen Alb. Dort sickert das Wasser durch die verkarsteten Kalksteine, bis es auf die weniger wasserdurchlässigen Mergel trifft. Auf diesen Mergeln bildet sich ein Grundwasserspiegel. Das Grundwasser fließt auf der Mergelschichtfläche ab, bis es an der Stufenkante austritt. Ein Sonderfall sind **Karstquellen**, in denen das Wasser nach dem artesischen Prinzip unter Druck austritt. Ein schönes Beispiel hierfür ist der Blautopf in Blaubeuren oder die Rhumequelle südlich des Harzes.

Typisch für den Oberlauf von Flüssen sind steile Gefällstrecken und Wasserfälle. Je näher der Fluss an seine sogenannte **Erosionsbasis** (i. d. R. das Meer) kommt, desto flacher wird das Gefälle. Dies lässt sich am Beispiel des Gefälles des Rheins zeigen (Abb. 5.1). Im Quellgebiet liegt das Gefälle im Prozentbereich, aber schon bei der Annäherung an den Bodensee fällt es darunter. Im Flussverlauf treten drei wichtige Erosionsbasen auf, die zu einer zwischenzeitlichen Gefälleverflachung führen: der Bodensee, der Oberrheintalgraben und die Nordsee. Mit der Verflachung des Gefälles verliert der Fluss an Transport- und Erosionskraft und die Sedimentation verstärkt sich.

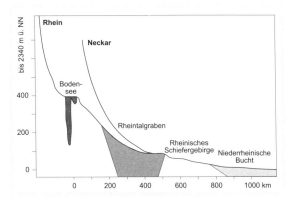

Abb. 5.1: Gefällskurve des Rheins und des Neckars.

Mit zunehmendem Alter des Flusses – wenn nicht zwischenzeitlich tektonische Prozesse eintreten, die wieder zur Reliefversteilung führen – verflacht die Gefällskurve des Flusses insgesamt. Als Modell hierfür kann man die drei Teilabschnitte des Rheins bis zur jeweiligen Erosionsbasis nehmen. In Abbildung 5.1 würde dann der Teil bis zum Bodensee die Gefällstrecke eines jungen und der bis zur Nordsee die eines alten Flusses repräsentieren.

Betrachten wir nicht einen einzelnen Fluss, sondern das Gewässernetz seines Einzugsgebietes, so können wir mit der Zeit eine Reifung feststellen. Dies meint, dass in einer jungen Landschaft bestimmte Gebiete noch nicht vom Entwässerungsnetz erfasst werden. Dort finden wir eine Häufung von Seen, wie z.B. in der Jungmoränenlandschaft der Mecklenburgischen Seenplatte. In alten Landschaften finden wir, außer in besonderen topographischen Situationen, deutlich weniger Seen und fast alle Bereiche werden vom Entwässerungsnetz erfasst. Die unterschiedliche Dichte des Entwässerungssystems in unterschiedlich alten Landschaften zeigt Abbildung 5.2.

Die Gewässernetzdichte ist aber nicht nur vom Alter der Landschaft, sondern auch von der Art und Verteilung der Gesteinstypen des Untergrunds abhängig. Dies lässt sich besonders gut in der süddeutschen Schichtstufenlandschaft studieren. Legt man ein Ost-West-Transekt vom Grundgebirge des Schwarzwaldes über den Buntsandstein bei Freudenstadt, den Muschelkalk bei Horb bis zum Keuper bei Tübingen, so stellt man fest, dass im Grundgebirge die Gewässernetzdichte am höchsten ist, da das Grundgebirge (inklusive der verwirklichten Böden) nur relativ geringe Porenvolumina aufweist. Dies ändert sich deutlich im Buntsandstein; daher sinkt die Fluss-

Abb. 5.2: Flussdichte in unterschiedlich alten Glaziallandschaften in Iowa, USA.

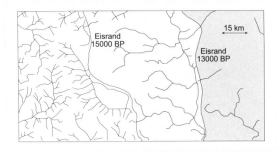

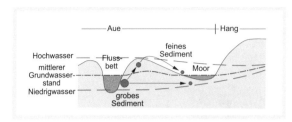

Abb. 5.3:
Talquerschnitt im
Mittellauf eines Flusses
und Partikelgradierung
in den Raumrichtungen.

dichte. Extrem wird dieses in den karstanfälligen Kalksteinen und Gipsen des Muschelkalks und der Gipskeuperformation. Hier finden wir häufig Trockentäler, also Täler, in denen kein permanentes Gewässer fließt. In den Mergeln und Sandsteinen des mittleren Keupers steigt die Gewässerdichte wieder an.

Die räumliche Ausrichtung der Gewässer schließlich hängt stark vom Relief und den strukturellen Bedingungen (z.b. Verwerfungen, Schichtstufen) ab.

Verflacht der Gewässerlauf, setzt der Fluss Sedimente ab. Diese strukturelle Veränderung kann den Fluss zwingen, den Lauf zu ändern. Er beginnt zu mäandrieren, also Flussschlingen zu bilden. Diese Formen werden im zeitlichen Verlauf immer stärker, bis der Fluss an der engsten Stelle der Schlaufe wieder durchbricht. Dann entstehen Altarme, die mit der Zeit verlanden. Ein schönes Beispiel hierfür bieten die Neckarschlingen bei Lauffen in Württemberg. Findet dieser Prozess in Festgesteinen bei gleichzeitiger Eintiefung statt, entstehen sogenannte Umlaufberge (z.B. bei Neuenbürg im Buntsandstein des Nordschwarzwaldes).

Bezüglich der Flussmündungen unterscheiden wir zwei Typen: dies sind das Ästuar (oder Trichtermündung) und das Delta. Welcher Typ auftritt, hängt ab von der Neigung des Küstenabfalls, der Stärke der Meeresströmung, der Höhe des Gezeitenhubs und der Sedimentführung. Dass diese Bedingungen auf kleiner Distanz variieren können, zeigen die Trichtermündung der Elbe und das Delta des Rheins. Bei extremer Verflachung im Flussverlauf kann auch ein sogenanntes Binnendelta auftreten, in dem der Fluss sich in verschiedene Arme verzweigt. Als prominentes Beispiel sei hier das Binnendelta des Niger bei Mopti in Mali/ Westafrika genannt.

5.1.2 Talformen und Sedimentation

Je steiler das Gefälle eines Flusses ist, desto höher ist seine Transportkraft, d.h. die Größe der Partikel, die er transportieren kann. Dies beschreibt eine griffige Faustregel:

Faustregel zur Transportkraft von Flüssen
Das größte Geröll, das ein Fluss transportieren kann, entspricht im Durchmesser (gemessen in Dezimetern) dem Gefälle (gemessen in Promill).

Am Beispiel ausgedrückt bedeutet das, dass ein Fluss mit einem Gefälle von 1 m Höhenunterschied auf 1 km Strecke maximal ein Geröll von 10 cm Durchmesser transportieren kann. Am Oberlauf der Flüsse mit dem höchsten Gefälle bleiben also nur die gröbsten Gerölle liegen, die aufgrund der kurzen Transportstrecke nur wenig gerundet sind. Wenn sich der Fluss schnell einschneidet (**Tiefenerosion**), entstehen **Kerbtäler** mit einem V-förmigen Querschnitt.

Im Mittellauf des Flusses verflacht das Gefälle, der Fluss beginnt zu sedimentieren. Aufgrund der Sedimentation wird er sein Bett öfter verlegen und es kommt zur **Seitenerosion**. Die Täler erhalten einen eher flachen, trapezförmigen Querschnitt, dessen unterer Teil durch Sedimente gefüllt ist: **Sohlental**. Der Unterlauf eines Flusses ist häufig nicht mehr durch eine ausgeprägte Taleintiefung gekennzeichnet, sondern er zieht sich durch Flachländer (z.B. die Weser durch die Norddeutsche Tiefebene).

Abnehmendes Gefälle → abnehmende Transportkraft → abnehmende Korngröße

Das abgelagerte Sediment wird – wenn nicht seitliche Zuflüsse die Situation ändern – mit der Transportdistanz immer feiner und besser gerundet. Im Meer kommen in der Regel nur noch die gelöste Fracht, die Schluff- und Tonpartikel an. Diese Gradierung über die Transportdistanz nennen wir **fraktionierte Sedimentation**. Dieses Phänomen finden wir nicht nur in der Flussrichtung, sondern auch senkrecht dazu und in der Tiefenabfolge der Sedimente (Abb. 5.3).

Der Wasserstand eines Flusses ist unter unseren Klimabedingungen saisonalen Schwankungen unterworfen. So führt der Rhein im Frühling durch Schneeschmelze im Schwarzwald und im Frühsommer durch das Abschmelzen des Schnees in den Alpen regelmäßig Hochwasser. In Hochwasserphasen führt der Fluss i. d. R. aufgrund der gestiegenen Transportkapazität mehr Sediment mit sich, das er in der **Aue** – also dem regelmäßigen Überschwemmungsbereich – absetzt. Durch die Sedimentation verflacht sukzessive das Gefälle und die Transportkraft nimmt ab. Dadurch kann der Fluss in diesem Bereich immer feineres Material transportieren und absetzen. Dies erklärt die Korngrößengradierung der Sedimente in vertikaler Richtung. In realer Situation wird dieser hier schematisch dargestellte Prozess allerdings durch extreme Hochwassersituationen, die sowohl erodieren, als auch gröberes Material absetzen können, überlagert. Daher sind Flusssedimente häufig stark geschichtet mit wechselnden Korngrößenzusammensetzungen. In der Tendenz findet man im Sediment eines größeren, gereiften Flusses an der Basis immer Schotter und als jüngstes Auensediment Lehme oder bei carbonathaltigem Einzugsgebiet Mergel.

Aue = Überflutungsbereich des Flusses

Im Horizontalprofil ist die Uferböschung auffällig, die entsteht, da der Fluss bei Überschwemmungen flussnah mehr Sediment absetzt als flussfern. Da die Fließgeschwindigkeit flussfern – aufgrund der größeren Reibung im Verhältnis zum Volumenstrom – geringer ist, werden dort feinere Sedimente abgesetzt als flussnah.

Dies zeigt, dass wir in Flusstälern hinsichtlich der Korngrößenzusammensetzung mit den verschiedensten Bedingungen rechnen müssen. Diese Variabilität wird zusätzlich erhöht, wenn der Fluss sein Bett verlegt oder durch verschiedene Gesteinsformationen fließt.

Im oberen Mittellauf und auf der Uferböschung werden häufig Sande abgesetzt, die wir aufgrund der Entstehung als **Auensande** bezeichnen. Unter spezifischen klimatischen Bedingungen (z.B. im Periglazial) können diese aus der Aue aus- und zu Dünen aufgeweht werden. Relikte dieses Prozesses sind z.B. Sandfelder im Oberrheintal, die heute für Sonderkulturanbau (Spargel, Erdbeeren) genutzt werden und häufig Einfluss auf den Ortsnamen (z.B. Sandhausen, Sandweier) haben. Größere Flächen nehmen im Mittel- und Unterlauf aber **Auenlehme** – also Gemische aus Sand, Schluff

Randdepression der Aue: geringe Sedimentation und hoher Grundwasserstand

und Ton – ein. Sind diese kalkhaltig, werden sie als **Auenmergel** bezeichnet. Flussfern kann die Geländeoberfläche unter die Linie des mittleren Grundwasserstandes sinken, sodass hier Seen auftreten können. Diese verlanden aber in der Regel schnell und es bilden sich Moore.

5.1.3 Küstenbedingungen und Sedimente

Im Prinzip können wir uns das Relief an der deutschen Küste vorstellen, wie die Hälfte des Talquerschnittes (vgl. Abb. 5.3). Nah am Meer finden wir den **Strandwall**, der in etwa die regelmäßige Hochwasserlinie markiert und der in **Dünenfelder** übergehen kann. Dahinter kann das Gelände wieder abfallen, auch hier unter die mittlere Hochwasser- bzw. Grundwasserlinie. Ähnlich wie in den Flusstälern können Vermoorungen auftreten. Heute sind an der Nordseeküste weite Bereiche aus Hochwasserschutzgründen eingedeicht, sodass die natürliche Morphologie kaum noch erkennbar ist. Den Bereich der marinen Sedimente vor dem Deich nennen wir Watt und Deichvorland,

Watt < Marsch < Geest die bewachsenen Gebiete vor und hinter dem Deich nennen wir **Marschen**. Das landeinwärts liegende Festland, das im Wesentlichen aus gröberen und unfruchtbareren glazialen Ablagerungen besteht, ist die **Geest**.

Typisch für die Deutsche Nordseeküste ist das sogenannte Wattenmeer, also ein flacher Bereich in Höhe des mittleren Niedrigwassers, der teilweise geschützt hinter den vorgelagerten Inseln liegt und rhythmisch bei Flut überschwemmt wird bzw. bei Ebbe trocken fällt. Das Meer sedimentiert in

Schlick im Watt = diesen beruhigten Bereichen **Schlick**. Dieser besteht aus Material, das die
Gemisch von Fluss- Flüsse ins Meer liefern, und aus typischen marinen Komponenten (Bioklasten
ablagerung und wie Muschelschalen).
marinogenen Mate- Die fluvialen Komponenten bestehen meist aus feineren Partikeln
rialien (Feinsand, Schluff, Ton).

In der Zusammensetzung des Flusswassers dominiert als Kation Calcium. Die Mischungszone zwischen Fluss- und Meerwasser nennt man **Brackwasser**. Hier steigt der Anteil von Natrium und Magnesium und gewinnt dann im Meerwasser die Oberhand bei gleichzeitig generellem Konzentrationsanstieg der Salze. So wundert es nicht, dass der Schlick primär salzhaltig ist. Dies ist für Ausgangsgesteine der Bodenbildung im mitteleuropäischen Bereich äußerst selten. Eine andere Besonderheit ist, dass das Sediment primär organische Substanz enthält, die sich aus mariner Flora und Fauna (Algen, Krebse, Muscheln etc.) zusammensetzt. Letztere erklären auch einen Teil des primären Kalkgehalts des Schlicks. Typisch ist seine graue bis schwärzliche Farbe, die sich aus der mikrobiellen Reduktion von Sulfaten und Eisenoxiden ergibt, wobei pechschwarze, fein verteilte Eisensulfide entstehen. Es handelt sich hierbei also um ein sehr komplex zusammengesetztes Sediment.

5.2 Bodenentwicklung in Flusstälern – Auenserie

Auen sind die **Überflutungsbereiche** (Hochflut-) der Flüsse. Viele Auen sind heute durch Eindeichung der Flüsse künstlich schmaler geworden. Wir sprechen dann von der aktiven oder **rezenten** Aue. Das ist der Bereich zwischen den Deichen und von der reliktischen, manchmal auch **subrezenten**

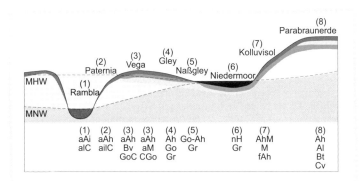

Abb. 5.4:
Querschnitt durch die
Bodengesellschaft der
Aue am Mittellauf eines
Flusses.

Aue. Das ist der natürliche, ehemalige Überflutungsbereich des Flusses. Erstmalig haben wir jetzt eine Bodenlandschaft vor uns, bei der das einfache Schema – erst lernen wir das **Gestein** kennen und dann entwickelt sich aus dem Gestein ein **Boden** – nicht mehr funktioniert. Denn wir haben hier eine Gleichzeitigkeit von Landschaftsentwicklung und Bodenentwicklung. Darüber hinaus ändert sich der Einfluss des **Grundwassers** auf die Böden rhythmisch bis zu einer regelmäßigen **Überflutung** meist für wenige Stunden oder Tage.

Wir haben bereits in Kapitel 5.1 erfahren, dass flussabwärts die transportierte und damit auch die abgelagerte Korngröße immer geringer wird, ebenso in der Aue vom Flussbett zum Rand der Aue hin. In beiden Richtungen nimmt auch die Schwankung des Grundwasserstandes ab, d.h., die Böden direkt am Fluss und am Oberlauf haben stärkere und gröbere Sedimentation und stärkere Grundwasserschwankungen. Die Böden am Rande der Aue und im Unterlauf erfahren geringere Sedimentationsraten und feinere Sedimente sowie geringere Grundwasserschwankungen. Das führt dazu, dass sich letztere Böden in ruhigeren und gleichmäßigeren Verhältnissen entwickeln. Sie sind damit älter. Durch diese Dynamik funktioniert die Unterscheidung zwischen Chronosequenz und Toposequenz, wie wir sie bisher durchgeführt haben, kaum noch bzw. Chronosequenz und Toposequenz laufen parallel. Wir wollen die Bodenentwicklung in der Aue an einem Querschnitt durch eine typische Aue eines Flusses, der mergelige Sedimente transportiert, anschauen. Dies könnte z.B. an der Elbe bei Lauenburg oder am Oberrhein bei Rastatt geschehen (Abb. 5.4).

Direkt neben dem Flussbett sehen wir meist im Frühjahr oder im Frühsommer, das junge, relativ grobkörnige Sediment, welches bei der letzten Überflutung liegen geblieben ist. Weiterhin finden wir in den Zweigen der Weiden oder an anderen Hindernissen hängend einiges Getreibsel. Getreibsel ist Streu, die mittransportiert wurde und jetzt als allochtone organische Substanz für die Bodenbildung zur Verfügung steht. Wenige Wochen später sehen wir an der gleichen Stelle eine recht üppige Vegetation, die sich spontan entwickeln konnte. Sie entstammt oft den Samen, die der Fluss mit dem Sediment mitgebracht hat. Aus dem entstehenden Wurzelhumus entwickelt sich ein flachgründiger initialer A-Horizont (Ai) über dem unveränderten Sediment (C). Da diese Entwicklung mit Sedimentation, spon-

Rambla = aAi-aiC-aG

taner Besiedlung und schwacher Humusakkumulation sich rhythmisch wiederholt, sind diese Ramblen (Singular: **Rambla**) meist mit feinen Schichten von Sediment oder immer wieder jungen, initialen Anfangsstadien der Bodenentwicklung versehen. Das Grundwasser schwankt stark, bei unseren Beispielstandorten mehr als 3m pro Jahr. Die Pflanzen, die sich hier ansiedeln, müssen eine hohe Toleranz gegenüber kurzfristiger Überflutung haben. Dazu gehören die Weiden und die Pappeln, die meisten anderen Baumarten können diese Verhältnisse nicht ertragen. Da die Sedimentation direkt am Fluss relativ stark ist und das grobe Sediment nicht stark sackt, bildet sich entlang des Flusses ein Uferwall. Dieser Uferwall ist auch der natürliche Verbreitungsbereich der Rambla.

Bereits einige Meter weiter vom Fluss weg, manchmal erst nach 50 bis 100 Metern finden wir eine ruhigere Sedimentation und damit auch die Möglichkeit für eine dauerhafte Besiedlung mit den Weichholzarten Pappel und Weide, wie auch mit der Esche. Kräuter und Sträucher können sich hier bereits über die Jahre halten, was dazu führt, dass die Sedimentation und die Humusakkumulation in ein Gleichgewicht kommen, sodass das neue Sediment meist wieder durch biologische Einmischung (Bioturbation) soweit homogenisiert ist, dass wir die Flutschichtung nicht mehr erkennen können, bevor der nächste Schub durch eine Überflutung kommt. Das führt dazu, dass wir einen sehr gut gekrümelten, humusreichen Ah-Horizont

Paternia = aAh-aiiC-aG

finden. Dieser Boden wird **Paternia** genannt. Bei kalkhaltigen Auensedimenten ist im Bereich der Paternia meist noch Kalkgehalt bis an die Bodenoberfläche vorhanden und auch der Unterboden ist durchgehend kalkhaltig,

Kalkpaternia = aAh-aelC-aG

sodass Silikatverwitterung eine geringe Rolle spielt. Diese Variante nennt man **Kalkpaternia**. Nimmt die Paternia einen größeren Raum ein, so finden wir in ihrem Bereich bereits den Übergang von der stärker überfluteten **Weichholzaue** zur **Hartholzaue**, bei der Eichen, Ahorn, Ulmen und Eschen dominieren. Ein Stück weiter vom Fluss entfernt gibt es Bereiche, die von der Überflutung nicht mehr jedes Jahr erreicht werden und in denen nur noch relativ dünne Sedimentschichten (Millimeter) pro Überflutung abgeladen werden. In diesem Fall dominiert fast das ganze Jahr die Abwärtsbewegung des Wassers im Oberboden. Sie haben also über lange Zeit Verhältnisse wie terrestrische Böden. Deshalb geht die Entwicklung weiter, Entkalkung und Silikatverwitterung können beobachtet werden. Die Entkalkung schafft im Laufe der Zeit einen kalkfreien Oberboden, obwohl alle 15 bis 20 Jahre durch Sedimentation wieder etwas aufgekalkt wird. Reicht die Entkalkung tiefer als die Humusakkumulation, so entsteht wie bei Böden aus Mergel- oder Silikatgestein unterhalb des grauen A-Horizontes ein verbraunter und verlehmter Bereich meist mit subpolyedrischer Bodenstruktur. Dieser Horizont hat die (gleichen) Eigenschaften, wie der Unterboden einer basenreichen Braunerde. Er wird deshalb auch Bv genannt. Unter dem Bv-Horizont folgt dann ein C-Horizont. Da in diesen Bereichen das Grundwasser weniger schwankt und meist schon etwas näher an die Bodenoberfläche heranreicht, finden wir oft unter oder im C-Horizont Übergänge zu verrosteten Horizonten von Gleyen. Dieser braune Auenboden wird **Vega** genannt. In ihm haben wir Grundwasser, das in 1 bis 2 Meter Tiefe steht und im Oberboden eine weitgehend terrestrische Entwicklung erlaubt. Im Unterboden besteht aber Grundwassereinfluss, den Tiefwurzler zur Ergänzung ihres Wasserbedarfs ausnutzen können.

Bei den braunen Auenböden/**Vegen** unterscheiden wir zwei Fälle. Der bereits beschriebene Fall, dass wir ein graues, unverwittertes Auensediment finden, aus dem sich auf dem Wege der Bodenbildung ein bräunlicher Unterboden entwickelt, nennen wir eine **autochtone Vega**, weil die Verbraunung an Ort und Stelle entstanden ist. Häufig finden wir aber in Flüssen, die sich durch Ackerbaulandschaften bewegen, wie der Neckar in der Heilbronner Mulde oder die Donau in Niederbayern, braune Auensedimente, die durch den Abtrag brauner Böden am Hang (meist von Parabraunerden) bedingt sind und bei denen während des Transportes keine Entfärbung eingesetzt hat. Hier ist der Boden bereits bei seiner Ablagerung braun und erfährt lediglich Strukturbildung und Humusakkumulation. Solche Bodenhorizonte aus braunen Auensedimenten werden nicht Bv, sondern **M-Horizont** genannt, wie bei den Kolluvisolen, die in Ackersenken zusammengeschwemmtes Material enthalten. Dieser Typ der **allochtonen Vega** ist in Mitteleuropa der häufigste.

Wenn wir uns von den flachen Rücken oder Inseln, in denen wir die Vega finden, auf die Randdepression der Aue begeben, so kommen wir rasch in einen Bereich, in dem das Grundwasser dauerhaft an den Wurzelraum angrenzt. Das führt zunächst zu einem Übergangstyp, den wir Gley-Vega nennen. Hier finden wir im Oberboden noch eine Abfolge Ah-Bv bzw. Ah-M. Im Unterboden folgen dann aber bereits gut ausgeprägte Go- und Gr-Horizonte in einer Tiefe von 80 bis 150cm. Solche Standorte werden weiterhin von der Hartholzaue eingenommen. Sie sind wegen der meist tonigen, lehmigen Auenablagerungen austauschreich und insgesamt von hoher Nährstoffnachlieferung. Gleichzeitig sind sie aber durch die regelmäßige Nachlieferung von Wasser aus dem Kapillarsaum auch hinsichtlich des Wasserhaushaltes begünstigt.

Wird die Sedimentationsrate noch langsamer und ist der mittlere Grundwassertiefstand flacher als 8 bis 10 dm, dann kann keine Entkalkung mehr stattfinden und das hat zur Folge, dass sich kein Bv-Horizont mehr ausbilden kann, da ja das Grundwasser kalkhaltig ist und deshalb eine beginnende Entkalkung wieder in den Überflutungsphasen ausgeglichen wird. Dieser Boden wird im Gegensatz zu dem Norm-Gley (Kap 4.5) als **Auen-Gley** bezeichnet, da er im Gegensatz zu letzterem immer noch eine regelmäßige Sedimentzufuhr erhält. Solche Auenbereiche werden natürlicherweise vom Bruchwald eingenommen, in dem die Schwarzerle im Tiefland die typische Baumart ist. Weiden und Pappeln können auch verbreitet sein. Wegen der gleichmäßig guten Versorgung der Pflanzen mit nährstoffreichem Wasser ist die Biomasseproduktion auf diesen Standorten sehr hoch. In Landschaften mit hohem Kalkgehalt in den Ausgangsmaterialien finden wir, wie in der Jungmoränenlandschaft, Gleye mit Kalkanreicherung im Grundwasserschwankungsbereich (Gc statt Go-Horizont). Solche recht starken Kalkanreicherungen im Unterboden von Gleyen sind auch als „Rheinweiß" im nördlichen Bereich des Oberrheingebietes bekannt. Sie wurden lokal zur Kalkung dieser und anderer Böden eingesetzt.

So wie beim Übergang von der Vega zum Gley der Bv-Horizont gewissermaßen nach oben verdrängt wird, wird auch der Go- oder Gc-Horizont durch weiteren Grundwasseranstieg nach oben verdrängt. Schließlich kommt es bereits im Bereich der Ah-Horizonte häufiger zu Sauerstoffmangel, aber auch immer wieder zu Oxidation. Dies führt zu einer Horizontabfolge AhGo-Gr, den **Nassgley**. Der Grundwassertiefstand ist nur noch 2 bis

Vega (autochton) =
aAh-aBv-alC-aG

Vega (allochton) =
aAh-aM-alC-aG

Auen-Gley =
aAh-aGo-aGr

Nassgley = AhGo-Gr

4 dm unter der Geländeoberfläche. Bei noch weiterem Anstieg des Grundwassers, zum Beispiel in verlassenen Altarmen, kommt es über den Nassgley hinaus – ähnlich wie in glazialen Senken – zur Bildung von **Anmoor** und **Niedermoor**. Solche Bildungen sind aber von denen in den glazialen Senken deutlich zu unterscheiden, weil sie immer wieder bei starken Hochwässern überflutet werden und damit junge Sedimente erhalten. Am Rande der Aue finden wir schließlich, wie an Unterhängen anderer Landschaften, Kolluvisole, die direkt von der Niederterrasse sedimentiertes Bodenmaterial enthalten.

Je nach Klima, Sedimentation und insbesondere Ausgangsmaterial im Einzugsbereich des Flusses gibt es in den Auen wie bei der Mergelserie Abweichungsformen. In Karstgebieten, wo das Auensediment fast rein kalkig ist, entstehen Böden mit einem ausgeprägten schwarzen, krümeligen Axh-Horizont, der an den Oberboden einer Rendzina der Kalkserie erinnert.

Borovina = aAxh-alcC

Solche Böden finden sich zum Beispiel in den Durchbruchtälern der Donau durch die Schwäbische und Fränkische Alb. Sie werden **Borovina** (Auenrendzina) genannt, ein Name, der aus dem **Balkan** stammt, anders als bei den anderen Auenböden, deren Namen Walter Kubiëna in den 30er Jahren des 20. Jahrhunderts aus **Spanien** entlehnt hat. Ebenfalls bei kalkhaltigen Auensedimenten und sehr günstigen Bedingungen für das Bodenleben in der Aue können sich aus den Paternien schwarzerdeähnliche Auenböden, die ebenfalls im Donautal oder im Oberrheingebiet vorkommen, ausprägen. Sie haben einen Axh-Horizont mit mehr als 4 dm Mächtigkeit, der dann meist in C- bzw. G-Horizonte übergeht. Solche Böden nennen wir in Anlehnung an den Tschernosem **Tschernitza** (Auenschwarzerde).

Tschernitza =
aAxh-aelC-G

Wenn wir uns mit der regionalen Verbreitung von Auenböden beschäftigen, so stellen wir fest, dass die vollständige Abfolge der Auenböden, Gleye und Niedermoore in einer Aue nur selten verwirklicht ist (Abb. 5.4). Je nach dem Überflutungsgeschehen und der Sedimentation gibt es bei den Auen extreme Verschiebungen der Bodengesellschaft. Wir finden z.B. im Hochschwarzwald, wo es fast keinen Mineralsedimenttransport gibt, andererseits aber der Grundwasserstand immer hoch ist, in den Oberläufen von Brigach und Breg eine Situation, bei der sich der Fluss durch eine fast nur aus Niedermooren bestehende Aue den Weg bahnt. Den Gegensatz finden wir am Nordrand der Alpen, wo die stark einschneidenden Bäche, z.B. in der Adelegg kaum einer Aue Platz geben und wir lediglich die Auenrohböden, die Ramblen, finden. Dazwischen gibt es Situationen, wo die Auen durch die Paternia (Oberlauf der Isar) oder durch die allochtone Vega (Mittellauf des Neckars) fast vollständig dominiert werden.

5.2.1 Standorteigenschaften von Böden der Auen

Die wesentlichen Eigenschaften der **Auenböden**, die sich von allen anderen unterscheiden, sind der Wechsel von **Sedimentation** und **Erosion** sowie der ständig schwankende **Grundwasserstand** bis hin zur **Überflutung**. Dies prägt natürlich auch die **Standorteigenschaften** (Tab. 5.1).

Der **Wurzelraum** ist generell begrenzt durch den **Tiefstand** des **Grundwassers**. Die Grundwasserstandschwankungen sind in der Regel so rasch, dass sie den Wurzeln ein Überleben auch im gesättigten Zustand ermög-

Standort-eigenschaft	Bodentyp				
	Rambla	Paternia	Vega	Auen-Gley	Auen-Niedermoor
Gründigkeit	++	++	+	±	–
Durchwurzelbarkeit	+	+	+	(+)	++
Wasserhaushalt (nFK + KA)	±	+	++	±	++
Grundwasser Amplitude nimmt ab	–∫+ –∫+	–∫+	–∫+	–∫+	–∫+–
Lufthaushalt	++	+	+	–	––
Nährstoffhaushalt					
vorrätig Nährstoffe	+	+	+	+	++
verfügbar	(±)	+	+	±	–
Auentyp	Weichholz-aue	Weichholzaue, Hartholzaue	Hartholzaue	Bruchwald	Schilf-Seggen-Ried
Natürliche Vegetation	Weide	Pappel, Ulme, Eiche	Esche, Eiche	Erle, Weide	
Nutzung	Unland Pappelforst	(Acker) Weide Wald Pappelforst	(Acker) Weide Wald	((Acker)) Wiese	Wiese
Verbesserung	————————————➤ Deich ————————————➤ Drainage ————➤				

lichen. Entsprechend hat die Rambla meist eine Gründigkeit (Wurzelraum) für Weiden und Pappeln, die 2 m beträgt, während im Auenniedermoor alle Pflanzen, mit Ausnahme der Spezialisten, ihren Wurzelraum auf 1 bis 2 dm begrenzen müssen. Die **Durchwurzelbarkeit** ist in lockerem Material, auch wenn die Gefügebildung noch nicht fortgeschritten ist, meist ausreichend. Besonders locker ist natürlich das torfige Material des Niedermoors, welches eine intensive Flachdurchwurzelung erlaubt.

Ähnlich wie die Gründigkeit verhält sich auch der **Lufthaushalt**. Da in den meisten Auenböden im grundwasserfreien Bereich eine gute Durchlüftung herrscht, nimmt die Luftversorgung gleichmäßig von der Rambla zum Niedermoor ab, wobei die Schwankungen des Grundwasserstandes einen Luftpumpeneffekt erzeugen, der häufig in Auengleyen eine ausreichende Durchlüftung im Oberboden ermöglicht.

Die **Wasserversorgung** (d.h. das pflanzenverfügbare Wasser) setzt sich grundsätzlich aus den Komponenten **nutzbare Feldkapazität** im Wurzelraum und **kapillarer Aufstieg** zusammen. Wegen der groben Bodenart und des in Trockenzeiten tief liegenden Grundwassers ist die Rambla mit geringer nutzbarer Feldkapazität und fast keinem Kapillaraufstieg am schlechtesten gestellt, d.h., Flachwurzler in der Aue sind schlecht versorgt, während die

Tab. 5.1:
Standorteigenschaften wichtiger Böden der Auen.

Starke Schwankungen des Grundwassers sorgen für gute Durchlüftung – Luftpumpe!

Wasserversorgungs-grade: dürr, trocken, frisch, feucht, nass

mehrjährigen Bäume das Grundwasser erreichen und dadurch wesentlich besser gestellt sind. Hin zu den Grundwasserböden verbessert sich die Situation erheblich. Aufgrund der feinkörnigen Sedimente nimmt die Feldkapazität zu. Gleichzeitig steigt der Kapillaranschluss in dem Wurzelraum an. Deshalb können Vegen meist als frische Standorte (d.h. im Durchschnitt der Jahre ausreichend mit Wasser versorgt), Auengleye als feuchte Standorte (die fast nie Wassermangel leiden) und Niedermoore als nasse Standorte (d.h. Wasser ist immer im Überschuss vorhanden) bezeichnet werden.

Nährstoffe werden im Auensediment mit dem Überflutungs- und Grundwasser angeliefert. Deshalb werden – zwar nach Einzugsgebiet unterschieden – die Nährstoffe allgemein gleichmäßig angeliefert. Das Auenniedermoor, welches nur feine Sedimente erhält und in seinen Torfen nährstoffreiches Pflanzenmaterial akkumuliert, ist dabei am besten versorgt. Durch die meist günstige Feuchte sind insbesondere die mittleren Standorte (Vega und Gley) ausreichend mit Nährstoffen versorgt. Bei der Rambla kann die Verfügbarkeit durch Trockenphasen und schwer verwitterbares Sediment eingeschränkt sein. Umgekehrt ist beim natürlichen Niedermoor die mangelnde Zersetzung der organischen Substanz ein Hemmnis für die Nährstoffnachlieferung.

Die natürliche Vegetation in den Auen ist durch vier typische Pflanzengesellschaften geprägt. Nahe am Fluss finden wir die sogenannte **Weichholzaue**. Die hier vorkommenden Weiden und Pappeln können die kurz andauernden, starken Überflutungen gut überstehen und dabei ein kräftiges Wachstum zeigen. Die Weichholzaue reicht in der Regel in die Flächen der Paternia hinein. Dort beginnt dann die sogenannte **Hartholzaue**, in der Ulme, Esche, Ahorn und Eiche ihre Heimat haben. Späte Belaubung lässt sie, besonders im Frühjahr, leicht die Hochwässer überstehen. Zu den stärker unter Grundwassereinfluss stehenden Böden hin, ändert sich der Waldtyp zum **Bruchwald** hin, in dem die Schwarzerle und wieder die Weide und, oft vom Forstmann auch eingebracht, die Pappel vorkommen können. Die Erle insbesondere übersteht starke Grundwasserstandsschwankungen nicht und kann deshalb nicht in der Weichholzaue vorkommen. Zu den Mooren hin finden wir offene Pflanzengesellschaften wie **Schilf- und Seggenriede**.

Von Natur aus sind die Auen nicht als Ackerland geeignet. Häufig wurden aber im Bereich der Weichholz- oder der Hartholzaue angebracht, die das Wasser, insbesondere der großen Flüsse, regulieren und damit im ausgedeichten Auenbereich auch eine Beackerung ermöglichen. Bei Gleyen ist das nur der Fall, wenn der Wasserstand während der Vegetationsperiode in 4–6 dm Tiefe gehalten werden kann. Ansonsten sind die den natürlichen Waldgesellschaften angepassten forstlichen Nutzungen möglich. Grünland wird schon seit alters her in den Auen genutzt und konnte, insbesondere im Herbst, bei Niedrigwasser, auch beweidet werden. Viele Dörfer wurden bereits seit der Jungsteinzeit an der Grenze einer Aue gegründet, wo das Ackerland auf der Niederterrasse und das Grünland in der Aue genutzt werden konnte.

5.3 Bodenentwicklung im Watt und in der Marsch – Marschenserie

Soeben haben wir gelernt, dass Böden gleichzeitig mit ihrem Sediment (Substrat) entstehen können. Dieses Prinzip ist auch an Meeresküsten verwirklicht. Es kommen aber durch die täglich zweimalige Überflutung und durch die Anlieferung marinen Sediments in salzhaltigem Wasser weitere Komplikationen hinzu.

Nicht zuletzt dadurch, dass die Lebensbedingungen in der Marsch für die Landwirte sehr verschieden von denen anderer Landschaften sind, hat es sich eingebürgert, die Marschenböden getrennt von Auenböden und Gleyen zu sehen. Marschenböden können nur an Flachmeerküsten entstehen, denn nur dort wird regelmäßig überflutet und sedimentiert, sodass die folgenden bodenbildenden Prozesse ablaufen können. Auch hier wollen wir uns an einem idealisierten Querschnitt, der vom Meer bis zum „Festland" (Geest) führt, die wichtigsten Böden in ihrem Aufbau und ihren Eigenschaften klar machen (Abb. 5.5).

Gestein und Boden entwickeln sich gemeinsam

Draußen vor dem Deich, einem Bereich der **zweimal täglich überflutet** wird und wo die Bodenoberfläche zwischen den Überflutungen nicht austrocknen kann, finden wir das **Watt**. Hier werden meist feine, sandig-lehmige Sedimente mit den Gezeiten angeliefert. Gleichzeitig finden wir auch organische Substanz und Kalk, die biogen im Meer entstanden sind und nach Absterben der entsprechenden Organismen mit ins Sediment gelangen. Diese, für unsere Böden primäre organische Substanz ist leicht abbaubar. Der Abbau verbraucht sehr viel Sauerstoff. Deshalb gerät das Wattsediment sehr schnell unter stark reduzierende Bedingungen bis in den Reduktionsbereich des Sulfats, sodass H_2S entstehen kann, welches sich mit dem ebenfalls reduzierten Eisen zu Pyrit (FeS_2) oder Hydrotoilit (FeS) verbinden kann. Diese Verbindungen verleihen fein verteilt dem Boden eine pechschwarze oder blauschwarze Farbe. Der durch diese Reduktion gebildete Bodenhorizont wird als **Fr-Horizont** bezeichnet, weil er am Grunde des Wassers gebildet wurde. Lediglich wenige Millimeter im oberen Bereich des Wattsediments werden regelmäßig oxidiert und verändern dadurch ihre Farbe nach grau oder rötlich-braun. Sie stellen einen initialen A-Horizont dar, den man als **Fo** bezeichnet. Kommt die Aufschlickung dem

Watt = zFo-zFr

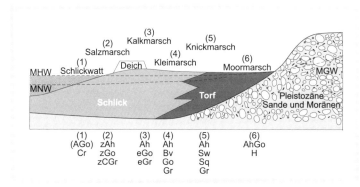

Abb. 5.5:
Querschnitt durch die Bodengesellschaft von Watt und Marsch.

mittleren Hochwasser näher, so können sich hier auch höhere Pflanzen ansiedeln, die aber salztolerant (halophytisch) sein müssen. An der Nordseeküste ist das regelmäßig der Queller (*Salicornia herbazea*), der sich durch sukkulentes Aussehen auszeichnet. An der Oberfläche des Watts konnten sich vorher bereits Algen ansiedeln. Das Watt ist oft durch angepasste Lebensformen der Tierwelt, wie Muscheln, Krebse und Wattwürmer, besiedelt. Durch solche Tiere kann auch die Oxidation tiefer als 1–3mm in den Schlick hineinreichen, da das regelmäßige Überflutungswasser sauerstoffreich ist. Das Watt ist ein Bereich **intensiver Stoffumsetzungen**, da sehr starke Reduktions- und Oxidationsvorgänge ablaufen können, bei denen sehr viel organische Substanz umgesetzt wird, wobei auch gasförmige Emissionen von **Ammoniak, Methan, CO_2** und **Lachgas** entstehen.

Reicht die Sedimentation in die Nähe des mittleren Tidehochwassers, so werden die Überflutungen seltener. Damit kann die Bodenoberfläche abtrocknen und bietet einer artenreicheren Vegetation Lebensmöglichkeiten. Diese meist im Deichvorland zu findenden Gebiete werden auch **Salzwiesen** oder nach einer Charakterart, dem Andelgras (*Puccinellia maritima*), **Andelwiesen** genannt. Überflutungen finden nur noch bei Sturmfluten statt, die häufig im Winter liegen, sodass, insbesondere in den Sommermonaten, sich den höheren Pflanzen gute Wachstumsbedingungen bieten. Gleichzeitig ist die jetzt dichte Vegetation ein sehr guter Sedimentfänger, sodass auch diese

Rohmarsch =
zGoAh-zGo-zGr

Rohmarschen (Salzmarschen) noch relativ viel Sediment erhalten und dabei bis 1,5m über das mittlere Hochwasser anwachsen können. Hier entsteht bereits aus der an Ort und Stelle gebildeten Streu ein Ah-Horizont, der allerdings noch Grundwassermerkmale hat, zeitweise ausgesüßt ist, aber regelmäßig durch Salzwasser und Gischt wieder versalzen wird. Auch alle darunter liegenden Horizonte, die als Go und Gr bezeichnet werden können, müssen durch ihre hohen **Salzgehalte** noch mit dem **Zusatzsymbol z** gekennzeichnet werden. Zeitweise wird das Salz durch die Niederschläge im Sommer ein Stück nach unten verdrängt, sodass dieser Grundwasserboden günstige Bedingungen für eine erhöhte Biomasseproduktion bietet. Er kann deshalb bereits durch Schafe beweidet werden. Die Beweidung dient auch der Stabilisierung der Bodenoberfläche, da die Tiere den Oberboden etwas verdichten, während gleichzeitig durch die Beweidung eine dichte Vegetationsdecke erzeugt wird. Durch die immer tiefer greifende Oxidation wird nach der Formel:

$$4\ FeS_2 + 15\ O_2 + 10\ H_2O \rightarrow 4\ FeOOH + 8\ H_2SO_4$$

recht viel Säure (insbesondere Schwefelsäure) gebildet (vgl. Kap. 2.3.2). Diese **Schwefelsäure** reagiert mit dem Calciumcarbonat des Sediments nach der Formel:

$$CaCO_3 + H_2SO_4 \rightarrow CaSO_4 + H_2CO_3.$$

Dabei wird das Sediment bereits im Vorland entkalkt, da der wasserlösliche Gips leicht weggeführt werden kann und die Kohlensäure in Wasser und CO_2 dissoziiert, sodass vom Kalk nichts mehr übrig bleibt und er nicht, wie in terrestrischen Böden, wieder ausfallen kann. Ist die Auflandung bis etwa

1,50 m über das Tidehochwasser angestiegen, so bezeichnet man die Marsch als deichreif. Bereits von Natur aus schreitet in diesem Zustand die Entsalzung stark fort, sodass sich eine neue **Grünlandgesellschaft** aus **Weißklee** und **Rotschwingel** ansiedeln kann. Dieser Boden wird **Kalkmarsch** genannt, da er noch Kalk enthält, dagegen nach Eindeichung in wenigen Jahren vollständig entsalzt ist. Da diese Böden sich fast immer hinter dem Außendeich befinden, hat man sie auch „Jungmarschen" genannt. Kalkmarschen gelten als besonders **fruchtbare Ackerböden** auch deshalb, weil sie relativ hoch über dem Grundwasserspiegel liegen und daher leicht gedraint werden können bzw. von Natur aus bereits entwässern. Die hohe Calciumsättigung führt zu einer guten Aggregatstabilität im Oberboden. Gleichzeitig entsteht aus der nährstoffreichen, leicht abbaubaren Streu ein humoser Oberboden mit engem C/N-Verhältnis. Die Horizontabfolge der Kalkmarsch entspricht der eines Gleys mit Ah-Go-Gr. Im Go-Horizont findet man häufig noch die durch die Flutsedimente erzeugte Feinschichtung, die erst allmählich durch Bioturbation zerstört (homogenisiert) wird. Der **Gr-Horizont** weist einen oberen Gr-Bereich auf, der durch **reduziertes Eisen bläulich** gefärbt ist und einen unteren Bereich, der durch noch **vorhandene Sulfide schwarz** gefärbt ist.

Kalkmarsch =
Ah-eGo-eGr

Da die Entkalkung in der Marsch sehr intensiv ist, gleichzeitig aber die primären Kalkgehalte der Meeresablagerungen häufig nur 5 bis 7 % betragen, kommt der Prozess rasch voran. So finden wir in den Marschengebieten bereits nach etwas mehr als 100 Jahren entkalkte Oberböden, deren Entkalkungsgrenze rasch weiter nach unten fortschreitet, sodass unter dem Ah-Horizont ein kalkfreier Bereich entsteht, der, wie bei den Braunerden, versauert und durch Silikatverwitterung, Verbraunung, Tonneubildung bzw. Tonumwandlung geprägt ist. In diesem schwach sauren Bereich wäre auch Tonverlagerung möglich. Diese hat jedoch durch die Jugend der Böden und das an der Küste meist fehlende stärkere Austrocknen vor Niederschlägen keine große Bedeutung. Im Bereich des Grundwassers findet man immer noch Kalk, da hier weder Versauerung noch Auswaschung stattfinden kann. Die **Kleimarschen** (Ah-Bv-Go-Gr) haben am Übergang vom Ah- zum Go-Horizont häufig einen 1 bis 2 dm mächtigen Bereich, der gleichmäßig bräunlich ist und als Bv angesprochen werden kann. Da sie aber durch die Entkalkung sowie durch Sackung infolge des Abbaus der primären organischen Substanz meist wieder tiefer liegen, ist die Entwässerung ungünstiger, und die Kleimarschen werden deshalb oft als Grünland genutzt (Abb. 5.4). Die Bodenabfolge vom Watt über die Rohmarsch zur Kalk- und Kleimarsch kann als eine klassische Chronosequenz angesehen werden. Die Böden entwickeln sich aus einem einheitlichen Sediment und von den bodenbildenden Faktoren ist die Zeit der wesentlichste Unterschied. Wie in der Aue, so kommt es aber auch in der Marsch zu einem Wechsel der Sedimenteigenschaften mit zunehmendem Abstand vom Strand. Mit zunehmender Entfernung vom Strand werden immer feinere Sedimente abgelagert, die bereits während der Sedimentation (synsedimentär) entkalken können. Diese dünnen, tonigen Lagen liegen oft in der Nähe des Grundwasserspiegels und können schlecht entwässert werden. Das tonige Material bildet einen dichten Bereich, der von Wurzeln kaum durchdrungen werden kann, infolge der fehlenden Wechselfeuchte auch nicht aggregiert und bei Niederschlägen als Wasserstauer wirkt. So bildet sich über dem Grundwasser ein toniger, strukturarmer Horizont heraus, der als Knick bezeichnet

Kleimarsch =
Ah-Bv-Go-Gr

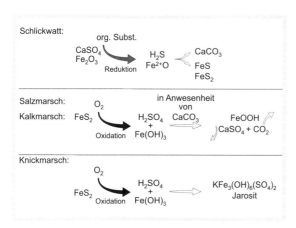

Schlickwatt:

org. Subst.

$\begin{array}{c} CaSO_4 \\ Fe_2O_3 \end{array}$ $\xrightarrow[\text{Reduktion}]{}$ $\begin{array}{c} H_2S \\ Fe^{2+}O \end{array}$ $\begin{array}{c} CaCO_3 \\ FeS \\ FeS_2 \end{array}$

Salzmarsch:
Kalkmarsch: $\quad O_2$ in Anwesenheit von

FeS_2 $\xrightarrow[\text{Oxidation}]{}$ $\begin{array}{c} H_2SO_4 \\ + \\ Fe(OH)_3 \end{array}$ $\begin{array}{c} CaCO_3 \end{array}$ $\xrightarrow{}$ $\begin{array}{c} FeOOH \\ CaSO_4 + CO_2 \end{array}$

Knickmarsch:

O_2

FeS_2 $\xrightarrow[\text{Oxidation}]{}$ $\begin{array}{c} H_2SO_4 \\ + \\ Fe(OH)_3 \end{array}$ $\xrightarrow{}$ $\begin{array}{c} KFe_3(OH)_6(SO_4)_2 \\ \text{Jarosit} \end{array}$

Abb. 5.5:
Wichtige boden-
chemische Prozesse
in Watt und Marsch.

Knickmarsch =
Ah-Sw-Sq-Gr

Moormarsch =
oAh-nH-Gr

Organomarsch =
oAh-oGo-oGr

wird (Sq). Diese, den Stauwasser-böden ähnlichen Marschenböden, werden mit der Horizontabfolge Ah-Sw-Sq-Gr als **Knickmarschen** bezeichnet. Unter besonders ungünstigen Bedingungen bildet sich hier bei Oxidation von Sulfiden, die nicht mehr von Carbonat gepuffert werden können, unter Auflösung der Eisenoxide und Verwitterung der illitischen Tonminerale der leuchtend gelbe **Jarosit** KFe₃ (OH)₆ (SO₄)₂, der im Volksmund auch „Maibolt" genannt wird. Versucht man, den Boden durch tiefes Umpflügen besser zu durchlüften, so erzeugt man durch weitere Oxidation der Schwefelsäure einen extrem sauren Boden, der durch seine hohe Aluminiumfreisetzung vegetationsfeindlich ist und für jede landwirtschaftliche Nutzung nicht mehr in Frage kommt (Abb. 5.6).

Je näher wir auf die Geest zukommen, desto tiefer liegt die Landoberfläche und desto weniger Sediment hat sie bekommen. Da aber im Laufe der Nacheiszeit das Grundwasser angestiegen ist, entstanden hier Bedingungen, wie sie in Flusslandschaften oder in Altarmen bestehen, die zur Bildung von **Niedermooren** führten. Solche Niedermoore wurden früher auch als **Moormarschen** bezeichnet. Diese Moore sind, ähnlich wie die Moore in Auen, immer wieder überschlickt worden, sodass wir im Torfprofil feine Tonbänder finden. Im Übergangsbereich von den Marschböden zu den Mooren, herrschen hohe Grundwasserstände, sodass dort die Bedingungen für eine Humusakkumulation im Mineralboden ohne intensive Bioturbation gegeben sind (oAh). Ähnlich wie bei den Nassgleyen oder Anmooren entsteht hier eine **Organomarsch**. Wie die Knickmarsch sind die Organomarschen sehr problematische Böden für die Landnutzung. Sie sind ebenfalls oft sauer, können **Maibolt** enthalten und sind aufgrund ihrer tiefen Lage und ihrer geringen Wasserleitfähigkeit schlecht zu entwässern. Im Gegensatz zu der vorhin erwähnten Chronosequenz der Böden, handelt es sich beim Übergang **Kleimarsch**, **Knickmarsch**, **Organomarsch**, **Moormarsch** um eine typische **Toposequenz**, wobei nicht nur das **Relief**, sondern auch der Faktor **Gestein** durch die unterschiedlichen Bildungsräume verändert ist.

5.3.1 Standorteigenschaften von Böden des Watts und der Marsch

Bei den Böden von Watt und Marsch sind die **Standorteigenschaften** sehr eng an die Bodentypen gebunden. Das hängt vor allem damit zusammen, dass die Bodenhorizonte in der Marsch extrem unterschiedliche Eigenschaften haben und keine großen Mächtigkeiten erreichen. Dies führt so zu sehr unterschiedlichen Lebensräumen innerhalb einer Landschaft. Die **Gründigkeit** weist eine charakteristische **Optimumkurve** auf. Sie steigt vom Watt, über die Rohmarsch, zur Kalkmarsch an, wo die Böden mittel- bis

	Bodentyp					
Standort eigenschaft	1 Schlick- watt	2 Roh- marsch	3 Kalk- marsch	4 Klei- marsch	5 Knick- marsch	6 Moor- marsch
Gründigkeit	–	±	++	+	±	–
Durchwurzelbarkeit	–	+	+	+	±	– –
Wasserhaushalt	– Osm.	±	+	+	± Kap.	– –
Lufthaushalt	– –	±	++	+	–	– –
Nährstoffhaushalt						
Nährstoffe vorrätig	++	++	+	±	±	– –
Nährstoffe verfügbar	+	+	+	+	±	–
Schadstoffe Antagonisten	Na+, Cl−	Na+	–	–	Al3+ (Mn)	(Na+)
Nutzung	–	Weide	Acker	Acker Weide	Weide/ Wiese	Wiese (Unland)
Verbesserung	Befestigung ⟶		Eindeichung Entsalzung ⟶		Entwässerung, Lockerung, Kalkung	

Osm. = erhöhtes osmotisches Potenzial
Kap. = Kapillaraufstieg behindert

tiefgründig sind und nimmt dann über die Klei-, Knick-, Organo- zur Moor-marsch zu sehr flachgründig wieder ab. Die Einflüsse auf den Wurzelraum werden dadurch verstärkt, dass mit gleicher Tendenz auch die **Durchwurzelbarkeit** ihr Optimum in der Kalkmarsch hat, wo ein lockeres Oberbodengefüge entwickelt ist. An den Enden der Serie ist auch die Durchwurzelbarkeit stark eingeschränkt.

Im **Wasserhaushalt** herrschen ganz besondere Bedingungen, da bei den beiden jüngsten Böden der Sequenz das im Wasser gelöste Salz ein erhöhtes **osmotisches Potenzial** aufbaut und die Wasseraufnahme für viele höhere Pflanzen deshalb eingeschränkt oder unmöglich ist. Dies erzeugt den Zwang zur Ansiedlung halophytischer Pflanzen in diesem Bereich, was zu der Schlussfolgerung führt, dass Pflanzen mittleren Anspruchs im Watt und in der Salzmarsch nicht ausreichend mit Wasser versorgt werden können. In Kalk- und Kleimarsch besteht in der Regel ein Anschluss an das Grundwasser, welches bereits ausgesüßt ist (es liegt eine Süßwasserlinse auf dem tieferen Salzwasser). Hier wirkt nicht nur der tiefere Wurzelraum, sondern auch die Möglichkeit des Kapillaraufstiegs verbessernd auf den Wasserhaushalt. Der Kapillaraufstieg kann durch die meist vorhandene Feinschichtung, die die Wasserleitfähigkeit erheblich verringern, behindert sein. Im Bereich der Knick- und Organomarsch, sind die Verhältnisse schwierig, da Kapillaraufstieg nicht stattfinden kann, umgekehrt aber **Staunässe** auftritt, die zu einer typischen Wechselfeuchte führen kann. Unter den Klimabedingungen

Tab. 5.2:
Standorteigenschaften wichtiger Böden der Marsch.

der Marsch schränkt die Wechselfeuchte den Wasserhaushalt weniger ein als den **Lufthaushalt**. Letzterer folgt wieder einer typischen Optimumkurve, bei der die Kalkmarsch den höchsten Punkt bildet. Während das Schlickwatt nur wenige Millimeter tief ausreichend durchlüftet ist, steigt die Durchlüftung bei der Rohmarsch auf 2 bis 4 dm an und kann bei den Kalkmarschen bis 8 dm ansteigen. Bei der Knickmarsch fällt sie dann wieder in den flachgründigen oder gar sehr flachgründigen Bereich ab.

Marschensedimente sind äußerst **nährstoffreich**, das gilt nicht nur für die mineralischen Nährstoffe, sondern insbesondere auch für die mit der organischen Substanz angelieferten Nährstoffe N, S und P. Im Laufe der Bodenentwicklung können allerdings die Nährstoffvorräte abnehmen, insbesondere, weil die weiter entwickelten Böden gleichzeitig wieder flachgründiger werden und deshalb weniger Masse in den Nährstoffvorrat eingeht. Bei den Moormarschen ist, wie bei allen Niedermooren, der Vorrat sehr einseitig auf die organisch-gebundenen Nährstoffe begrenzt, während zu wenig mineralische Nährstoffe vorhanden sind. Die Verfügbarkeit der Nährstoffe ist vom Schlickwatt bis zur Kleimarsch meist recht gut, da durch das ausreichend vorhandene Wasser und durch die Wechsel im Redoxpotenzial Nährstoffe mobilisiert werden. Wegen der ungünstigen bodenchemischen Bedingungen, nimmt auch die Verfügbarkeit der Nährstoffe am Ende der Serie sehr stark ab, sodass selbst der reichlich vorhandene Stickstoff kaum ausreichend angeliefert werden kann. Infolge der oben aufgeführten intensiven Veränderungen in der Marschenserie, sind am Anfang Natrium und Chlorid als Schadstoffe zu bezeichnen, die die Aufnahme von Nährstoffen behindern. Auch in der Rohmarsch spielt das Natrium noch eine große Rolle und kann die Kalium- oder Calciumaufnahme herabsetzen. In den stark sauren Knick- und Organomarschen tritt häufig Aluminium und u. U. auch Mangan in hohen Konzentrationen und damit pflanzenschädigend auf. Interessant ist, dass in den Moormarschen oft wieder erhöhte Natriumkonzentrationen gemessen werden. Dies hängt damit zusammen, dass hier eingetragene Stoffe (Meeresgischt) kaum ausgewaschen werden.

Die Eignung für die **Landnutzung** weist in der Marsch ebenfalls steile **Gradienten** auf. Während im Watt **Meeresfrüchte** geerntet oder kultiviert werden können, erlaubt die Rohmarsch eine schonende **Beweidung**. Die Kalkmarsch gilt als exzellenter **Acker-** oder **Gartenbaustandort**. Kleimarschen gelten als gute, Knickmarschen als schlechte **Weidestandorte**. Die Organomarschen und die Moormarschen sind wegen ihrer sehr schlechten Tragfähigkeit als Weide kaum noch geeignet, sodass lediglich **Wiesennutzung** in Frage kommt (neben der Nutzung als **Feuchtbiotop**). Man versucht, die Böden im Hinblick auf eine möglichst optimale landwirtschaftliche Nutzbarkeit zu verändern, was in den letzten 2000 Jahren systematisch geschehen ist. Im Watt und im Deichvorland kann durch Befestigung die Sedimentation systematisch gefördert und damit die Bodenentwicklung beschleunigt werden. Nach der Eindeichung ist es wichtig, durch gezielte Entwässerung die Entsalzung zu fördern. Entwässerungssysteme müssen auch bei den späteren, tiefer liegenden Stadien der Marschböden erhalten werden, sodass für die Vegetation ein ausreichender Wurzelraum (im Sommer mind. 40 cm) zur Verfügung steht. Bei den schweren Marschböden ist eine Förderung der Gefügebildung durch Kalkung und Lockerung angeraten.

Fragen

1. Durch welche Bodengesellschaft sind Auen charakterisiert? Wie ändert sich die Bodengesellschaft mit dem Abflussregime des Flusses?
2. Sind alle Böden in der Aue auch Auenböden?
3. Welche wichtigen Redoxprozesse spielen in einer Marschlandschaft eine Rolle?
4. Wodurch können Redoxprozesse in Böden erkannt werden und welche ökologischen Folgen haben sie?
5. Welche Unterschiede in Bodenmorphologie, Bodendynamik und Bodenökologie bestehen zwischen Grund- und Stauwasserböden?
6. Wie können die Böden einer Landschaft ihre Gewässer beeinflussen? Spielt die Bodennutzung dabei eine Rolle?
7. Wie lassen sich die Vorräte der Hauptnährstoffe N, P und K sowie von Calcium und Magnesium ermitteln und wodurch wird ihre Verfügbarkeit beeinflusst?
8. Erläutere die Gesteine und die Bildungsbedingungen einer Steilküste und einer Wattenküste. Welche Böden kommen dort vor?
9. Welche wichtigen bodenbildenden Prozesse laufen bei der Entwicklung vom Schlickwatt zur Knickmarsch ab?

6 Bodenentwicklung in fremden Klimaten

Bisher haben wir uns mit Böden Mitteleuropas beschäftigt. Dabei wurden zunächst die verschiedenen Grundtypen der Gesteine in ihrer Wirkung auf die Bodenentwicklung erarbeitet. Wir haben den bodenbildenden Faktor Gestein (Kap. 1.2) systematisch gewechselt bzw. in jedem Kapitel festgehalten. Wir haben die Zeit in einer Chronosequenz länger werden lassen und haben in den Bodengesellschaften das Relief (Toposequenzen) als bodenbildenden Faktor variiert. In Mitteleuropa konnten wir den bodenbildenden Faktor Klima und auch die sogenannten biotischen Faktoren (Flora, Fauna, Mensch) als weitgehend konstant ansehen.

Nun wollen wir noch einen Blick in die Vielfalt der Böden werfen, die sich auftut, wenn stärkere **Veränderungen** des **Klimas** auftreten. Um dies systematisch tun zu können, wollen wir wieder das Gestein festhalten und einmal das **Wasserangebot** für die Bodenbildung und die Vegetation systematisch abnehmen lassen und beim zweiten Mal wollen wir wiederum auf einem einheitlichen Gestein die **Temperatur** zunehmen lassen, aber an einer ausreichenden Wasserversorgung festhalten. Zum Abschluss dieses Streifzugs durch die Böden fremder Regionen wollen wir aber auch zwei ganz wichtige und systematisch von den bisher bekannten Böden verschiedene **Senkenböden** in ariden- und humiden tropischen Gebieten betrachten.

6.1 Durchfeuchtungsreihe – Böden aus Mergelgestein in Taiga, Steppe und Wüste

In der weiten russischen Tiefebene finden wir im Norden Geschiebemergel, daran anschließend Löss und nach Süden fluviatile und äolische mergelige Sedimente, bis wir in die extremen Trockengebiete Kasachstans und Usbekistans vorstoßen. Eine solche Reise von **Sankt Petersburg** über **Moskau** nach **Wolgograd** und dann weiter in Richtung auf den **Aralsee** ermöglicht uns einen Einblick in die Entwicklung von Böden aus fast gleichem Ausgangsmaterial und auch einer ähnlichen Bodenentwicklungsphase von etwa 20000 bis 25000 Jahren bei fast ebenem Relief, aber mit abnehmenden Niederschlägen von etwa 600 mm bis auf unter 200 mm. Gleichzeitig steigt die Jahresmitteltemperatur von etwa 0 °C auf +11 °C an und die potenzielle Verdunstung von etwa 400 mm auf etwa 1500 mm. Das heißt, wir starten im Nordwesten unter **humiden** Bedingungen, da hier der Niederschlag höher als die Verdunstung ist, und enden im Südosten bei **extrem** ariden Bedin-

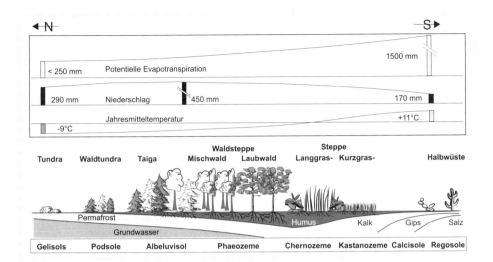

Abb. 6.1:
Schematische Klimasequenz durch die Böden der Eurasischen Tiefebene.

gungen, wo der Niederschlag nur noch etwa 10% der möglichen Verdunstung beträgt. Ähnliche Abfolgen wie wir sie im eurasischen Tiefland finden können, gibt es auch in anderen Kontinenten wie in den Prärien Nordamerikas, wo wir eine ähnliche Reise aus dem Norden Albertas bis nach Texas und Neu-Mexico machen könnten, oder auch in der Pampa Südamerikas. Die Reise, die wir vorhaben, hat vor uns schon mehrmals einer der Väter der modernen Bodenkunde, der berühmte russische Professor V. V. Dokuchaev (um 1870) durchgeführt. Ihm verdanken wir die Kenntnis der Klimaabhängigkeit der Bodendecke.

Beginnen wir in der **Taiga**. Dort begegnen uns ausgedehnte Mischwälder, in denen Kiefern, Birken und Fichten eine große Rolle spielen. Offene Flächen werden beweidet. Das charakteristische Bodenprofil erinnert uns an eine pseudovergleyte Parabraunerde wie wir sie auch in der Moränenlandschaft Mitteleuropas auf Hochflächen gefunden haben. Sehen wir uns den Boden etwas genauer an, so stellen wir fest, dass er tiefgründig entkalkt ist, dass er stark versauert ist, dass der verarmte Bodenhorizont stark aufgehellt ist und zwischen dem tonverarmten Al-Horizont und dem tonangereicherten Bgt die Horizontgrenze im Zickzack verläuft. Der obere Bodenbereich ist extrem stark versauert und zeigt eine Moderauflage. Dieser Boden wird international **Albeluvisol** (früher Podsoluvisol) genannt (Abb. 6.1), wobei es sich nicht um einen Podsol mit Humus und Eisenverlagerung handelt, sondern eher um einen sogenannten podsolischen Boden, der Tonverlagerung und starke Versauerung erfahren hat (wie er im englischen und russischen Sprachgebrauch bezeichnet wird). Der neue Name Albeluvisol stammt von dem stark aufgehellten (albic = weiß), teilweise staunassen Oberboden. Diese Böden verfügen über einen flachen Wurzelraum und zeigen im Frühjahr stark staunasse Bedingungen. Die kurze Vegetationszeit erlaubt im Allgemeinen noch keinen Ackerbau, viele Rodungsinseln werden aber beweidet. In Norddeutschland und Polen werden solche Böden als Fahlerde bezeichnet.

Albeluvisol =
Ah-Ael-Bgt-Cv

**Phaeozem =
Axh-Ahl-Bth-elC**

Ein paar hundert Kilometer südöstlich, im Bereich um Moskau herum, finden wir die nördlichsten Ausläufer der Steppe, auch **Waldsteppe** genannt. Hier ist ein artenreicher Laubmischwald verbreitet, der auch eine artenreiche, krautige Bodenvegetation hat. Die **Humusform** ist bereits **Mull**. Auflagehumus fehlt jetzt, da die Umsetzung der Streu wesentlich besser geworden ist, und wir finden eine zunehmende Mächtigkeit des Ah-Horizontes, der durch deutliche Bioturbation geprägt ist und ein gutes Krümelgefüge zeigt. Dennoch ist der **Phaeozem** durch Versickerung und Säureproduktion vollständig entkalkt. Gleich nach der Entkalkung lief auch eine Tonverlagerung ab. Diese Tonverlagerung hat aber weniger den vorangegangen Boden differenziert, da die Bioturbation auch lange Zeit tief in den Boden reichte. Die Ton-Humus-Komplexe des Oberbodens wurden gemeinsam verlagert. Deshalb findet man einen tiefschwarzen Bt-Horizont. Weil der Oberboden im trockenen Zustand grau aussieht, wurde er als Greyzem bezeichnet (deutsch: Griserde). Trotz der Versauerung handelt es sich um recht fruchtbare Böden. Wasser-, Luft- und Nährstoffhaushalt sind ausgeglichen. Lediglich die kurze, warme Sommerperiode begrenzt die Nutzbarkeit für die Landwirtschaft.

**Tschernosem =
Axh-ACc-elC**

Weiter nach Süden kommen wir in offene Landschaften (z.B. nach Kursk). Die **Langgrassteppe**, in der wir nur noch an feuchten Stellen Waldinseln finden, ist die Heimat der **typischen Schwarzerden** (dtsch. Tschernoseme, intern. Chernozem). Nur noch die obersten 20 bis 40 cm sind entkalkt. Häufig reicht der Kalk sogar bis an die Bodenoberfläche. Die intensivwüchsige krautige Vegetation bildet eine sehr hohe Biomasse und wird als Streu durch das reiche Bodenleben tief in den Boden eingearbeitet. Dabei entsteht ein recht homogener, **krümeliger** bis **schwammartiger** Ah-Horizont (Axh), der bis über einen Meter reichen kann. Die Grabgänge der vielen warmblütigen Bodenwühler lassen sich gut verfolgen, da wir im Unterboden schwarz verfüllte Hohlräume finden und im Oberboden hellgelbliche Flecken, die auf mit Unterbodenmaterial verfüllte Hohlräume deuten. Dieses Hohlraumsystem mit seiner Verfüllung wird nach dem russischen Begriff für Wühlgänge und Wohnhöhlen von Steppenbodentieren (Ziesel, Hamster) **Krotowinen** genannt. Neben den großen Tieren finden wir auch eine intensive Durchmischung des Bodens durch Regenwürmer und Insekten. Gleichzeitig beobachtet man im Unterboden bereits wieder ausgefällten Kalk, der in Form von weißlichen Überzügen, einem Pilzgeflecht ähnlich, den Boden durchzieht (**Pseudomycel**), oder der in pfenniggroßen weißen Kalkkonkretionen den Unterboden fleckig macht (**Bjeloglaska** = Weißäuglein). Die **Tschernoseme** gelten seit langer Zeit als die klassisch **guten Ackerböden**. Sie haben alle Standorteigenschaften in optimaler Weise vereint. Ihr Humushaushalt ist auf eine starke und tiefgründige Humusakkumulation ausgerichtet, was eine sehr gute Stickstoffversorgung verspricht. Wachstums- und damit auch nutzungsbegrenzend ist im Frühjahr das späte Erwachen aus der kalten Jahreszeit und im Sommer die meist extreme Trockenheit, welche spätestens Anfang August einsetzt. Dadurch haben die Steppenböden trotz der nahezu unbegrenzten Bodenfruchtbarkeit klimatisch bedingt ein **begrenztes Ertragspotenzial**. Dass sie bis heute weitgehend Exportgebiete für landwirtschaftliche Produkte sind, hängt mit der relativ dünnen Besiedlung zusammen. Die Schwarzerden (Tschernoseme) sind sehr fruchtbare Böden der Steppengebiete. Sie sind in den weiten Ebenen so weit verbreitet, wie das in unseren mitteleuropäischen Gefilden für keinen anderen Boden zutrifft.

Wenn wir weiter einige hundert Kilometer nach Südosten, z.B. in die Gegend von Wolgograd kommen, so wird die Vegetationsperiode immer kürzer. Die mögliche Biomasseproduktion ist dadurch begrenzt. Die typische Vegetation, die wir hier antreffen, ist die **Kurzgrassteppe**, eine sehr artenreiche Gras- und Krautsteppe, die viele Arten enthält, die an Trockenheit angepasst sind. Die Böden sind nur noch wenige Zentimeter oder gar nicht mehr entkalkt. Auf der anderen Seite finden wir unter dem nach wie vor humosen Oberboden regelmäßig einen kalkangereicherten Unterboden, der international als Calcic horizon angesprochen wird. Der Oberboden ist immer noch krümelig, sehr humos, aber nur etwa 40cm mächtig. Die Eindringtiefe des Frostes nimmt ab, da die Jahresmitteltemperatur zunimmt und die Frostperiode kürzer wird. Dies führt dazu, dass die Bodenorganismen nicht mehr so tief wie in der Langgrassteppe im Untergrund wühlen bzw. unterwintern. Durch die geringere Biomasseproduktion und die höhere Durchschnittstemperatur ist die Produktion der organischen Substanz geringer und gleichzeitig der Abbau begünstigt. Deshalb sind die Oberböden meist nicht mehr so schwarz wie in der Langgrassteppe, und die offen liegenden Äcker erscheinen kastanienbraun. Deshalb hat man diese Böden der Kurzgrassteppe auch **Kastanozem**, d.h. kastanienfarbener Steppenboden, genannt. Auch diese Böden werden noch weit verbreitet landwirtschaftlich (ackerbaulich) genutzt. Sommergetreide bringt befriedigende Erträge. Gleichwohl befindet sich dieser Boden bereits in einem Dilemma, da einerseits durch ackerbauliche Nutzung der Humus relativ rasch abgebaut wird und der Boden deshalb leicht der Wasser- und auch der Winderosion anheim fällt, und andererseits durch Bewässerung zunächst sehr hohe Erträge erzielt werden, aber als Folge daraus dann schnell **verschlämmte** und schlecht durchwurzelbare Oberböden resultieren. Infolge der Dynamik des Wasser- und Humushaushaltes nimmt der Humusvorrat in den Kastanozemen bereits deutlich gegenüber den Tschernosemen ab.

Kastanozem =
Axh-Bcm-elC

Wenig weiter nach Südosten ist durch abnehmende Niederschläge und zunehmende Verdunstung die Ausbildung der klassischen Steppenvegetation bereits behindert. Es bilden sich meist mehrjährige Kräuter und Büsche heraus, die lange Trockenzeiten überstehen können und mit ihrer relativ großen Krone einjährige Pflanzen zurückdrängen können. Weil in dieser Landschaft der Wermutstrauch (Artemisia) häufig auftritt, wird diese Steppe auch Artemisiasteppe genannt. Hier findet keine Entkalkung mehr statt. Trotzdem wird in geringer Tiefe ein ausgeprägter Kalkanreicherungshorizont ausgebildet.

Das Fehlen der Entkalkung ist durch die geringen Niederschläge, die hohe Verdunstung und insbesondere auch durch den Eintrag von Kalk durch immer wiederkehrende Staubstürme bedingt. Das heißt, die Entkalkung wird durch die neu angelieferten Stäube überholt. Die hier auftretenden **Calcisole** haben einen kalkhaltigen Oberboden und trotzdem einen stark mit Kalk angereicherten, manchmal sogar verhärteten Unterboden. Solche Böden sind als Ackerstandorte nicht mehr ohne Bewässerung nutzbar. Gleichwohl sind sie noch gut geeignete Weideflächen für Ziegen- und Schafherden. In Vorderasien und Afrika werden solche Standorte auch durch Kamele beweidet. Zu intensive Weidenutzung führt aber zu einer

Calcisol = Ah-Bcm-Cc

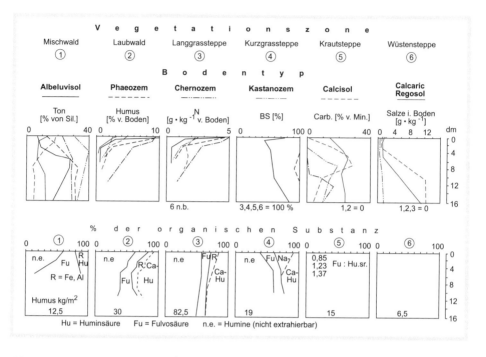

Abb. 6.2:
Analysedaten wichtiger Böden einer Klimasequenz aus mergeligen Gesteinen.

(Calcaric-) Regosol = Ah-eIC

Zerstörung der Vegetation und danach zu starker Wind- und Wassererosion. Hierdurch können solche Flächen innerhalb weniger Jahre verwüsten. Bewegen wir uns noch weiter in die Trockengebiete in Richtung Innerasien (z.B. Buchara), so finden wir weniger ausgeprägte Bodenentwicklungen in Gebieten, in denen Sedimentation und Erosion zur normalen Bodenentwicklung gehört, da die Landoberflächen meist nicht mehr so stabil sind wie in feuchteren Landschaften. Auch während der Vegetationsperiode ist die Bodenbedeckung durch die Gras- und Krautvegetation nicht mehr vollständig. Wir befinden uns in der **Wüste**. Dort finden wir neben dem kaum mehr transportierten **Kalk** im Unterboden auch **Gips** und oft auch **leichtlösliche** Salze. Entsprechend ist die Vegetation nicht nur an die kurze Vegetationsperiode und die große Trockenheit, sondern häufig auch an erhöhte Salzgehalte angepasst (**Halophyten**). Im Bodenprofil finden wir einen schwach ausgeprägten Ah-Horizont, darunter meist nur noch verschiedene C-Horizonte, die durch mehr oder weniger hohe Kalk-, Gips- und Salzgehalte unterschieden werden. Solche wenig entwickelten, aber tiefgründigen Böden hatten wir bereits im Kapitel 2 der Kieselserie als **Regosole** kennengelernt. Die **Wüstenregosole** sind aber im Gegensatz zu den ehemaligen des Schwarzwaldes **alkalisch** und auf jeden Fall kalkhaltig. Man nennt sie deshalb Calcaric Regosols. Wegen der geringen Biomasseproduktion finden wir hier die geringsten Humusvorräte der gesamten Entwicklungsreihe (Abb. 6.2).

An dieser **Durchfeuchtungsreihe** können wir lernen, dass die meisten bodenbildenden **Prozesse** in verschiedenen Böden vorkommen können, dass sie aber in ihrer Ausprägung sehr unterschiedlich sind und sämtlich ein Optimum zeigen. So finden wir die Versauerung am stärksten in den feuchten Taiga-Gebieten, die Alkalisierung dagegen in den Trockengebieten in den Calcisolen und Regosolen. Die Tonverlagerung ist am stärksten am Übergang von Taiga zur Waldsteppe ausgebildet und die Humusakkumulation und die Bioturbation am besten in der Langgrassteppe. Schließlich können wir beobachten, dass die Carbonatisierung (d.h. die Anreicherung von Kalk) am stärksten ausgeprägt an der Grenze zwischen Kurzgrassteppe und Halbwüste in den Calcisolen zu beobachten ist.

6.2 Erwärmungsreihe – Böden aus Granit vom Pol bis zum Äquator

Eine zweite Entwicklungsreihe, bei der wir ebenfalls den bodenbildenden Faktor ‚Klima' verändern, soll uns weiteren Einblick in die Vielfalt der Böden auf der Erde geben. Gleichzeitig wollen wir aber Gesetzmäßigkeiten erkennen und das können wir nur, wenn wir bestimmte bodenbildende Faktoren festhalten, andere dagegen gerichtet verändern. Hier in der Erwärmungsreihe wollen wir also am Gestein Granit festhalten. Wir wollen uns nur auf Hochflächen bzw. im konvexen Relief bewegen und wir wollen nur humide Landschaften betrachten.

Wir variieren das Klima, indem wir die mittlere Jahrestemperatur von $-10\,°C$ auf $+25\,°C$ ansteigen lassen. Generell steigt dabei auch der Niederschlag an, wobei sich die Durchfeuchtung, d.h., die Differenz zwischen Niederschlag und Verdunstung, unterschiedlich verändern kann. Mit der Temperatur und der Feuchte verändern wir auch die Organismen, denn es gibt keinen Organismus, der in der Lage ist, sich auf dem gesamten Klimagradienten anzusiedeln. Wir ändern auch die Zeit der Bodenbildung, da in den nördlichen Breiten, wie bei uns, durch das Auftreten der Eiszeiten der Beginn der Bodenbildung festgelegt wird, während im Mittelmeerraum, oder erst recht in den Tropen die Möglichkeit zu wesentlich längerer Bodenentwicklung besteht.

Beginnen wir unsere Reise in Spitzbergen, in der arktischen Tundra. Dort finden wir sehr steinige Böden mit hohem Sandanteil und insgesamt sehr grober Bodenart. Der tiefere Unterboden ist auch im Sommer gefroren, was man Permafrost nennt. Ein großer Teil des Niederschlags fällt als Schnee und die Vegetationsperiode ist sehr kurz, da nur wenige Wochen der Oberboden meist täglich auftaut und damit Moosen, Flechten und widerständigen Zwergsträuchern die Möglichkeit zum Wachstum gibt. Trotzdem entsteht in dieser Situation eine recht hohe Humusakkumulation, die in feuchten Lagen sogar in Torf übergehen kann. Schuld daran ist die lange kalte bzw. gefrorene Periode, die eine Zersetzung der Streu nahezu unmöglich macht. Chemische Verwitterungsprozesse und Mineralneubildung sind gering, trotzdem beobachten wir eine schwache Verbraunung und eine geringe Tonbildung in den oberen Dezimetern. Das führt dazu, dass die Horizontfolge einer Braunerde entsteht. International wird dieser Boden wegen seiner langen Frostperiode als Gelic Cambisol definiert.

Mit einem großen Sprung nach Süden begeben wir uns jetzt nach Nordschweden oder Mittelfinnland in die Taiga und finden dort wieder stark ver-

Kältewüste und Tundrenzone = Phys. Verwitterung (Frostsprengung) und Humusakkumulation durch Wärmedefizit

Gelic Cambisol = „Frostboden"

Taiga = die Heimat der Podsole

grusten Granit, unter einer meist mächtigen Humusauflage. Die Humusauflage führt dazu, dass der Frost nicht mehr, oder kaum noch, in den Boden eindringt. Die hier beobachtete Frostsprengung findet also im Boden heute kaum noch statt, sie ist ein Zeugnis der Bedingungen am Ende der letzten Eiszeit, die dort vor 8000 bis 10 000 Jahren endete. Die Vegetationsperiode ist hier viel länger und erreicht etwa fünf Monate. Gleichzeitig ist der Niederschlag, der noch zum großen Teil als Schnee fällt, höher und sorgt insbesondere im Frühjahr nach der Schneeschmelze für sehr feuchte Verhältnisse. Hier können sich Vogelbeeren, Birken-, Kiefern- oder auch Fichtenwälder ansiedeln. Im Unterwuchs kommen noch die gleichen Zwergsträucher vor, die wir bereits aus der Tundra kennen. Die schlecht zersetzbare Streu fällt auf den Boden und kann unter den ungünstigen klimatischen und auch bodenchemischen Bedingungen nur schwer abgebaut werden. Wir finden deshalb Rohhumus und Feuchtmoder als Humusformen in dezimetermächtiger Auflage. Aus dem Humus werden lösliche, organische Säuren ausgewaschen, die den Oberboden versauern und verarmen. Es entsteht nach starker Versauerung der Oberboden eines **Podsols**. Die große Durchfeuchtung sorgt dafür, dass sich im Grus des Granits ein Grundwasserkörper aufbaut, der häufig dann zu Vergleyungserscheinungen im tieferen Unterboden führt. Solche Böden werden **Gleyic Podsols** genannt. Hier sind Neubildungen von Mineralen sehr benachteiligt. Das ganze Profil ist im Wesentlichen durch Verarmung und Auswaschung im Oberboden und nur geringe Anreicherung im Unterboden gekennzeichnet. Neben der natürlichen Eignung für Wald ist auch bereits Beweidung möglich.

Der dritte Schritt führt uns bereits in die Tiefländer Mitteleuropas, wo wir im Odenwald oder in den unteren Lagen des Schwarzwaldes, unter einem Buchen-Tannenwald, einen **Dystric Luvisol** finden (stark versauerte Braunerde-Parabraunerde). Der Boden ist tiefgründig vergrust.

Wir wissen aus Kapitel 2, dass diese Vergrusung aus der Periglazialzeit stammt und hier bereits 20 000 Jahre zurückliegt. Die chemische Verwitterung (Hydrolyse) ist wesentlich intensiver, da der Boden nur noch kurze Zeit und oberflächlich gefroren ist und durch das humide Klima immer ausreichend Wasser für Transformation (Verbraunung und Verlehmung) und auch zeitweise für Translokation (Tonverlagerung) zur Verfügung steht. Da der Boden schon relativ stark entbast ist und die pH-Werte zwischen 4 und 4,5 liegen, ist die Tonverlagerung bereits zum Stillstand gekommen. Wegen des milden Klimas haben wir aber nur eine geringe Humusauflage, sodass die Humusform sich als **Moder** zeigt. Der Boden ist jetzt tiefgründig verwittert und hat eine gute Wasserleitfähigkeit. Bei entsprechender Bewirtschaftung (Kalkung und Düngung) sind diese Böden gute Grünland- und auch Ackerstandorte.

Der nächste Schritt führt uns in den **Mediterranraum** (Ø 15°C), wo wir immergrüne **Hartlaubwälder** (Steineiche und Korkeiche) finden; als Beispiel kann Südportugal dienen. Im Mittelmeerraum haben wir ausgeprägte Jahreszeiten, mit einer feuchten Phase im Winter und einer ausgeprägten Hitze- und Dürrephase im Sommer. Gleichzeitig kommt Bodenfrost nicht mehr vor, sodass die Verwitterung ganzjährig ablaufen kann. Der Faktor Zeit spielt aber noch eine wesentlich größere Rolle, da es keine Glazial- und auch keine Periglazialperioden gegeben hat. Deshalb finden wir weit verbreitet **Landoberflächen**, die seit der **Tertiärzeit** in **Bodenbildung** sind. Es be-

---

Gleyic Podsol =
L-Ofh-Ahe-Age-Bhs-Cgv

Braunerde – Parabraunerde = Dystric Luvisol
Ah-Alv-Bvt-Bv-Cv

Gemäßigt humide Klimazone =
Verbraunung,
Verlehmung und
Tonverlagerung

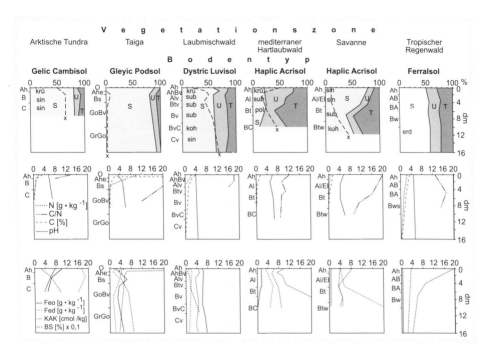

Abb. 6.3:
Analysendaten wichtiger Böden einer Erwärmungsreihe von Böden aus Granit.

steht eine Benachteiligung der physikalischen Verwitterung, aber eine deutliche Bevorzugung der chemischen Verwitterung. Deshalb ist der Boden oft tiefgründig vergrust und die verwitterbaren Minerale der Sandfraktion (Feldspäte und Glimmer) sind im oberen Abschnitt des Bodens kaum noch zu finden. Dagegen haben sich bereits sehr hohe Tonmengen gebildet. Auch der Tonmineralbestand hat sich geändert. Während wir in den kühlen und kalten Zonen noch eine Dominanz von glimmerähnlichen Tonmineralen (Illit) und bei starker Versauerung von Bodenchlorit finden, geht jetzt im Mediterranraum die intensive Verwitterung so weit, dass wir vor allem im Oberboden, bereits überwiegend **Kaolinit** antreffen. Da der Unterboden wegen des wechselfeuchten Klimas nicht so stark ausgewaschen ist, sind dort quellfähige Tonminerale (**Smectite**) häufig. Das Jahreszeitenklima fördert die Tonverlagerung. Das warme Klima bietet vor allem im Frühjahr Bodenorganismen einen günstigen Lebensraum, sodass wir trotz der ungünstigen Streu ein enges C/N-Verhältnis und die Humusform **Mull** vorfinden. Diese sehr sauren, basenarmen und mit geringer Austauschkapazität versehenen Böden haben meist eine ungünstige Oberbodenstruktur, die es dem Ackerbau schwer macht. Auch tritt ohne Düngung leicht **Phosphor- und Kalimangel** auf, während in feuchten Frühjahren die Verfügbarkeit von Mangan bereits zu Toxizität führen kann. Traditionell findet unter dem Schirm von Stein- oder Korkeichen eine Bewirtschaftung, mit einem Wechsel von Weideperioden und dem Anbau von Weizen oder Gerste, statt. Die roten Böden mit tonangereichertem Unterboden und geringer Basensättigung werden **Acrisole** genannt.

Acrisol = Ah-Ael-Bvt-iCv

Mittelmeer und
Savanne = Böden mit
Tonverlagerung.
Wärme sorgt für
raschen Humusumsatz

Auf dem Wege zunehmender Erwärmung bei gleichzeitig ausreichender Durchfeuchtung müssen wir einen großen Sprung in die **Savannen** Westafrikas machen. Dort, in Ghana oder Nigeria, finden wir einen laubabwerfenden Wald, der in der feuchten Sommerperiode ein besonders intensives Wachstum zeigt. Schirmakazien sind häufig die dominierenden Bäume in einer stark vom Menschen überprägten Landschaft. Zu Beginn der Regenzeit, wenn sich die einjährige Vegetation noch nicht entwickelt hat, blicken wir über weite Flächen tiefroter Böden, die sich dann innerhalb weniger Wochen mit einem frischen Grün, der Sorghumhirse oder des Maises bedecken. Die Jahresmitteltemperatur (25–29 °C) hat noch einmal um mindestens 10 °C zugenommen, Frost kommt nicht mehr vor und die Verwitterung der alten Landoberflächen kann ins Tertiär oder gar in die Kreidezeit zurückreichen. Abgesehen von einzelnen Inselbergen, in denen wir den Granit noch erkennen können, fällt es uns oft schwer, den Charakter des Ausgangsgesteins noch zu erkennen, da die verwitterbaren Minerale vollständig umgewandelt sind und im Oberboden oft der nicht verwitterbare Quarz in Sand- und Kieskorngröße angereichert ist. Das stark wechselfeuchte Klima begünstigt die Verwitterung auch bei chemisch nicht optimalen Bedingungen. Die Verwitterung ist nicht nur intensiv, sie reicht auch mehrere Meter in den Untergrund. **Tonverlagerung** ist ein sehr weit verbreiteter Prozess und auf Hochflächen und Hängen finden wir auch in den Unterboden hinein dominierend jetzt **Kaolinit** als Tonmineral. Wir haben es also mit „tropischen roten Parabraunerden" zu tun. Wenn der Bt-Horizont

Nitisol =
Ah-Al-Bt1-Bt2-BtC

tiefer als 1,60 m reicht, nennt man sie **Nitisole**, an Hängen und Kanten der Hochflächen finden wir oft flachgründigere **Acrisole**. Wegen der geringen Anteile an verwitterbaren Mineralen und der langen Bildungszeit, ist vor allem Kalium, aber auch Phosphor den Böden verloren gegangen und wir finden hier oft Mangelsituationen. Stickstoff dagegen wird wegen des Vorhandenseins von Leguminosen in der natürlichen Vegetation besser angereichert und ideal umgesetzt. Die Böden sind tiefgründig versauert, die pH-Werte liegen hier in einem Bereich zwischen 4,5 und 5. Die sehr nährstoffarme Situation führt bei empfindlichen Pflanzen zu **Aluminiumtoxizität**. Der traditionelle Anbau ist eine Wechselwirtschaft zwischen Getreide, Hackfrüchten und Beweidung. Durch Düngung und Bewässerung lassen sich die Erträge erheblich steigern und die Anbaumöglichkeiten werden vielfältiger. Unter natürlichen Bedingungen ist die **Vegetationsperiode** durch **Wassermangel** begrenzt.

Regenwald = alte Böden
– verwittert – tonig –
entkieselt

Der letzte Schritt führt uns nur noch 500 bis 1000 km weiter südlich in die Zone des **tropischen Regenwaldes**, nach Südkamerun oder Zaire. Hier fällt zunächst die ganzjährige hohe Durchfeuchtung auf. Im Sinne der Erwärmungsreihe nimmt die Temperatur aber nicht mehr zu, sondern kann sogar um 2 bis 4 °C im Jahresdurchschnitt (Ø 25 °C) niedriger liegen. Auch hier finden wir nach Rodung oder Bodenbearbeitung tiefrote Bodenoberflächen, die durch das fein verteilte Eisenoxid **Hämatit** erzeugt sind. Wieder handelt es sich um sehr alte Landoberflächen, die intensiv und sehr tiefgründig (bis 50 m) verwittert sind. Auch in den Unterböden finden wir **keine verwitterbaren Minerale** wie Feldspäte, Glimmer oder Hornblenden mehr. Neben dem dominierenden Tonmineral **Kaolinit** und den weit verbreiteten Eisenoxiden finden wir jetzt auch häufiger Aluminiumoxide wie **Gibbsit**. Diese Böden haben im Laufe ihrer intensiven chemischen (hydrolytischen)

Verwitterung ihren Basenvorrat fast vollständig eingebüßt und mit den Basen ist auch ein großer Teil der Kieselsäure ausgewaschen worden (**Desilifizierung**). Dadurch sind Eisen- und Aluminiumverbindungen relativ angereichert und das hat diesen Böden den Namen **Ferralsol** gegeben. Die sehr tonigen Ferralsole haben einen tiefen Wurzelraum, eine hohe Wasserspeicherkapazität und eine durch Verbackung der sekundären Minerale erzeugte hohe Strukturstabilität. Sie sind lange nicht so erosionsanfällig wie die Böden der Savanne. Trotzdem sind sie für den Ackerbau sehr schwierige Standorte, da sie ausgeprägten Kalimangel und meist sehr schlechte Phosphorversorgung (sehr geringe Vorräte und schlechte Verfügbarkeit) zeigen. Trotz des hohen Tongehaltes ist die Austauschkapazität gering. Wegen des günstigen Klimas ist die Umsetzung der unter natürlichen Verhältnissen sehr hohen Streuproduktion intensiv und es findet durch Termiten oder Regenwürmer eine intensive Bioturbation im Oberboden statt. Auch kann die feuchte Streu rasch von Pilzen angegriffen und umgewandelt werden. Wir finden deshalb in diesen Böden immer die Humusform Mull. Neben Knollenfrüchten wie Maniok und Yam spielt hier Mais im Anbau eine große Rolle. Naturgemäß ist im Regenwaldgebiet die **Agroforstwirtschaft**, z.B. mit Kakao und Bananen, eine angepasste Wirtschaftsweise. Wegen des guten Umsetzung der Streu und auch der hohen, durch Gewitter eingetragenen Stickstoffmengen, kommt dieser Nährstoff erst bei hohen Produktionsraten und anspruchsvollen Gewächsen ins Minimum. In den Böden des Regenwaldes kommt häufig ein Unterboden vor, bei dem Aluminium und Eisenoxide nach Austrocknen irreversibel verhärten. Solche Materialien bezeichnet man als **Plinthit** (aus dem Griechischen für Ziegelstein). Dies ist eine Geißel für die Landwirtschaft, da nach Erosion der Oberböden eine harte, vegetationsfreie Kruste zurückbleibt. Das Material kann aber im feuchten, weichen Zustand geschnitten und dann als natürlicher, sehr widerstandsfähiger Baustein gewonnen werden.

Ferralsol = Ah-Bu-Bv-BvC

6.3 Typische Senkenböden arider und humider, subtropisch-tropischer Gebiete

In den gemäßigten Breiten haben wir gesehen, dass Senken häufig völlig von den Hochflächen divergierende Bodenverhältnisse zeigen. Dies gilt natürlich auch für tropisch-subtropische Gebiete. Die Besonderheiten sollen nur an zwei ausgewählten Böden dargestellt werden, dem Solonchak und dem Vertisol.

Suchen wir **Senken arider Gebiete** auf, so finden wir dort häufig den **Solonchak** als typischen Salzboden. Er ist gekennzeichnet durch Anreicherung leicht löslicher Salze, die unter den Pflanzen nur Spezialisten (Halophyten) eine Lebensmöglichkeit eröffnen. Wenn wir uns fragen, wie diese Böden entstehen, so ist der wichtigste Faktor das aride Klima. In ariden Klimaten fällt weniger Niederschlag als Wasser von der Landoberfläche verdunstet. In diesen trocknen Gebieten beobachten wir nach Niederschlägen oft, dass Wasser oberflächlich abfließt oder dass Wasser, welches aus feuchten Regionen (Gebirgen) zuströmt, sich in den Senken sammelt. Dieses Wasser enthält gelöste Stoffe und kann während der **Trockenzeiten** verdunsten. Durch die Verdunstung wird die **Konzentration** der Boden-

Solonchak = Ahz-Bvz-Cyz

Bodentyp / Standorteigenschaft	Solonchak (Ahz, Bz, Gr)	Vertisol (Ah, P, C)
Gründigkeit	(+) (Salz)	+
Durchwurzelbarkeit	(+) (Salz)	– ∓
Wasserhaushalt	– osm. -Potential	± – nFK
Lufthaushalt	∓	– + var. Porung
Nährstoffhaushalt		
N vorrätig	+	+
N verfügbar	+	∓ Denitrifikation
P vorrätig	++	+
P verfügbar	∓	+
K vorrätig	++	±
K verfügbar	–	±
Ca, Mg vorrätig	+	+
Ca, Mg verfügbar	+	+
Stabilität	– –	–
Bearbeitbarkeit	+ / –	–\ + / –
Nutzung	Unland / Weide	Weide / Acker
Melioration	Drainage Bewässerung Entsalzung	(Bewässerung) Einebnen

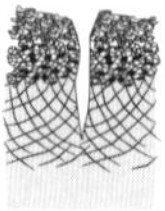

Abb. 6.4:
Aufbau und Standorteigenschaften von Solonchak und Vertisol.

lösung so stark angereichert, dass meist zunächst **Kalk**, dann **Gips** und schließlich die **leicht löslichen Salze** ausfallen. Bei der nächsten Wiederbefeuchtung können diese Salze zwar meist vollständig gelöst werden, sie werden aber nicht fortgeführt, sondern das Wasser verdunstet anschließend. Dadurch kommt es, insbesondere dort wo Wasserzufuhr aus dem Untergrund oder oberflächlich stattfindet, zu einer immer stärkeren **Versalzung**, bis hin zur **Krustenbildung**. Solonchake sind Böden, die **keinerlei Auswaschung** zeigen, sondern in denen sich nahezu alles was zugeführt wird auch anreichern kann. Da die Abbaubedingungen für die organische Substanz ungünstig sind, finden wir trotz geringen Wachstums häufig sehr humose Oberböden.

Bei den Solonchaken ist die **Gründigkeit**, die **Durchwurzelbarkeit** und insbesondere der **Wasserhaushalt** durch das Vorhandensein von Salz und das dadurch entstehende **hohe osmotische Potenzial**, welches normalen Pflanzen kaum die Wasseraufnahme gestattet, eingeschränkt. Häufig sind Solonchake gut durchlüftete Böden. Die Vorräte an den Nährstoffen Stickstoff, Phosphor und Kalium sind meist sehr hoch. Unter den schwach alkalischen Verhältnissen kann die Aufnahme von Phosphor und Kalium gestört sein. Calcium und Magnesium sind dagegen meist gut bevorratet und auch gut aufnehmbar. Die Frage, mit welchen Nährstoffen die Böden gut versorgt sind, hängt natürlich von der Art der Salze ab. So kann in extremen Fällen bei reinen Natrium- und Magnesiumsalzen sogar Calcium in den Mangel kommen. Solonchake sind sehr **instabile** Böden, sie sind im **feuchten** Zustand häufig im Oberboden wie **Seife** und können dann kaum bearbeitet werden, im **trockenen** Zustand zeigen sie dagegen eine **gute Struktur**. Unter natürlichen Bedingungen sind Solonchake lediglich als **Weiden** für anspruchslose **Schaf-** oder **Kamelherden** geeignet. Wenn durch Drainage und Bewässerung das Salz aus dem Oberboden verdrängt wird (wozu große Wassermengen notwendig sind) dann kann mit **Bewässerung** auch **Ackerbau** getrieben werden.

In den **wechselfeuchten** und **feuchten Tropen** kommt in Senken ein oft sehr tiefschwarzer Boden mit Tongehalten bis zu 80% vor. Dieser Boden erinnert uns an den Pelosol (Kap. 3). Im Gegensatz zu den Hochflächenböden der Tropen, in denen wir hauptsächlich Kaolinite finden, finden wir hier jetzt **Dreischichttonminerale** (Smectite), die ein ausgeprägtes **Quellen** und **Schrumpfen** begünstigen. Dieser Vorgang wird häufig auch durch das Klima gefördert. Weil die feinen polyedrischen Aggregate der Oberfläche in Trockenzeiten in die Spalten getreten werden oder hineinfallen und dann bei Wiederbefeuchtung der Boden stark aufquillt und sich dabei die ausgeprägten prismatischen Aggregate des Unterbodens verdrehen können, entsteht ein tiefhumoser und ständig gemischter Boden, der deshalb als **Vertisol** (lat. vertere = wenden) bezeichnet wird. Im Gegensatz zu den Ferralsolen oder Acrisolen der Hochflächen, hat dieser Boden eine sehr gute **chemische „Bodenfruchtbarkeit"**, aber ausgeprägt ungünstige **physikalische** Bedingungen. Er weist eine hohe **Gründigkeit**, aber wegen der festen Aggregate sehr schlechte **Durchwurzelbarkeit** auf. Der hohe Tongehalt speichert viel Wasser, aber gibt es nicht verfügbar wieder frei (sehr hoher Totwasseranteil). Während der Regenzeit haben Vertisole häufig **Luftmangel**, der in der Trockenzeit rasch wieder verschwindet. Die Nährstoffvorräte sind meist ausgeglichen, wobei besonders in tropischen Gebieten auch Kalimangel auftreten kann (kaliumarme Basalte aus Ausgangsgestein). Die Basenversorgung ist immer gut. Ähnlich wie unsere Pelosole sind die Vertisole Minutenböden. Vertisole sind sehr gute Weidestandorte und werden auch erfolgreich für angepasste Kulturen, wie Baumwolle und Kolbenhirse, oder vielfältig mit Bewässerung genutzt. Im Gegensatz zur Schwarzerde, die bioturbat ist, spricht man bei dieser Vertisolvermischung von einer **Peloturbation**. Trotz der schwarzen Farbe, sind die Humusgehalte wesentlich niedriger als bei den Schwarzerden. Die Farbe wird durch die feine Verteilung der org. Substanz und die Kopplung an Tonminerale erzeugt. Da in den Tropen Mineralisierung über lange Zeit stattfinden kann und auch bei geringer Wassersättigung noch weiterläuft, kann die Humusakkumulation nicht große Mengen organischer Substanz speichern. Vertisole sind wegen ihrer hohen Pufferkapazität und größeren chemischen Transformationsleistung sehr stabile Böden. Lediglich in hängigen Geländen sind diese Böden in der Regenzeit, wenn die Oberböden gequollen sind und die Infiltration der Niederschläge gehemmt ist, extrem erosionsanfällig.

Vertisol =
AhP-P1-P2-PcC

Fragen

1. Welche Böden von Steppen und tropischen Regenwäldern gibt es? Durch welche Eigenschaften unterscheiden sie sich besonders?
2. Wie laufen Verwitterungsprozesse in kalten und heißen, trockenen und feuchten Gebieten ab?
3. Welche Verlagerungsprozesse laufen in ariden und humiden Gebieten unter terrestrischen und semi-terrestrischen Bedingungen ab?
4. Vergleiche den Humushaushalt unter atlantischen und kontinentalen, unter terrestrischen und subhydrischen Bedingungen.
5. Vergleiche Ferralsol und Braunerde hinsichtlich Bildungsraum, Bodenentwicklung und Eigenschaften.
6. Vergleiche einen Solonchak und einen Mullgley in der ungarischen Tiefebene hinsichtlich ihres Humushaushaltes.
7. Unterscheide Bioturbation, Kryoturbation und Peloturbation.
8. Welche Oxide des Aluminiums, Eisens und Mangans gibt es? Welche Umweltbedingungen zeigt ihr Vorkommen an?

7 Böden in Raum und Zeit

7.1 Gliederungsprinzipien der Erdgeschichte

Bodenentwicklung ist, wie wir an verschieden Stellen gesehen haben, ein Teil der Erdgeschichte. Damit **Bodenentwicklung** und **Erdgeschichte** miteinander verknüpft werden können, benötigen wir Methoden, mit denen bestimmte Ereignisse in eine zeitliche Abfolge eingestuft werden können. Eine Wissenschaft, die schon immer ihre Phänomene in Zeitabläufe einstufen wollte, ist die Geologie. Wir können uns fragen, welche Methoden in der Geologie angewandt werden, die auch für die Bodenwissenschaft sinnvolle Hinweise auf den Beginn oder den Verlauf der Bodenentwicklung geben können. Bei den Methoden zur **Altersbestimmung** unterscheidet man Verfahren zur **relativen Datierung** von solchen zur **absoluten Datierung**. Beide sollen hier kurz aufgeführt werden.

Die älteste und wichtigste Methode zur Bestimmung des relativen Alters stammt von NICOLAUS STENO aus dem 17. Jahrhundert. Er beobachtete, dass Flüsse regelmäßig junge Ablagerungen über ältere Ablagerungen sedimentieren. Daraus leitete er die allgemeine **Lageregel** ab, die besagt, dass ein unterlagerndes Material immer älter sein muss als das darüber abgelagerte. Diese Lageregel ist bei unseren **Böden** an vielen Stellen wichtig, so z.B. in den **Auen**, wo das obere Material immer jünger als das untere ist, dann in den **Marschen** und im **Watt**, aber auch in jungen **Vulkangebieten**, wo die jungen **Aschen** immer auf den älteren Vulkanaschen liegen (oder lagen). Nun gibt es, wie wir früher gesehen haben (Kap. 3) aber auch Möglichkeiten, dass Schichten im Laufe der Erdgeschichte verstellt oder gar so weit verbogen sind, dass sie umgekehrt liegen, wie bei der Faltenbildung innerhalb der **Orogenese** der Alpen. Wenn aufgrund solcher Faltenbildung die Abfolge umgekehrt wurde, so kann man doch an bestimmten Merkmalen erkennen, wo ursprünglich die Oberkante einer Schicht war. Wenn z.B. toniges Material abgelagert wurde, das vor seiner Überlagerung ausgetrocknet ist, schrumpfte und Risse bildete, so können wir erkennen, dass das tonige, gerissene Material das ältere ist und die Verfüllung der Risse und das darauf auflagernde Material das jüngere. Wenn z.B. ein weiches Sediment von Lebewesen betreten wird, so werden diese Eindrücke hinterlassen. Vom darüber folgenden Sediment werden diese Eindrücke dann ausgefüllt. Wenn die folgende Erdgeschichte dann die Schichten umdreht, so erkennt man immer noch, wo der Eindruck war und wie er durch eine Positivform ausgefüllt wurde.

Für Bodenkundler ist die Lageregel von NICOLAUS STENO eine sehr wichtige Möglichkeit, älteres von jüngerem Material zu trennen, wie z.B. **fossile**

Lagerregel =
junge Sedimente liegen
auf älteren

Bodenhorizonte in Auen und Lösslandschaften. Alle Prozesse, die in Böden zu Homogenisierungen führen, also die sogenannten Turbationen, wirken der Anwendung der Lageregel entgegen. Sie reichen allerdings bis max. 1,5 m in den Boden hinein, aber gerade das ist ja der Bereich, in den wir uns wegen der Bodenbildung, die in die gleiche Tiefe reicht, kümmern müssen.

> **Merke:** Bei geologischen Schichten liegt (oder lag) das alte immer unter dem neuen Material („Gesteinslageneinteilung").

Bei der sogenannten **Lithostratigraphie** kann man nicht nur vertikal in der Schichtenabfolge, sondern auch horizontal vorgehen. So gibt es Buntsandstein im Südschwarzwald, im Spessart, im Solling und dann wieder auf Helgoland. Aus der Ähnlichkeit des Gesteins, insbesondere wenn man weiß, dass diese Gesteinskörper ursprünglich zusammenhingen, kann man daraus schließen, dass der Buntsandstein aus Helgoland etwa zur gleichen Zeit entstanden ist, wie der Buntsandstein des Südschwarzwalds. Streng genommen könnte dieses Gestein aber auch nacheinander entstanden sein, wenn nämlich der Bildungsraum durch langsames Einsinken des sogenannten „Germanischen Beckens" sich von Norden nach Süden erweitert hätte, oder sich durch Hebung im Süden langsam nach Norden zurückgezogen hat. In beiden Fällen wären die Gesteine nicht exakt gleich alt, sondern wären eine Altersabfolge eines Vorschreitens des Beckens (**Transgression**) oder eines Rückschreitens (**Regression**). Da beides stattgefunden hat, finden wir die ältesten und jüngsten Gesteine nur in Norddeutschland, während am Südende der Verbreitung nur ein kurzer Zeitraum repräsentiert ist.

> **Lithostratigraphie =** Einteilung nach den Eigenschaften der Gesteine

Neben der Lithostratigraphie gibt es bei der Bestimmung des Alters von Gesteinen und damit auch von Böden die sogenannte **Biostratigraphie.** Sie geht auf W. SMITH (1769–1839) zurück. Man hat erkannt, dass im Laufe der Entwicklungsgeschichte verschiedene Lebewesen entstanden sind, von denen einige nur relativ kurze Zeit gelebt (Riesensaurier) oder sich während ihrer Entwicklungsgeschichte sehr stark differenziert haben und die einzelnen Formen nur kurze Zeit Bestand hatten (Ammoniten, Muscheln und Schnecken). Findet man jetzt **versteinert** solche Lebewesen, so kann man auf die Bildungszeit des Gesteins schließen, da ja das Lebewesen einen spezifischen Hinweis auf das Alter gibt. Nach den Entwicklungsstufen der tierischen Lebewesen wurden die großen Einheiten der Erdgeschichte auch **Zoikum** genannt: So ist die älteste erdgeschichtliche Formation das **Azoikum. Es ist** älter als 2,7 Milliarden Jahre, und aus dieser Zeit sind noch keine Lebewesen bekannt. Die Erdfrühzeit, älter als 540 Millionen Jahre, ist die Zeit des beginnenden Lebens, die Zeit des **Proterozoikums.** Es folgt das mindestens 250 Millionen Jahre zurückliegende **Paläozoikum,** das Erdaltertum, in dem sich bereits die Wirbeltiere und Insekten entwickeln konnten. Das **Mesozoikum** oder Erdmittelalter reichte bis 65 Millionen Jahre vor heute und an seinem Ende waren die Saurier bereits wieder ausgestorben. Schließlich folgt das heute noch andauernde **Neo-** oder **Känozoikum,** die Erdneuzeit, in der z.B. die Menschheitsentwicklung in den letzten zwei Millionen Jahren ablief.

> **Biostratigraphie =** Einteilung nach den vorkommenden versteinerten Lebewesen

> **Merke:** Lebewesen sind gute Indikatoren für das Erdzeitalter, wenn sie nur eine kurze Periode der Erdgeschichte erlebt haben und ihr Lebensraum gut bekannt ist.

Ähnlich wie für die Tiere, könnte man auch für die Pflanzen eine Erdgeschichte schreiben, dann hießen die Zeiten Phytikum und hätten entsprechend ihrer Entwicklung nicht genau die gleichen Grenzen.

Besondere Formen der Biostratigraphie haben sich dort entwickelt, wo in Gesteinen oder in Ablagerungen eine Vielzahl von kleinen Resten der damaligen Lebewelt erhalten sind und man nicht aus dem einzelnen Organismus, sondern aus der Verteilung der Reste auf das Alter oder auf die Ausgestaltung des Lebensraums schließen kann. Dazu gehören die Methoden, mit denen meist tertiäre und quartäre Sedimente durch ihre **Mikrofossilien**, z.B. Diatomeen und Foraminiferen, charakterisiert werden können.

Für unsere Böden ist die Erhaltung von **Pollen** von besonderer Bedeutung. Sie werden zwar auch in Landböden erhalten, in besonderem Maße lässt sich aber die Pollenanalyse zur Rekonstruktion der Umweltbedingungen in **Mooren** und **organischen Seesedimenten** verwenden; die Pollen sind gut erhalten und ihre zeitliche Zuordnung ist eindeutig, da aufwachsende Torfe oder jahreszeitliche Seesedimente nach ihrer Bildung kaum mehr gestört werden und so ein sehr gutes **Archiv** der Entwicklungsgeschichte darstellen. Durch die Zuordnung der Pollen zu bestimmten Pflanzen, deren Ansprüche an ihre Umwelt bekannt sind, lassen sich aus der Pollenanalyse nicht nur die zeitliche Abfolge, sondern auch die Umweltbedingungen zur Bildungszeit rekonstruieren. In den Mooren werden Pollen auch konserviert, die nicht aus dem Moor selbst, sondern aus dem Umfeld, d.h., von den Wäldern und später von den Äckern und Wiesen stammen und so sehr gut Einflüsse noch aus jüngster Zeit repräsentieren.

Gerade in den Böden gibt es aber auch eine Reihe von Anzeichen, die den Einfluss des Menschen auf die Bodenentwicklung und Bodennutzung rekonstruieren lassen. Durch menschliche Reste lässt sich eine Verbindung zwischen **Archäologie** und **Bodenkunde** herstellen. So können wir aus Funden menschlicher Werkzeuge, aus Stein oder Metall, sowohl das Alter des Eingriffs als auch die Kulturstufe rekonstruieren. In Böden mit reduzierenden Bodenhorizonten wird häufig **organisches** Material bis heute bewahrt, z.B. aus Pfostenlöchern von jungsteinzeitlichen Häusern, bronzezeitlichen Pfahlbauten oder aus römischen Brücken, und lässt uns die Eingriffe bestimmen. Noch jüngere Zeitmarken setzen z.B. gefundene Keramiken, die einer Epoche oder später gar einer Werkstatt zugeordnet werden können, oder Münzen, die ihren Prägungsort und ihre Zeit verraten, und letztendlich das Auftreten modernster Kunststoffmaterialien, die uns zeigen, dass wir im 20. Jahrhundert angekommen sind. Alle diese Merkmale sagen uns, dass ein bestimmtes Material jünger ist als das erste Auftreten des entsprechenden Restes, d.h. des Fossils (= Begrabenes). Über das absolute Alter wissen wir erst dann etwas, wenn wir aus anderen Methoden das absolute Alter dieser Reste abgeleitet haben.

Neben den Methoden der relativen Bestimmung gibt es das Bestreben, bestimmte Ereignisse so genau zu kennen, dass man ihr exaktes Alter an-

Tab. 7.1:
Gliederung geologischer Formationen (stark vereinfacht).

* Bezeichnungen in Süddeutschland bzw. im Alpenraum

Geologische Zeittafel

Zeit-alter	Formation	Abteilung	Unterabschnitte (Stufen) (nur zum Teil angegeben)		Alter (10⁶ a)
KÄNOZOIKUM (NEOZOIKUM)		Holozän (Alluvium)	(Dauer ~10000 Jahre) Weichsel-(Würm-*)Kaltzeit		0,010
	QUARTÄR	Jung-Pleistozän	Eem-Warmzeit		0,115
			Saale-(Riss-*)Kaltzeit mit Warthe- und Drenthestadium		0,130
		Mittel-Pleistozän	Elster-(Mindel-*)Kaltzeit Cromer-Komplex (Kalt- und Warmzeiten)		0,16
		Pleistozän (Diluvium)	viele Warm- und Kaltzeiten		0,70
		Alt-Pleistozän			1,8
	TERTIÄR	Jungtertiär (Neogen)	Pliozän		5
			Miozän	⎫	24
		Alttertiär (Paläogen)	Oligozän	⎬ Molasse*	37
			Eozän	⎭	58
			Paläozän		65
MESOZOIKUM	KREIDE	Oberkreide	Maasricht ⎫ Campan ⎭	Senon	
			Santon ⎫ Coniac ⎭	Emscher	
			Turon		
			Cenoman		100
		Unterkreide	Alp ⎫ Apt ⎭ Barrême	Gault	
			Hauterive ⎫ Valendis ⎬ Berrias ⎭	Neokom	
	JURA	Malm (Weissjura)	Tithon		144
			Kimmeridge		155
			Oxford		
		Dogger (Braunjura)			172
		Lias (Schwarzjura)			195
	TRIAS	Keuper	Oberer Keuper	Rät*	
			Mittlerer Keuper (= Gipskeuper)	Nor* Karn*	205
			Unterer Keuper (= Lettenkeuper) ⎫	⎬ Ladin*	
		Muschelkalk	Oberer M. ⎭		
			Mittlerer M. ⎫ Unterer M. ⎬ (= Wellenkalk) ⎭	Anis*	215

Fortsetzung Tabelle 7.1

Geologische Zeittafel

Zeit-alter	Formation	Abteilung	Unterabschnitte (Stufen) (nur zum Teil angegeben)	Alter (10^6 a)
	Trias	Buntsandstein	Oberer B. (=Röt) Mittlerer B. } Skyth* Unterer B.	245
	PERM	Zechstein	Tatar Kasan Wüste	260
		Rotliegendes	Artinsk Eiszeit Sakmara	276
PALÄOZOIKUM	CARBON	Obercarbon	Kohle → Moor	325
		Untercarbon	Wirbeltiere	360
	DEVON	Oberdevon Mitteldevon Unterdevon		408
	SILUR		Landpflanzen → Braunerde	438
	ORDOVICIUM			505
	KAMBRIUM		Oberkambrium Mittelkambrium Unterkambrium	570
PRÄKAMBRIUM	PROTERO-ZOIKUM/ ALGONKIUM		Algen → „erste Böden"	1800
	ARCHAIKUM			2700
	KATAR-CHAIKUM			3500

geben kann. Das gelingt z.b. dann, wenn der Zeitpunkt eines bestimmten Ereignisses historisch überliefert ist. So ist der Vesuv im Jahre 79 n. Chr. ausgebrochen und hat u. a. die Städte Pompeji und Herkulaneum begraben. Die Bodenbildung in der Vulkanasche, die sich auf Pompeji gelegt hat, ist also jünger als 79 n. Chr. Da der Vesuv noch mehrfach ausgebrochen ist, kommt es auch vor, dass noch jüngere Aschen über der älteren liegen, z.B. die letzte von 1945. Wenn wir uns ein Bodenprofil aus Vulkanaschen anschauen, so können wir gewissermaßen herunterzählen von der jüngsten Asche bis zur ältesten bekannten und jeweils das Ausmaß der Bodenentwicklung in den Zwischenperioden ermitteln. Ähnliches beobachtet man dann, wenn große Rutschungen oder Bergstürze auftreten, deren Datum genau bekannt ist, und wo wir im Anschluss an den Vorgang die neue Bodenentwicklung beobachten können. Auch menschliche Eingriffe lassen die Anwendung dieser Methode zu. Die Römer haben den Limes im ersten Jahrhundert n. Chr. aufgebaut und dort, wo wir ihn heute noch sehen, können wir sagen, dass die Bodenentwicklung höchstens 2000 Jahre alt ist.

Eine besonders gute und weit verbreitete Zählmethode bei der **absoluten Datierung** ist die sogenannte **Warvenzählung**. Warven sind dünne Doppelschichten, die sich in kaltzeitlichen Seen gebildet haben, mit einer weißen und gröberen Frühlingsschicht und einer dünnen, schwärzlichen Herbstschicht, in der toniges Material mit abgestorbener organischer Substanz sedimentiert wurde. Da diese Vorgänge jedes Jahr abliefen, können wir mit dem Abzählen dieser Warven z.B. den Beginn des Eisfreiwerdens eines heutigen Sees genau bestimmen (Kap. 4.1). Da bei bestimmten Naturereignissen die Warven etwas dicker, bei anderen etwas dünner sind, ergibt sich ein Muster, das es erlaubt, auch unvollständige Bereiche in die absolute Datierung einzugliedern.

Eine ähnliche Methode wie die Warvenzählung bei den Sedimenten, ist die sogenannte Dendrochronologie, die **Altersbestimmung anhand von Jahresringen** bei den Bäumen. Die meisten Bäume bilden während ihres Lebens jedes Jahr einen Ring in ihrem Holz, der ebenfalls im Frühjahr etwas lockerer und im Herbst etwas dichter ist. Man kann also bei einem einzelnen Baum abzählen, wie alt der Stamm bereits ist. Da es auch beim Wachstum der Bäume Unterschiede zwischen den Jahren gibt, kann man durch Aneinanderreihen unterschiedlich alter Bäume mit der Baumringabfolge, der Jahrringchronologie, auch Jahrtausende zurückgehen, insbesondere dann, wenn die Bäume in einem Sumpf oder einem **Moor** erhalten geblieben sind. Die Methoden der Warvenzählung und der Dendrochronologie haben immer nur einen bestimmten Bereich auf der Zeitskala, den sie abdecken können, denn wenn sich die Umweltbedingungen so ändern, dass in den Seen keine Jahresrhythmen der Sedimentation mehr beobachtet werden, oder wenn die Wälder infolge von Klimaänderungen zusammengebrochen sind, dann ist jeweils die Möglichkeit, absolute Altersdaten zu gewinnen, verloren gegangen.

In solchen Fällen bedient man sich seit Jahrzehnten einer anderen Möglichkeit der Altersdatierung, nämlich der **Isotopenmethoden**. Viele Isotope sind radioaktiv und zerfallen im Laufe der Zeit unter Aussenden von Elementarteilchen. Je nachdem wie stabil diese Isotope sind, wird sich die Strahlungsintensität innerhalb der unterschiedlichen Halbwertszeit der Isotope jeweils halbieren. Die verbleibende Strahlungsenergie gibt uns also ein Maß über den Zeitraum, der seit Beginn der Entwicklung vergangen ist. Beim Zerfall der radioaktiven Isotope werden stabile Isotope gebildet, deren Anteil auch gemessen werden kann. Man kann aus dem Anteil des neu gebildeten Isotops ebenfalls auf das Ausmaß des Zerfalls und damit auf die Zeit schließen. Die heute eingesetzten radioaktiven Isotopenmethoden sind sehr umfangreich. Die verschiedenen Isotopenmethoden haben jeweils einen Bereich, in dem sie sinnvoll angewendet werden können (Tab. 7.2). Dieser Bereich ist hauptsächlich von der Lebensdauer der Isotope und ihrem Chemismus abhängig. Schnell zerfal-

Tab. 7.2:
Einige natürlich und künstlich auftretende radioaktive Isotope und ihre jeweiligen Halbwertszeiten.

Radionuklid	Halbwertszeit [a]	Auftreten
^{3}H	12	natürlich/kernreaktiv
^{14}C	5736	natürlich/kernreaktiv
^{40}K	$1,26 \cdot 10^9$	natürlich
^{90}Sr	28,5	kernreaktiv
^{137}Cs	30,2	kernreaktiv
^{232}Th	$1,2 \cdot 10^{10}$	natürlich
^{235}U	$7 \cdot 10^8$	natürlich
^{238}U	$4,5 \cdot 10^9$	natürlich

lende Isotope decken nur einen kurzen Zeitraum ab, sehr stabile können große Zeiträume abdecken, sind dabei aber meist weniger genau, da sie oft auch eine geringe Anfangskonzentration haben. Die Isotopenmethoden können bis etwa zum Fünffachen der Halbwertszeit gut zur Datierung verwendet werden. Beim Einsatz von Isotopenmethoden kann man sich auf die natürlich vorkommenden Gehalte bzw. Konzentrationen verlassen und damit nur die natürlichen Vorgänge verfolgen. In zunehmendem Maße werden aber radioaktive Isotope auch vom Menschen eingebracht, z.B. Atombombenversuche oder der Reaktorunfall in Tschernobyl. Hier werden Kohlenstoff-, Strontium- oder Cäsiumisotope emitiert, die dann in bestimmte Prozesse in Böden einbezogen sind, deren Ablauf und Geschwindigkeit man aus den abklingenden Messwerten der Strahlung rekonstruieren kann. Bei Laborversuchen können auch instabile Isotope oder stabile Isotope, die in der Natur in anderer oder sehr geringer Konzentration vorkommen, als Markierungssubstanzen verwendet werden. Man kann dann bestimmte Prozesse, in die diese Elemente einbezogen sind, durch Messung der radioaktiven Intensitäten oder durch Bestimmung der Isotope in einem Massenspektrometer verfolgen. Die Altersbestimmung mit einem radioaktiven Isotopenmessverfahren erfolgt im Prinzip nach der Formel:

$$N = N_0 \cdot e^{-\lambda \cdot t}$$
wobei $\lambda = \ln 2 \cdot t_{1/2}^{-1}$ = Zerfallskonstante [a^{-1}], ln = der natürliche Logarithmus und $t_{1/2}$ = Halbwertszeit

Für die Altersbestimmung bei radioaktiven Isotopen gibt es zwei prinzipielle Methoden, das Alter (t) in Jahren nach einem Ereignis zu bestimmen.

Wenn das Mutter- (N) und Tochterisotop (T) bekannt sind, gilt:

$$t = 1/\lambda \times \ln ((T + 1)/N)$$

Wenn die ursprüngliche Menge N0 und die aktuelle Menge N des Mutterisotops bekannt sind, gilt:

$$t = 1/\lambda \times \ln ((N_0 + 1)/N)$$

Wenn wir das Alter an einem Bodenmaterial bestimmen, so müssen wir immer genau wissen, was wir eigentlich bestimmt haben. Würden wir z.B. mit der Kalium-Argonmethode in unserem Bärhaldegranit (Kap. 2.2) das Alter von **300 Millionen Jahren** bestimmen, so wissen wir zwar, dass dieser Granit wohl vor 300 Millionen Jahren in einer Tiefe von 5 bis 7km Platz gegriffen hat und dann erkaltet ist. Über den Beginn der Bodenentwicklung können wir mit dieser Methode jedoch gar nichts aussagen. Da wir wissen, dass vor etwa 70 Millionen Jahren der Schwarzwald begann aufzusteigen (älteste Sedimente im Oberrheingraben) und damals noch etwa 1km Sedimentgestein auf ihm lastete, müssen wir natürlich erkunden, wann die Bodenbildung eigentlich eingesetzt hat, nachdem alle diese Sedimente abgetragen waren. Möglicherweise sind vorher aus dem Granit schon einmal Böden entwickelt und später wieder abgetragen worden. Damit konnte es zu einer neuen Bodenbildung kommen. Durch verschiedene Forschungen über die Entwicklung des Schwarzwaldes wissen wir, dass der südliche Hochschwarzwald vor 30000 Jahren noch vergletschert war und wir kennen verschiedene sogenannte Rückzugsstadien dieses Gletschers, an denen Moränen erhalten sind. In diesen Moränen können wir z.B. mit der Radio-carbonmethode (^{14}C) das Alter der organischen Substanz bestimmen, besser noch in den hinter den Moränen liegenden glazialen Seen, die z. T. vermoort sind und wo wir, sowohl mit der absoluten Radiocarbonmethode, als auch mit den relativen Methoden der Pollenanalyse Aufschluss über die Landschaftsentwicklung erhalten können. Ein besonders eindeutiges Zeitmerkmal ist das Auftreten des Laacher-See-Tuffs, der vor etwa 12800 Jahren, d.h. in der Warmphase des Alleröd im Spätglazial, ausgebrochen ist. Dieser Allerödtuff findet sich meist in der Nähe der Basis der periglazialen See-Sedimente, vergesellschaftet mit Pollen, die kaltes, arktisches Klima anzeigen. Daraus schließen wir, dass die **Bodenbildung**, welche wir in Kapitel 2.1ff. besprochen haben, in der Tat erst nach der Würmeiszeit, d.h. im Holozän abgelaufen ist und die Böden nicht älter als max. 15000 Jahre sein können.

Ganz allgemein können wir schlussfolgern, dass nicht das Alter des Gesteins, sondern das Alter der Landoberfläche etwas über die Geschwindigkeit der bodenbildenden Prozesse aussagt, d.h. die Böden auf Buntsandstein, welcher etwa 100 Millionen Jahre jünger ist als der Granit, müssen heute als gleich alt angesehen werden wie die Böden aus Granit, da die alten Bodendecken während der letzten Kaltzeit abgeräumt wurden und wir neue Bodenentwicklungen im Holozän haben.

Umgekehrtes passiert in vielen **Lösslandschaften**, wo während der Kaltzeiten neuer Löss angeweht wurde und die alten Böden bedeckt wurden. Auf jeden Fall können wir zu Beginn jeder Warmzeit wieder eine neue Chronosequenz von Böden der Mergelserie (Kap. 4) beobachten.

Besonders schwierig wird die Betrachtung dann, wenn Bodenbildung und Entstehung des Ausgangsmaterials synchron (synsedimentär) ablaufen. Hier haben wir Beispiele in der Auenserie und bei den Marschen kennengelernt. Das Alter eines solchen Bodens ist auf jeden Fall jünger als die letzte, nicht mehr gestörte Ablagerungsschicht und der Unterboden ist in der Regel älter, da sein Material früher sedimentiert wurde als der

Tab. 7.3:
Übersicht über Methoden der Altersbestimmung in der Bodenkunde (Geowissenschaften).

Zeitrechnung der Erdgeschichte

relative Bestimmung
- Lithostratigraphie
- Lageregel   (N. STENO, 1638–1686)

- Biostratigraphie   (W. SMITH, 1769–1839)
- Leitfossilien
- Pollenanalysen

- Anthropostratigraphie

absolute Datierung
- Ereignisdokumentation
- Vulkanausbruch
- Erdrutsch
- Jahrringzählmethoden
- Warvenzählung
- Dendrochronologie

Isotopenmethoden
- Caesium 137
- Tritium-^{3}H
- Radiocarbon ^{14}C
- Kalium-Argon
- Uran-Blei

Oberboden, der z. T. heute noch regelmäßig Sediment erhält. In solchen Fällen kann es z.b. beobachtet werden, dass der Unterboden stärker verwittert ist, als die Bodenoberfläche, da hier noch wenig Zeit für die Entwicklung war.

> **Merke:** Böden sind jünger als Gesteine. Nicht das Alter des Gesteins, sondern das Alter der Landoberfläche entscheidet über die Dauer der Bodenbildung. Ausnahme sind Böden in Auen oder aus Vulkanasche, wo die Bodenbildung und die Gesteinsentstehung ineinandergreifen.

Wir können also feststellen, dass in der Entwicklung unserer Böden, bestimmte historische Ereignisse der Erd- oder Menschheitsgeschichte (Einbruch des Oberrheingrabens, Vulkanismus im Vogelsberg, Vergletscherung in den verschiedenen Eiszeiten, Bau des Limes) lokal und regional die Bodenentwicklung geprägt haben. Im Prinzip gilt aber auch hier, wie in den Geowissenschaften, das **Paradigma der Aktualität**, d.h., unter gleichen Bedingungen sollte auch zu anderen Zeiten und an anderen Orten wieder das Gleiche entstehen. Dieses Aktualitätsprinzip können wir dazu heranziehen, alte, begrabene Böden in ihre damalige Umwelt zu stellen, oder an Orten, wo heute neues Bodenmaterial entsteht oder aufgebracht wird vorherzusagen, wie es sich unter den gegebenen Verhältnissen weiter entwickeln wird (Tab. 7.3).

7.2 Eine Zeitreise durch die Böden Südwestdeutschlands

Die Böden sind in ihrer Entwicklung von verschiedenen Faktoren abhängig (Kap. 1). Ändert sich das Gestein, so haben wir gesehen, dass sich die Bodenentwicklungsserie ändert. Das Gleiche gilt für die Toposequenzen beim Faktor Relief. Auch das Klima spielt bei der Bodenentwicklung eine große Rolle. Die biotischen Faktoren greifen in Struktur und Stoffhaushalt ein.

Der bodenbildende Faktor Zeit schließlich beeinflusst die vorhandenen Böden in zweierlei Hinsicht:
1. Je länger die Zeit andauert, desto weiter entfernen sich die Böden von den Eigenschaften des Gesteins.
2. Gleichzeitig kann der **Faktor Zeit** uns Aussagen liefern über den **Ablauf der Klima- und Landschaftsgeschichte**.

Es gibt auf der Erde häufig den Fall, dass die Landschaftsgeschichte in der Weise dokumentiert wird, dass Böden infolge der Absenkung der Kruste durch junge Sedimente bedeckt werden, in denen wieder ein Boden entsteht. Wenn also eine Landschaft mehr oder weniger kontinuierlich abgesenkt wird, dann entstehen durch Sedimentation **begrabene** (fossile) **Böden**, die uns Auskunft über den Grad der Umwandlung des Gesteins zu einem bestimmten Zeitpunkt geben. Dauerte die Bodenentwicklung jeweils lange Zeit an, oder lief sie in eine ganz spezifische Richtung, so können wir Aussagen über das damalige Klima treffen. Wenden wir dieses Prinzip konsequent an – d.h., wir schließen durch die Kenntnis der heutigen Boden-

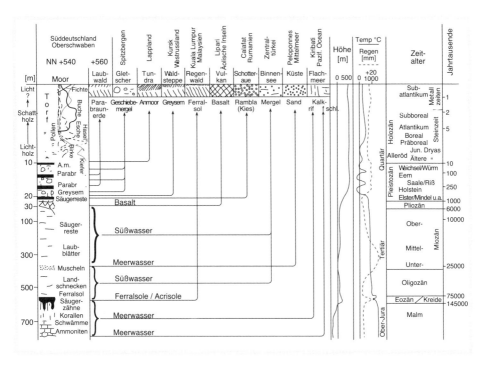

verbreitung aus einem vor langer Zeit begrabenen Boden auf die damaligen Umweltbedingungen – so wenden wir das **Aktualismusprinzip** der Geowissenschaften an. Dieses Aktualismusprinzip sagt uns, dass Umweltbedingungen früher genauso gewirkt haben wie heute. Im konkreten Fall beim Auffinden eines Bodens, den wir heute als **Ferralsol** im **tropischen Regenwald** finden, können wir schließen, dass dieser Boden bei uns früher unter Regenwaldbedingungen entstanden ist.

Fragen wir, wo wir in Europa solche Situationen finden, bei denen über sehr lange Zeit die Landschaft sich allmählich abgesenkt hat und die Böden längst vergangener Zeiten heute noch begräbt? Wir finden solche Gebiete z.b. im Rheindelta, im Rhonegraben, in der Poebene, im Oberrheingraben und schließlich im bayrisch-schwäbischen Alpenvorland (Molassebecken). Für einen Ausflug in die Bodengeschichte wählen wir das letzte Gebiet und setzen eine Bohrung im Grenzbereich zwischen der Altmoränen- und Jungmoränenlandschaft, im Bereich des Wurzacher Rieds, an (Abb. 7.1). Dort finden wir heute im kühl-gemäßigt-humiden Klima, unter naturnahen Bedingungen ein wachsendes **Hochmoor**. In Mooren lassen sich am besten aus Vegetationsresten und aus Pollen die Umweltbedingungen rekonstruieren. In dem Torf finden sich Reste von Torfmoosen (Sphagnen) und verschiedenen moortypischen Zwergsträuchern (Vaccinien und Ericaceen). Die Pollen im oberflächennahen Torf stammen hauptsächlich von den forstlich geförderten Baumarten Kiefer und Fichte. Daneben finden wir vor allem Buchenpollen und eine Reihe von Kulturzeigern aus der umgebenden Agrar-

Abb. 7.1:
Zeitreise durch die Boden- und Landschaftsentwicklung Süddeutschlands.

landschaft. Gehen wir etwa vier bis fünf Meter in die Tiefe, so finden wir ein Pollenprofil, das von der **Buche** dominiert wird und das uns mild-feuchte Wachstumsbedingungen des **Atlantikums** zeigt. Zwei Meter tiefer ist aus dem **Boreal** eine Wärme liebende **Laubmischwaldgesellschaft** mit Eiche, Ulme, Linde, Esche und anderen dokumentiert. In den frühen Phasen des **Holozäns** sind die sogenannten **Lichtholzarten** dominierend, wie die Hasel, die Kiefer und die Birke. Immer noch liegen die Bedingungen des Moorwachstums vor. Am Grunde eines Moores findet man häufig Mudden, die uns über die Umweltbedingungen, insbesondere über die geochemischen Zustände am Grunde des Moores bzw. im ehemaligen See Auskunft geben, wir wollen das hier überspringen (Kap. 4.5/Abb. 7.1). In etwa 10m Tiefe wird der mineralische Untergrund erreicht. Dort finden wir Reste eines Grundwasserbodens mit einem anmoorigen A-Horizont (Anmoorgley). Diese Bodenbildung zeigt uns etwa den Beginn der Nacheiszeit an, als der glaziale See noch nicht mit Wasser gefüllt war, aber die Senke bereits während der Sommermonate feuchte Verhältnisse zeigte. Solche Bedingungen würden wir heute in den **Tundrenlandschaften** Nordfinnlands wiederfinden.

Eiszeiten = Pleistozän

Unter diesem Boden finden wir in mehreren Lagen **Geschiebemergel**, der uns ein Zeugnis von der eiszeitlichen Aktivität des Rheingletschers vermittelt. Heute werden solche Ablagerungen nur unter **glazialen Bedingungen**, z.B. in Spitzbergen oder in den Hochgebirgen beobachtet. Da es verschiedene Eiszeiten gab, können wir unter günstigen Bedingungen auch mehrere Geschiebemergel übereinander beobachten. Sie sind in der Regel durch warmzeitliche Bodenbildungen getrennt. Diese warmzeitlichen Böden entsprechen meist recht gut den heute an der Oberfläche vorhandenen **Para-**

Parabraunerden aus Geschiebemergel

braunerden. Lediglich entsprechend der Länge der **Warmzeit** sind sie, sofern erhalten, manchmal schwächer ausgebildet oder auch deutlich mächtiger, z.B. aus der Mindel-Riss-Interglazialzeit. Zu Beginn der Kaltzeiten, als das Klima langsam kühler wurde, können wir in fluviatilen Ablagerungen auch Böden finden, die wir heute in der **Waldsteppe** des kontinentalen Russlands beobachten und die man Greysem oder **Fahlerde** nennt. Dies sind Böden mit Tonverlagerung wie die Parabraunerde und anschließender starker Basenauswaschung und Versauerung. Sie sind typisch für kühlhumide Gebiete (vgl. Kap. 6.1).

Immer wieder in der Abfolge der Böden und Sedimente gibt es Lücken; diese entstehen dann, wenn längere Zeit kein Sediment abgelagert wurde, oder wenn bereits abgelagerte Sedimente und entwickelte Böden wieder abgetragen werden. Dieser Fall dürfte an der Untergrenze der glazialen Entwicklungsserie eingetreten sein. Deshalb ist oft heute der Übergang in die jungtertiären Schotter sehr scharf. So sind Schotter, die aus den Alpen kommen, sehr kalkhaltig und stellen eine ehemalige Aue mit starker Umlagerung dar. Hier sind also **Ramblen** und **Paternien** zu finden, wie wir sie heute in Flussbetten auf dem Balkan beobachten können. Die kalkhaltigen Sedimente haben es auch zugelassen, dass **Knochenreste** und **Zähne** von

Jungtertiär = Pliozän: Mediterrane Auenböden

Säugern aus dem **Pliozän** dort noch zu finden sind. Darunter können wir wieder auf eine scharfe Grenze stoßen.

Es folgt sehr toniges, rotbraunes Bodenmaterial, in dessen Risse einzelne Partikel der folgenden fluviatilen Ablagerungen eingeschwemmt sind. Der Bodentyp war ein Pelosol bzw. **Vertisol**, der sich aus **basaltischen Lavaströmen** entwickelt hat, wie wir sie heute in Mittelitalien um den Vesuv oder am

Ätna finden. Hier sind es Reste des längst erloschenen Hegauvulkanismus. Unter den im Jungmiozän und Pliozän gefundenen Basalten liegt eine oft mehrere hundert Meter mächtige Abfolge sandig-lehmiger tertiärer **Süßwasserablagerungen**, in denen wir weiterhin Säugerreste, Schnecken und Pflanzenreste finden können. Das Material ist sehr kalkhaltig und zeigt Bedingungen, wie wir sie heute z.b. im Hochland von Anatolien mit immer wieder stark **austrocknenden Binnenseen**, beobachten können. Zwischen diesen Ablagerungen ist ein **Meeresvorstoß** eingeschaltet, der feinsandiges Material mit Muscheln und Haifischzähnen hinterlassen hat – Bedingungen, wie wir sie an den Küsten Siziliens oder Süditaliens finden können. Sie entsprechen in der bodenkundlichen Nomenklatur einem **Sandwatt**. Die ariden Bedingungen dieser Zeit lassen sich auch an Salzablagerung im südlichen Oberrheingraben erkennen.

An der Basis dieser mehrere hundert Meter mächtigen tertiären Sediment/Bodenabfolge stoßen wir plötzlich in leuchtend rote Tone. Genauere Betrachtung zeigt, dass diese Tone wenig strukturiert, aber zu feinen Bodenaggregaten verbunden sind. Sie sind sehr **eisenreich** und vom Tonmineral **Kaolinit** dominiert. Dies waren Bodenbildungsbedingungen, wie sie heute nur in den feuchten Tropen, möglicherweise aber auch bei lang anhaltender, kontinuierlicher Bodenbildung im Mittelmeerraum entstehen konnten. Die Entwicklung zeigt sehr große Ähnlichkeiten mit den heute oberflächlich vorkommenden **Ferralsolen** (Kap. 6.3). Diese roten, tonigen, ferralitischen Böden konnten mehr als zehn Meter mächtig werden und sie decken eine Periode in der Erdgeschichte Südwestdeutschlands ab, die vom Ende der Jurazeit vor etwa 140 Millionen Jahren bis in das Alttertiär vor etwa 30 Millionen Jahren gereicht hat.

Alttertiär und früher: Oligozän/Eozän: Tropisch humid mit ferralitischer Bodenentwicklung

Unter diesem sehr alten und weit entwickelten Boden folgt der **jurassische Kalkstein** des Weißen Juras mit seinen Korallen, Kieselschwämmen, Ammoniten und Muscheln, der uns anzeigt, dass es sich damals um ein tropisches **Flachmeer** gehandelt hat, wie wir es heute in den pazifischen Atollen noch finden. Während der vergangenen 140 Millionen Jahre ist die Landoberfläche (in verschiedenen Phasen) über den Meeresspiegel gehoben worden und es herrscht festländische Bodenentwicklung. Allein in der Vortiefe der Alpen, wo seit etwa 30 Millionen Jahren wieder Absenkung stattfindet, führt die Mächtigkeit der Sedimentbedeckung dazu, dass die jurassischen Gesteine hier, anders als auf der Schwäbischen oder Fränkischen Alb oder im Schweizer Jura, heute wieder im Bereich des Meeresspiegels liegen. Gleichwohl kann festgestellt werden, dass ganz Südwestdeutschland zum Ende der Jurazeit aus dem Meer aufgestiegen ist und mit Ausnahme des Oberrheingrabens und Teilen Oberschwabens, in denen wir gerade unsere Bohrung angelegt haben, nie wieder unter den Meeresspiegel sank. Unter Berücksichtigung der aufgetretenen Höhenunterschiede zeigt die Sediment- und Bodenabfolge ganz eindeutig, dass es humide und aride Klimaphasen gegeben hat, aride z.B. im Jungtertiär, humide dagegen im ganzen Quartär, im mittleren Tertiär und Alttertiär und im Oberjura.

7.3 Gliederungsprinzipien der Böden und der Bodendecke

7.3.1 Bodensystematik

Böden sind Naturkörper und als solche vierdimensionale Ausschnitte aus der oberen Erdkruste, in denen sich Gestein, Wasser, Luft und Lebewelt durchdringen. Diese Definition kennen wir bereits aus Kapitel 1. Sie soll jetzt zugrunde gelegt werden, wenn es darum geht, eine möglichst naturgemäße Systematik für unsere Böden zu entwickeln. Ohne es zuvor zu erwähnen, haben wir beim Aufbau dieses Büchleins bereits systematisch Namen verwendet, um die Vielfalt der Böden einfach darstellen zu können. Um die Raum-Zeit-Beziehung der Böden besser klarzumachen, haben wir Lithosequenzen, Chronosequenzen, Toposequenzen und Klimasequenzen aufgebaut. Dabei wurden die bodenbildenden Faktoren Gestein und Zeit oder Gestein und Relief als Einflussgrößen auf die entstehenden Böden betrachtet.

Bodengenetik = Lehre von der Entwicklung der Böden

Wir haben also eine genetische Klassifikation gewählt, um die Böden entsprechend ihrer Entwicklung betrachten zu können und dabei wurden die bodenbildenden Faktoren als Ordnungsgrößen herangezogen. Schon die Väter der modernen Bodenkunde wie V. V. DOKUCHAEV UM 1870 und später HANS JENNY 1941 konnten zeigen (Kap. 1), dass die Entwicklung unserer Böden stark durch die bodenbildenden Faktoren von außen beeinflusst wird. Um eine faktorielle **Gliederung** der Böden aber bis ins Detail durchzuführen, gibt es verschiedene Probleme. Alle **Faktoren** beeinflussen unsere Böden und deshalb wäre für eine Systematik der Böden eigentlich eine Hierarchie der Faktoren wünschenswert. Versucht man die Formel von JENNY konsequent anzuwenden, so stellt man fest, dass durch die Charakterisierung der bodenbildenden Faktoren der an einem Ort vorkommende Boden nur unvollständig vorhergesagt werden kann. Gleichwohl hat es historisch viele faktorielle Gliederungen gegeben. Bei der Grobgliederung der Böden werden Einteilungen wie Gebirgsboden, Steppenboden oder Sandboden immer noch genannt, bei denen die Faktoren Relief, Vegetation oder Gestein das Zurdnungskriterium darstellen. Moderne Bodenklassifikationen bedienen sich des Faktors nicht mehr, da der Faktor nicht den Boden selbst, sondern mehr das Umfeld und die Einflussgrößen auf einen Boden charakterisiert. (Abb. 7.2).

Abb. 7.1: Möglichkeiten der systematischen Einteilung der Böden.

In Böden laufen bodenbildende Prozesse ab und diese Prozesse führen zu typischen Entwicklungsstadien. Deshalb würden viele Bodenkundler gerne bodenbildende **Prozesse** als **Ordnungskriterien** einer

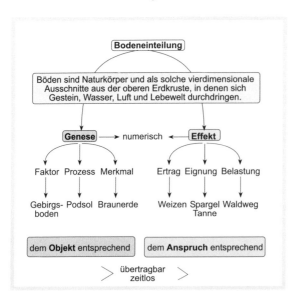

Systematik heranziehen. Um einen Prozess im Boden nachweisen zu können, müssen wir im Prinzip diesen über eine gewisse Zeit beobachten, denn Prozesse verändern die Böden und diese Veränderungen könnten wir dann beobachten. Wissenschaftler und Praktiker möchten aber gerne den Boden sofort kennzeichnen. Deshalb gibt es mit einer Prozessklassifikation Schwierigkeiten, besonders bei Prozessen, die nicht kontinuierlich ablaufen und die nur sehr langsame Veränderungen verursachen. Darüber hinaus laufen in einem Boden sehr viele Prozesse ab, d.h., man muss sich entscheiden, welcher Prozess als dominierend anzusehen ist, um den Boden danach zu bezeichnen. So laufen natürlich in einem Podsol, der ein typischer prozessorientierter Bodenname ist, auch die Entbasung, die Versauerung, die Humusakkumulation und sogar die Verlehmung weiterhin ab. Sie werden aber im Namen nicht berücksichtigt.

Es bleibt noch eine dritte Möglichkeit: Alle **Böden** haben **Merkmale**. Das sind Eigenschaften, die direkt messbar oder beobachtbar sind. Sie haben z.B. in jedem Horizont einen pH-Wert, eine Farbe, einen Tongehalt. Sie haben Konkretionen, sie sind kalkhaltig, kalt oder trocken. Merkmale haben bei der Einteilung der Böden den großen Vorteil, dass sie jederzeit beobachtet oder gemessen werden können. Sie haben aber den Nachteil, dass es Hunderte von Merkmalen gibt, und dass die Merkmale sich mit der Entwicklung des Bodens verändern. Gleichwohl gibt es Böden, die im Wesentlichen nach einem Merkmal benannt sind, wie die Braunerde, weil sie braun ist, oder die Schwarzerde, weil sie schwarz ist, oder ein Alkaliboden, weil er einen sehr hohen pH-Wert hat. Die Auswahl der Merkmale erscheint aber sehr zufällig und deshalb ist auch eine reine **Merkmalsklassifikation** sehr unbefriedigend.

Eine moderne und intelligente Lösung des Problems, wie wir den Naturkörper Boden einstufen können, wird in vielen Boden-Klassifikationen heute angewandt. Man wählt für die Bodeneinteilung Merkmale aus, die gut zu erfassen sind, die ausreichend stabil sind und die außerdem das Stadium der Bodenentwicklung, d.h., das Resultat von bodenbildenden Prozessen, gut widerspiegeln können. Solche Bodeneinteilungen, die eine Verbindung von Merkmal und Prozess darstellen, nennt man **morphogenetische Klassifikation**. Die **Morphe** bildet das aktuell beobachtbare **Merkmal** und der **Prozess** zeigt die **Genese**. Eine solche Bodeneinteilung ist auch die heute in Deutschland übliche Bodensystematik (Kap. 7.4).

Morphogenese = an der Gestalt die Entwicklung erkennen

Der völlig andere Weg, die Böden einzuteilen, ist die Frage danach, wozu man die Böden gebrauchen kann. Solche Klassifikationen, die aussagen, dass ein bestimmter Boden ein sehr guter Platz ist, an dem man Hopfen, Bananen oder Korkeichen anbauen könnte, wäre eine **effektive Klassifikation**. Es wird nicht der Boden selbst, sondern seine Wirkung eingeteilt. Solche effektiven Klassifikationen werden oft von Bodennutzern durchgeführt oder gefördert, die eine bestimmte Nutzung anstreben und daher wissen möchten, ob diese Nutzung auf dem entsprechenden Boden Erfolg versprechend ist. Will man eine effektive Klassifikation anwenden, so ist der einfachste Fall, dass man fragt: Wie viel **Ertrag** kann ich von einem Standort erwirtschaften? Jeder Boden hat eine bestimmte Pflanze oder einen bestimmten Pflanzenbestand, der die größte Biomasse (Ertrag) entwickeln könnte. In der Regel wird der Besitzer eines Bodens bzw. eines Ackers ein bestimmtes Nutzungsziel haben, z.B. den Anbau von Weizen oder Mais. Es hilft ihm dann nicht, wenn er mit

effektiv = auf die Nutzung bezogen

Klee einen besseren Ertrag erzielen könnte, da er Klee nicht verarbeiten oder verfüttern kann und deshalb vielleicht lieber eine Tonne Weizen weniger erzielt. Die Einteilung der Böden nach der **Ertragsfähigkeit** wird sich also immer auf eine **bestimmte Kultur**, oft sogar auf eine bestimmte **Anbauintensität** dieser Kultur beziehen. Ein solches System ist im Prinzip die **Deutsche Bodenschätzung**, die sich auf den Weizenertrag bei Ackerkulturen spezialisiert hat, ohne dieses wirklich zu nennen (Kap 7.5).

Eine sehr einleuchtende effektive Einteilung ist die nach der **Eignung**. Pflanzen haben bestimmte Ansprüche an den Boden (Kap. 8) und man kann sich fragen, ob diese Ansprüche von dem entsprechenden Boden befriedigt werden können. Wenn man so etwas tun will, dann geht es um Schwellenwerte, die nicht überschritten werden dürfen. So haben viele **Obstbäume**, weil sie früh austreiben und früh blühen, große Probleme mit Stauwasser, d.h., das Auftreten von ausgeprägtem Stauwasser macht einen Boden für Obstkulturen ungeeignet. **Spargel** braucht einen tiefen Wurzelraum und die Spargelwurzeln können sich in einem dichten Boden kaum ausbreiten. Deswegen benötigt Spargel tiefgründige und leicht durchwurzelbare Böden (Kap. 8.1). Außerdem sollen sich die Böden leicht erwärmen lassen, damit der Spargel früh, möglichst vor der typischen Spargelzeit geerntet werden kann. **Tannen** haben hohe Ansprüche an die Bodenfeuchte und deshalb benötigen wir nicht nur hohe Niederschläge, sondern auch tiefgründige Böden mit hohem Wasserspeichervermögen, damit die Tanne gut wachsen kann. Die Ausweisung von Eignungskarten setzt aber voraus, dass es solche Eignungsgrenzen auch in einem Gebiet gibt. Wenn wir also eine Eignungskarte für Kakao oder Ölpalme in Schweden erstellen wollten, so würden wir sehr schnell herausfinden, dass es im ganzen Land keinen einzigen Punkt gibt, an dem diese Pflanzen wachsen können. Andererseits kann es vorkommen, dass verschiedene Pflanzen am gleichen Standort das beste Wachstum zeigen. So ermöglichen die Parabraunerden aus Löss im südlichen Oberrheingraben Rekorderträge für Mais, Weizen und Zuckerrüben. Deshalb sind Eignungseinstufungen immer nur sinnvoll, wenn hinsichtlich der Eignung in einem Gebiet deutliche Unterschiede zu erwarten sind.

Belastbarkeit

Eine weitere Möglichkeit, Böden zu unterteilen, ist dann gegeben, wenn es darum geht, dass Böden mechanische oder stoffliche Belastungen ertragen müssen. So ist z.B. auf vielen Äckern oder auch im Wald für verschiedene Fahrzeuge die Grenze erreicht, wo sie den Boden ohne Schädigung befahren können. Andererseits können organische Chemikalien oder Schwermetalle in einen Boden eingetragen werden. Sie verändern den Chemismus oder die Bodenbiologie und können die Fruchtbarkeit eines Bodens vermindern oder verändern. Oft stellen wir in solchen Fällen fest, dass wegen der Pufferkapazität der Böden eine bestimmte Nutzung noch möglich ist (Kap. 10). Eine solche Einteilung nach der Belastung ist natürlich etwas sehr nutzungsspezifisches und es muss hinterfragt werden, ob es andere, vielleicht empfindlichere Nutzungen gibt, die durch diese Belastung beeinträchtigt sind.

Generell lässt sich feststellen, dass **effektive** Bodeneinteilungen immer **Antworten** auf bestimmte **Ansprüche** von **Nutzungssystemen** darstellen. Ein lockerer Spargelstandort ist auf keinen Fall einer, der die Belastung von Schwertransportern aus einer Kiesgrube gut aushalten könnte. Das heißt, **effektive** Klassifikationen sind meistens sehr **spezifisch**. Sie sind kaum übertragbar auf andere Nutzungen und bleiben dabei in der Regel regional. Da sich Nutzungssysteme z.b. durch technische Fortschritte, durch Pflanzenzüchtung, durch Verbesserung von Düngemitteln und Bewässerungssystemen oder durch angepassten Pflanzenschutz relativ häufig und rasch verändern, sind effektive Bodeneinteilungen wenig zeitlos. Es ist deshalb angeraten, dass man bei effektiven Einteilungen von Böden die Merkmale der Böden festhält und bei Veränderungen der Ansprüche dann auf die Merkmale zurückgreifen kann, um ein neues System zu erstellen. Umgekehrt sind genetische Klassifikationen zwar nicht leicht in entsprechende Ansprüche umzusetzen, da aber die Bodenentwicklung in der Regel sehr lange dauert, sind sie wesentlich stabiler. Sie charakterisieren den Boden besser, sind für andere ähnliche Gebiete leicht übertragbar und viele der Merkmale sind nach einer gewissen Zeit noch gültig, sodass genetische Klassifikationen mit gewissen Abstrichen als zeitlos betrachtet werden können. Da Bodenkundler die Verpflichtung haben, der Gesellschaft für die Ernährungssicherung, für nachwachsende Rohstoffe und für andere zivilisatorische Ansprüche Informationen zu liefern, müssen sowohl die genetischen Klassifikationen als auch die effektiven Klassifikationen in Zukunft weiterentwickelt werden.

7.3.2 Regionale Unterteilung der Bodendecke

Alle Böden, die wir bisher besprochen haben, können als Körper im Raum beobachtet und beschrieben werden. Solche elementaren Bodenkörper umfassen einen Quadratmeter oder auch einen Hektar in der Landschaft. Sie sind Braunerden, Podsole oder Gleye, haben eine charakteristische Horizont-Abfolge und eine gewisse räumliche Ausdehnung, innerhalb derer alle Merkmale eines Bodens verwirklicht sind und außerdem der Boden eine ausreichende Homogenität aufweist. Einen solchen **Bodenkörper** bezeichnet man als ein **Pedon**. Bezieht man ihn in die Landschaft mit ihren ökologischen Funktionen ein, so spricht man von einem **Pedotop**. Dieses Pedon oder das Pedotop ist die Grundeinheit in der Pedosphäre oder in der Ökosphäre. Aus der Sicht der Definition, was Boden ist, können wir diese Einheit noch einmal unterteilen, nämlich hinsichtlich der **Horizonte**, denn wir haben gesehen, dass die Horizonte noch alle Kriterien, die wir an einen Boden stellen, erfüllen. Sie bestehen aus Festsubstanz, Flüssigkeit und Gas. Sie haben eine interne Organisation, sie sind **Lebensraum** und verändern sich ähnlich wie die ganzen Böden. Das heißt, wir können die Peda in Horizonte unterteilen. Wenn wir einen Horizont betrachten, so lässt sich auch noch zeigen, dass dieser Horizont sich in Aggregate unterteilen lässt. Auch diese **Aggregate** erfüllen noch alle Bedingungen, die wir an einen Boden stellen. Wollen wir aber ein Aggregat unterteilen, dann wird es schwierig. Dann erkennen wir, dass einzelne Minerale, einzelne Huminstoffe und die Bodenlösung an sich nicht mehr Boden sind, d.h. **die kleinste Einheit**, die wir noch Boden nennen, ist ein **Aggregat**. In ihm sind alle Phasen, das Bodenleben und die Dynamik, noch erhalten. Eine Unterteilung des Aggregats schafft Bestandteile, die nicht mehr der Definition eines Bodens genügen. Das heißt, wir können das Aggregat, den Horizont und das Pedon als die Grundbausteine der Bodendecke betrachten.

Pedon = Element der Bodendecke

Aggregat = Atom der Bodendecke

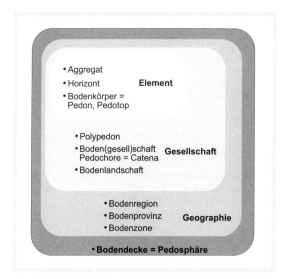

- Aggregat
- Horizont **Element**
- Bodenkörper =
  Pedon, Pedotop

- Polypedon
- Boden(gesell)schaft **Gesellschaft**
  Pedochore = Catena
- Bodenlandschaft

- Bodenregion
- Bodenprovinz **Geographie**
- Bodenzone

- **Bodendecke = Pedosphäre**

Abb. 7.3:
Raumdimensionen der
Bodendecke

**Bodengesellschaft
oder Pedochore**

Bodenlandschaft

Bodenregion

Da es viele verschiedene Böden gibt, stellt sich die Frage nach Einheiten höherer Ordnung. In vielen Landschaften gibt es große Flächen, innerhalb derer die Böden sehr ähnlich sind. Es gibt also neben dem ersten Pedon ein zweites, das wir mit einem Bodennamen noch gleich bezeichnen würden, das aber hinsichtlich seines Humusgehaltes oder seiner Entkalkungstiefe etwas abweicht. Wenn wir viele solche Peda in einer Landschaft finden, die sich um unser ursprüngliches Pedon herum gruppieren, ohne grundsätzlich verschieden zu sein, so sprechen wir insgesamt von einem **Polypedon.**

Wenn wir dann innerhalb einer Landschaft verändernde Bedingungen für die Bodenentwicklung finden, so geht ein Pedon in ein anderes, manchmal völlig verschiedenes über. So finden wir in der Lösslandschaft des Kraichgaus auf Hochflächen weit verbreitet Parabraunerden. An den Hängen aber, die schon seit Jahrtausenden landwirtschaftlich genutzt werden, finden wir erosionsbedingt Pararendzinen. Als Folge der Erosion und Sedimentation können wir am Hangfuß Kolluvisole erkennen. Schließlich finden wir im Tal den braunen Auenboden, die Vega. Diese vier Böden, **Parabraunerde, Pararendzina, Kolluvisol** und **Vega** bilden eine charakteristische **Bodengesellschaft** oder **Bodenschaft** in der Lösslandschaft des Kraichgaus oder anderen Lösslandschaften. Diese Abfolge stellt in der Ökologie die chorische Dimension dar. Deshalb nennen wir die Bodenschaft auch eine **Pedochore.** Der Schnitt durch so eine Landschaft, an der die Böden dieser elementaren Bodengesellschaft wie entlang einer Kette aufgereiht sind, bezeichnet man als eine **Catena** und wir haben solche Catenen bzw. Toposequenzen in allen wichtigen Landschaften Mitteleuropas kennengelernt. Schließlich können sich solche elementaren Bodenschaften mit gewissen Veränderungen in einer größeren Landschaft, z.B. im gesamten Kraichgau, im Mainzer Becken, im Thüringer Becken oder in der Hildesheimer Börde mit bestimmten Abwandlungen, z.B. unter Hinzutreten des **Chernozems** oder eines **Gleyes**, zu einer **Bodenlandschaft** formen. Innerhalb einer Bodenlandschaft sind das Ausgangsgestein, die Zeitdauer der Bodenbildung, das Klima, die generelle Reliefsituation und zumindest die natürliche Flora und Fauna sehr ähnlich. Solche Bodenlandschaften umfassen einen Raum von 100 bis 1000 Hektar in Mitteleuropa.

Auf der Suche nach weiterer Abstraktion verwenden wir als Elemente zur Charakterisierung der Böden weiterhin Peda und ihre Position in der Landschaft, d.h. Catenen. Wir versuchen aber hinsichtlich der bodenbildenden Faktoren weiter zu generalisieren. So fassen wir die Böden einer Schichtstufenlandschaft, die Böden des Grund- und Deckgebirges im Schwarzwald und die Böden der Landschaften der Saale- und Weichsel-Eiszeit Norddeutschlands zu **Bodenregionen** zusammen. In ihnen sind Klima und Relief sowie die Zeit der Bodenbildung noch gleich oder ähnlich. Bei den Gesteinen gestatten wir aber bereits deutliche Abweichungen, z.b. Mergel und Kalksteine, Granit und Sandsteine, Geschiebemergel, Sande und Decksande als Variablen innerhalb der Region. Weiter generalisierend verallgemeinern wir eine gemeinsame Landschaftsgeschichte. So können wir das gesamte norddeutsche Tiefland von Polen bis nach Holland hinein als norddeutsche **Bodenprovinz** oder den gesamten Alpenraum als alpine Bodenprovinz zusammenfassen.

Bodenprovinz

Die nächst größere Abstraktion lässt nur noch das Klima und die mit dem Klima vergesellschafteten **Vegetationszonen** oder Biome zu. So kennen wir z.b. die Parabraunerde-Braunerde-Gley-Zone der feucht gemäßigten Mittelbreiten – eine Zone, zu der wir gehören. Diese grenzt sich nach Norden von der Braunerde-Podsol-Moor-Zone der borealen Nadelwälder, der sogenannten Taigazone, ab. Je nach Betrachtung kennen wir auf der Erde nur 8 bis 14 **Bodenzonen**, da südlich des Äquators ähnliche Bodenverhältnisse herrschen wie nördlich und wir jede dieser Bodenzonen auf der Südhalbkugel wiederfinden. Schließlich können wir mit diesen Bodenzonen die gesamte Bodendecke der Erde, die **Pedosphäre**, zusammensetzen. So gesehen gibt es also vom Aggregat bis zur Pedosphäre 10 räumliche Dimensionen in der Bodendecke (Abb. 7.3 und Abb. 7.4; s. S. 234/235).

Bodenzone

Pedosphäre

7.4 Systematik der Böden Deutschlands

7.4.1 Bodeneinteilung

Die Systematik der Böden Deutschlands war am Anfang (um 1900) sehr stark von der russischen Bodenkunde geprägt. Die Böden wurden in Gruppen eingeteilt, die den bodenbildenden **Faktoren** zugeordnet wurden, z.B. begrabene **fossile Böden** gehörten zum **Faktor Zeit**, besonders steile Gebirgsböden wurden dem Faktor Relief zugeordnet. Diese Systematik wurde seit etwa 1920 vom Bodenkundler H. Stremme und seinen Schülern in Danzig entwickelt. Nach dem 2. Weltkrieg erschien 1953 ein Buch von Walter L. Kubiëna: „Bestimmungsbuch und **Systematik der Böden Europas**". In diesem Buch hat er seine Erfahrungen als Bodenkundler in Österreich und später hauptsächlich in Spanien zusammengestellt und ein natürliches System der Böden vorgestellt, das – an Prozessen orientiert – **morphogenetisch** aufgebaut war. Im gleichen Jahr hat die Deutsche Bodenkundliche Gesellschaft ihren Arbeitskreis für Bodensystematik gegründet, der bis heute besteht. Dieser Arbeitskreis veröffentlichte, unter Leitung von Eduard Mückenhausen, das erste Mal 1962 die Entstehung, Eigenschaften und Systematik der Böden der Bundesrepublik Deutschland. Die Fortschritte der Systematik werden regelmäßig im Einzelnen berichtet, und in bestimmten Zeitabständen zusammenfassend herausgegeben, so geschehen in den Jahren 1977, 1986, 1994, 1998 und 2005. Zu Anfang – und diesem wird hier noch weitgehend gefolgt – wurden die Böden nach dem sogenannten **Zentralbodenkonzept** gegliedert. Die Grenzen zwischen bestimmten Bodeneinheiten blieben dem jeweiligen Bearbeiter überlassen. Nach einem Grundkonzept von Schlichting und Blume, das, im Einvernehmen mit der Internationalen Bodensystematik der FAO, 1979 entwickelt wurde, werden heute die Eigenschaften der Böden quantitativ und qualitativ mit

Morphogenese

Die ideale Bodeneinheit: Zentralboden

Catena
Be : Braunerde   Pg : Pseudogley   M : Moor   T: Torf
Sg : Stagnogley   Po : Podsol   Oe : Ockererde   s: basenarm

Bodenregion
basenarme Braunerde-Podsol-Sandsteinhänge
Braunerde-Podsol-Ortsteinpodsol-Sandsteinhänge
Bändchenpodsol-Stagnogley-Sandstein-Hochlagen
Stagnogley-basenarme Braunerde-Schichtebenen/Flachhänge
Braunerde-Paternia-Taleinschnitte
Ranker-Braunerde Podsol-Rambla-Taleinschnitte

Bodenprovinzen
Marschen - Küstenlandschaften / Auenböden - Niederungen
Parabraunerde - Pseudogley - Mullgley - Möranenlandschaften
Rostbraunerde - Modergley   } Pleistozän- Landschaften
Podsol - Raseneisengley - Hochmoor
Schwarzerde - Parabraunerde - Vega -   } Lößhügellandschaften
Parabraunerde - Pseudogley - Mullgley
Rendzina - Terra fusca - Braunerde   } Hügel- und Berg-
Pelosol - Pseudogley - Pelosol Gley   landschaften
Rostbraunerde - Pseudogley Parabraunerde - Modergley
Rostbraunerde - Podsol - Stagnogley - } Mittelgebirgslandschaften
Ranker - Braunerde - Nafigley -
Syrosem - Rendzina - Ranker - Hochgebirgslandschaf

Bodenzonen
a) Gelosol-Zonen
b) Podsol-Cambisol-Histosol-Zonen
c) Luvisol-Eutric Gleysol-Zonen
d) Zonen mediterraner Böden
e) Steppenbodenzonen
e1) Phaeozem-(Greyzem)-Mollic Gleysol-Zonen
e2) Chernozem-Mollic Gleysol Zonen
e3) Kastanozem- Calcisol-Solonetz-Zonen
f) Leptosol-Solonchak-Regosol-Zonen
g) Vertisol-Nitisol-Zonen
h) Gleysol-Acrisol-Ferralsol-Zonen
k) Lithosol-Regosol-Regionen

diagnostischen Merkmalen belegt, sodass eher die Grenzen als die ideal-typischen Eigenschaften definiert sind. Dies macht die Handhabung der Systematik weniger anschaulich, aber eindeutig nachvollziehbar. Die heutige Systematik der Böden Deutschlands ist ein **hierarchisches System**, d.h., sie hat verschiedene Ebenen (Abb. 7.5) unterschiedlicher Detaillierung, in der die Böden aufeinander aufbauend eingeteilt werden. Das System ist **regional** d.h., es umfasst nur die Böden, die in Deutschland bzw. Mitteleuropa beobachtet und beschrieben sind, und es ist ein **offenes System** – hier hat jeder Bearbeiter die Möglichkeit, in den beiden niedrigen Niveaus der Varietät und der Subvarietät eigene Grenzen zu setzen, die ihm die Bearbeitung und Charakterisierung der Böden seines Arbeitsgebietes erlauben.

Einmalig in der Systematik der Böden Deutschlands ist, dass auch die **bodenbildenden Substrate**, d.h., die Gesteine, aus denen die Böden entstanden sind, gegliedert werden. Diese Systematik der bodenbildenden Sub-

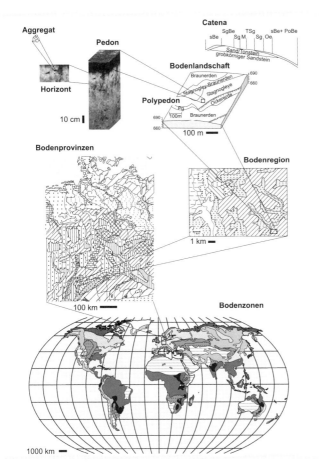

strate wurde vor allem in der ehemaligen DDR erarbeitet. Sie beruht auf
strate wurde vor allem in der ehemaligen DDR erarbeitet. Sie beruht auf der Beobachtung, dass die meisten Böden nicht aus einem einheitlichen Ausgangsmaterial entstanden sind, sondern wir sehr häufig unterschiedliche Bodenmaterialien (Schichten) finden, die einen Boden aufbauen.

Die meisten Böden sind geschichtet, d.h., sie bestehen aus mehr als einem Ausgangsgestein

Die oberste Kategorie der Systematik der Böden Deutschlands (Abb. 7.5) ist die **Abteilung**. Es gibt vier Abteilungen. Die Abteilungen werden nach dem Wasserhaushaltstyp gegliedert. Die erste Abteilung sind die **terrestrischen** oder Landböden. Sie erhalten ihr Wasser aus dem Niederschlag und hier ist die Verdunstung geringer als der Niederschlag. Es findet in ihnen also Versickerung und Stoffaustrag statt. Bisher werden zu den terrestrischen Böden auch die **Stauwasserböden** gerechnet, in denen das Niederschlagswasser über längere Zeiten im Jahr gestaut wird (Kap. 4.3). Die zweite Abteilung sind die **semi-terrestrischen** oder **Grundwasserböden**. Hier werden durch das Grundwasser, welches aus einem größeren Einzugsgebiet stammt, Wasser sowie im Wasser gelöste und/oder feste Stoffe in die Böden

4 Abteilungen

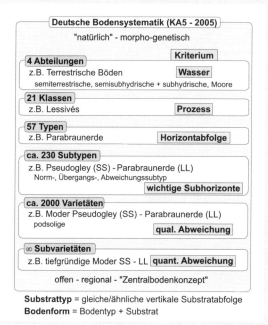

Substrattyp = gleiche/ähnliche vertikale Substratabfolge
Bodenform = Bodentyp + Substrat

Abb. 7.5:
Hierarchischer Aufbau
der Systematik der
Böden Deutschlands.

21 Klassen

herantransportiert. Die Verdunstung ist in der Regel unbegrenzt, sodass sie gleich hoch oder gar höher als der Niederschlag sein kann. Dementsprechend können sich in Grundwasserböden Stoffe anreichern, die aus den umgebenden terrestrischen Böden stammen. Zu den semiterrestrischen Böden gehören auch die Auenböden und die Marschen (Kap. 5). Die dritte Abteilung sind die **subhydrischen** und **semi-subhydrischen** Böden, d.h. Unterwasserböden. Sie sind die meiste Zeit wassergesättigt und in ihnen spielt die vertikale Wasserbewegung keine Rolle. Stoffumverteilung geschieht im Extremfall lediglich durch Diffusionsprozesse, sonst aber auch durch seitliche Wasserbewegung. Die subhydrischen und semi-subhydrischen Böden sind in ihrem Stoffbestand von der umgebenden Landschaft geprägt. Die vierte und letzte Abteilung sind die **Moore** oder **organischen** Böden Sie haben einen Wasserhaushalt, der dem der subhydrischen Böden weitgehend entspricht, in ihnen wird aber das Bodensubstrat, der Torf, während der Bodenentwicklung neu gebildet. Die Erhaltung des Torfes ist dem ständigen Luftmangel zu verdanken. Die Besonderheit der natürlichen Moore ist, dass sie jedes Jahr wieder aus dem Wasser herauswachsen und dann am Ende die Streu in den wassergesättigten Bereich zurückfällt und somit, zumindest teilweise, konserviert werden kann. In fast allen Bodensystematiken der Erde werden die Moore auf höchstem Niveau abgetrennt, da sie sich doch sehr stark in ihren Eigenschaften und in ihrer Entwicklung von den mineralischen Böden unterscheiden.

Unter den Abteilungen stehen die **Klassen**. Die Klassen werden in der Regel nach den wesentlichen, bodenbildenden Grundprozessen gebildet. So z.B. Braunerden durch Verbraunung, Podsole durch Podsolierung, Pseudogleye durch Pseudovergleyung, Gleye durch Vergleyung, Schwarzerden durch Bioturbation und Pelosole durch Aggregierung. Dementsprechend haben wir in Kapitel 2 bis 6 versucht, diese wichtigen Grundformen der Böden darzulegen und es sind 19 der 21 Klassen im Rahmen dieses Buches erläutert worden (Tab. 7.4). Zu den Prozessen gehören in der Regel auch typische diagnostische Horizonte, z.B. der Bv-Horizont bei der Braunerde oder der P-Horizont beim Pelosol oder die S-Horizonte bei den Stauwasserböden. Die Zuordnung der Klassen zu den entsprechenden Abteilungen zeigt eine deutliche Asymmetrie der Differenzierung der Bodendecke. Es gehören zu den terrestrischen Böden dreizehn, zu den semi-terrestrischen vier und zu den beiden anderen Abteilungen lediglich zwei Klassen.

Unterhalb der Klasse finden wir die zentrale Einheit der Bodensystematik, den **Bodentyp**. Alle zuvor genannten Böden sind deshalb auch auf dem **Typenniveau** charakterisiert worden. Dieses Typenniveau wird immer durch eine typische Horizontabfolge gekennzeichnet. Bei allen Bezeichnungen von Böden muss der Name des Typs genannt werden, damit die Bezeichnung eindeutig ist. Der Name der höheren hierarchischen Ebenen, der Abteilung und der Klasse, kann wegfallen, da jeder Typ eindeutig einer Klasse und einer Abteilung zugeordnet ist, die man aber im Namen des Typs nicht erkennt. Es gehört die Rendzina zu den A/C-Böden, die Parabraunerde zu den Lessivés und die Vega zu den Auenböden. Für die jetzt folgenden niederen Kategorien gilt aber, dass der Name des Typs auf jeden Fall unverändert mitgeführt werden muss.

Unterhalb des Typs finden wir eine weitere Unterteilung in etwa 230 **Subtypen**. Bei der Bildung von Subtypen gibt es drei Vorgehensweisen. Zunächst gibt es zu jedem Bodentyp einen Subtyp, der dem Ideal des Typs entspricht. Dieser wird **Normsubtyp** genannt. Aus dem Podsol wird also der Normpodsol, aus der Braunerde die Normbraunerde (Tafel 1.1). Die zwei-

57 Bodentypen

Merke: Der Bodentyp ist die zentrale Einheit der Bodensystematik. Es gibt derzeit 57 Bodentypen. Der Bodentyp ist durch eine typische Horizontfolge definiert.

Tab. 7.4: Klassen und Typen der Böden in der deutschen Systematik nach „KA5" (2005).

Abteilungen:

terrestrisch	semi-terrestrisch	semisub-hydrisch + subhydrisch	Moore
• O/C-Böden Felshumusboden Skeletthumusboden	• fersiallitische + ferrallitische Böden	• Auenböden Rambla Paternia	• semisub-hydrische Böden	• natürliche + vererdete Moore
• Rohböden Syrosem Lockersyrosem	Fersiallit (früher Plastosol) Ferrallit	Kalkpaternia Tschernitza Vega	Watt • subhydrische Böden	Niedermoor Hochmoor • Moorkul-
• Ah/C-Böden Ranker Regosol Rendzina Pararendzina	(früher Latosol) • Stauwasserböden Pseudogley Haftpseudogley Stagnogley	• Gley Gley Nassgley Anmoorgley Moorgley	(Unterwasser-böden) Protopedon Gyttia Sapropel	tosole (kultivierte Moore)
• Schwarzerden Tschernosem Kalktschernosem	• Reduktosole Reduktosol	• Marschen Rohmarsch Kalkmarsch	Dy	
• Pelosole Pelosol	• Kultosol (anthropogene	Kleimarsch Haftnässemarsch		
• Braunerden Braunerde	Böden) Kolluvisol Plaggenesch	Dwogmarsch Knickmarsch Organomarsch		
• Lessivés Parabraunerde Fahlerde	Hortisol Rigosol Tiefumbruchboden	• Strandböden		
• Podsole Podsol	(= Treposol)			
• Terrae calcis Terra fusca Terra rossa				

etwa 230 Subtypen

te Möglichkeit, einen Subtyp zu bilden, ist die Benennung eines **Übergangs-subtyps** zwischen zwei Typen. So wird aus dem Podsol der Braunerde-Podsol oder der Gley-Podsol. Die dritte Möglichkeit, eine Unterteilung in den Subtypen durchzuführen, ist der sogenannte **Abweichungssubtyp.** Hier sind besondere Eigenschaften des Typs ausgeprägt oder es kommen Eigenschaften hinzu, die beim Typ nicht unbedingt entwickelt sein müssen. So wird aus dem Podsol der Eisenpodsol oder der Humuspodsol, aus der Parabraunerde die Bänderparabraunerde oder die Humusparabraunerde. Auch alle Subtypen sind in der Bodensystematik vollständig aufgeführt und definiert. Die Eigenschaften des Subtyps müssen sich noch an der Horizontfolge erkennen lassen (z.b. Normpodsol Ah-Ae-Bhs-C, aber Gley-Podsol Ah-Ae-Bhs-Go-Gr).

Varietäten und
Subvarietäten

Unterhalb des Subtyps gibt es noch die **Varietät** und die **Subvarietät.** Die Varietäten sind nicht alle einzeln definiert, es gibt aber 22 Regeln, die angewendet werden müssen, wenn man eine Bodenvarietät ausscheiden will. Die **Varietät** muss immer eine wichtige **qualitative Abweichung** von den Definitionen des Subtyps darstellen. Generell wird die Varietät durch Voranstellen eines Adjektivs, bei unterschiedlichen Humusformen auch eines Hauptwortes, beschrieben. So kann aus dem Eisenpodsol ein Moder-Eisenpodsol oder ein Rohhumus-Eisenpodsol werden. Aus der Humusbraunerde wird eine pseudovergleyte oder eine vergleyte oder gar eine podsolige Humusbraunerde.

Die letzte Stufe des hierarchischen Systems stellt die Subvarietät dar. Sie ist im Prinzip das offene Ende der Systematik, d.h., die einzelnen Subvarietäten sind nirgends definiert oder aufgelistet. Trotzdem gibt es Regeln. Bei der Abstufung der Varietät zur Subvarietät sollen keine qualitativen Veränderungen mehr auftauchen, z.B. darf kein neuer bodenbildender Prozess hinzukommen. Vielmehr sollen quantitative Abweichungen durchgeführt werden. So kann aus der podsoligen Normbraunerde (Tafel 1.1) eine „schwach podsolige" oder eine „stark podsolige" Normbraunerde gebildet werden, oder der Moder-Eisenpodsol kann ein „tiefgründiger" oder ein „flachgründiger" Moder-Eisenpodsol werden.

Es mag erscheinen, dass diese Differenzierungen lediglich akademisch sind. Sie können aber in einzelnen Fällen wesentliche Informationen über die Nutzbarkeit vermitteln. Eine **flache** Normrendzina mit weniger als 15cm Axh-Horizont ist waldbaulich sehr schlecht geeignet, da sie zu trocken ist. Auch als Weide hat sie geringe Erträge und ist stark erosionsgefährdet. Man würde sie heute wohl dem Naturschutz überlassen. Eine **tiefe** Mull-Normrendzina mit einem Axh-Horizont über 30cm dagegen könnte einen leistungsfähigen Kalk-Buchenwald tragen und in ebener Lage sogar ein guter Ackerstandort sein.

7.4.2 Substrateinteilung

Es leuchtet ein, dass neben den Bodentypen die Substrate wichtig zur Kennzeichnung der gesamten Böden sind, insbesondere dann, wenn angewandte Aussagen gemacht werden sollen. So gibt es z.B. „Podsole aus Granitschutt" oder aus periglazialen Deckschichten im Buntsandsteingebiet oder aus den Dünensanden der Lüneburger Heide. Auch bei der Parabraunerde kennen wir solche aus dem Geschiebemergel der Würmeiszeit, aus dem Decksand über Geschiebemergel der älteren Riss- oder Saaleeiszeit, aus Löss in den Börden und Lösshügelländern oder natürlich auch aus Lehmen oder Kiesen von Flussterrassen. Braunerden entstehen z.b. aus periglazialen Schuttdecken über Gneis, die in ihrer oberen Hauptlage Lössanteile haben und in der darunter liegenden Basislage aus dem Zersatz des Gesteins bestehen. Dies könnten wir weiterführen mit Schiefern, mit Granit, Sandsteinen, Basalten oder Geschiebesanden. Wenn man sich im Klaren darüber ist, dass diese Teilung der Substrate sinnvoll ist, so kommt es darauf an, wie sie gemacht wird. Wie bei der Bodensystematik hat auch hier die Systematikkommission der Deutschen Bodenkundlichen Gesellschaft ein System mit ihrer „KA5" (Bodenkundliche Kartieranleitung, 5. Auflage, 2005) vorgelegt.

Zunächst wird die Substratart charakterisiert, d.h., es werden die Merkmale des Stoffbestandes – im Prinzip des primären Stoffbestandes – zusammengestellt. Dazu gehören die Eigenschaften des Ausgangsgesteins Mineralbestand und Gesteinsgefüge, Bodenart des Feinbodens, Bodenart des Grobbodens, Kalkgehalt sowie Kohle oder Torfanteile. Diese Materialcharakterisierung wird als Substratart bezeichnet. In einem zweiten Schritt wird die Schichtung der Materialien betrachtet. Dabei werden im Wesentlichen die Gründigkeitsstufen (Kap. 8.1) herangezogen. Für die gröbste Einteilung wird die Grenze bis 7dm und die zweite Grenze bis 12dm betrachtet. Für die feinere Unterteilung werden dann 3dm, 7dm, 12dm und 20dm herangezogen. Die Verbindung von den Substratarten mit den verschiedenen Schichten führt zu den substratsystematischen Einheiten. Erfreulicherweise gibt es bei den substratsystematischen Einheiten lediglich drei Niveaus, nämlich die Klasse, den Typ und den Subtyp. Für die endgültige Ansprache des Bodens werden die bodensystematische Einheit und die substratsystematische Einheit zur Bodenform vereinigt.

Da bei der bodensystematischen Einstufung die Abteilung und Klasse gewissermaßen als Übereinheiten nicht genannt werden, werden sie auch nicht mit einer Substrateinheit verknüpft. Erst ab dem **Bodentyp** abwärts kann eine **Bodenform** gebildet werden. Im Allgemeinen wird die Bodenform aber erst ab dem Subtyp ausgewiesen, sodass der **Bodensubtyp** mit der **Substratklasse**, die Bodenvarietät mit dem Substrattyp und die Subvarietät mit dem Substratsubtyp verknüpft werden. Sprachlich werden der Bodentyp und der Substrattyp mit ‚aus' verknüpft, was heißen soll, dass das Substrat das Ausgangsmaterial für den Boden darstellt. Unser sehr häufig herangezogenes Beispiel einer Braunerde aus periglazialem Schutt des Granits im Südschwarzwald wäre dann eine **„Normbraunerde aus Skelettsand"** (Tafel 1.1).

Für die praktische Bodenkunde, insbesondere die Bodenkartierung, ist die Erfassung von Substrat und Bodeneinheit gleichermaßen sehr wesentlich. Zur Erfassung der Substrateinheit benötigt man Kenntnisse über Gesteine und über Bodenarten. Weitere prinzipielle Erkenntnisse sind daraus nicht zu gewinnen. Deshalb wurde die Substratsystematik hier nur sehr knapp dargestellt.

Merke: Bodenform = Bodeneinheit + Substrateinheit

7.5 Bodenbewertung

Bodenbewertung war schon immer üblich, wenn es darum ging, ein Stück Land zu kaufen oder zu pachten. Der **Wert** eines Stück Landes spielt auch dann eine Rolle, wenn es darum geht, den Landwirt, Forstwirt oder Gärtner gerecht zu besteuern. Hier soll nur ein wichtiger historischer Versuch einer Bodenbewertung mit dem **Deutschen Bodenschätzungsgesetz** vom 16. 10. 1934, zuletzt geändert am 20. 12. 2007, dargestellt werden. Dieser Ansatz ist umso mehr historisch, als die Grundideen von Albert Orth bereits aus der Zeit zwischen 1840 und 1850 stammen. Sicherlich könnte man heute eine bessere Bodenbewertung vorschlagen, man müsste allerdings auch dazu eine Regierung und ein Parlament finden, das eine solche neue Bodenschätzung als Gesetz akzeptiert. Eine Überarbeitung des alten, immer noch gültigen Gesetzes wird zurzeit vorbereitet. Wie schon oben ausgeführt (Kap. 7.3), ist jede **Bodenbewertung** auf ein **Nutzungsziel** zu beziehen. Eine Einstufung ganz allgemein in schlechte und gute Böden hat sich nicht bewährt, da man erkennen musste, dass ein und derselbe Boden unterschiedliche Bodenfunktionen in verschiedenem Maße übernehmen kann (Kap.10). Mit dieser Erkenntnis wurden in Deutschland und in Österreich alle **ackerbaulich** genutzten Böden, sowie, mit einem abgewandelten Verfahren, alle unter **Grünlandnutzung** liegenden Böden, eingestuft. Diese, für alle Böden der landwirtschaftlichen Nutzfläche Deutschlands und Österreichs vorliegenden Daten, sind natürlich wertvoll und verleiten dazu, auch andere Bodenbewertungen hiermit durchzuführen. Dies ist wegen der verschiedenen Ansprüche anderer Nutzungen und wegen fehlender Erfahrungen der Umsetzung der Maßzahlen der Reichsbodenschätzung für andere Bewertungen nicht anzuraten. Bei der Bodenschätzung wird immer der **Ist-Zustand** erfasst. Wird ein Boden später stärker verändert, z.B. durch eine Meliorationskalkung, durch Drainage, durch Auftrag neuen Bodenmaterials oder gar durch Terrassierung, dann muss er **nachgeschätzt** werden. Die Bodenschätzung für **Ackerstandorte** wurde im Wesentlichen an **Weizen** einer Kultur, die in Deutschland fast überall angebaut werden kann, geeicht.

Auch Ackerfrüchte mit völlig anderen Standortansprüchen werden die Ergebnisse der Bodenschätzung schlechter wiedergeben.

Die Bodenschätzung war bei ihrer Entstehung ein sehr modernes Verfahren, denn es wurde nicht nur die Ackerkrume oder der Humushorizont bewertet, sondern es wurde der gesamte Wurzelraum in drei Tiefenstufen bei der Profilbeschreibung angesprochen. Ein weiterer

Abb. 7.6:
Vorgehensweise bei der deutschen Bodenschätzung.

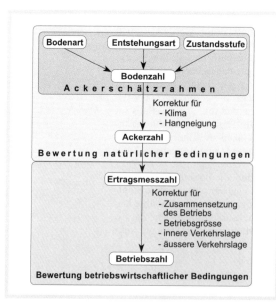

wichtiger Wert der Bodenschätzung liegt darin, dass nicht nur das Endergebnis festgehalten wurde, sondern auch die einzelnen, im Boden beobachteten Parameter vollständig überliefert wurden.

7.5.1 Ackerschätzrahmen

Die Bodeneigenschaften eines Ackerstandortes werden durch die Bodenzahl bewertet. Grundlage ist eine Bodenansprache in Grablöchern und Bohrungen. Dabei werden die Bodenart, das geologische Alter bzw. das Ausgangsgestein und die Zustandsstufe bewertet.

Der erste Parameter, die **Bodenart** wird sehr einfach in acht Stufen vom reinen **Sand** bis zum reinen **Ton** eingestuft. Schluffige Bodenarten werden nicht gesondert berücksichtigt. Es wird die mittlere Bodenart des gesamten Bodens gebildet. Zusätzlich kann als organische **Bodenart Moor** festgestellt werden. Die mineralischen Bodenarten sind nach dem Anteil der sogenannten abschlämmbaren Teilchenfraktion < 10 µm – eine Grenze, die heute nicht mehr üblich ist – abgestuft.

Der zweite Parameter ist das **geologische Alter** bzw. die Charakterisierung des Ausgangsgesteins. Hier werden fünf Fälle unterschieden. Die ersten Böden sind die **Diluvialböden**, d.h., es handelt sich um Ablagerungen der Kaltzeiten, wie Geschiebemergel, Sandersande und Terrassenkiese, einschließlich tertiärer Ablagerungen, aber ohne Löss. **Löss** wird als gesondertes Material ausgeschieden. Dann folgt das **Alluvium** , das sind holozäne Ablagerungen der Flussauen an der Küste oder in sonstigen Niederungen. Insbesondere für die Mittelgebirge sind die **Verwitterungsböden** vorgesehen. Sie haben sich aus Festgesteinen (Kalksteine, Sandsteine, Schiefer) des Mesozoikums und Paläozoikums gebildet. Die letzte Stufe sind die **Gesteinsböden**. Hier handelt es sich um steinreiche Böden, die oft aus magmatischen Gesteinen, aber auch aus Sandsteinen und Metamorphiten abgeleitet sein können.

Der letzte Parameter ist die **Zustandsstufe**. Im Ackerschätzungsrahmen werden sieben Zustandsstufen ausgeschieden, wobei 1 die günstigste Zustandstufe und 7 die schlechteste Zustandsstufe darstellt (Abb. 7.7).

Abb. 7.7:
Schema der Zustandsstufen bei der Bodenschätzung.

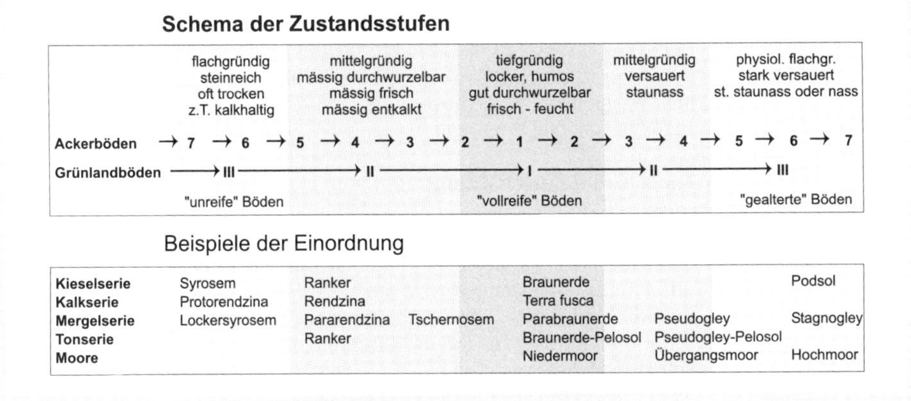

Schema der Zustandsstufen

	flachgründig steinreich oft trocken z.T. kalkhaltig	mittelgründig mässig durchwurzelbar mässig frisch mässig entkalkt	tiefgründig locker, humos gut durchwurzelbar frisch - feucht	mittelgründig versauert staunass	physiol. flachgr. stark versauert st. staunass oder nass
Ackerböden	→ 7 → 6 →	5 → 4 → 3 →	2 → 1 → 2 →	3 → 4 →	5 → 6 → 7
Grünlandböden	——→ III ——	——→ II ——	—→ I ——	—→ II ——	—→ III
	"unreife" Böden		"vollreife" Böden		"gealterte" Böden

Beispiele der Einordnung

Kieselserie	Syrosem	Ranker		Braunerde	Podsol
Kalkserie	Protorendzina	Rendzina		Terra fusca	
Mergelserie	Lockersyrosem	Pararendzina	Tschernosem	Parabraunerde	Pseudogley	Stagnogley
Tonserie		Ranker		Braunerde-Pelosol	Pseudogley-Pelosol	
Moore				Niedermoor	Übergangsmoor	Hochmoor

Tab. 7.5:
Ausschnitt aus dem
Ackerschätzungsrah-
men der „Bodenschät-
zung" für Böden aus
Lehm.

Entstehung	Zustandsstufen						
	1	2	3	4	5	6	7
D	90	81	73	65	57	49	42
Lö	100	91	82	73	64	55	45
Al	100	89	79	70	61	53	44
V	91	82	73	64	55	46	38
Vg	--	--	70	60	50	40	29

Das Problem bei der Zustandsstufe ist, dass sowohl junge, sehr flachgründige oder trockene Böden eine geringe Zustandsstufe 6 oder 7 haben können als auch alte, stark versauerte oder stark staunasse Böden. Dies ist einer der wesentlichen Kritikpunkte an der Bodenschätzung, dass man aus dem Ergebnis nur schlecht oder manchmal gar nicht sehen kann, warum die Einstufung so erfolgte. Zusätzlich zu dem manchmal subjektiven Einstufen in eine Zustandsstufe gibt es auch in jedem Feld eine Freiheit für den Bodenschätzer, innerhalb des Rahmens den richtigen Wert zu finden (Tab. 7.5).

Der Primus: Als bester Boden Deutschlands wurde in der Magdeburger Börde eine Schwarzerde, die zum Hof der Witwe Haberhauffe in Eickendorf gehörte, festgelegt. Diese Schwarzerde erhielt 100 Punkte bei der Bodenzahl.

Mit Klima und Hangneigung wird aus der Bodenzahl die Ackerzahl, sie kann durch Zu- und Abschläge gebildet werden. Bei 600mm in ebener Lage und 8 °C Jahresmitteltemperatur sowie einem optimalen Grundwasserstand erhielt der Boden der Witwe Haberhauffe die Ackerzahl 104. Es handelt sich um einen typischen Tschernosem. Im Sinne einer fiskalischen Bewertung konnte zu der Ackerzahl noch eine weitere Korrektur angefügt werden, die sich Ertragsmesszahl nannte. Aus Ackerzahl und Ertragsmesszahl lässt sich dann die Betriebszahl, die zur Besteuerung herangezogen wurde, ableiten. Dieser letzte Schritt ist heute nicht mehr üblich, da die Besteuerung aufgrund von betrieblicher Buchführung überall durchgeführt wird. Eine Übertragung solcher Systeme, z.B. auf Entwicklungsländer, wäre aber möglich.

7.5.2 Grünlandschätzung

Gleichzeitig mit der Schätzung für die Äcker wurde eine Bewertung der Grünlandböden durchgeführt. Bis heute müssen, wenn ein Grünlandstandort in Acker umgewandelt wird oder umgekehrt – wenn ein Ackerstandort zu Grünland wird – die Schätzungen neu vorgenommen werden. Die Unterscheidung von Acker und Grünland war deshalb sinnvoll, weil Grünland andere Ansprüche an den Boden hat und auch weil Grünland über ein weiteres Klimaspektrum als das Ackerland vorkommt. Für die Einschätzung des Grünlands wurden auch die Bodenart und dann die Zustandsstufe verwendet. Bei der Bodenart wurden allerdings nur vier Bodenartenstufen und eine Moorgruppe differenziert; die Zustandsstufen wurden auf drei Stufen reduziert. Statt des Ausgangsgesteins wird jetzt das Klima. bewertet. Dies geschieht auch in drei Stufen des Wärmehaushaltes. Die Grenzen der drei Stufen wurden bei 8 °C und 7 °C gezogen. Die wärmste Stufe ist also wärmer als 8 °C und die kälteste unter 7 °C. In ähnlicher Weise wie die Zustandsstufen wurden die Wasser- und Luftverhältnisse der Böden in einer fünfstufigen Skala differenziert. Dabei bedeutet ebenfalls 1 die beste Wasser- und Lufthaushaltsstufe, d.h. einen frischen Standort, und 5 einen sehr ungünstigen Standort, d.h. nass und sehr schlecht durchlüftet oder aber sehr trocken (Kap. 8). Auch hier ist die Abstufung für das Pflanzenwachstum konsequent, aber nicht eindeutig, da ein trockener Standort und ein feuchter Standort der gleichen Kategorie, also 3 bis 4 angehören kann.

Andere Kulturen

„Grünlandschätzung"

a) Bodenart
  ➤ 4 mineralische Bodenarten (T, L, lS, S)
  ➤ 1 Moorgruppe

b) 3 Zustandsstufen

c) 5 Wasserstufen
  ➤ Stufe 1 (frisch)
  ➤ Stufe 5 (nass bis sumpfig)

d) Klimaeinteilung
  ➤ a = > 8 °C
  ➤ b = 7,9–7 °C
  ➤ c = 6,9–5,7 °C

Grünlandgrundzahl, korrigiert durch Zu- und Abschläge für:
• Vegetationsdauer,
• Pflanzenbestand,
• Luftfeuchtigkeit und
• Geländegestaltung.
Für die Ertragsfähigkeit des Grünlandes sind die Wasser- und Temperaturverhältnisse entscheidend.

Tab. 7.6:
Ausschnitt aus dem Grünlandschätzungsrahmen der „Bodenschätzung".

Auch für andere landwirtschaftliche Kulturen wie für **Obstbau**, für **Weinbau** oder insbesondere für **forstliche Nutzung** existieren Bodenbewertungen. Solche Bewertungen sind aber nirgends zum Gesetz geworden, sondern es handelt sich um regionale (auf ein Bundesland bezogene) und meist auch zeitlich befristete Einstufungen der Bodengüte (Forstliche Standortkartierung, 2006).

Auch international haben sich in den letzten Jahrzehnten einige Systeme entwickelt, die teilweise auf spezielle Nutzungen ausgerichtet sind, teilweise aber offen für jedes Nutzungssystem sind. Manche dieser Systeme beziehen auch die Bodeneignung für zivilisatorische, nicht auf die Nahrungs- und Futterproduktion ausgerichtete Bodennutzung ein, z.B. Liegewiese, Sportplatz, Parkplatz oder Deponiefläche. Die bekanntesten dieser Systeme sind die „Land Capability Classification", die „Land Suitability Classification", das „Agro Ecological Zones Project" und das „Soil Quality Assessment". Das erste und letzte wurden in den USA entwickelt, die beiden mittleren Systeme bei der FAO in Rom. Bodenbewertungsverfahren werden heutzutage meist mit geografischen Informationssystemen verknüpft, wie z.B. im SOTER-Projekt „Soil and Terrain Digital Data Base".

Fragen

1. Gib Beispiele für Magmatite, Metamorphite und Sedimente. Wie beeinflussen die Gesteinseigenschaften die Bodenentwicklung?
2. Nach welchen Prinzipien ist die Erdgeschichte gegliedert? Welche wichtigen Ereignisse haben die Landschaftsentwicklung ihrer Heimat geprägt?
3. Wie werden die Böden Deutschlands eingeteilt?
4. Welche Möglichkeiten der steuerlichen und ökologischen Bodenbewertung sind gebräuchlich? Welche Aussagekraft haben diese Verfahren?
5. Vergleiche Epirogenese und Orogenese. Welche Wirkungen auf die Landoberfläche hat die Tektonik?
6. Erläutere die Landschaftsentwicklung Mitteleuropas im Tertiär und im Quartär.
7. Welche physikalischen und chemischen Prozesse der Gesteinsverteilung liefen im Pleistozän und im Holozän mit unterschiedlicher Intensität ab?
8. Welche Bedeutung hat die Kenntnis der geologischen Formation für das Verständnis der Bodenbildung?
9. Unterscheide das Alter der Landoberfläche und das Alter des Gesteins.
10. Erläutere die Unterschiede zwischen bodenbildendem Faktor, bodenbildendem Prozess und Bodenmerkmal.
11. Ist die sogenannte Deutsche Bodenschätzung eine ökologische Bodenbewertung? Welche Möglichkeiten zur Bewertung von Böden gibt es?
12. Erläutere die Begriffe Bodenmerkmal, Bodenhorizont, Bodenprofil und Bodengesellschaft hinsichtlich ihrer Bedeutung und gib Beispiele.

8 Böden als Pflanzenstandorte

Alle terrestrischen Pflanzen haben ein Zuhause. Dieses Zuhause besteht aus dem Boden und der bodennahen Luftschicht. Alle Lebewesen haben Ansprüche an ihr Zuhause, so haben auch die Pflanzen Ansprüche an ihren **Lebensraum Boden**. Die Eigenschaften, die den Ansprüchen der Pflanze gegenüberstehen, nennt man Standorteigenschaften. Man unterscheidet zwischen den ökologischen Standorteigenschaften, die der Pflanze direkt zu Gute kommen, und den technischen Standorteigenschaften, die den Anforderungen des Nutzungssystems entsprechen. Zunächst beanspruchen die Pflanzen Raum für ihre Wurzeln. Sie benötigen den Wurzelraum zur Verankerung und zum Lichtschutz für ihre empfindlichen Wurzelhaare sowie zur Vermittlung der anderen Ansprüche an den Boden. Die Standorteigenschaften, die den potentiellen Wurzelraum charakterisieren, sind die **Gründigkeit**, die Mächtigkeit des durchwurzelbaren Raumes, und die **Durchwurzelbarkeit**, die Intensität der Durchwurzelung. Der Boden ist Vermittler für die Aufnahme von Wasser als Transportmittel und als Baustoff sowie als Energieträger für die Pflanze. Den **Wasserhaushalt** messen wir in Liter pro m² und Jahr oder in ökologisch relevanten kürzeren Zeiträumen. Die meisten Wurzeln brauchen Sauerstoff aus dem Boden und alle geben CO_2 ab. Den **Lufthaushalt** unserer Böden können wir in kg produziertem CO_2 pro m² und Jahr oder durch kg verbrauchtes O_2 pro m² und Jahr messen. Die Energieaufnahme für die Stoffproduktion erfolgt über die fotosynthetisch aktive Strahlung. Der **Wärmehaushalt** der Böden hängt von der Wärmespeicherfähigkeit (Wärmekapazität) und der Wärmeleitfähigkeit ab. Der Boden puffert die Temperaturen im Wurzelraum und sorgt dafür, dass sie dort und auch darüber möglichst lange im Wohlfühlbereich der Pflanze (5 bis 30°C) bleiben. Der Wärmehaushalt kann auch durch den Zeitraum, in dem der Boden ein Wachstum ermöglicht, charakterisiert werden. Die Ansprüche der Pflanze an den **Nährstoffhaushalt** (Nährstoffversorgung) des Bodens sind sehr vielfältig. Sie ändern sich mit der Entwicklung der Pflanze und hängen auch sehr stark von der Pflanzenart ab. Wichtig für die Pflanzen sind die verfügbaren Mengen, die man in kg/ha angibt. Alle Pflanzen haben hinsichtlich Stresssituationen eine gewisse Toleranz. Wenn diese aber überschritten wird, so steht das Pflanzenwachstum infrage. Deshalb gibt es als weitere Standorteigenschaft die **Standortstabilität**. Sie gibt an, wie weit der Boden von kritischen Situationen entfernt ist bzw. wie häufig solche kritischen Situationen zu erwarten sind (Erosion, Windwurf, Spätfrost, Überflutung). Die technischen Standorteigenschaften haben eigentlich nichts mit der Pflanze zu tun. Trotzdem ist es bei Ausbringen von Wintergetreide

Pflanzenanspruch	Standorteigenschaft
Wurzelraum	Gründigkeit Durchwurzelbarkeit
Wärme	Wärmehaushalt
Luft	Lufthaushalt
Wasser	Wasserhaushalt
Nährstoffe	Nährstoffhaushalt
Stabilität	Standortdynamik

Tab. 8.1:
Pflanzenansprüche und Standorteigenschaften.

wichtig, dass der Boden im trockenen Zustand im Herbst bearbeitet werden kann und dass die Restfeuchte für die neue Saat ausreicht. Auch bei der Ernte von Zuckerrüben ist es wichtig, dass zum Zeitpunkt der Ernte der Boden noch so tragfähig ist, dass die schweren Erntemaschinen ihn befahren können, ohne dass nachhaltige Schäden entstehen. So sind **Bearbeitbarkeit** und **Befahrbarkeit** Beispiele für technische Standorteigenschaften.

Um a priori abschätzen zu können, welche Kulturen oder Fruchtfolgen für einen Standort geeignet sind, werden dessen Eigenschaften erfasst und den Ansprüchen der verschiedenen Kulturpflanzen gegenübergestellt (Tab. 8.1). Die klassische Standortansprache im Feld wird hierbei zunehmend durch computergestützte Methoden ergänzt und teilweise sogar durch sie abgelöst.

Das folgende Kapitel konzentriert sich auf Zustände und Prozesse in Böden, die Auswirkungen auf das Pflanzenwachstum haben. Auch wenn Bodeneigenschaften bei der Standortbewertung eine wesentliche Rolle spielen, sollte nicht außer Acht gelassen werden, dass die Eigenschaften eines Standorts auch von anderen, vor allem klimatischen Faktoren wie der Niederschlagshöhe und -verteilung, der Windexposition und der Lufttemperatur bestimmt werden.

8.1 Wurzelraum

Die Standfestigkeit von Pflanzen und deren Wasser- und Nährstoffversorgung hängen direkt davon ab, wie gut der Boden durchwurzelt ist. Die Durchwurzelungstiefe wird zunächst durch die Mächtigkeit des durchwurzelbaren Lockermaterials über dem festen Gestein begrenzt, die als Gründigkeit, genauer als mechanische Gründigkeit (in dm), bezeichnet wird. Bei einem Steingehalt von >75% gilt die Grenze der Gründigkeit als erreicht.

Tab. 8.2:
Einstufung der physiologischen Gründigkeit und der Durchwurzelungsintensität.

Gründigkeit		Durchwurzelungsintensität	
Bezeichnung	Tiefe in dm	Bezeichnung	Feinwurzeln pro dm²
sehr flach	< 1,5	keine Wurzeln	0
flach	1,5–3	sehr schwach	1–2
mittel	3–7	schwach	3–5
tief	7–12	mittel	6–10
sehr tief	12–20	stark	11–20
äußerst tief	> 20	sehr stark	21–50
		extrem stark bis Wurzelfilz	> 50

Von der mechanischen Gründigkeit zu unterscheiden ist die maximale (tatsächlich erreichbare) Durchwurzelungstiefe, die **physiologische Gründigkeit** (in dm). Ursachen für eine physiologische Einschränkung der Durchwurzelung sind Bodenhorizonte mit ungünstigen chemischen Eigenschaften (z.B. niedriger pH-Wert), ungünstigen Gefügeformen (z.B. Plattengefüge) oder Stauwasser. Da Wurzeln vor allem in Grobporen wachsen (Wurzelhaare auch in Mittelporen), wird die Durchwurzelung durch ein niedriges Grobporenvolumen (<6%) begrenzt. In verdichteten Bodenhorizonten wird das Wachstum zusätzlich dadurch behindert, dass die Wurzeln beim Verschieben von Bodenteilchen höhere Scherwiderstände überwinden müssen.

Die Leistungsfähigkeit von Wurzelsystemen hängt weiterhin von der **Durchwurzelbarkeit (Durchwurzelungsintensität)** ab, die durch die Anzahl von Feinwurzeln (Durchmesser <2 mm) pro m² Boden charakterisiert wird. Je größer die Durchwurzelungsintensität ist, desto besser kann der Wurzelraum für die Wasser- und Nährstoffaufnahme erschlossen werden und umso größer ist die Standfestigkeit.

8.2 Wasserhaushalt

Der Wasserhaushalt eines Standortes lässt sich durch eine einfache Bilanzrechnung charakterisieren (Wasserbilanz):

$$N - ET - S = \Delta\Theta$$

In dieser Gleichung steht N für den **Niederschlag** (Regen, Hagel, Schnee, Bewässerungswasser), ET für die Verdunstung (**Evapotranspiration**), S für den **Sickerwasserfluss** und $\Delta\Theta$ für die Änderung des Wassergehaltes im Boden über die Bilanzierungsperiode (oft ein Jahr).

An Hangstandorten müssen in der Bilanz noch laterale Ab- und Zuflüsse berücksichtigt werden. Die Komponenten der Wasserbilanz werden konventionell in mm (Liter pro m²) angegeben. Bei langjähriger Mittelung (klimatische Wasserbilanz) fällt der Speicherterm ($\Delta\Theta$) weg.

Die Verdunstung (**Evapotranspiration**) lässt sich in einen Anteil, der direkt von der Bodenoberfläche verdunstet (**Evaporation**), und in einen Anteil, der vom Pflanzenbestand verdunstet wird (**Transpiration**), unterteilen. Beide Flüsse werden, analog zum Wasserfluss im Boden (Kap. 3.7), vom Gradienten des hydraulischen Potenzials im System Boden-Pflanze-Atmosphäre angetrieben. Dem hydraulischen Gradienten folgend wird das Bodenwasser von den Wurzeln aufgenommen, durch das Xylem in die Interzellularräume der Blätter geleitet, von wo aus es durch die Spaltöffnungen (Stomata) verdunstet (stomatäre Transpiration). Der Prozess ist aktiv in dem Sinne, dass die Pflanzen die Öffnung der Spaltöffnungen regulieren können. Wenn der Turgor, der Innendruck der Pflanze, nachlässt, wenn die Pflanze also welkt, schließt sie die Spaltöffnungen ganz oder teilweise. Die Verdunstung kann dadurch bis auf die kutikuläre Transpiration, die Verdunstung durch die Wachsschicht der Pflanze, reduziert werden.

Durch die Regulation wird vermieden, dass zu viel Wasser verdunstet. Da durch die Schließung der Spaltöffnungen auch die Diffusion von Kohlendioxid in das Blattinnere behindert oder sogar unterbunden wird, sinkt die Assimilation. Eine unzureichende Wasserversorgung führt deshalb zu Ertragseinbußen. Der die Verdunstung antreibende hydaulische Gradient hängt direkt von der relativen Luftfeuchte ab. Je geringer das Sättigungsdefizit der Luft ist, desto länger können die Stomata geöffnet bleiben. In küstennahen (ozeanischen) Gebieten können deshalb unter sonst gleichen Bedingungen höhere Erträge erzielt werden als im (kontinentalen) Binnenland.

Unter unseren Klimaverhältnissen kann man den Wasserbedarf von Kulturpflanzen im Sommer mit etwa 2 bis 5mm pro Tag ansetzen. Weil die natürlichen Niederschläge während der Vegetationsperiode den Bedarf in der Regel nicht decken, können ausreichend hohe Erträge nur erzielt werden, wenn ein wesentlicher Anteil des benötigten Wassers entweder durch Bewässerung zugeführt wird oder aber aus dem Boden entnommen werden kann. Dieses Wasser wird **pflanzenverfügbares Bodenwasser** genannt und kann gespeichertes Bodenwasser aus dem Wurzelraum sein oder Grundwasser, das kapillar in den Wurzelraum nachgeliefert wird.

Der mögliche Beitrag des Bodenwasserspeichers lässt sich aus der Retentionskurve (pF-Kurve) abschätzen. Die Abschätzung beruht auf der Annahme, dass der Wassergehalt unserer Böden im Frühjahr etwa der Feldkapazität entspricht und dass der Wurzelraum bis auf das Totwasser (bis pF 4,2) entleert werden kann. Dieser Wassergehaltsanteil ist als **nutzbare Feldkapazität (nFK)** definiert (Kap. 3.7). Diese hängt von der Bodenart, dem Humusgehalt, dem Steingehalt und der Lagerungsdichte ab. Da der Bodenwasserspeicher in der Realität nicht gleichmäßig, sondern tiefenabhängig ausgeschöpft wird, wird für die Umrechnung auf die Fläche die Existenz eines **effektiven Wurzelraums (in m)** angenommen. Dessen Untergrenze wird so festgelegt, dass die nutzbare Feldkapazität oberhalb dieser Bodentiefe während einer Vegetationsperiode theoretisch vollständig ausgeschöpft wird. Der effektive Wurzelraum entspricht deshalb nicht der maximalen Durchwurzelungstiefe (der physiologischen Gründigkeit), sondern ist weniger mächtig. Der potenzielle Beitrag des Bodenwasserspeichers zur Verdunstung pro m² Bodenoberfläche kann nun einfach durch Multiplikation der nutzbaren Feldkapazität mit der Mächtigkeit (Geländeoberkante bis Untergrenze) des effektiven Wurzelraums (nach Horizonten) errechnet werden. Um das Ergebnis (m^3 m^{-2} = m) mit Verdunstungshöhen

Tab. 8.3:
Effektiver Wurzelraum von Getreide und kapillare Aufstiegsraten für verschiedene Grundwasserflurabstände in Abhängigkeit von der Bodenart bei mittlerer Lagerungsdichte.

Bodenart	Effektiver Wurzelraum (m)	Kapillare Aufstiegsrate (mm d⁻¹) Grundwasserflurabstand	
		1,3 m	2 m
Mittelsand	0,6	0,5	0
Lehmiger Sand	0,7	4,5	0,1
Schluff	1,1	> 5,0	5,0
Lehmiger Ton	1,0	2,0	0,1

vergleichbar zu machen, die konventionell in mm ($1 \, m^{-2}$) angegeben werden, wird die pflanzenverfügbare Bodenwassermenge in der Regel ebenfalls in mm angegeben.

Bei grundwassernahen Standorten ist noch die Wassernachlieferung durch **kapillaren Aufstieg** zu berücksichtigen. Wie Tabelle 8.3 beispielhaft zeigt, hängt diese einerseits von der kapillaren Aufstiegshöhe, die gewöhnlich dem Abstand zwischen der **Grundwasseroberfläche** und der Untergrenze des effektiven **Wurzelraums** gleichgesetzt wird, und damit vom Grundwasserflurabstand und andererseits von der Bodenart ab. Für eine Abschätzung der gesamten kapillaren Nachlieferung (in mm) müssen die in der Tabelle angegebenen täglichen Aufstiegsraten noch mit der Dauer des Wassermangels des Pflanzenbestandes multipliziert werden. Diese Periode ist die Zeit, in der das hydraulische Potenzial nach oben hin abnimmt, da der Wurzelraum durch Wasserentzug weitgehend entleert ist. Für Getreide können überschlägig 60 Tage, für Hackfrüchte 90 Tage und für Grünland 120 Tage angesetzt werden.

Sieht man einmal von Moorböden ab, lassen sich Ackerböden drei Wasserhaushaltstypen zuordnen: den terrestrischen Böden, den semiterrestrischen Böden und den Stauwasserböden. **Semiterrestrische Böden** (Grundwasserböden) sind wesentlich durch den Grundwassereinfluss geprägt. Infolge des kapillaren Aufstiegs ist die Wasserversorgung von Ackerpflanzen meist unproblematisch. **Stauwasserböden** (Pseudogley, Stagnogley) zählen zwar auch zu den hydromorphen Böden, werden in der deutschen Bodensystematik jedoch zu den **terrestrischen Böden** gestellt, die sich definitionsgemäß außerhalb des Grundwassereinflusses entwickelt haben. Während die Wasserbewegung in Stauwasserböden eine starke laterale Komponente hat, bewegt sich das Bodenwasser in den anderen terrestrischen Böden vorwiegend von oben nach unten. Wegen der schroffen Wechsel zwischen Vernässungs- und Austrocknungsphasen ist der Wasserhaushalt von Stauwasserböden im Allgemeinen als eher ungünstig einzustufen. Bei terrestrischen Ackerböden bestimmt dagegen die Kombination aus Gründigkeit und nutzbarer Feldkapazität, wie gut die Pflanzen mit Wasser versorgt werden.

8.3 Lufthaushalt

Pflanzenwurzeln und Mikroorganismen oxidieren organische Substanzen im Boden, wobei sie Sauerstoff verbrauchen und Kohlendioxid erzeugen. Dieser Prozess wird Wurzelatmung beziehungsweise Bodenatmung genannt (Anmerkung: Manche Autoren verstehen unter der Bodenatmung die Summe aus Wurzel- und mikrobieller Atmung). Wie Tabelle 8.4 zeigt, ist gegenüber der atmosphärischen Luft Kohlendioxid im Boden angereichert und Sauerstoff reduziert. In gut durchlüfteten Böden wird ein Molekül Sauerstoff zu einem Molekül Kohlendioxid umgesetzt. Das Kohlendioxid wird abgeführt und Sauerstoff zugeführt. Der Gasaustausch erfolgt vor allem durch **Diffusion**.

Eine einfache Größe zur Charakterisierung des Gashaushaltes von Böden ist die **Luftkapazität** (in Volumenprozent). Sie ist definitionsgemäß nichts anderes als der Luftgehalt des Bodens bei Feldkapazität. Da man unter

Tab. 8.4:
Vergleich der Gasgehalte (Volumenprozent) in Luft und Bodenluft (> 10 cm).

Gas	Atmosphärische Luft	Bodenluft
Sauerstoff	~ 20,9	~ 20,6
Kohlendioxid	~ 0,04	0,3 → 5,0
Spuren(toxische) Gase	–	Spuren bis einige Prozent
CH_4-Methan	$2 \cdot 10^{-4}$	Spuren bis einige Prozent
N_2O-Lachgas	$3 \cdot 10^{-5}$	Spuren bis einige Prozent
NH_3-Ammoniak	$3 \cdot 10^{-6}$	Spuren bis einige Prozent

Bezeichnung	Grobporenanteil in Volumen-%
sehr gering	< 2
gering	2 – 4
mittel	4 – 12
hoch	12 – 20
sehr hoch	> 20

Tab. 8.5:
Einstufung der Luftkapazität.

Grobporen konventionell die Poren versteht, die bei Feldkapazität noch luftgefüllt sind, entspricht die Luftkapazität genau dem Grobporenanteil in einem Boden. Tabelle 8.5 zeigt eine Einstufung der Luftkapazität. Niedrige Luftkapazitäten findet man vor allem in den wasserstauenden (Sd) oder haftnassen (Sg) Horizonten von Pseudogleyen und in den Bt-Horizonten mancher Parabraunerden.

Da sich der **Luftgehalt** (m³ m⁻²) mit dem **Wassergehalt** das Porenvolumen teilt (**vol. Wassergehalt + vol. Luftgehalt = Anteil des Porenvolumens**), ist er wie dieser eine sehr variable Größe. Ein Luftgehalt von über 15% wird für Kulturpflanzen als ausreichend angesehen. Eigentlich reicht der Luftgehalt aber für die Charakterisierung der Sauerstoffversorgung nicht aus, da er nichts über die Sauerstoffkonzentration der Bodenluft oder die Sauerstoffnachlieferung aussagt. Aussagekräftiger ist die **Sauerstoffdiffusionsrate** (g m⁻² s⁻¹) in den Boden, die mit einer Elektrode direkt gemessen werden kann. Allerdings variiert sie im Feld sehr stark. Entsprechend stark schwanken die kritischen Werte, die für die Sauerstoffversorgung von Kulturpflanzen angegeben werden (9 bis 150 µg m⁻² s⁻¹).

Der Diffusionsfluss, genauer die Diffusionsflussdichte J_g (g m⁻² s⁻¹), ist dem Gradienten der Gas-Konzentration in der Bodenluft C_g (g m⁻³) proportional:

$$J_g = -D_s \times dC_g/dz$$
wobei z für die Tiefenkoordinate steht.

Der **scheinbare Gas-Diffusionskoeffizient** D_s (m² s⁻¹) hängt vom volumetrischen Luftgehalt ε (1) und der **Tortuosität** τ (1) ab:

$$D_s = \varepsilon/\tau \times D_g$$

D_g (m² s⁻¹) bezeichnet den Diffusionskoeffizienten eines Gases in der Luft. Der volumetrische Luftgehalt erscheint in der Gleichung, weil der Diffusionsprozess in der Gasphase auf den luftgefüllten Porenraum beschränkt ist. Durch die Tortuosität wird die komplexe Porenstruktur des Bodens berücksichtigt. Die Tortuosität gibt die Weglänge an, die diffundierende Moleküle relativ zum direkten Diffusionsweg zurücklegen müssen. Für Sauerstoff und Kohlendioxid beträgt Dg rund $1 m^2 d^{-1}$. Da der Diffusionskoeffizient von Gasen im Wasser um etwa den Faktor 10000 geringer ist als in Luft, kommt die Gasdiffusion fast vollständig zum Erliegen, wenn sich die Poren mit Wasser füllen.

Die Tortuosität zeigt im eher trockenen Boden eine starke Abhängigkeit vom Luft- und damit Wassergehalt (Abb. 8.1), weil die Verbindungen zwischen den Poren durch Wassermenisken unterbrochen werden. Dass die Tortuosität bei hohen Wassergehalten wieder sinkt, liegt daran, dass in diesem

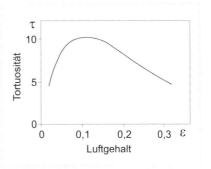

Zustand fast nur noch Makroporen luftgefüllt sind, diese aber kaum tortuos sind (z.B. Regenwurmgänge). Nahe der Bodenoberfläche spielen auch **Konvektionsvorgänge** durch Luftdruck- und Temperaturänderungen sowie durch Wind eine Rolle beim Gastransport. Kurzfristig sehr effektiv ist die Konvektion bei starken Niederschlägen oder Grundwasserstandsschwankungen.

Diffusionsprozesse im Boden und damit auch die Nachlieferung von Sauerstoff in den Wurzelraum hängen somit nicht direkt vom Luftgehalt, sondern vor allem von der Porenstruktur und damit vom Gefüge des Bodens ab. Da die Gefügeausbildung durch die Bodenbearbeitung stark beeinflusst wird, lässt sich folgern, dass Bodenbearbeitungsmaßnahmen, die die Zahl (Dichte) und Kontinuität von Makroporen steigern oder erhalten, die Belüftung des Wurzelraums verbessern. Negativ wirken sich dagegen alle Maßnahmen aus, die zu einer Verdichtung des Bodens führen, wie zum Beispiel die Befahrung mit schweren Maschinen, die häufige Befahrung (Vorgewende) oder die Bearbeitung trotz ungenügender Abtrocknung.

Abb. 8.2:
Kohlendioxidproduktion
in einer Parabraunerde
aus Löss (modifiziert
nach Richter 1986).

Pflugsohlen vermindern die Sauerstoffversorgung von Unterböden, da im Bereich der Verdichtung nicht nur der Luftgehalt gesenkt wird, sondern auch Makroporen wie Regenwurmgänge unterbrochen werden. Makroporen erhöhen zudem die Infiltration von Regenwasser, sodass die oberen Bodenschichten nach Niederschlägen schneller abtrocknen können, und verbessern dadurch die Gasdiffusion.

Die Gasdiffusion wird auch durch die Bildung von Krusten an der Bodenoberfläche (**Verschlämmung**) behindert, für die besonders schluffige Böden anfällig sind. Zur Verschlämmung kommt es, wenn durch Aufprall größerer Regentropfen (Regenschlag) Bodenaggregate an der

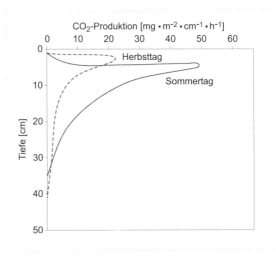

Bodenoberfläche zerstört werden, sodass eine Suspension entsteht. Wenn die Suspension in den Boden sickert, werden die größeren Teilchen abfiltriert und es bildet sich eine Kruste. Eine Verschlämmung des Bodens kann am besten durch **Mulchen** vermieden werden.

Boden- und Wurzelatmung sind stark temperaturabhängig und folgen deshalb in etwa dem Temperaturverlauf im Boden. Das Maximum der Kohlendioxidproduktion liegt nahe der Bodenoberfläche (Abb. 8.2). Dort sind Sauerstoffkonzentration und Temperatur am höchsten. Im Sommer liegt das Maximum der Umsetzungen etwas tiefer als im Herbst, weil der Boden oben zu heiß oder auch zu trocken wird. Die Flächen unter den Kurven geben die Gesamtproduktion (mg m^{-2} h^{-1}) an. Wie zu erwarten, ist diese im Sommer deutlich höher als im Herbst.

8.4 Wärmehaushalt

Der Bodenwärmehaushalt ist für das Bodenleben und damit den Umsatz der organischen Substanz und die Bodenfruchtbarkeit von großer Bedeutung. Auch das Wachstum von Pflanzen ist temperaturabhängig. Die meisten Kulturpflanzen benötigen eine Mindesttemperatur von etwa 5 °C für Keimung und Wachstum. Böden, die sich im Frühjahr schnell und früh erwärmen, sind aus pflanzenbaulicher Sicht deshalb bevorzugte Standorte.

Der Optimalbereich liegt für viele Kulturpflanzen zwischen 25 und 30 °C. Von unseren Kulturpflanzen benötigt vor allem Mais hohe Wachstumstemperaturen. Niedrige Bodentemperaturen lassen Pflanzen langsam wachsen, hohe Temperaturen führen zu Schäden. Bei 45 °C kommt es zum Hitzetod der Wurzeln.

Ähnlich wie bei der Beschreibung des Wasserhaushalts (Kap. 3.7), bei dem wir zwischen Wassergehalt und hydraulischem Potenzial unterschieden haben, muss beim Wärmehaushalt, anders als in der Alltagssprache, streng zwischen Temperatur (in K oder °C) und Wärme (-energie) (J) unterschieden werden. Für die Beschreibung des Wärmehaushaltes sind beide Größen nötig. Während die Temperatur wie das hydraulische Potenzial eine Zustandsgröße ist, kann Wärme (nicht die Temperatur) gespeichert und später wieder abgegeben werden. Wärme ist also eine Speichergröße. Die Rolle der volumetrischen Wasserflussdichte nimmt im Wärmehaushalt die **Wärmeflussdichte** (J m^{-2} s^{-1} = W m^{-2}) ein.

Die Zufuhr von Wärmeenergie in den Boden hängt von der Sonneneinstrahlung ab. Für die Bodenoberfläche lässt sich die folgende Bilanz (Strahlungsbilanz) aufstellen:

$$R_n = (1 - a) \times R_s + R_{En}$$

R_n (W m^{-2}) heißt **Nettoeinstrahlung**. R_s bezeichnet die Einstrahlung von der Sonne (**Globalstrahlung**), die wegen der hohen Oberflächentemperatur der Sonne kurzwellig ist und durch Rückstreuung um die Albedo a vermindert wird. Der Term R_{En} (langwellige Nettoeinstrahlung) beinhaltet die Wärmeabstrahlung der Bodenoberfläche, die negativ gezählt wird, da sie von der Oberfläche weggerichtet ist, und sonstige langwellige Strahlungskomponenten wie zum Beispiel die Rückstrahlung der Wolken, die positiv gezählt wird. Die Grenze zwischen kurzwelliger und langwelliger Strahlung liegt bei einer Wellenlänge von 3 µm. Tagsüber ist die Nettoeinstrahlung meist positiv. Nachts überwiegt dagegen die langwellige Abstrahlung des Bodens und die Nettoeinstrahlung wird negativ.

Boden-komponente	Wärme-kapazität J cm^{-3} K^{-1}	Wärme-leitfähigkeit J cm^{-1} s^{-1} K^{-1}
Ton	2,00	0,088
Quarz	2,00	0,029
Org. Substanz	2,51	0,0025
Wasser	4,18	0,0059
Luft	0,0012	0,00025

Die **Albedo** hängt von Bodenfarbe, Bedeckung und Bewuchs ab und kann deshalb sehr unterschiedliche Werte annehmen. Bei Schneebedeckung beträgt die Albedo beispielsweise bis zu 95% (nur 5% der eingestrahlten Energie wird absorbiert), während eine feuchte, unbewachsene Schwarzerde eine Albedo von nur 8% hat. Dunkle Böden haben generell eine geringere Albedo als helle Böden. Sie absorbieren also mehr Strahlungsenergie und erwärmen sich schneller.

Tab. 8.6:
Wärmekapazität und Wärmeleitfähigkeit von Bodenkomponenten.

Die Nettoeinstrahlung wird in den Strom fühlbarer Wärme (H), in den Strom latenter Wärme (LE) und in den Bodenwärmestrom (J) umgesetzt:

$$R_n = H + LE + J$$

Der Strom fühlbarer Wärme ist die Energie, die für die Erwärmung der atmosphärischen Luft verwendet wird. Der Strom latenter Wärme, das Produkt aus der Verdunstungsrate E und der Verdunstungsenthalpie des Wassers L (2441 J g^{-1} bei 25°C), ist die Energie, die für die Evapotranspiration verbraucht wird. Der Anteil der eingestrahlten Energie, der in die Fotosynthese geht, liegt unter einem Prozent (max. 4%) und kann deshalb vernachlässigt werden. Alle Terme in der Energiebilanz können sowohl positiv als auch negativ sein. Der Bodenwärmestrom ist typischerweise tagsüber positiv (nach unten gerichtet, der Boden erwärmt sich) und nachts negativ (nach oben gerichtet, der Boden kühlt ab).

Der Wärmefluss im Boden, genauer die Wärmeflussdichte, ist dem Temperaturgradienten proportional und ihm entgegengerichtet. Der Proportionalitätsfaktor heißt **Wärmeleitfähigkeit** (J m^{-1} s^{-1} K^{-1}). Sie ist der in Kapitel 3.8 besprochenen Wasserleitfähigkeit analog. Der Wärmehaushalt wird weiterhin von der **Wärmekapazität** (J m^{-3} K^{-1}) bestimmt. Diese ist als die Wärmemenge definiert, die benötigt wird, um 1m^3 eines Materials um 1 K zu erwärmen. Wie Tabelle 8.6 zeigt, haben die einzelnen Bodenkomponenten sehr unterschiedliche Wärmekapazitäten.

Abb. 8.3:
Wärmeleitfähigkeit (λ), Temperaturleitfähigkeit (Cw) und Wärmekapazität in Abhängigkeit vom Wassergehalt des Bodens (modifiziert nach Scheffer-Schachtschabel).

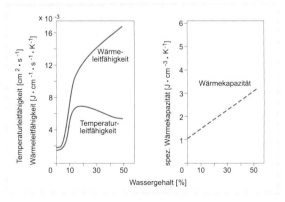

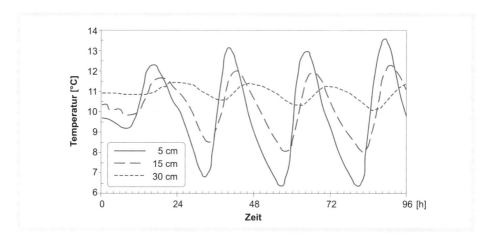

Abb. 8.4:
Tagesgang der
Bodentemperatur in ver-
schiedenen Tiefen einer
Parabraunerde aus Löss
im September.

Besonders auffällig sind die niedrige Wärmekapazität der Luft und die hohe des Wassers. Da sich die Wärmekapazität des Gesamtbodens als das um die Volumenanteile gewichtete Mittel der Wärmekapazitäten der Bodenkomponenten errechnet, hängt sie sehr stark vom Wassergehalt ab (Abb. 8.3).

Auch die Wärmeleitfähigkeit des Bodens zeigt eine ausgeprägte Abhängigkeit vom Wassergehalt (Abb. 8.3). Sie kann aber nicht so einfach aus den Wärmeleitfähigkeiten der Bodenkomponenten berechnet werden, da es bei der Wärmeleitung auf die geometrische Anordnung der Bodenpartikel und der Wassermenisken zwischen den Bodenpartikeln ankommt. Abbildung 8.3 macht deutlich, dass die Wärmeleitfähigkeit des Bodens mit steigendem Wassergehalt zunächst exponentiell steigt, bevor die Funktion abknickt und annähernd linear wird. Diese Abhängigkeit kommt dadurch zustande, dass die Wärmeleitfähigkeit mit steigendem Wassergehalt durch die Vergrößerung des leitenden Querschnitts erhöht wird. Bei niedrigen Wassergehalten kommt hinzu, dass die festen Bodenbestandteile zusätzlich durch Wassermenisken besser miteinander verbunden werden.

Anders als die Wärmeleitfähigkeit ist der Quotient aus Wärmeleitfähigkeit und Wärmekapazität, zumindest bei höheren Wassergehalten, einigermaßen konstant. Da durch die Einbeziehung der Wärmekapazität die Wärmeenergie, die der Boden bei der Ausbreitung von Wärme aufnimmt, berücksichtigt wird, beschreibt der neue Parameter eher die Ausbreitung der Temperatur als der Wärme im Boden, weshalb er als **Temperaturleitfähigkeit** ($m^2\ s^{-1}$) bezeichnet wird.

Abbildung 8.4 zeigt den Temperaturverlauf in drei Bodentiefen bei einer Parabraunerde aus Löss im September. Die Bodentemperatur zeigt infolge ihrer Abhängigkeit von der Sonneneinstrahlung einen wellenförmigen Verlauf, der hier aufgrund des speziellen Witterungsverlaufes (Strahlungswetter) besonders gleichmäßig ist. Mit zunehmender Bodentiefe sinkt die Amplitude, während die Extremwerte später erreicht werden. Wie weit Temperaturschwankungen in den Boden eindringen, hängt von der Temperaturleitfähigkeit und von der Periodendauer (in Abb. 8.4 ein Tag) ab. Abbildung 8.5 zeigt beispielhaft zwei Isochronen der Tagesmitteltemperatur in einem Jahr und Temperaturisochronen an einem Tag. Während die Tagesschwankungen nur etwa 0,5m tief in den Boden eindringen, reichen die Jahresschwankungen etwa zwei Meter tief. In dieser Bodentiefe herrscht annähernd die Jahresmitteltemperatur der Luft.

Aus der Abhängigkeit der Parameter des Wärmehaushalts vom Wasserhaushalt des Bodens lässt sich folgern, dass sich sandige Böden im Frühjahr schnell erwärmen, da sie normalerweise eher niedrige Wassergehalte aufweisen (Kap. 3.7). Tonige Böden erwärmen sich infolge ihres hohen Totwassergehaltes nur langsam, bleiben aber länger warm. Schluffige Standorte nehmen eine mittlere Stellung ein. Moore gehören trotz ihrer dunklen Farbe zu den kalten Böden, da Torf eine besonders niedrige Temperaturleitfähigkeit und aufgrund seiner hohen Wasseraufnahmefähigkeit eine hohe Wärmekapazität hat. Trockene Torfe weisen deshalb eine große, nasse Torfe hingegen eine geringe Tagesamplitude der Temperatur auf.

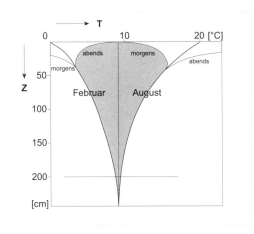

Abb. 8.5: Temperaturisochronen im Tages- und Jahresverlauf (modifiziert nach RICHTER 1986).

8.5 Nährstoffe

Nährelemente werden nach den Konzentrationen, die in höheren Pflanzen gemessen werden, in **Makronährelemente** (>1000mg kg^{-1}) und **Mikronährelemente** unterschieden. Makronährelemente sind die Elemente N, P, S, Ca, Mg, K und Cl, Mikronährelemente die Elemente Fe, Mn, Zn, Cu, B und Mo. Man kann auch C, H und O, also die Bestandteile von Wasser und Kohlendioxid, die durch die Fotosynthese in organische Moleküle umgewandelt werden, zu den Makronährelementen zählen.

Nach dem Minimumgesetz von Liebig (JUSTUS VON LIEBIG 1855), das in einer ersten Formulierung auf Sprengel (CARL SPRENGEL 1828) zurückgeht, steht die Höhe des Ertrages im Verhältnis zu dem für die Entwicklung der Pflanze unentbehrlichen Nährstoff, der im Boden in kleinster Menge (im Minimum) vorhanden ist. Das Gesetz wird oft durch die **Liebigsche Minimumtonne** veranschaulicht, bei der jedes Nährelement durch eine Daube symbolisiert wird. Der Wasserstand in der Tonne steht für den Ertrag. Er hängt von der Länge der kürzesten Daube ab. Für die Düngungspraxis würde das bedeuten, dass derjenige Nährstoff zugeführt (gedüngt) werden muss, der im Minimum ist, während die Zufuhr aller anderen Nährelemente nicht ertragswirksam ist. Schon früh wurde erkannt, dass Liebigs Gesetz nicht im strengen Sinne gilt. Deshalb wurde es von LIEBSCHER (1895) durch die Hypothese verändert, dass der im Minimum vorhandene Nährstoff umso stärker wirksam wird, je näher sich die anderen Nährstoffe (oder sonstigen Wachstumsfaktoren) am Optimum befinden (Optimumsgesetz).

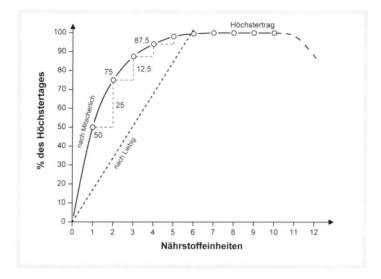

Diese Erweiterung erklärt, warum es sinnvoll ist, auch die Nährstoffe, die sich nicht im Minimum befinden, zuzuführen, also die Düngung ausgewogen zu gestalten.

Die Wirksamkeit der Düngung und vor allem auch der ökonomische Nutzen werden durch das **Gesetz vom abnehmenden Ertragszuwachs** (MITSCHERLICH 1924) begrenzt, das postuliert, dass der Grenznutzen der Nährstoffzufuhr (Ertragszuwachs pro kg Dünger) mit steigender Düngung immer kleiner wird. Dieser Zusammenhang wird in Abbildung 8.6 dargestellt. Wenn die Ertragskurve ihr Maximum (100%) erreicht, wird die Düngung unwirksam. Der Ertrag wird dann von anderen Standorteigenschaften begrenzt. Bei noch höherer Nährstoffzufuhr kann der Ertrag sogar wieder sinken, zum Beispiel wenn Getreide nach überhöhter Stickstoffdüngung ins Lager geht (Abb. 8.6). Im niedrigen Versorgungsbereich zeigen Pflanzen bei zu geringer Versorgung mit einem essenziellen Nährstoff oft Mangelsymptome (z.B. chlorotische Verfärbungen), die Fachleuten einen Hinweis auf das fehlende Nährelement geben. Die Mitscherlichsche Ertragskurve gilt nicht nur für die Nährstoffversorgung, sondern auch für andere Eigenschaften eines Standorts. In der Ökologie ist sie in einer verallgemeinerten Form als **Gedeihkurve** bekannt.

Der Boden lässt sich in drei unterschiedliche Speicher aufteilen, die Pflanzennährstoffe aufnehmen und speichern können:
- den anorganischen Bodenspeicher,
- den organischen Bodenspeicher und
- den Biomasse-Speicher.

Die Rolle der Bodenspeicher für die Versorgung von Pflanzenbeständen besteht darin, die Nährstoffe einerseits vor Auswaschung zu schützen, sie andererseits aber für die Pflanzen verfügbar zu halten. Die Bodenspeicher stehen über die Bodenlösung miteinander in Verbindung und können Nährelemente in unterschiedlichen Raten aufnehmen oder abgeben.

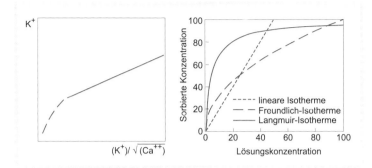

Der **organische Bodenspeicher** enthält die Nährstoffe, die in der organischen Substanz des Bodens gebunden sind. Die Bandbreite der Bindungsformen ist groß: vom Vorliegen leicht auswaschbarer Formen in Pflanzenresten bis zur kovalenten Bindung im Humus. Die Nährelemente im **Biomassespeicher** sind Teil der Biomasse (Mikroorganismen, Tiere, Pflanzen) des Bodens. Dieser Speicher (Kap. 9) ist zwar nicht sehr groß, spielt aber aufgrund der hohen Umsetzungsraten für die Nährstoffversorgung eine wichtige Rolle. Der **anorganische Bodenspeicher** enthält die mineralisch gebundenen Elemente, insbesondere K in Feldspäten und Glimmern, Ca und Mg in Carbonaten, Fe und Mn in Oxiden/Hydroxiden. Die Minerale kommen lithogen vor (Kap. 2.1 und 3.1). Die **lithogenen Nährstoffe** werden durch chemische Prozesse wie Hydrolyse, Versauerung, Reduktion und Oxidation freigesetzt. Die Freisetzung erfolgt in der Regel langsam bis sehr langsam, sodass die Nachlieferung für die Nährstoffversorgung, vor allem bei den Makronährelementen (K), oft nicht ausreichend ist.

Der anorganische und der organische Bodenspeicher enthalten in nennenswertem Umfang auch Nährstoffe, die als Ionen elektrostatisch an die geladenen Oberflächen von Tonmineralen, Oxiden/Hydroxiden und organischer Substanz gebunden sind und durch **Ionenaustausch** schnell freigesetzt werden können. Die Austauscherbelegung hängt vom **reduzierten Aktivitätenverhältnis** der beteiligten Ionen in der Bodenlösung ab (Abb. 8.7). In vielen Fällen, und besonders bei niedrigen Lösungskonzentrationen, lässt sich die Bindung von Ionen im Boden auch durch eine **Sorptionsisotherme** beschreiben. Diese gibt den Festphasengehalt eines Stoffes als Funktion von dessen Lösungskonzentration wider. Der Zusammenhang kann linear oder nichtlinear sein (Abb. 8.7). So lässt sich die Sorption von Schwermetallen im Boden meist gut mit der **Freundlich-Isotherme** beschreiben. Wenn die Konzentrationen so hoch sind, dass der Sättigungsbereich erreicht wird, wie nicht selten bei Phosphat, wird die **Langmuir-Isotherme** verwendet.

Soll der Boden nicht an Nährstoffen verarmen, muss der Entzug von Nährstoffen mit dem Erntegut, einschließlich der unvermeidbaren Verluste, zumindest langfristig durch **Düngung** ausgeglichen werden. Die Wirksamkeit der Düngung lässt sich in Feldversuchen feststellen. Dabei spielt der Ausgangszustand des Bodenspeichers eine wichtige Rolle. Die Pflanzen nehmen die Nährstoffe aus der Bodenlösung auf, wodurch deren Konzentrationen in der Bodenlösung sinken, sodass die Nachlieferung aus dem

Bodenspeicher angeregt wird. Deshalb kommt es bei der Nährstoffversorgung von Pflanzen nicht auf das bloße Vorhandensein eines Nährstoffes an, sondern auf dessen **Verfügbarkeit**. Diese wird letztlich durch die Konzentration in der Bodenlösung und die Geschwindigkeit der Nachlieferung aus dem Bodenspeicher bestimmt. So wird zum Beispiel Kalium, das elektrostatisch an Tonmineraloberflächen gebunden ist, sehr schnell (in Minuten) nachgeliefert, während die Kaliumfreisetzung durch die Verwitterung von Feldspäten ein sehr langsamer Prozess ist. Beim Stickstoff ist der Unterschied zwischen dem Gesamtgehalt – bei Ackerböden bis zu 10 Tonnen oder 10 Megagramm (Mg) pro Hektar – und dem den Pflanzen zugänglichen Anteil in der Bodenlösung besonders groß. Der größte Teil des Stickstoffs ist im Humus gebunden. Die verschiedenen Stickstoffpools stehen über ein komplexes Netzwerk von überwiegend biologischen Prozessen miteinander in Verbindung (Kap. 4.7.1). Auch beim Phosphor sagt der Gesamtgehalt wenig über die verfügbare Nährstoffmenge aus. Neben dem oben erwähnten sorbierten Phosphat liegt Phosphor, vor allem als Phytat, in organischer Bindung vor. Es können sich aber auch verschiedene Phosphatminerale bilden: bei niedrigem pH Strengit ($FePO_4$) oder Variszit ($AlPO_4$), bei hohem pH Kalziumphosphate, vor allem Apatit. Die Nachlieferung von P durch Auflösung dieser Minerale hängt vom Löslichkeitsprodukt und folglich von den Aktivitäten der anderen Reaktionspartner in der Bodenlösung ab. Das chemische Gleichgewicht wird vor allem vom pH-Wert bestimmt.

Für die Versorgung der Pflanzen ist nicht nur die Nachlieferung aus dem Bodenspeicher im Bereich der Wurzel (Rhizosphäre) wichtig, sondern auch die Nachlieferung aus weniger gut durchwurzelten Bereichen. Diese kann durch Massenfluss (Konvektion mit dem Transpirationsstrom) oder Diffusion erfolgen. Stickstoff wird (als Nitrat) im Boden überwiegend durch Massenfluss transportiert. Die Anlieferung von Kalium und Phosphor an die Wurzeloberfläche erfolgt dagegen vor allem durch Diffusion. Während die Aufnahme durch Massenfluss dazu führt, dass die Vorräte im Boden eher gleichmäßig erschöpft werden, bilden sich bei der Anlieferung durch Diffusion um die Feinwurzeln herum Verarmungszonen.

Für die Düngungsberatung spielt die Abschätzung des Nährstoffvorrats im Boden selbstverständlich eine große Rolle. Da Lösungskonzentration und Nachlieferung der Nährstoffe von sehr unterschiedlichen Prozessen und Standortfaktoren gesteuert werden, haben sich für die verschiedenen Nährstoffe und in verschiedenen Ländern unterschiedliche Methoden etabliert. In Deutschland wird der pflanzenverfügbare Gehalt von Phosphor und Kalium gewöhnlich durch Extraktion mit einer Ca-Acetat-Lactat (CAL)-Lösung bestimmt. Steigerungsversuche zeigen, dass die Düngung von Phosphat oder Kalium bei Gehalten (P oder K) von über 50 mg kg^{-1} nicht mehr ertrags-

Abb. 8.8:
Nährstoffbilanzüberschüsse in der Bundesrepublik Deutschland (nach Bach und Frede).

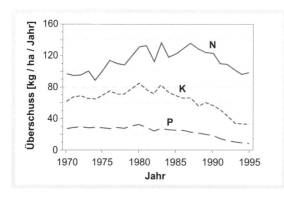

wirksam ist. Bei diesen gut versorgten Böden wäre folglich eine Düngung im Bereich der mit dem Erntegut abgeführten Elementmengen (Entzugsdüngung) ausreichend. Bei Stickstoff wird für die Berechnung der Frühjahrsdüngung der Vorrat an mineralischem Stickstoff (Nitrat und Ammonium) im Boden zum Ausgang des Winters zugrunde gelegt, der über eine Extraktion mit Wasser bestimmt wird (N_{min}-Methode). Die Nachlieferung aus dem organisch gebundenen Stickstoff während der Vegetationsperiode hängt aber von der biologischen Aktivität der Bodenorganismen und damit von einer Vielzahl von Faktoren ab, unter anderem vom Wärmehaushalt und auch vom Wasserhaushalt des Bodens. Sie ist deswegen schwierig abzuschätzen. Während bei mineralischer Düngung **Simulationsmodelle** schon eine recht gute Abschätzung der Nachlieferung erlauben, ist deren Bestimmung bis heute bei organischer Düngung (Gülle, Gründüngung) problematisch. Da mineralischer Stickstoff im Boden vorwiegend als Nitrat vorliegt, das so gut wie gar nicht sorbiert wird, kann eine Stickstoffdüngung über den Bedarf hinaus eine Auswaschung mit dem Sickerwasser zur Folge haben und damit zu einer Belastung des Grundwassers führen.

Bei einem Ertrag von 8 Tonnen Weizen pro Hektar (8 Mg ha^{-1}) werden mit der Ernte (einschließlich Stroh) pro Hektar etwa 240kg N, 40kg P und 150kg K entzogen. Wie Bilanzrechnungen in Deutschland zeigen, werden diese Makronährstoffe seit Jahrzehnten deutlich über den Entzug hinaus gedüngt. Eine zu hohe Düngung hat ökonomisch und ökologisch ungünstige Auswirkungen und sollte deshalb vermieden werden.

Fragen

1. Wie verschieden sind Böden unter Acker, Grünland und Wald unter sonst gleichen Bedingungen?
2. Vergleiche den Wärmehaushalt von natürlichen und entwässerten Niedermooren.
3. Welche Methoden zur Abschätzung des Nährstoffhaushalts von Böden sind bekannt? Berücksichtige Mineralbestand und organische Substanz.
4. Wodurch können die Standorteigenschaften Gründigkeit und Durchwurzelbarkeit begrenzt werden?
5. Wie kommt es zur Wasserbindung in Böden und welche Rolle spielt sie im Wasserhaushalt?
6. Müssen alle Ackerböden regelmäßig gekalkt werden? Wenn ja: Wie stark; wenn nein: Warum nicht?
7. Gibt es ackerbauliche Maßnahmen, um die Sauerstoffversorgung von Pflanzenwurzeln zu verbessern?
8. Für welche Nährstoffe ist der Ionenaustausch besonders wichtig?
9. Ein Feuchtgebiet wird wieder vernässt. Wie ändert sich der Wärmehaushalt eines Niedermoors und eines Gleyes?
10. Welchen Einfluss hat die Korngrößenverteilung auf das Wasserhaltevermögen? Was ändert sich, wenn die Lagerungsdichte zunimmt?

11. Welche ökologischen Standorteigenschaften von Böden gibt es? Welche werden durch die Bodenart und welche mehr durch die Gefügeform beeinflusst?

12. Welche Böden sind stark erosionsgefährdet? Welchen Einfluss hat dabei die Wasserleitfähigkeit und welchen Einfluss die Aggregatstabilität?

13. Wovon hängt der CO_2-Haushalt von Böden ab? In welcher Bodentiefe liegt das Maximum der Produktion von CO_2? Diskutiere den Jahresgang der CO_2-Produktion für verschiedene Böden.

14. Skizziere den Verlauf einer Wasserretentionskurve für einen Boden aus Sand, Schluff und Ton bei gleicher Lagerungsdichte.

15. Welche Unterschiede in den Standorteigenschaften bestehen zwischen Salzmarsch und Kleimarsch?

16. Welchen Einfluss haben die Bodenart und der Wassergehalt auf den Wärmehaushalt von Böden?

9 Böden als Lebensraum

Bodenorganismen stehen in sehr enger Wechselwirkung mit ihrer Umgebung. Der optimale Lebensraum für Bodenorganismen ist sehr stark vom Nahrungsangebot und von der Wasser- und Sauerstoffverfügbarkeit abhängig. Abbildung 9.1 zeigt einige **Mikrohabitate** für Bodenmikroorganismen, die bevorzugt besiedelt werden: Regenwurmgänge und ihre direkte Umgebung (**Drilosphäre**) bieten den Mikroorganismen regelmäßigen Nachschub an Sauerstoff und Wasser. Zusätzlich dienen die von den Regenwürmern abgegebenen Schleimstoffe an den Wänden der Regenwurmröhren als eine leicht verfügbare Substratquelle. Die Grenzbereiche zwischen Streu und dem Boden (**Detritusphäre**) und zwischen Boden und Pflanze (**Rhizosphäre**) sind ebenfalls wegen ihrer hohen Substratverfügbarkeit ein bevorzugter Lebensraum für Bodenmikroorganismen. Der Porenraum von einzelnen Aggregaten (**Aggregatusphäre**) bietet den Bodenmikroorganismen sehr unterschiedliche Lebensbedingungen. Substratnachschub und Gasaustausch ermöglichen aeroben und fakultativ anaeroben Mikroorganismen das Leben in offenen Poren, anaerobe Organismen können geschlossene Poren nutzen, die nicht über den Gasaustausch mit Sauerstoff versorgt werden. In vielen Fällen ist der Reaktionsradius der Bodenmikroorganismen im Boden sehr gering, viele Bodentiere dagegen können sich im **vorhandenen Porenraum** fortbewegen (z.B. Milben, Springschwänze) und sogar neuen **Porenraum schaffen** (z.B. Regenwürmer). Die meisten Bodenmikroorganismen sind an Ton- und Humuspartikel gebunden. Kationen (z.B. Mg^{2+}, Ca^{2+}) stellen dabei die Brücken zwischen den negativ geladenen Zellwänden der Bodenmikroorganismen und den negativ geladenen Partikeln dar. Diese Assoziation gilt zwar als reversibel, in der Praxis lassen sich jedoch nur 5–10% der Zellen mit unterschiedlichen Verfahren von organomineralischen Partikeln lösen. Bodenmikroorganismen können sich durch die Ausscheidung von Schleimstoffen oder durch die Ausbildung von Fibrillen stärker als durch Kationenbrücken an Oberflächen binden. Diese irreversible Anheftung der Zellen z.B. an organische Substanzen bietet den Mikroorganismen die Möglichkeit, die Nahrungsquelle optimal zu nutzen und bietet zusätzlichen Schutz vor Austrocknung. Neueste Erkenntnisse deuten darauf hin, dass auch die Grenzfläche von Bodenwasser und Bodenluft einen wichtigen Lebensraum für Bodenmikroorganismen darstellt. An dieser Grenzfläche bilden sich etwa 0,1mm dicke **Biofilme** aus hydrophoben, organischen Molekülen, die schnell von Bodenmikroorganismen besiedelt werden können. Die Aktivität der Bodenmikroorganismen, die auf und in diesen Biofilmen leben, ist sehr hoch.

Porenraum = Lebensraum

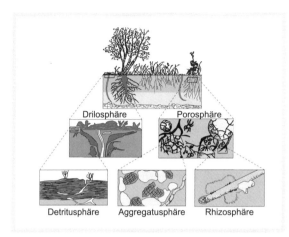

Drilosphäre   Porosphäre

Detritusphäre   Aggregatusphäre   Rhizosphäre

Abb. 9.1:
Mikrohabitate im
Boden, die durch
besonders hohe
mikrobielle Besiedlung
gekennzeichnet sind
(modifiziert nach Beare
et al. 1995).

Bodenorganismen sind an die Zusammensetzung der Bodenluft angepasst. Im Vergleich zur atmosphärischen Luft müssen Bodenorganismen mit geringeren Konzentrationen an Sauerstoff (<20,6% v/v) und sehr viel höheren Konzentrationen an Kohlendioxid (zwischen 0,20–10% v/v) auskommen (Kap. 4.4 und 8). In einem Bodenprofil ist der Gasaustausch hauptsächlich über luftgefüllte Grobporen möglich. Die **Belüftung** der Mikrohabitate wird von den Transporteigenschaften des Mittel- und Feinporenraums bestimmt. Bodenmikroorganismen, die an Partikel oder Biofilme assoziiert und die mit einem Wasserfilm umgeben sind, nehmen Sauerstoff aus diesem Wasserfilm auf. Die geringe Löslichkeit von Sauerstoff im Wasser ($0,031 cm^3 l^{-1}$) erschwert daher aeroben Mikroorganismen das Überleben in nassen Böden. Sinkt die **Sauerstoffkonzentration** des Bodens stark ab, können nur noch fakultativ anaerobe und obligat anaerobe Mikroorganismen überdauern. **Anaerobe** Mikroorganismen findet man demnach häufig im Zentrum von Aggregaten, die nur selten austrocknen. In einem Übergangsbereich, der durch häufigen Wechsel von Belüftung und Luftmangel gekennzeichnet ist, siedeln **aerobe** und **fakultativ anaerobe** Mikroorganismen, im Außenbereich eines Aggregates leben hauptsächlich **aerobe** Mikroorganismen (Abb. 9.2). Im Allgemeinen bevorzugen aerobe Mikroorganismen einen Porenraum, der nur zu 40–60% mit Wasser gefüllt ist. Unter diesen Bedingungen können Mikroorganismen sowohl Nährstoffe und Wasser als auch Sauerstoff optimal nutzen. Pilze sind gegenüber Austrocknung des Bodens toleranter als Bakterien.

Die **Bodentemperatur** beeinflusst physiologische Reaktionen in Zellen und physikochemische Eigenschaften des Bodens (wie z.B. Redoxpotenzial, Diffusion, Viskosität, Oberflächenspannung). Für die Temperaturabhängigkeit des Wachstums von Bodenorganismen können folgende Bereiche angegeben werden: **Psychrophile** Mikroorganismen zeigen zwischen −5 und +25 °C optimales Wachstum, **mesophile** zwischen +15 und +45 °C und **thermophile** zwischen +40 und +70 °C. Psychrophile Mirkoorganismen produzieren spezifische Lipide, die die Membrankonsistenz auch bei tiefen Temperaturen erhalten. Relativ hohe osmotische Konzentrationen im Cytoplasma ermöglichen das Überleben dieser Organismen bei Temperaturen um den Gefrierpunkt. Gemeinsam mit mesophilen Mikroorganismen stellen diese einen großen Anteil der mikrobiellen Lebensgemeinschaften terrestrischer Ökosysteme dar. Thermophile Mikroorganismen findet man hauptsächlich in heißen Quellen und Komposten. Sie produzieren in der Regel hitzeresistente Sporen. **Hypothermophile** Mikroorganismen wachsen erst ab einer Temperatur von 60 °C und erreichen ihren optimalen Bereich des Wachstums bei Temperaturen von 80–100 °C. Diese besonderen Mikroorganismen besitzen häufig anaeroben Stoffwechsel und haben sich auf

Mikroorganismen besiedeln „lebensfeindliche" Standorte

vielfältige Weise an ihre Umgebung angepasst: Durch eine geänderte Aminosäureabfolge zeigen ihre Proteine höhere Thermotoleranz. Die höhere Temperaturstabilität der DNA wird durch einen höheren Guanin- und Cytosingehalt erreicht.

Die **Bodenazidität** ist ein weiterer wichtiger Faktor, der die Zusammensetzung der mikrobiellen Lebewesen von Böden bestimmt. Während Bakterien Böden mit einem pH-Bereich von 5 bis 7 bevorzugen, sind Pilze in sauren Böden dominante Vertreter der Bodenmikroorganismen. Nach ihrem bevorzugten Lebensbereich werden sie in folgende Gruppen unterteilt: **extrem acidophile** (pH-Bereich 1–3), **acidophile** (pH-Bereich 1–6), **alkaliphile** (pH-Bereich 7–12) und **extrem alkaliphile** (pH-Bereich 13) Mikroorganismen.

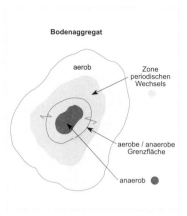

Bodenaggregat

aerob

Zone periodischen Wechsels

aerobe / anaerobe Grenzfläche

anaerob

Abb. 9.2:
Der Einfluss der Bodenfeuchte auf die Sauerstoffverteilung innerhalb eines Aggregates. In der Zone, die durch einen häufigen Wechsel von aeroben und anaeroben Bedingungen gekennzeichnet ist, werden fakultativ anaerobe Mikroorganismen (wie z.B. Denitrifikanten) verstärkt auftreten.

Abb. 9.3:
Körperdurchmesser von Bodenmikroorganismen im Vergleich zu Poren- und Partikeldurchmessern (modifiziert nach GISI et al. 1997).

9.1 Lebewesen im Boden

Bodenflora (Bakterien, Pilze, Algen, unterirdische Pflanzenorgane) und **Bodenfauna** (Protozoen, Nematoden, Mollusken, Anneliden, Arthropoden) bilden die Gesamtheit der Bodenorganismen und werden als **Edaphon** bezeichnet. Sehr häufig werden Bodenorganismen nach ihrer Größe in Mikroorganismen (bestehend aus Mikroflora und Mikrofauna), Mesofauna, Makrofauna und Megafauna eingeteilt (Abb. 9.3). Bewährt hat sich die Einteilung anhand des Körperdurchmessers, welcher den Aktionsradius der Tiere im Porenraum widerspiegelt.

Die Abundanz und Biomasse wichtiger Organismengruppen sind in Tabelle 9.1 zusammengestellt. Generell findet man im Boden sehr viel mehr kleine als große Organismen. Auf diese Weise hat die Mikroflora einen Anteil von etwa 91% an der Gesamtatmung des Edaphons;

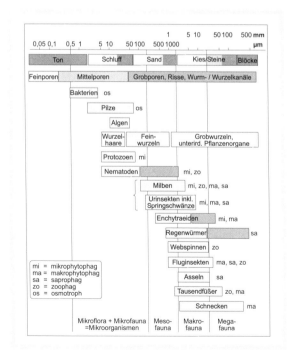

Organismen-gruppe	Anzahl der Individuen (m^{-2})	Biomasse (g m^{-2})
Bakterien	$10^{14} - 10^{16}$	100 – 700
Pilze	$10^{11} - 10^{14}$	100 – 500
Algen	$10^{8} - 10^{11}$	20 – 150
Protozoen (Einzeller)	$10^{9} - 10^{11}$	6 – 30
Nematoden (Fadenwürmer)	$10^{6} - 10^{8}$	5 – 50
Milben	$2.10^{4} - 4.10^{5}$	0,2 – 4
Spring-schwänze	$2.10^{4} - 4.10^{5}$	0,2 – 4
Insekten-larven	bis zu 500	< 4,5
Diplopoden (Doppelfüßer)	20 – 700	0,5 – 12,5
Regenwürmer	100 – 500	30 – 200

Tab. 9.1:
Abundanz und Bio-masse der wichtigsten Bodenorganismen in Böden der gemäßigten Breiten (modifiziert nach GOBAT et al. 2003).

die Respiration von Mikro-, Meso- und Makrofauna zusammen nur 9%. Das Edaphon ist an der Entstehung und Entwicklung von Böden beteiligt; die Funktion und Rolle der einzelnen Organismengruppen kann dabei sehr unterschiedlich sein (Kap. 2.6). Pflanzen sind als **Produzenten** für den Aufbau von organischer Substanz verantwortlich, während viele Bodentiere als **Konsumenten** die organische Substanz als Nahrungsgrundlage nutzen. Bodenmikroorganismen und kleinere Tiere verwerten als **Reduzenten** (Zersetzer) das bereits von Tieren zerkleinerte Material und frisch anfallende Streu. Im nächsten Kapitel werden die einzelnen Organismengruppen vorgestellt und ihre Rolle und Funktion charakterisiert.

9.1.1 Bodenmikroorganismen

Bakterien, Archaeen und Pilze sind die wichtigsten Vertreter der Bodenmikroorganismen. In früheren Jahren wurden die Verwandtschaftsverhältnisse einzelner Bodenmikroorganismen ausschließlich mithilfe von phänotypischen Merkmalen beschrieben. Diese Merkmale bezogen sich hauptsächlich auf das äußere Erscheinungsbild, die Funktion des einzelnen Organismus und das Vorhandensein bestimmter Enzyme. Vergleichende phylogenetische Analysen von rRNA-Sequenzen, die Chemie ihrer Zellwände und Lipide sowie Merkmale der Proteinsynthese ermöglichen heute die Zuordnung einzelner Mikroorganismen zu einer der drei bestehenden Domänen (Bakterien, Archaeen und Eukaryoten). Eine Domäne stellt in taxonomischer Hinsicht die höchste Ebene der biologischen Klassifizierung dar. Die wichtigsten Unterscheidungsmerkmale zwischen Bakterien, Archaeen und Eukaryoten sind in Tabelle 9.2 zusammengestellt. Bakterien und Archaeen besitzen als Prokaryota nur gering differenzierte Zellen ohne echten Zellkern und interne Organellen, während eukaryotische Zellen der Pilze einen Zellkern mit doppelter Membran und internen Organellen (Mitochondrien, Chloroplasten) besitzen. **Bakterien** und **Eukaryoten** sind in Böden sehr weit verbreitet, **Archaeen** (methanogene, halophile oder extrem thermophile Mikroorganismen) findet man häufig an unterschiedlichen Extremstandorten.

Bakterien
Bakterien sind die am häufigsten vorkommenden Bodenmikroorganismen, die man in allen Bodentypen finden kann. Ihre Abundanz ist im A-Horizont am höchsten und nimmt in der Regel innerhalb des Bodenprofils nach unten

Merkmal	Bakterien	Archaeen	Eukaryoten
Zellstruktur von Prokaryoten	ja	ja	nein
DNA in kovalenter Ringform	ja	ja	nein
Zellkern von Membran umschlossen	nein	ja	ja
Muraminsäure in der Zellwand	ja	nein	nein
Membranlipide	ester-gebunden	ether-gebunden	ester-gebunden
Ribosomen	70 S	70 S	80 S
Plasmide	ja	ja	selten
Methanogenese	nein	ja	nein
Nitrifikation	ja	ja	nein
Denitrifikation	ja	ja	nein
Stickstofffixierung	ja	ja	nein
Chemolithotrophie (Fe, S, H_2)	ja	ja	nein
Wachstum über 80 °C	ja	ja	nein

Tab. 9.2: Unterscheidungsmerkmale zwischen Bakterien, Archaeen und Eukaryoten. Viele Eigenschaften kommen jedoch nur bei bestimmten Vertretern innerhalb einer Domäne vor (modifiziert nach MADIGAN und MARTINKO 2006).

hin ab. Nach ihrer äußeren Erscheinungsform unterscheidet man Kokken (kugelige Form), Stäbchen und Spirillen (schraubenförmig). Unabhängig von morphologischen Merkmalen kann man Bakterien nach ihrer Reaktion gegenüber frisch zugesetzter organischer Substanz in **zymogene** und **autochthone** Bodenmikroorganismen einteilen. Zymogene Mikroorganismen reagieren sehr rasch auf neue Nahrungsquellen (z.B. Streu, organischer Dünger) mit Vermehrung und Abbau dieser Substanzen. Bakterien, die Zellulose oder N-haltige organische Verbindungen abbauen, gehören z.B. zu den zymogenen Bodenmikroorganismen. Zymogene sterben jedoch auch rasch wieder ab, wenn die leicht verfügbaren Substanzen aufgebraucht sind. Sporen ermöglichen bei vielen zymogenen Bakterien die Überdauerung von Zeiträumen mit ungünstigen Bedingungen. Autochthone Bakterien ernähren sich von schwer abbaubaren Verbindungen (z.B. unterschiedliche Komponenten der organischen Bodensubstanz, siehe Kap. 2.6.2.2). Sie wachsen sehr viel langsamer als zymogene Mikroorganismen und sind konkurrenzschwach, falls leicht verfügbare C-Quellen in den Boden gelangen.

Arthrobakterien, Streptomyceten, Bacillen, Pseudomonaden und Cyanobakterien sind Gruppen der Eubakterien, die sehr häufig im Boden vorkommen. **Arthrobakterien** fassen keulenförmige (coryneforme) Bakterien zusammen, die unterschiedliche Gestalten annehmen können. Diese Vielgestaltigkeit wird als **Pleomorphismus** bezeichnet. In der Jugendphase werden zunächst gramnegative Stäbchen ausgebildet und in einer späteren Phase grampositive Stäbchen, Kokken oder sogar Zellverzweigungen. Arthrobakterien sind autochthone Bodenmikroorganismen, die viele verschiedene Substrate abbauen können und die bei ungünstigen Bedingungen sehr langsam wachsen. **Actinomyceten** und **Streptomyceten** gehören wegen ihrer Zellstruktur ebenfalls zu den Bakterien, obwohl sie ein Mycel ausbilden. Sie sind weniger tolerant gegenüber Austrocknung des Bodens als Pilze. Ihr Vorkommen ist leicht über die Abgabe eines Öls erkennbar, das für den erdigen Geruch frisch umgebrochener Böden im Frühjahr verantwortlich ist. Streptomyceten sind langsam wachsende Mikroorganismen, die in Böden und Komposten vorkommen. Sie produzieren verschiedene Antibiotika. **Bacillen** besitzen Geißeln, die an der gesamten Körperoberfläche inseriert sind (peritriche Begeißelung); sie bilden hitzeresistente Endosporen. Sie können aerob oder anaerob leben und zeigen auch eine breite Toleranz gegenüber unterschiedlichen Temperaturen, pH-Werten und Salzkonzentrationen. Clostridien gehören ebenfalls zu den Sporen bildenden Bacillen. Sie leben jedoch in der Regel unter vollständig anaeroben Bedingungen. **Pseudomonaden** sind gramnegative Stäbchen, die sich mithilfe von Geißeln, die an einem Ende des Stäbchens (polar) inseriert sind, bewegen können. Pseudomonaden findet man sehr häufig in der Rhizosphäre, in der sie leicht verfügbare Wurzelexsudate der Pflanzen nutzen. Pseudomonaden sind aber auch in der Lage, sehr komplexe Verbindungen wie etwa Öle, Huminstoffe und viele synthetische Pestizide abzubauen. **Cyanobakterien** sind als photoautotrophe Organismen auf Licht angewiesen und leben deswegen hauptsächlich in den obersten Millimetern des Bodens.

Archaeen

Archaeen unterscheiden sich von Bakterien in ihrer molekularen Phylogenie und in ihrer Phänologie. Es fehlen ihnen Peptidoglucane in ihrer Zellwand; sie enthalten ethergekoppelte Lipide (Tab. 9.2) und besitzen komplexe RNA-Polymerasen. Archaeen sind in Böden weit verbreitet und spielen eine wichtige Rolle im Stickstoffkreislauf.

Sie haben sich zum Teil an extreme Umweltbedingungen angepasst: Sie können zwischen 15 und 105 °C wachsen, halten extreme pH-Bedingungen aus und tolerieren zum Teil konzentrierte Salzlösungen (bis 4 mol · l^{-1}). Obligat anaerobe Archaeen sind für die Produktion von Methan in Mooren und Marschen verantwortlich. Diese methanogenen Organismen verwenden CO_2 als Kohlenstoffquelle und reduzieren das Kohlenstoffatom des CO_2 zu Methan. Alternativ können Methanogene auch Methylsubstrate (Methanol, Methylamin) oder Acetat als Substrat für die Methanbildung verwenden. **Hyperthermophile** Archaeen besitzen ein Wachstumsoptimum von 80 °C oder mehr.

Pilze

Wichtige Gruppen der Bodenpilze sind Schleimpilze (Myxomyceten), niedere Pilze (Phycomyceten), Schlauchpilze (Ascomyceten) und Ständerpilze (Basidiomyceten). Fungi imperfecti (Deuteromyceten) werden heute als asexuelle Formen von Ascomyceten oder Basidiomyceten angesehen. Pilze können in sehr unterschiedlichen terrestrischen und aquatischen Habitaten vorkommen. Sie besiedeln u.a. Pflanzenstreu und Bodenhorizonte, die mit organischen Substanzen angereichert sind. Eine große Gruppe von Pilzen sind Parasiten terrestrischer Pflanzen. Alle Pilze sind chemoorganotroph und besitzen geringe Nährstoffanforderungen. Auf diese Weise tragen sie

Pilze bauen Lignin ab

sehr stark zur **Mineralisierung** organischer Substanzen bei. Besonders wichtig sind die höheren Pilze (Ascomyceten, Basidiomyceten), die in der Lage sind, Lignin abzubauen (Kap. 2.6). Einige Arten können in extremen Umgebungen mit geringem pH-Wert oder hoher Temperatur (bis zu 60 °C) wachsen.

Pilzzellen besitzen mit Ausnahme weniger Stadien immer eine Zellwand. Ihr vegetativer Körper kann entweder aus ellipsoiden Einzelzellen (Hefen) oder aus länglichen, zusammenhängenden Zellen (Hyphen) bestehen. **Hefen** sind einzellige Pilze, von denen die meisten zu den Ascomyceten gezählt werden und die sich durch Knospung vermehren. **Fadenpilze** bilden verzweigte, filamentöse Hyphen mit einem Durchmesser von 3–10 μm. Diese beiden Wuchsformen können auch bei der gleichen Pilzart vorkommen. Die Gesamtheit der Hyphen wird als **Mycel** bezeichnet. Bei der Vermehrung der Pilze bilden sich asexuelle oder sexuelle Sporen. Asexuell gebildete Sporen können sich durch ein oder mehrere Geißeln bewegen (Zoosporen) oder sind unbeweglich (Konidien). Konidien sind oft stark pigmentiert und resistent gegenüber Austrocknung des Bodens. Ascomyceten und Basidiomyceten produzieren durch die Fusion einzelner Gameten oder spezialisierter Hyphen (Gametangien) geschlechtliche Sporen. Man unterscheidet Ascosporen, die in einem geschlossen Schlauch gebildet werden, von Basidiosporen, die sich am Ende einer keulenförmigen Struktur bilden.

9.1.2 Bodenalgen

Bodenalgen sind eukaryotische Organismen, die als Einzelzelle oder als Zellverbände hauptsächlich in den obersten Millimetern des Bodens leben. Bodenalgen enthalten **Chlorophyll** und nutzen Licht als Energiequelle. Da sie nicht auf Kohlenstoffquellen des Bodens angewiesen sind, sind Bodenalgen auch für die **Erstbesiedlung** von Standorten verantwortlich. Bodenalgen stellen deswegen eine wichtige Kohlenstoffquelle in Böden extremer Klimaregionen dar. Durch die Ausscheidung von extrazellulären, polymeren Substanzen (EPS) tragen sie zur physikalischen Stabilisierung von Böden bei. In Böden gemäßigter Breiten spielt der Kohlenstoffeintrag der Bodenalgen eine geringere Rolle. In diesen Böden entwickeln sie sich in kleinen Senken und Vertiefungen des Bodens, in denen sich die Bodenfeuchtigkeit länger hält als in der Umgebung. Die meisten Bodenalgen gehören zu den **Grünalgen** (Chlorophyceae). Bekannte Gattungen der Grünalgen sind *Chlamydomonas*, *Chlorella* und *Pleurococcus*. In Böden kann man jedoch auch Gelbgrünalgen (Xanthophyceae) und Diatomeen (Chrysophyceae) finden. Die Biomasse der Bodenalgen beträgt zwischen 10 und 1000 kg Trockensubstanz pro Hektar. Im Durchschnitt entspricht diese Menge einer Abundanz von 10^3–10^4 Zellen pro Gramm Boden. Grünalgen und die zu den Prokaryoten zählenden Cyanobakterien bilden mit bestimmten Ascomyceten Symbiosen, die als **Flechten** bezeichnet werden. Wegen ihrer Empfindlichkeit gegenüber unterschiedlichen Schadstoffen werden Bodenalgen und Flechten als **Bioindikatoren** für Schwermetalle- und Pestizidbelastungen eingesetzt.

Bodenalgen sind Pioniere nur soweit Licht reicht

Algen und Flechten sind hochempfindliche Bioindikatoren

9.1.3 Bodentiere

Protozoen sind mit einer Größe von 10–80 μm die kleinsten Bodentiere (**Mikrofauna**). Trotz ihrer geringen Größe tragen sie einen großen Anteil zu der Respiration aller Bodentiere bei. Die einzelligen Protozoen bilden die ursprünglichsten Eukaryoten und sind durch einen Zellkern mit Kernhülle, Mitochondrien, Golgi Apparate und teilweise auch Chloroplasten gekennzeichnet. Protozoen haben sich auf unterschiedliche Art und Weise an den

Boden als Lebensraum angepasst: Die Bildung von Cysten ermöglicht die Überdauerung von ungünstigen Umweltbedingungen; diese Strukturen werden von aquatischen Formen nicht gebildet. Eine weitere Anpassung an den Lebensraum Boden ist die Resistenz der Zellen gegenüber Austrocknung ohne eine morphologische Veränderung der Zellen, jedoch extrem vermindertem Stoffhaushalt. Dieser Ruhezustand, der als **Anabiosis** bezeichnet wird, ermöglicht es den Tieren, z.b. bereits eine Stunde nach Wiederbefeuchtung wieder aktiv zu sein. Protozoen in alpinen und polaren Ökosystemen haben sich an niedrige Temperaturen angepasst und besitzen ihr Wachstumsoptimum im unteren Temperaturbereich.

Protozoen müssen auch in der Lage sein, hohe CO_2-Konzentrationen der Bodenluft zu tolerieren. In der Regel vermehren sich Protozoen durch asexuelle Teilung der Mutterzelle in zwei Tochterzellen. Sexuelle Vermehrung wurde bei Protozoen nur in seltenen Fällen beobachtet. Die größte Dichte der Protozoen findet man in den obersten Zentimetern eines Bodens. Es wurden jedoch auch Protozoen in Grundwässern bis in einer Tiefe von 200 Metern nachgewiesen.

Nach ihrer Art der Fortbewegung werden Protozoen in folgende vier Gruppen eingeteilt: *Mastigophora* (*Flagellata* = Geißeltierchen), *Ciliophora* (*Ciliata* = Wimpertierchen), *Sarcodina* (*Rhizopoda* = Wurzelfüßer) und *Gymnamoeba* (Nacktamoeben). Die Bezeichnung der vier Gruppen erfolgt zunächst mit ihrem lateinischen Namen nach dem neuen System für Protozoa. Da man in der älteren Literatur sehr häufig noch die früheren Namen findet, wurden diese gemeinsam mit den deutschen Namen in Klammern gesetzt. **Geißeltierchen** (*Mastigophora*) besitzen 1–4 Geißeln, die am Vorder- oder Hinterende der Zelle inseriert sind und die als Zug- oder Schleppgeißel verwendet werden können. In dieser Gruppe gibt es Arten, die Chlorophyll besitzen und deutlich die verwandtschaftliche Nähe zu den Algen dokumentieren. Sie ernähren sich hauptsächlich von Bakterien. **Nacktamoeben** und **Testaceen** sind Wurzelfüßer, die formveränderliche Cytoplasmafortsätze bilden. Testaceen bilden Schalen, die auch als diagnostisches Merkmal für Humusformen (Mull- und Moderformen) verwendet werden können. Amoeben bilden keine Schalen und ernähren sich phagotrophisch durch Verschlingen von Bakterien, Pilzen, Algen oder kleinen organischen Partikeln. Durch die Flexibilität ihrer Form erreichen sie auch Nahrungsressourcen, die anderen Tieren nicht zugänglich sind. Die **Wimpertierchen** (*Ciliophora*) bewegen sich mithilfe ihrer kurzen und zahlreichen Cilien im Bodenwasser von sehr feuchten und nassen Böden. Die, im Vergleich zu ihren Verwandten in aquatischen Ökosystemen, kleinen Tiere gelten als die höchst entwickelten Protozoen des Bodens. Sexuelle Reproduktion von Ciliaten ist durch Konjugation möglich. Ähnlich wie bei den Testaceen findet man typische Vertreter der Ciliaten in Mull- oder Moderhumusformen. Das Nahrungsspektrum der Ciliaten ist häufig noch unbekannt. Vertreter der Gattung *Colpoda* ernähren sich von Bakterien, zahlreiche Ciliaten leben räuberisch von anderen Ciliaten, Zooflagellaten oder Amoeben.

Nematoden oder Fadenwürmer stellen eine individuenreiche Gruppe der **Metazoa (Vielzeller)** dar. Sie sind durch einen sehr einheitlichen Körperbau gekennzeichnet. Die drehrunden, lang gestreckten Würmer zeigen eine er-

Einzeller = Eine Zelle mit Differenzierung und Vielfalt

staunliche Zellkonstanz. Die Art *Caenorhabditis elegans* besitzt z.B. 1090 Zellen, von denen während der Entwicklung 131 absterben. Nematoden sind durch ein sogenanntes Hydroskelett gekennzeichnet, bei dem der Hautmuskelschlauch gegen eine nicht komprimierbare Körperflüssigkeit arbeitet. Die schlängelnde Fortbewegung der Nematoden kommt durch die abwechselnde Kontraktion der gegenüberliegenden Längsmuskelstränge zustande. Die Kutikula besteht aus mit Polyphenolen gegerbten Proteinen und wird von der Epidermis der Tiere abgeschieden. Sie kleidet auch die Mundhöhle, den muskulösen Pharynx (Schlund) und den Enddarm aus. Der Darm ist in mehrere funktionelle Abschnitte gegliedert. Nematoden besitzen keine speziellen Respirations- und Zirkulationssysteme für Sauerstoff. Diese Funktion wird von der Epidermis übernommen. Nematoden sind in der Regel getrenntgeschlechtlich und pflanzen sich sexuell oder parthenogenetisch (Parthenogenese = Jungfernzeugung) fort. Aus den Eiern entwickeln sich über vier Juvenilstadien die adulten Tiere.

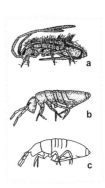

Abb. 9.4: Seitenansicht von Springschwänzen, die die Anpassung der Tiere an ihren Lebensraum verdeutlicht: a) Epedaphische Arten leben hauptsächlich auf der Bodenoberfläche, b) hemiedaphische Arten besiedeln die Streu und die obersten Bodenschichten und c) euedaphische Arten besiedeln tiefere Bodenschichten (modifiziert nach Topp 1981).

    Mikroarthropoden (Gliederfüßer) zählen zur Mesofauna (Abb. 9.3). Im Boden sind **Collembolen** (Springschwänze) und **Acari** (Milben) besonders häufig vorkommende Vertreter der Mikroarthropoden.

    Am Beispiel der **Springschwänze (Collembolen)** wird die morphologische Anpassung einzelner Arten an den Lebensraum Boden deutlich (Abb. 9.4): Die ursprünglichen Formen der Collembolen besiedeln als hemiedaphische Arten die Streu und die obersten Bodenschichten. Kopf, Thorax (Brust) und Abdomen (Hinterleib) sind sehr gut erkennbar; die Tiere besitzen deutlich gegliederte Antennen, pigmentierte Augen, deutlich entwickelte Beine und umgebildete Hinterleibsextremitäten (Furca und Ventraltubus). Während der Evolution haben sich aus diesem Grundtyp epedaphische Formen entwickelt, die auf der Erdoberfläche leben. Die stärkere Pigmentierung der epedaphischen Formen schützt vor der UV-Strahlung an der Bodenoberfläche; die gut ausgebildete Furca (Sprunggabel) ermöglicht die rasche Flucht vor Feinden. Deutlich erkennbar sind auch die langen Antennen. In tiefer gelegenen Schichten des Bodens findet man euedaphisch lebende Arten, bei denen Antennen, Beine und Sprunggabel reduziert sind und bei denen Augen, Behaarung und Pigmentierung fehlen. Wurm- oder walzenförmige Erscheinungsformen der euedaphischen Arten stellen eine ideale Anpassung an den Lebensraum im Boden dar. Da Springschwänze grabunfähig sind, bestimmen Größe und Form der Hohlräume im Boden die Artenverteilung. Die höchste Abundanz der Springschwänze findet man in der Humusauflage und im Ah-Horizont.

    Collembolen atmen entweder durch die Haut oder durch ein einfaches Tracheensystem, das über Stigmen mit Sauerstoff versorgt wird. Springschwänze können noch sehr geringe Mengen an Sauerstoff (weniger als 1% v/v) nutzen. Springschwänze ernähren sich meist **mikrophytophag** von Pilzen und Bakterien oder **saprophag** von abgestorbenem Pflanzenmaterial, Aas und Kotballen größerer Tiere.

    Die arten- und individuenreiche Gruppe der **Milben** (Acari) besiedelt alle Lebensräume. Bisher sind über 25 000 Arten beschrieben und z.T. 100 000–400 000 Milben m^{-2} in einem feuchten Waldboden nachgewiesen worden. Diese ökologisch sehr erfolgreiche Gruppe besitzt – wie alle Spinnentiere – vier Laufbeinpaare. Ihre Mundwerkzeuge sind sehr unterschiedlich ausgeprägt: Scheren können zum Ergreifen und zur Zerkleinerung der Nahrung verwendet werden, nadelförmige Cheliceren dienen zum Saugen von Pflanzensäften. Weichhäutige Milben und Milben ohne Panzer atmen durch ihre Haut. Tiere mit einer dickeren Kutikula besitzen Röhrentracheen. Nach der Lage der Atemöffnungen (Stigmen) unterscheidet man vier Ordnungen: Während die **Astigmata** keine Stigmen besitzen, findet man die Stigmen der **Prostigmata** im vorderen Körperbereich und bei den **Mesostigmata** (*Gamasida* = **Raubmilben**) über den Hüften der Laufbeine. Bei den **Cryptostigmata** (*Oribatei* = **Hornmilben**) sind kleine, verborgene Stigmen an verschiedenen Stellen des Körpers verteilt. Die Hornmilben sind typische Vertreter der Bodenfauna. Ihre Ernährung kann sehr unterschiedlich sein: **Makrophytophage** Hornmilben ernähren sich von lebenden Pflanzenteilen oder von Streu, **mikrophytophage** bevorzugen Mikroorganismen, Pilzsporen, Algen und Pollen, **saprophytophage** ernähren sich von toter organischer Substanz (z.B. Humus) und **nekrophage** Hornmilben von toter tierischer Substanz (Aas). Die Reproduktion der Hornmilben ist im Vergleich zu anderen Mikroarthropoden relativ langsam. In einem Jahr können sich nur ein bis zwei Generationen entwickeln. Die juvenilen Milben entwickeln sich über ein Larvenstadium mit nur drei Beinpaaren und vier Häutungsschritten bis zum adulten Tier.

Enchytraeiden zählen auch zur Mesofauna und sind meist farblose, seltener gelbliche und fast durchsichtige, 1–50 mm lange Würmer, die zur Gruppe der **Anneliden** gehören. Mit einem Vorkommen von nur 112 Arten ist diese Gruppe bei Weitem nicht so divers wie die vorher beschriebenen Gruppen. Die Fortpflanzung erfolgt wie bei den Regenwürmern durch gegenseitiges Befruchten der zwittrigen Partner. 5 bis maximal 30 Eier werden in einem Kokon abgelegt. Die Jungtiere schlüpfen innerhalb von 2 bis 3 Wochen aus dem Kokon und sind innerhalb der nächsten drei Wochen geschlechtsreif. Enchytraeiden leben zwischen 2 und 4 Monate. Manche Enchytraeiden vermehren sich jedoch auch durch Parthenogenese und Fragmentation und erschließen dadurch rasch neue Lebensräume. Enchytraeiden ernähren sich hauptsächlich von Mikroorganismen, die sie gemeinsam mit partikulärer organischer Substanz aufnehmen. Die Nahrung wird durch peristaltische Bewegungen der Ringmuskulatur durch den Darm befördert. Enchytraeiden nutzen den im Boden vorhandenen Porenraum, können diesen Porenraum im Gegensatz zu den Regenwürmern jedoch nicht erweitern. Enchytraeiden findet man häufig in Waldböden.

Regenwürmer sind die bekanntesten Bodentiere der Makrofauna und wichtige Vertreter der **Anneliden**. In der Regel findet man in Wäldern zwischen 100 und 400 Individuen m^{-2}, in Grünlandböden kann die Abundanz der Regenwürmer jedoch wesentlich höher sein. Bodenbearbeitung und Pestizideinsatz reduzieren die Anzahl in Ackerböden sehr stark. Man unterscheidet nach ihrer Lebensweise drei ökologische Gruppen: Tiere, die die Streuschicht besiedeln (**epigäische Formen**), die im oberen Mineralboden leben (**endogäische Formen**) und Arten, die vertikale Gänge durch das gesamte Bodenprofil anlegen (**anözische Formen**). Die wichtigsten Merkmale dieser drei Lebensformen wurden in Tabelle 9.3 zusammengestellt. Formen, die in der Streuschicht leben, sind in der Regel wesentlich kleiner als anözische und endogäische Formen. Manche Regenwürmer können eine erstaunliche Länge aufweisen (*Megascolides australis* kann bis zu 3 m lang werden; die im Schwarzwald vorkommende Art *Lumbricus*

Tab. 9.3:
Lebensformen
und Merkmale von
Regenwürmern.

Lebensform/ Merkmal	Streuformen epigäisch	Tiefgräber anözisch	Mineralboden- formen endogäisch
Pigmentierung	einheitlich braunrot	dunkel (Vorderrücken schwärzlich- rotbraun)	ohne Pigmen- tierung
Größe	10–30 mm	200–450 mm	10–150 mm
Grabmuskulatur	verkümmert	stark entwickelt	entwickelt
Nahrungsaufnahme	an der Boden- oberfläche	an der Boden- oberfläche	im Boden
Darmpassage	langsam	variabel	schnell
Atmung	intensiv	mittel	schwach
Lichtscheu	schwach	mäßig	stark
Lebensdauer	kurz	lang	mittel
Gefährdung durch Räuber	sehr groß	gering (Rück- zug in Gänge möglich)	gering
Überdauerung ungüns- tiger Perioden	Enzystierung im Kokon	Diapause oder keine Ruhestadien	oft Quieszenz

badensis immerhin bis zu 50 cm). Die Pigmentierung der epigäischen und anözischen Tiere dient als UV-Schutz, wenn die Tiere sich an der Oberfläche des Bodens befinden. Die unterschiedlich starke Ausprägung der Grabmuskulatur und die unterschiedlich rasche Darmpassage der Nahrung stellen ebenfalls Anpassungen an die Lebensweise in verschiedenen Bodenbereichen dar. Epigäische Regenwürmer sind an der Bodenoberfläche sehr stark durch die schwankenden Klimabedingungen und durch Räuber gefährdet. Die anözischen Formen sind Tiefgräber, die sich bei Gefahr rasch in ihre Röhren zurückziehen können. *Lumbricus terrestris* ist eine häufig vorkommende anözische Art, die ihre Nahrung (Streu) an der Bodenoberfläche sucht und anschließend in ihre Röhren zieht. In Abhängigkeit von ihrem Lebensraum ernähren sich epigäische Regenwürmer hauptsächlich von Streu und Bodenmikroorganismen und endogäische Regenwürmer von organischen Partikeln, die sie gemeinsam mit Bodenpartikeln aufnehmen.

Die Atmung erfolgt bei allen Regenwürmern durch die Haut, die über Schleimzellen feucht gehalten wird. Der Sauerstoff löst sich in der Schleimschicht, durchdringt die Kutikula und gelangt in die subepidermalen Blutgefäße. Viele Regenwurmarten besitzen Hämoglobin zum Transport des Sauerstoffes innerhalb der Gewebe. Regenwürmer sind gegenüber Austrocknung sehr empfindlich. Bei Trockenheit fliehen anözische Arten in tiefere Bodenhorizonte, endogäische Arten versuchen durch Zusammenrollen den Wasserverlust zu minimieren. Die **Quieszenz** ist dabei ein Ruhestadium der Regenwürmer, das durch Umweltbedingungen ausgelöst und wieder aufgehoben wird, während die **Diapause** unabhängig von den Umweltbedingungen einsetzt. Regenwürmer pflanzen sich durch den Samenaustausch zweier zwittriger Partner fort. In einem Kokon befinden sich 1–20 Eier. Aus jedem Ei schlüpfen, je nach Art, ein oder mehrere Jungtiere, die sich nach Verfügbarkeit von Nahrung innerhalb von 9 Wochen zu einem adulten Tier entwickeln.

Die Besiedlungsdichte der Regenwürmer ist von der Bodenart, dem Klima, der Düngung, den Pflanzen und der Bodenbearbeitung abhängig. Der pH-Wert ist sehr wichtig für die Verbreitung einzelner Arten. So zeigt z.b. *Lumbricus terrestris* eine säurebedingte Fluchtreaktion, wenn der pH-Wert des Bodens kleiner als 4,3 ist. In Nadelwäldern mit schlecht zersetzbarer Streu findet man nur wenige Regenwürmer. Manche flachgründige Böden werden ebenfalls von Regenwürmern gemieden, da die Tiere bei Frost und Hitze keine Fluchtmöglichkeit besitzen.

Neben Regenwürmern zählen auch Arachnida (Spinnentiere), Crustaceae (Krebse), Myriapoda (Tausendfüßer) und Hexapoda (Insekten) zu der **Makrofauna**. Sie schützen sich als Gliederfüßer mit einer Cutincuticula vor Austrocknung und mechanischer Verletzung. Insekten können vom Ei bis zum Adulttier im Boden leben oder nur einen bestimmten Lebensabschnitt im Boden verbringen. Ameisen findet man häufig im verrottenden Holz.

Die **Megafauna** umfasst Säuger, die wie Mäuse, Hamster, Kaninchen, Dachs, Fuchs periodisch oder wie der **Maulwurf** permanent im Boden leben und durch ihre Wühltätigkeit den Boden durchmischen. Ihre Exkremente dienen verschiedenen Sekundärzersetzern als Nahrungsquelle. Weitere Tiere, wie z.b. Eidechsen und Schlangen, verändern durch Graben und Nestbau ebenfalls den Boden.

9.2 Aktivität und Leistungen von Mikroorganismen

Bodenmikroorganismen besitzen zahlreiche wichtige Funktionen im Boden. Im Kapitel 2.6 wurde bereits die Rolle der Bodenmikroorganismen für die Humusakkumulation und den Humusumsatz beschrieben. In diesem Kapitel soll näher auf die Mineralisation organischer Substanzen durch Bodenmikroorganismen, die zur Freisetzung von pflanzenverfügbaren Nährstoffen (N, P und S) führt, eingegangen werden. Bodenmikroorganismen verwenden nicht nur Naturstoffe als Energie- und Kohlenstoffquelle, sondern auch synthetische organische und teilweise toxische Verbindungen. Eine wichtige Funktion von Mikroorganismen ist deswegen auch die Detoxifikation von organischen Schadstoffen. Zahlreiche mikrobielle Prozesse sind mit der Freisetzung oder dem Verbrauch von Elektronen bzw. Protonen gekoppelt. Aus diesem Grund spielen Mikroorganismen auch eine große Rolle für das Redoxpotenzial eines Bodens (Kap. 4.6). Sehr offensichtlich ist auch die Funktion von Bodenmikroorganismen für die Stabilisierung der Bodenstruktur (Kap. 3.6). Viele Bodenmikroorganismen produzieren Polysaccharide, die von den Zellen ausgeschieden werden und die zu einer Stabilisierung der Bodenstruktur beitragen können. In den folgenden Kapiteln soll die Vielfalt der Funktionen von Bodenmikroorganismen näher beleuchtet werden (vgl. Paul 2007).

9.2.1 Die Rolle von Bodenmikroorganismen für Nährstoffkreisläufe

Die organische Bodensubstanz enthält die wichtigen Makronährstoffe N, P und S in organischer Bindungsform, die während der Mineralisation durch Bodenmikroorganismen in anorganische Formen überführt werden. Bodenmikroorganismen können sehr unterschiedliche Energie- und Kohlenstoffquellen für die Mineralisation von Nährstoffen und für weitere lebenswichtige Prozesse von Zellen nutzen (Tab. 9.4).

Mikroorganismen werden entsprechend der Energiequellen, die sie verwenden, in Stoffklassen eingeteilt. Das Suffix *troph* stammt von dem griechischen Wort für Ernährung ab. Mikroorganismen verwenden chemische Verbindungen (**Chemotrophie**) oder Lichtenergie (**Phototrophie**) zur Energieumwandlung (in vielen älteren Lehrbüchern wird in diesem Zusammenhang von Energiegewinnung gesprochen). Mikroorganismen, die organische Substanzen, wie z.B. Zellulose, Zucker oder Aminosäure, oxidieren, werden als chemoorganotroph bezeichnet, chemolithotrophe Mikroorganismen nutzen anorganische Verbindungen, wie z.B. Ammonium oder Schwefel, als Elektronendonatoren. Heterotrophe Mikroorganismen nutzen als Kohlenstoffquelle für ihr Zellwachstum zahlreiche im Boden vorkommende organische Verbindungen (Zucker, organische Säuren, Aminosäuren, Fettsäuren, stickstoffhaltige Basen, aromatische Verbindungen sowie zahlreiche andere organische Verbindungen). Bei autotropher Ernährung verwenden Mikroorganismen CO_2 als Kohlenstoffquelle. Sowohl autotrophe als auch heterotrophe Mikroorganismen sind am Umsatz von Stickstoff in Böden beteiligt. Chemolithoautrophe Mikroorganismen sind z.B. für die Nitrifikation verantwortlich, während der Abbau von organischen N-Verbindungen von heterotrophen Mikroorganismen durchgeführt wird.

Typ	Elektronen-donator	Elektronen-akzeptor	C-Quelle
Chemoorganotrophie			
Atmung	org.	O_2	org.
Nitratatmung (Denitrifikation)	org.	NO_3^-	org.
Sulfatatmung (Sulfatreduktion)	org.	SO_4^{2-}	org.
Gärung	org.	org.	CH_4, CO_2
Chemolithotrophie			
Nitrifikation	NH_4^+, NO_2^-	O_2	CO_2
Schwefeloxidation	H_2S, S	O_2	CO_2
Eisenoxidation	Fe^{2+}	O_2	CO_2
Wasserstoffoxidation	H_2	O_2	CO_2
Methanogenese	H_2	CO_2	CO_2
Acetogenese	H_2	CO_2	CO_2
Fototrofie			
Oxygene Fotosynthese	H_2O		CO_2
Anoxygene Fotosynthese	H_2S, S, org.		CO_2

Tab. 9.4:
Typen des Energie-stoffwechsels von Bodenmikroorganismen (modifiziert nach FRITSCHE 1998).

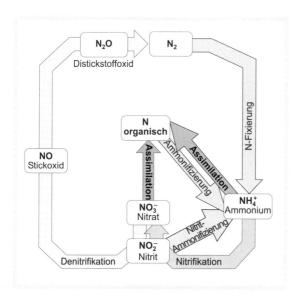

Abb. 9.5:
Wichtige Prozesse des
Stickstoffkreislaufes
und deren Stoffwechsel-
produkte.

Die Abbildung 9.5 zeigt die Rolle von Bodenmikroorganismen im N-Kreislauf (Kap. 4.7 und 8.5). Die Eintragspfade für den Bodenstickstoff sind die biologische N-Fixierung, die atmosphärische N-Deposition und die N-Düngung. Elementarer Stickstoff wird durch N-fixierende Mikroorganismen in organische Bindungsformen überführt und an Pflanzen weitergereicht. Ammonifikanten wandeln den Stickstoff aus Pflanzenrückständen zu Ammonium um. Ammonium wird durch Nitrifikanten zu Nitrat umgesetzt. Mineralischer Stickstoff kann von Pflanzen und Bodenmikroorganismen aufgenommen und in ihre Biomasse eingebaut werden. Dieser Prozess wird als N-Assimilation (N-Immobilisation) bezeichnet. Der N-Kreislauf wird durch den Prozess der **Deni-trifikation** geschlossen. Mikroorganismen produzieren durch Denitrifikation unterschiedliche gasförmige N-Verbindungen (NO, N_2O, N_2).

Verschiedene symbiontisch und nicht-symbiontisch lebende Mikroorganismen sind in der Lage, **Stickstoff** zu **fixieren**. Freilebende N-fixierende (diazotrophe) Mikroorganismen sind in Böden, besonders auch in der Rhizosphäre sehr weit verbreitet, fixieren jedoch vergleichsweise weniger Stickstoff als Mikroorganismen, die in Symbiose leben (Kap. 9.4.2).

N-Mineralisation und Immobilisation werden von den Klimabedingungen im Boden (Temperatur, Bodenfeuchte) und weiteren Standortfaktoren (z.B. pH und C_{org}) beeinflusst. Beide Prozesse können zur selben Zeit auch in räumlich sehr nahen Lebensräumen ablaufen: So kann eine Gruppe von Mikroorganismen den Stickstoff aus Stallmist verwenden, während in nur 100 µm Entfernung eine andere Gruppe von Mikroorganismen Ernterückstände mit einem geringen N-Gehalt nutzt. Eine Vielfalt an Mikroorganismen ist in der Lage, Stickstoff zu mineralisieren und zu immobilisieren. Betrachtet man den gesamten Boden, muss daher die **Brutto- und Netto-N-Mineralisation** berücksichtigt werden. Die **Brutto-N-Mineralisation** ist die Gesamtmenge an löslichem Stickstoff, die durch Mikroorganismen **produziert** wird, und die Brutto-Immobilisation ist die Gesamtmenge an löslichem Stickstoff, die durch Mikroorganismen **konsumiert** wird. Die **Netto-Mineralisation** ist die Differenz zwischen Brutto-Mineralisation und Brutto-Immobilisation. Nur wenn die Brutto-Mineralisation höher ist als die Brutto-Immobilisation, kommt es zur Netto-Mineralisation. Eine Vielfalt an Mikroorganismen (aerobe, anaerobe, Pilze, Bakterien) ist in der Lage, N zu mineralisieren und zu immobilisieren. In vielen Böden werden beide Prozesse zu einem großen Anteil durch die Qualität und Quantität des Streuinputs bestimmt. Bodenmikroorganismen mit einem C/N-Verhältnis der eigenen Biomasse von maximal 10:1 nutzen den Stickstoff, der durch den Abbau von organischen Materialien entsteht, zur Synthese ihrer Biomasse. Allgemein kann festgehalten werden, dass der Stickstoff aus organischen Materialien mit einem C/N-Verhältnis von >25:1 eher immobilisert wird und der N aus organischen Substanzen mit einem C/N-Verhältnis von <25:1 eher mineralisiert wird. Eine Ausnahme stellen die schwer abbaubaren organischen Verbindungen mit einem geringen C/N-Verhältnis dar, die aus dem Humus oder aus Komposten stammen können.

Während der Nitrifikation oxidieren Mikroorganismen NH_4^+ zu NO_2^- und NO_3^-. Die autotrophe Nitrifikation ist ein zweistufiger Prozess, bei dem zwei unterschiedliche Gruppen von Mikroorganismen, die Ammoniumoxidierer und die Nitritoxidierer, beteiligt sind. Diese obligat aeroben Mikroorganismen nutzen CO_2 oder Karbonate als C-Quelle und gewinnen Energie aus der Oxidation von NH_4^+ bzw. NO_2^-. Der erste Schritt der Oxidation wird von Mikroorganismen durchgeführt, die häufig zu den Gattungen *Nitrosomonas* und *Nitrosospira* gehören. Die Oxidation von **Ammoniak** zu Hydroxylamin wird durch das membrangebundene Enzym Ammoniak-Monooxygenase katalysiert, Hydroxylamin wird durch die Hydroxylamin-Oxidoreduktase weiter zu **Nitrit** oxidiert:

1. $NH_3 + 2H^+ + 2e^- + O_2 \rightarrow NH_2OH + H_2O$
2. $NH_2OH + H_2O \rightarrow NO_2^- + 4e^- + 5H^+$

Hydroxylamin und Nitrit können durch Ammoniakoxidierer zu gasförmigen N-Verbindungen umgewandelt werden und damit einen Beitrag zur Denitrifikation liefern (Abb. 9.5). In den meisten Fällen jedoch wird Nitrit im Boden durch das membrangebundene Enzym Nitrit-Oxidoreduktase von Mikroorganismen der Gattung Nitrobacter rasch zu **Nitrat** oxidiert:

$NO_2^- + H_2O \rightarrow NO_3^- + 2H^+ + 2e^-$

Nitrifikanten veratmen einen großen Anteil der Energie, die durch die Nitrifikation gewonnen wird, und zeigen deswegen eine geringe Wachstumseffizienz. In der Konkurrenz um Ammonium sind Nitrifikanten häufig gegenüber heterotrophen Mikroorganismen und Pflanzen unterlegen. Die Nitrifikation wird durch die Substratverfügbarkeit (Ammonium), den Sauerstoffpartialdruck und den pH-Wert des Bodens reguliert. Die Nitrifikation läuft im neutralen Bereich optimal. Bei einem pH-Bereich von <4,5 findet keine chemoautotrophe Nitrifikation statt. Neue Ergebnisse haben gezeigt, dass Nitrifikation auch in sauren Waldböden stattfindet. Die heterotrophe Nitrifikation ist jedoch nicht mit einem Zellwachstum gekoppelt und soll mengenmäßig nur eine untergeordnete Rolle spielen.

Unter **Sauerstoffmangel** können zahlreiche Bodenmikroorganismen Nitrat zu Nitrit und eine Reihe von gasförmigen N-Verbindungen (NO, N_2O, N_2) reduzieren. Dieser Prozess wird als **Denitrifikation** bezeichnet und stellt die einzige Möglichkeit eines Ökosystems dar, den N-Kreislauf zu schließen. Die Denitrifikation läuft über eine Reihe von enzymatisch katalysierten Schritten ab, bei der folgende Enzyme beteiligt sind: Nitratreduktase, Nitritreduktase, Stickoxidreduktase und Distickstoffoxidreduktase. Diese Enzyme werden durch das Vorhandensein des entsprechenden Substrates und durch den Sauerstoffpartialdruck induziert. Als Produkte dieser Reaktionskette können von den Mikroorganismen entweder NO_2^- in die Bodenlösung oder NO, N_2O und N_2 in die Atmosphäre abgegeben werden. Der erste Schritt der Denitrifikation wird von einer Vielzahl an Mikroorganismen katalysiert (organotrophe, chemo- und foto-lithotrophe, thermophile und halophile

Mikroorganismen, N_2-Fixierer). Im Boden gehören Denitrifikanten häufig zu den Gattungen *Pseudomonaden, Alicaligenes, Bacillus* und *Agribacterium*. Der wassergefüllte Porenraum und damit vor allem die Sauerstoffverfügbarkeit, das Redoxpotenzial, der Nitratgehalt des Bodens und die Temperatur sind wichtige Faktoren, die die Höhe der Denitrifikation bestimmen.

9.2.2　Die Rolle von anaerob lebenden Bodenmikroorganismen

Mikroorganismen benötigen oder tolerieren unterschiedliche Mengen an Sauerstoff. Die meisten **Bodenpilze** nutzen Sauerstoff als Elektronenakzeptor und werden als **aerobe** Mikroorganismen bezeichnet. Bei den **Bakterien** findet man sowohl **aerobe** als auch **anaerobe** Vertreter. Wird der Boden überflutet, reicht der gelöste Sauerstoff nur für einige Stunden bis Tage für die Atmung der Wurzeln und Bodenmikroorganismen aus. Das Redoxpotenzial, das ein Maß für die Tendenz der Redoxsysteme darstellt, Elektronen abzugeben bzw. aufzunehmen, sinkt ab. Unter diesen Bedingungen gewinnen Redoxsysteme an Bedeutung, die das Bestreben haben, Elektronen abzugeben. An die Stelle des Sauerstoffs treten andere Elektronenakzeptoren, die verschiedene Wege der „anaeroben Atmung" ermöglichen. In Kapitel 4.5 und 4.6 wird gezeigt, dass Nitrat, Schwefel, Sulfat oder Carbonate als endständige Elektronenakzeptoren verwendet werden. Als Elektronendonator werden organische Substanzen verwendet.

Die obligat **anaeroben** Mikroorganismen besitzen **kein Atmungssystem** und können deswegen Sauerstoff nicht als terminalen Elektronenakzeptor nutzen. Es gibt zwei unterschiedliche Arten von Anaerobiern: **aerotolerante Anaerobier** ertragen Sauerstoff und können in seiner Gegenwart wachsen, ohne ihn zu nutzen; obligate oder strikte Anaerobier werden dagegen durch Sauerstoff getötet. Dieses Absterben der Anaerobier hängt wahrscheinlich mit ihrem fehlenden Entgiftungsmechanismus toxischer Produkte des Sauerstoffwechsels (Wasserstoffperoxid, Superoxid, Hydroxylradikale) zusammen, die durch spontane Reaktion von Flavinenzymen mit O_2 gebildet werden. **Obligate Anaerobiose** findet man bei einer Vielzahl von Prokaryoten, einigen Pilzen und wenigen Protozoen. *Clostridien* gehören zu einer Gattung der Bakterien, die obligat anaerobe Bedingungen im Boden und Komposten benötigen, um organische Substanzen abzubauen. Andere obligat anaerobe Mikroorganismen findet man bei den Methanogenen, Archaeen und bei den sulfatreduzierenden und homoacetogenen Bakterien, die im Darm von Tieren leben.

9.2.3　Die Rolle von Bodenmikroorganismen für die Detoxifikation von Schadstoffen

Ähnlich wie bei hochpolymeren organischen Verbindungen der Streu werden organische Schadstoffe über eine Reihe von enzymatischen Schritten zu CO_2 und Wasser umgewandelt. Besteht eine Ähnlichkeit des Moleküls und der Bindungstypen mit einzelnen Naturstoffen, kann der organische Schadstoff relativ rasch abgebaut werden. Die Persistenz organischer Schadstoffe beruht häufig auf dem Fehlen einzelner zum Abbau notwendiger Enzyme. Eine nur teilweise Oxidation von organischen Schadstoffen kann auch auf einem mikrobiellen Prozess beruhen, der als **Cometabolismus** bezeichnet wird. Bei einem Cometabolismus können Mikroorganismen den organischen Schadstoff in Gegenwart eines zweiten verwertbaren Substrates zwar oxidieren, jedoch keine Energie aus diesem Prozess für ihr Wachstum nutzen. Da im Boden sehr häufig Mischsubstrate vorliegen, hat der Co-Metabolismus eine große Bedeutung für Stoffumsetzungen in der Umwelt. So oxidieren z.b. methanothrophe Bakterien, die mit Methan als einziger C-Quelle leben können, cometabolisch das organische Lösungsmittel Trichlorethylen (TCE). Die Methan-Monoxygenase katalysiert den ersten Schritt der Methanoxidation. Dieses Enzym ist jedoch relativ unspezifisch und kann deswegen auch TCE als Substrat nutzen.

9.2.4 Die Rolle von Bodenmikroorganismen für die Stabilisierung der Bodenstruktur

Bodenmikroorganismen können durch die Abgabe von Schleimstoffen oder durch die Ausbildung von Strukturen, die an der Zelle befestigt sind oder die aus der Zelloberfläche herausragen, zur Stabilisierung von Böden beitragen. Fimbrien und Pili ähneln in ihrer Struktur Geißeln, werden jedoch nicht zur Bewegung, sondern zur Anhaftung an Oberflächen benutzt. Viele prokaryotische Mikroorganismen scheiden an ihren Oberflächen schleimige oder klebrige Substanzen aus. In den meisten Fällen bestehen diese Substanzen aus Polysacchariden, in seltenen Fällen aus Proteinen. Diese Schleimschicht wird auch als **Glykocalyx** bezeichnet. Die Glykocalyx dient den Mikroorganismen zur Anhaftung an Ton- und Humuspartikel, dient jedoch auch als Schutz vor Austrocknung oder zur Erkennung von Wirtszellen. Schleime tragen zur Bildung von Mikroaggregaten bei, die durch den Abbau der Polysaccharide wieder destabilisiert werden können. Pilze fördern die Stabilisierung der Bodenstruktur durch ihr weit verzweigtes Hyphengeflecht. In den obersten Zentimetern eines Bodens können Bodenalgen durch die Ausscheidung von Schleimen relativ stabile Krusten bilden, die die Bodenoberfläche vor Erosion schützen.

9.3 Aktivität und Leistungen von Bodentieren

Bodentiere sind für die Durchmischung des Bodens, für die Verbesserung der Durchlüftung und für die Zerkleinerung der Streu von großer Bedeutung. Die Durchmischung von mineralischen und organischen Komponenten des Bodens (**Bioturbation**) durch Bodentiere kann auf sehr unterschiedliche Art und Weise geschehen: Bei Bodenwühlern wie z.B. dem Maulwurf wurden im Laufe der Evolution die Vorderextremitäten zu Grabschaufeln umgebildet. Nachdem der Maulwurf den Boden zunächst mit seiner Schnauze gelockert hat, kann er ihn mit seinen Vorderextremitäten nach hinten schaufeln. Einige Insekten (Maulwurfsgrillen, Mistkäfer und Dungkäfer) sind ebenfalls für das Graben im Boden sehr gut ausgerüstet. Die Extremitäten können auch mit verstärkten Borsten ausgestattet sein. Auf diese Weise scharren z.B. Grabwespen und Bienen im lockeren Bodenmaterial. Kaninchen, Füchse und Dachse zählen ebenfalls zu den Scharrgräbern, die nur sandige Böden nutzen. Verschiedene Tiere graben mit ihren Mundwerkzeugen Gänge in den Boden. Ameisen, verschiedene Laufkäfer und Nagetiere

Homogenisierung des (Ober-) Bodens durch Bodentiere = Bioturbation

nutzen als Mundgräber ihre Mundwerkzeuge. Regenwürmer nutzen und erweitern als Bohrgräber das vorhandene Porensystem. Regenwürmer tragen zur Verbesserung der Durchlüftung, der Entwässerung und der Bodenstruktur bei. Ihr gut entwickelter Hautmuskelschlauch kann durch Kontraktion hohe Radialdrücke und Axialdrücke auf den umgebenden Boden ausüben und auf diese Weise Hohlräume im Boden erweitern. Diese Fähigkeit ist bei epigäischen Arten schwächer ausgeprägt als bei anözischen und endogäischen Arten. Falls dieser Druck nicht ausreicht, werden Bodenpartikel mit einem Sekret befeuchtet und aufgefressen. Regenwürmer können sich durch den Boden „durchfressen". Die Vermischung von Bodenpartikeln und dem Schleimen der Regenwürmer führt zu einer Stabilisierung von Bodenaggregaten. Anözische Regenwürmer transportieren Streu von der Bodenoberfläche in tiefere Bodenschichten. Ein Individuum kann innerhalb einer Nacht zwischen 10 und 20 Blätter in seine Röhre ziehen. Der hohe Beitrag von Regenwürmern für die Durchmischung des Bodens lässt sich aus folgenden Zahlen ableiten: In einem Grünlandboden im gemäßigten Klimabereich produzieren Regenwürmer 40–25 t Kot ha^{-1} Jahr^{-1}. Auf diese Weise wird der Oberboden bis etwa 10 cm Tiefe bereits innerhalb von 10 Jahren einmal völlig durchmischt. In den Tropen kann die Produktion an Wurmkot noch bedeutend höher (500 t ha^{-1} Jahr^{-1}) sein.

Auch kleinere Bodentiere (Milben, Collembolen, Dipterenlarven und Enchytraeiden) sind für die Durchmischung des Bodens verantwortlich. Diese Tiere sind zwar nicht in der Lage, ihren Lebensraum zu erweitern, sie können jedoch durch ihr Fressen und durch die Ablage von kleinen Kotballen organisches Material innerhalb des Bodens transportieren. Diese kleinen Kotballen können innerhalb des Bodenprofils mit dem Bodenwasser in tiefere Bodenschichten verlagert werden und dort akkumulieren.

Die runden Kotballen kann man sehr gut in mikromorphologischen Dünnschnitten beobachten (Abb. 9.6).

Durch die Ausbildung von Gängen im Boden beeinflussen grabende Bodentiere die Durchlüftung und den Wassertransport im Boden. Besonders wichtige Vertreter sind Regenwürmer und Termiten, die die Anzahl der Makroporen um 20 bis 100 % erhöhen können. In einem Kubikmeter eines Grünlandbodens kann die Gesamtlänge der Regenwurmgänge bis zu 500 m betragen. Dadurch kann Wasser sehr viel schneller in den Boden eindringen.

Die Umwandlung von Streu ist eine weitere sehr wichtige Funktion von Bodentieren. Der Bestandesabfall wird von Bodentieren zerkleinert und mit Bodenpartikeln vermischt. Auf diese Weise sind Bodentiere an chemischen und physikalischen Veränderungen des Bodens beteiligt. Diese Aufgabe übernehmen hauptsächlich folgende Tiergruppen in den einzelnen geografischen Regionen: **Regenwürmer** in den gemäßigten Breiten, **Insektenlarven** in der Tundra, **Asseln** in ariden Gebieten und **Termiten** und **Ameisen** in den subtropisch-tropischen Regionen. Durch die Zerkleinerung der Streu werden neue Oberflächen geschaffen, die rasch von Bodenmikro-

Die Masse der Regenwürmer gleicht etwa der Masse der Rinder auf einer Weide

Regenwürmer sind Erdfresser

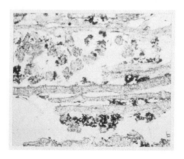

Abb. 9.6:
Zerkleinerung von Buchenblättern durch Dipterenlarven (hell) und Collembolenfraß (dunkel) (von U. BABEL).

organismen besiedelt werden können; zusätzlich werden Nährstoffe freigesetzt, die von Pflanzen, Tieren und Mikroorganismen genutzt werden können. Bodentiere können auch durch Beweidung von Mikroorganismen die mikrobielle Gemeinschaftsstruktur beeinflussen. Diese Wechselwirkungen fördern ebenfalls Nährstofffreisetzung in Böden.

9.4 Bodenorganismen als Lebensgemeinschaft

9.4.1 Rhizosphäre

Die direkte Umgebung der Pflanzenwurzeln ist ein bevorzugter Lebensraum für Bodenmikroorganismen und zahlreiche Bodentiere. Mikroorganismen besiedeln u.a. die Oberfläche von Wurzeln (**Rhizoplane**). Mikroorganismen können sich dabei zunächst reversibel an der Oberfläche der Wurzel anheften, die Ausbildung spezieller Fibrillen ermöglicht die irreversible Kolonisation der Wurzeloberfläche. Die **Rhizosphäre** ist als wurzelnaher Bereich definiert, in dem der Stoffwechsel der Pflanzen Bodenmikroorganismen und deren Aktivitäten modifiziert. In der Endorhizosphäre besiedeln Mikroorganismen das Wurzelgewebe, in der Ektorhizosphäre können Bodenmikroorganismen die unterschiedlichen organischen Verbindungen, die von den Pflanzen abgegeben werden, im wurzelnahen Bereich nutzen. Wurzeln geben flüchtige, lösliche und partikuläre Materialien als **Rhizodeposite** in ihre Umgebung ab. Stoffwechselprodukte, die aktiv oder passiv aus dem Symplast von Wurzelzellen ausgeschieden werden, bezeichnet man als **Exsudate** (einschließlich Sekrete). **Diffusate** sind dagegen niedermolekulare Substanzen, die aus dem Apoplast (z.B. aus Zellwänden) von Randzellen der Wurzel stammen. Sehr unterschiedliche Verbindungstypen gelangen als Wurzelexsudate in den Boden. Mengenmäßig dominieren verschiedene Zucker (Glukose, Fruktose, Saccharose, Maltose, Galaktose etc.), Aminosäuren und organische Säuren (Apfelsäure, Zitronensäure, Oxalsäure, Buttersäure). Des Weiteren wurden Fettsäuren, Wachstumsfaktoren (z.B. Biotin), Nukleotide, Enzyme und eine Reihe anderer Verbindungen in der Rhizosphäre gefunden. Es gelangen jedoch auch unterschiedliche organische Verbindungen durch Zellabstoßung, Mucilate (höhermolekulare Substanzen von Randzellen der Wurzeln) und Lysate (organische Substanzen, die durch Autolyse oder mikrobiellen Abbau von alten Wurzelzellen freigesetzt werden) in den Boden. Die Menge und die Qualität der Rhizodeposite bestimmen u.a. die Zusammensetzung der mikrobiellen Gemeinschaft in der Rhizosphäre. Rhizosphärenmikroorganismen nutzen diese Verbindungen für ihren Stoffwechsel und für ihr Wachstum. Nach Absterben dieser Mikroorganismen werden Nährstoffe der Mikroorganismen wieder freigesetzt und stehen den Pflanzen oder anderen Mikroorganismen zur Verfügung.

Die Rhizosphäre ist durch eine hohe Abundanz und Aktivität von Bodenmikroorganismen gekennzeichnet. Im Vergleich zu Nichtrhizosphärenböden steigt die Besiedlungsdichte in der Rhizosphäre um den Faktor 1000–10 000. In einer Entfernung von 10 µm von der Wurzeloberfläche kann man bis zu 10^9–10^{12} mikrobielle Zellen g^{-1} Boden finden. Entlang einer Wurzel bilden sich deutliche Gradienten der Besiedlungsdichte. Während die Wurzelspitze kaum besiedelt ist, steigt die Abundanz der Rhizosphärenmikroorganismen hinter der Wurzelspitze sehr stark an. Auf die Gesamt-wurzel bezogen, sind jedoch nur 7–15% der Gesamtoberfläche durch Mikro-organismen besiedelt. Als wachstumsfördernde Mikroorganismen (plant growth promoting bacteria, PGPB) bezeichnet man Bakterien, die die Pflanzen direkt oder indirekt in ihrem Wachstum stimulieren. PGPB können die negative Wirkung von phytopathogenen Organismen in der Rhizosphäre reduzieren oder verhindern und dadurch auch indirekt auf das Pflanzen-wachstum wirken. Die mikrobielle Synthese von Verbindungen, die zur ver-besserten Nährstoffaufnahme von Pflanzen führt, ist ein Beispiel für die direkte Wirkung von PGPB. Die wachstumsfördernden Mikroorganismen sind unterschiedlich stark mit der Wurzel assoziiert:

1. Bakterien leben in Wurzelnähe und nutzen pflanzliche Metabolite als C und N Quelle,
2. Bakterien besiedeln die Wurzeloberfläche,
3. Bakterien leben im Wurzelgewebe und besiedeln den Raum zwischen den Rindenzellen der Wurzeln,
4. Bakterien leben in speziellen Wurzelgeweben, die durch die Symbiose ausgebildet werden (Ausbildung von Knöllchen).

Rhizobakterien, die die stärkste Assoziation mit den Pflanzen ausbilden und die in den Pflanzenwurzeln leben, werden als **Endophyten** bezeichnet. En-dophyten stimulieren direkt oder indirekt das Pflanzenwachstum und schließen die Gruppe der Knöllchenbakterien und anderer N_2-fixierender Bakterien mit ein. Bodenbakterien der Gattungen *Rhizobium, Bradyrhizo-bium, Sinorhizobium* und *Allorhizobium* gehören zu der Familie der Rhizo-biaceae und bilden Wurzelknöllchen aus. Diese Formen der PGPB sind meist gramnegative Stäbchen, in selteneren Fällen grampositive Stäbchen, Kokken und pleomorphe (vielgestaltige) Zellformen. Bei diesen intern lebenden PGPB ist die Förderung des Pflanzenwachstums durch die N-Fixierung besonders wichtig (Kap. 9.4.2). Die extern lebenden PGPB pro-duzieren wachstumsstimulierende Phytohormone und erhöhen die Ver-fügbarkeit von Mineralstoffen, z.B. durch die Produktion von bakteriellen Siderophoren oder durch die Lösung von schwerlöslichen Phosphorver-bindungen. Diese Mikroorganismen können auch die Resistenz der Pflanzen gegenüber Pathogenen oder verschiedenen abiotischen Stressoren (z.B. Frost) erhöhen oder die Konzentration von Pflanzensignalen (Ethylen) modulieren.

9.4.2 Pflanzliche und mikrobielle Symbiosen (Mykorrhiza, Knöllchenbakterien)

9.4.2.1 Wurzelknöllchenbakterien und die Symbiose mit Leguminosen und Nichtleguminosen

Obligate aerobe, gramnegative Bodenbakterien aus der Familie der **Rhizo-bioceae** sind in der Lage, gemeinsam mit den Wurzeln von Pflanzen der **Leguminosen** Wurzelknöllchen zu bilden, in denen sie atmosphärischen Stickstoff zu Ammonium umwandeln. Dieser als Stickstofffixierung be-zeichnete Prozess ist von großer praktischer Bedeutung in der Land-wirtschaft, da Pflanzen wie Sojabohnen, Klee, Luzerne und Erbsen bei stickstoffarmen Böden einen hohen Selektionsvorteil besitzen. Die Rhizobium-Leguminosen-Assoziation ist eine echte **Symbiose**, da jeder Partner etwas für den anderen leistet: Die Pflanze profitiert auf stickstoffarmen Böden von dem fixierten Stickstoff, der mikrosymbiotische Partner nutzt den physikalisch geschützten Raum der Knöllchen zur verbesserten Nährstoffversorgung. Fortschritte in der Genetik haben in den letzten Jahren gezeigt, dass die Stickstofffixierung eine Aktivität darstellt, die von dem Bakterium codiert wird, während Pflanzengene für die Codierung von Lektinen und Flavonoiden verantwortlich sind, die für die Erkennung und Initiation der Assoziation verantwortlich sind. Es gibt jedoch auch Verbindungen, die von beiden Symbiosepartnern gemeinsam produziert werden.

Rhizobien können auch in Abwesenheit von Wirtspflanzen über Jahrzehnte hinweg überleben. Die stäbchenförmigen Zellen bilden keine Sporen und sind mithilfe von ein bis sechs Geißeln beweglich. Nach der Wirtsspezifität und der Ausprägung der Knöllchen unterscheidet man *Rhizobium*, *Bradyrhizobium*, *Sinorhizobium*, *Mesorhizobium* und *Azorhizobium*. Mehr als 90% aller Leguminosen werden durch Stämme der verschiedenen Infektionsgruppen von *Rhizobium* und *Bradyrhizobium* infiziert. Leguminosen, die Wurzelknöllchen ausbilden, synthetisieren zahlreiche nicht proteinogene Aminosäuren und spezifische Alkaloide; zusätzlich reichern sie Lectine (Kohlenhydrate erkennende Proteine) und Proteinaseinhibitoren in ihren Samen an.

Die Stadien der Infektion und Entwicklung von **Wurzelknöllchen** sind gut bekannt: Rhizobien, die in der weiteren Umgebung der Wurzeln leben, werden chemotaktisch durch Samen- und Wurzelexsudate angelockt und vermehren sich an der Wurzeloberfläche. Die Anheftung des Bakteriums an die Pflanze ist der erste Schritt der Knöllchenbildung. Ein spezifisches Adhäsionsprotein der Bakterien (Rhicadhesin) bindet wahrscheinlich Kalziumkomplexe auf der Oberfläche der Wurzeln. Die Erkennung des Mikrosymbionten durch die Leguminose ist pflanzenspezifisch und geschieht durch Lectine, die von der Pflanze produziert werden und die an Exopolysaccharide der Bakterienzellen binden. Die Penetration von der Rhizobiumzelle in das Wurzelhaar erfolgt über die Wurzelspitze. Nach der Bindung der Bakterienzelle kräuselt sich das Wurzelhaar und durch pflanzliche Polygalacturonase wird die Zellwand lysiert; anschließend dringen Bakterien in die Wurzel ein und induzieren die Bildung eines Zelluloseschlauches durch die Pflanze, der als Infektionsschlauch bezeichnet wird. Bei diesem Prozess sind zahlreiche nod-Gene des *Rhizobium* beteiligt, die bei der Knöllchenbildung spezifische Schritte in der Leguminose regeln. Zum Beispiel werden nach Aktivierung der nod-Gene der Rhizobien benachbarte Zellen der Haarwurzel ebenfalls infiziert und in sekundäres meristematisches Gewebe umgewandelt. Die Bakterien vermehren sich in den Pflanzenzellen sehr schnell und wandeln sich in geschwollene Vesikel mit einer Peribakteroidmembran um. Diese Bakteroide werden einzeln oder in Gruppen von Teilen der Pflanzenmembran umgeben und bilden Strukturen, die als Symbiose bezeichnet werden. Die Stickstofffixierung und Ausscheidung von Ammonium findet in den Bakteroiden statt. Die Bakteroidformen können sich selber nicht mehr teilen. Nach dem Absterben einzelner Bakteroidzellen können ruhende stäbchenförmige

Rhizobienzellen Zerfallsprodukte der abgestorbenen Bakteroidzellen nutzen und die Infektion anderer Wurzeln initiieren oder freilebend im Boden überdauern.

Die Stickstofffixierung findet in den Bakteroiden statt und wird durch das Enzym **Nitrogenase** katalysiert. Die Energiequellen für die Stickstofffixierung stammen von der Pflanze. Zwischenprodukte des Citratzyklus, z. b. verschiedene organische Säuren, werden als Energielieferanten in die Bakteroidzellen transportiert. Die organischen Säuren werden als Elektronendonatoren für die ATP-Produktion verwendet und dienen als Elektronenquelle für die Reduktion von N_2. Das erste stabile Produkt der Stickstofffixierung in dem Bakteroid ist NH_3. Ammoniak wird hauptsächlich vom Bakteroid zur Pflanzenzelle transportiert und dort zu Glutamin oder anderen stickstoffhaltigen Verbindung (Aminosäureamide wie Asparagin und 4-Methylglutamin und Ureide Allantoin und Allantoinsäure) umgewandelt und anschließend in die Pflanzengewebe transportiert.

Durch die symbiotische Stickstofffixierung werden größere Mengen Stickstoff in den Boden eingebracht als durch freilebende Stickstofffixierer: In Symbiose fixieren Sojabohnen und Buschbohnen etwa 100kg N ha^{-1} Jahr^{-1}, freilebende Stickstofffixierer wie *Azotobacter* binden dagegen nur maximal 30kg N ha^{-1} Jahr^{-1}.

Stickstofffixierende Wurzelsymbiosen können sich jedoch auch zwischen Nichtleguminosen, wie z.b. Erle, Sanddorn, Ölweide, und Actinobacterien (z.B. *Frankia*) ausbilden. Diese als Actinorhiza bezeichnete Wurzelsymbiose findet man hauptsächlich in gemäßigten Klimabereichen und in höheren Bergregionen der Tropen.

9.4.2.2 Mykorrhiza

Mykorrhizen sind Pilze, die mit Wurzeln assoziieren und dadurch die Nährstoffaufnahme von Pflanzen verbessern. Man nimmt heute an, dass die meisten terrestrischen Pflanzen mykorrhiziert sind. Endomykorrhizierung findet man bei krautigen Pflanzen, vielen Nutzpflanzen und auch bei holzigen Pflanzen (z.B. Datteln, Kaffee, Zitrone und Tee). Bei der **Endomykorrhiza** ist das Pilzmyzel in das Wurzelgewebe eingebettet; es werden fein verzweigte haustoriale Hyphen (Arbuskel) und geschwollene Hyphen (Vesikel), die zur Speicherung von Ölen verwendet werden, gebildet. Die pilzlichen Partner der Symbiose gehören zu der Familie der Phycomyceten. Die Sporen der Pilze keimen zunächst im Boden aus und werden durch verschiedene chemische Signale der Pflanzenwurzeln (z.B. Flavonoide) zu einem gerichteten Wachstum angeregt. Junge Wurzeln werden hinter der Wurzelspitze durch den Pilz infiziert. Beim Eindringen der Hyphen in die Wirtszelle und der Ausbildung der Arbuskelstruktur wird das Plasmalemma der Pflanzenzellen nicht durchbrochen, sondern bleibt als Grenzmembran erhalten. Mit wenigen Ausnahmen bilden Arten aus allen Familien der Angiospermen diese Form der Symbiose aus.

Im Gegensatz dazu dringen die Hyphen bei den Ektomykorrhizen nicht in Wurzelzellen ein, sondern bilden einen ausgedehnten Mantel um das Äußere der Wurzeln. Ektomykorrhizen kommen bei unterschiedlichen Baum- und Straucharten vor. Besonders verbreitet ist die Ektomykorrhiza in den Familien der Pinaceae, der Fagaceae und der Rosaceae. Die symbiontischen Pilze der **Ektomykorrhiza** gehören überwiegend zu den Basidiomyceten (u.a. viele Speisepilze: Pfifferlinge, Steinpilze und Täublinge). Die Spezifität zwischen dem Pilz und der Wurzel ist relativ gering; eine einzige Kiefernart kann mit über 40 Pilzarten eine Mykorrhiza ausbilden. Ein Pilzmyzel kann auch Wurzeln einer oder verschiedener Baumarten miteinander vernetzen.

Die Mykorrhizierung von Pflanzen trägt in Böden mit schwer mobilisierbarem Phosphat generell zu einer verbesserten Phosphatversorgung der Pflanzen und zur gesteigerten Aufnahme von weiteren Makro- und Mikronährstoffen bei. Die verbesserte Nährstoffaufnahme wird durch die Vergrößerung der aktiven Wurzeloberfläche und teilweise auch durch die vergleichsweise effektiveren Nährstoffaufnahmemechanismen der Pilzhyphen verursacht. Auf der anderen Seite profitiert der pilzliche Symbiosepartner von den Assimilaten, die von den Pflanzen in die Wurzeln transportiert werden und die von dem Pilz übernommen werden. Mykorrhizierte Pflanzen besitzen gegenüber nicht-mykorrhizierten Pflanzen einige weitere Wettbewerbsvorteile:
1. Schutz vor phytopathogenen Pilzen und
2. höhere Toleranz gegenüber der Austrocknung von Böden.

9.4.2.3 Wechselwirkungen zwischen Bodenmikroorganismen und Bodentieren

Bodentiere beeinflussen die **Abundanz** und die **Aktivität** von Bodenmikroorganismen auf verschiedene Art und Weise. Durch die Zerkleinerung der Streu entstehen größere Oberflächen, welche durch Bodenmikroorganismen genutzt werden. Vertreter der Mikro- und Mesofauna beweiden Bodenmikroorganismen mit einer unterschiedlich hohen Selektivität. Protozoen und Bakterien fressende Nematoden beeinflussen hauptsächlich die mikrobielle Gemeinschaftsstruktur in der Rhizosphäre von Pflanzen. Vertreter der Mesofauna, wie zum Beispiel die Springschwänze und Hornmilben, ernähren sich hauptsächlich von Pilzen. Durch die Selektivität der Beweidung werden bestimmte Gruppen an Bodenmikroorganismen stärker dezimiert als andere. Bodentiere beeinflussen dadurch die mikrobielle Gemeinschaftsstruktur. Die Pflanzen können ebenfalls von der Beweidung der Mikroorganismen profitieren oder aber auch geschädigt werden: Bevorzugen Bodentiere phytopathogene Pilze, wird das Wachstum von Pflanzen gefördert; verwenden Bodentiere dagegen mykorrhizierende Pilze als Nahrungsquelle, wird die Symbiose zwischen Pilz und Pflanze geschwächt. Die Beweidung durch Bodentiere hält die mikrobielle Gemeinschaft im metabolisch aktiven Zustand. In vielen Experimenten konnte gezeigt werden, dass die Beweidung von Mikroorganismen zu einer stärkeren Freisetzung von Nährstoffen (z.B. Stickstoff) führt. Die stärkere Verfügbarkeit von Nährstoffen kommt auch durch die Abgabe von tierischen Exkrementen (NH_4^+, Harnstoff und Harnsäure) zustande. Bodentiere sind zusätzlich für die passive Verbreitung von Mikroorganismen im Boden verantwortlich. Mikroorganismen können an der Oberfläche oder im Körper von Bodentieren transportiert werden. Bodenmikroorganismen werden durch größere Bodentiere mit der Nahrung aufgenommen und werden nach der Darmpassage an einem anderen Ort abgegeben. Manche Bodentiere benötigen zur Verbesserung der Verdauung schwer abbaubarer organischer Substanzen Bodenmikroorganismen in ihrem Enddarm. **Termiten** bauen auf diese Weise mit der Hilfe von Mikroorganismen Zellulose ab.

9.5 Reaktion der Bodenorganismen auf Umwelteinflüsse und Kulturmaßnahmen

Bodenorganismen werden nicht nur durch die Standortbedingungen beeinflusst, sondern auch durch zahlreiche weitere Faktoren (wie z.b. Düngung, Bodenbearbeitung, Schadstoffe). Vor dem Hintergrund der natürlichen Variabilität bodenbiologischer Eigenschaften, die hauptsächlich durch den jahreszeitlichen Witterungsverlauf und die Vegetation verursacht werden, kann man potenzielle Belastungen von Bodenorganismen nachweisen. Im Brennpunkt stehen dabei die wichtigsten Funktionen von Bodenorganismen. Methodisch hat sich dazu in den letzten Jahrzehnten eine Reihe von Möglichkeiten ergeben, die in der Folge kurz dargestellt werden sollen. Man ist daran interessiert, Indikatoren für aktive Organismen einzusetzen (Abb. 9.7) und untersucht deswegen die Leistungen von aktiven Zellen. Sehr häufig verwendet man die CO_2-Abgabe, die O_2-Aufnahme von Organismen oder die Wärmeentwicklung von Zellen als eine wichtige Eigenschaft der meisten Bodenorganismen.

Es kann auch getestet werden, in welcher Menge Organismen zugesetzte Substrate umsetzen können oder in welcher Menge Metabolite gebildet werden. Zu dieser Gruppe von Methoden zählen zahlreiche Enzymtests, die auf der Zugabe von organischen Substraten (z.B. Casein, Harnstoff, Zellulose) und der Detektion der entsprechenden enzymatischen Spaltprodukte (Aminosäure, Ammonium, Glukose) beruhen. Für den Umsatz anorganischer Elemente kann die Umwandlung von Ammonium in Nitrit, die durch die Nitrifikanten katalysiert wird, untersucht werden. Signalmoleküle, die ausschließlich in einer bestimmten Gruppe von Bodenorganismen vorkommen, charakterisieren die Zusammensetzung der mikrobiellen Gemeinschaftsstruktur. Ergosterol, ein Zellwandbestandteil von Pilzen, kann als chemisches Signalmolekül für die pilzliche Biomasse herangezogen werden. Von den über 300 verschiedenen Phospholipidfettsäuren, die in Membranen von Organismen vorkommen, besitzen etwa 25 eine genügend hohe Spezifität, damit sie als Indikatoren für bestimmte Organis-

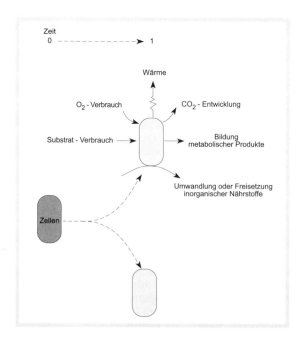

Abb. 9.7:
Reaktionen von mikrobiellen Zellen, die als Indikatoren für die aktive mikrobielle Biomasse herangezogen werden können.

Zeit
0 - - - - - - - - - - ➤ 1

Wärme

O_2 - Verbrauch CO_2 - Entwicklung

Substrat - Verbrauch   Bildung metabolischer Produkte

Umwandlung oder Freisetzung inorganischer Nährstoffe

Zellen

mengruppen eingesetzt werden können. Man unterscheidet u.a. Signalmoleküle für grampositive, gramnegative Bakterien und Pilze. Die Zusammensetzung der Neutralfette in Bodentieren wird zum Nachweis der Ernährungsform (herbivor, fungivor, carnivor etc.) herangezogen.

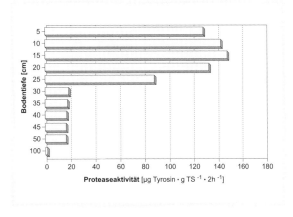

In der Praxis haben sich folgende Anwendungsgebiete für den Einsatz bodenbiologischer Methoden etabliert: Bewertung von Bewirtschaftungsmaßnahmen und belasteten Böden, bodenbiologische Standortcharakterisierung bei Dauerbeobachtungsflächen und Kontrolle von Bodensanierungsverfahren. In der Landwirtschaft ist man an der Nährstoffspeicherung (N, P, S) in den Bodenmikroorganismen und deren jährliche Freisetzung interessiert. Bei Ackerflächen werden 11–300 N kg^{-1} ha^{-1}, 2–15 P kg^{-1} ha^{-1} und 15–36 S kg^{-1} ha^{-1} pro Jahr mineralisiert. Ein Teil dieser Nährstoffe stammt aus abgestorbenen Mikroorganismen. Bei ähnlichen klimatischen Bedingungen findet man einen sehr engen Zusammenhang zwischen der N-Speicherung in der mikrobiellen Biomasse und dem N-Entzug von Pflanzen.

Innerhalb eines Bodenprofils nehmen die mikrobielle Besiedlung und die mikrobielle Abbauleistung eines Bodens mit zunehmender Tiefe ab. Diesen Gradienten kann man sehr deutlich anhand der Proteaseaktivität einer landwirtschaftlich genutzten Braunerde beobachten (Abb. 9.8).

Abb. 9.8: Proteaseaktivität in unterschiedlichen Bodentiefen einer landwirtschaftlich genutzten Braunerde (Die Proteaseaktivität wird nach Zugabe eines Substrats {Casein} und einer 2-stündigen Inkubation des Bodens durch die Produktion des gebildeten Tyrosins nachgewiesen.).

Durch die Pflugbearbeitung werden die Nahrungsquellen für Bodenmikroorganismen relativ gleichmäßig in den obersten 25 cm des Bodenprofils verteilt. Bei gleichzeitig verbesserter Durchlüftung des Bodens scheiden Bodenmikroorganismen Proteasen aus, die die Eiweiße der Ernterückstände rasch abbauen. Unterhalb dieser Zone behindern geringe Sauerstoffgehalte und fehlende Nahrungsressourcen die Aktivität von Bodenmikroorganismen. Schwankungen der Bodenfeuchte und Temperatur führen dazu, dass Proteasen in den obersten 5cm des Bodens rasch inaktiviert werden. Neben der räumlichen Variabilität beachtet man die zeitliche Variabilität bodenbiologischer Eigenschaften. Die Abundanz und Aktivität von Bodenmikroorganismen zeigen häufig folgenden Verlauf während einer Vegetationsperiode: Im Frühling vor Vegetationsbeginn und im Herbst führen optimale Bodenfeuchte und Ernterückstände zu einer gleichmäßig hohen Aktivität. Im Sommer reduziert starke Trockenheit auch bei hohen Temperaturen die Leistung von Bodenmikroorganismen. Tiefe Temperaturen im Winter reduzieren den Abbau von C-haltigen Verbindungen stärker als von N-haltigen. Diese geringere Temperatursensitivität der Prozesse des Stickstoffkreislaufes führt dazu, dass z.B. mineralischer Stickstoff auch im Winter aus organischen N-Verbindungen frei wird und bei fehlender Pflanzendecke im Profil verlagert werden kann.

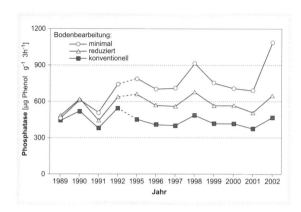

Abb. 9.9:
Einfluss der Bodenbearbeitung auf die Phosphataseaktivität eines Tschernosems (modifiziert nach KANDELER und DICK 2006).

Abb. 9.10:
Grundreaktionstypen der Bodenmikroorganismen bei Applikation von organischen Schadstoffen.

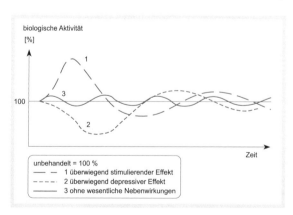

Das Ziel einer langfristigen **Bodendauerbeobachtung** ist es, mithilfe einer umfassenden Datenbasis Prognosen für die bodenbiologische Entwicklung von Böden zu erstellen bzw. mögliche Schadstoffbelastungen beurteilen zu können. Diese langfristigen Trends sollen an einem Beispiel zur Wirkung von Bodenbearbeitung auf die Aktivität von Bodenmikroorganismen demonstriert werden. Abbildung 9.9 zeigt, welchen Einfluss die **Bodenbearbeitung** auf die Aktivität der alkalischen Phosphatase von Bodenmikroorganismen eines Tschernosems (0–10cm) in Fuchsenbigl, Österreich, im pannonischen Klimaraum besitzt.

Während Pflugbearbeitung eine nahezu konstante Nachlieferung von Phosphor aus organischen P-Verbindungen über einen Zeitraum von 14 Jahren liefert, reichern sich bei Minimalbodenbearbeitung und reduzierter Bodenbearbeitung mit einem nicht-wendenden Verfahren (Egge) Nahrungsquellen für Bodenorganismen in der obersten Bodenschicht an. Bei reduzierter Bodenbearbeitung stellt sich bereits nach etwa fünf bis sechs Jahren ein neues Gleichgewicht ein, bei Minimalbodenbearbeitung ist wegen der stärker heterogenen Verteilung der Ernterückstände an der Oberfläche ein neues Gleichgewicht auch nach 14 Jahren noch nicht erreicht. Für die Praxis kann also abgeleitet werden, dass die Reduzierung der Bearbeitungsintensität und die Umstellung der Bodenbearbeitung auf nicht-wendende Verfahren Nahrungsressourcen und Bodenmikroorganismen in der obersten Bodenschicht (0–5 bzw. 0–10cm) konzentrieren und dass sich jedoch die Gesamtumsatzleistung des Profils nicht notwendigerweise ändert.

Bodenorganismen zeigen bei Belastung mit **organischen Schadstoffen** folgende Grundreaktionstypen, die in einem Modellexperiment nach Zugabe des Schadstoffes und zeitlich gestaffelter Untersuchung der Respiration dargestellt werden können (Abb. 9.10):1. Die anfängliche Hemmung der Respiration lässt sich entweder durch die Hemmung der gesamten Population der Bodenmikroorganismen erklären oder durch das teilweise Absterben der Population, die sich anschließend wieder erholt,

2. der organische Schadstoff kann auch keine wesentlichen Nebenwirkungen auf Bodenmikroorganismen oder

3. zunächst einen positiven Effekt ausüben. Diese Stimulierung kann eine Stressreaktion von Bodenmikroorganismen darstellen, die zu-

sätzliche Energie für Reparaturmechanismen der Zellen benötigen. Der organische Schadstoff kann als Nahrungsquelle genutzt werden und zu einer Erhöhung der Respiration führen. Die Eigenschaft der Bodenmikroorganismen, organische Schadstoffe auch als C- und Energiequelle zu nutzen, wird in der Bodensanierung verwendet. Bei der Biodegradation wird der organische Schadstoff durch Mikroorganismen nur teilweise abgebaut oder in seiner Komplexizität verringert. Das Ziel der Bodensanierung ist dabei die vollständige Mineralisation des organischen Schadstoffes. Werden biologische Systeme angewendet, um die umweltbelastenden Stoffe zu beseitigen, spricht man von Bioremediation.

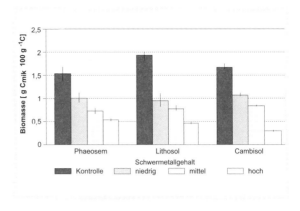

Im Gegensatz zu organischen Schadstoffen können anorganische Schadstoffe nicht biologisch abgebaut werden. Es kann nur mit unterschiedlichen Mitteln versucht werden, die Bioverfügbarkeit und damit auch die biologische Wirksamkeit zu reduzieren. Die Toxizität einzelner Schwermetalle beruht auf folgenden Mechanismen: Hemmung der Zellteilung, Schädigung der DNA, Hemmung der Transkription und der Translation, Denaturierung von Proteinen, Hemmung von Enzymaktivitäten und Zerstörung von Zellmembranen. Die biologische Wirksamkeit einer **Schwermetallbelastung** kann mit bodenbiologischen Methoden abgeschätzt werden. In vielen Fällen ist das C_{mik}/C_{org}-Verhältnis ein sehr zuverlässiges Kriterium. Dieser Wert gibt den Anteil des mikrobiellen Kohlenstoffs (C_{mik}) am gesamten Pool der organischen Substanz (C_{org}) an. Für die meisten Böden liegt dieser Wert im Bereich von 1 bis 5 mg C_{mik} 100g^{-1} Boden. Bei steigender Schwermetallbelastung konnte man das Absinken des C_{mik}/C_{org}-Verhältnisses bei unterschiedlichen Böden beobachten (Abb. 9.11).

Die Kombinationswirkung von Zn, Cu, Ni, V und Cu erreichte bei geringer Belastung bereits den unteren Wert von 10 mg C_{mik} kg^{-1} C_{org}.

Eine höhere Schwermetallbelastung zeigt mit einer noch stärkeren Hemmung deutlich die biologische Wirksamkeit der Schwermetalle an. Das C_{mik}/C_{org}-Verhältnis stellt jedoch bei gleichzeitiger Schwermetallbelastung und hoher Zufuhr von organischen Substanzen (Klärschlamm, Stallmist, Rieselfelder) kein zuverlässiges Kriterium dar, da die toxische Wirkung der Schwermetalle durch den stimulierenden Gehalt an organischer Substanz überdeckt wird. Schwermetalle hemmen einzelne Funktionen von Bodenmikroorganismen in einem unterschiedlichen Ausmaß (Abb. 9.12; S. 288).

Auf diese Weise ist es möglich, Indikatoren unterschiedlicher Sensibilität abzuleiten. Bereits geringfügige Schwermetallbelastungen von Zn, Cu, Ni, V und Cd hemmen den Abbau organischer P- und S-Verbindungen bis zu 80%, während die Respiration nur zu 20% reduziert ist. Die Analyse der Arylsulfatase und Phosphatase von potenziell belasteten Böden bietet deswegen ein Frühwarnsystem für die toxische Wirkung von Schwermetallen.

Abb. 9.11: Schwermetalle (Zn, Cu, Ni, V und Cd) reduzieren den Anteil der mikrobiellen Biomasse an der gesamten organischen Substanz. In einem Gefäßversuch wurde eine steigende Menge an Schwermetallen zugegeben. Nach einer Versuchsdauer von 10 Jahren war zwar die Schwermetallaufnahme der Pflanzen bei niedriger Belastung nicht reduziert, der Pool der mikrobiellen Biomasse sank jedoch ab (modifiziert nach KANDELER et al. 1996).

Abb. 9.12:
Schwermetalle (Zn, Cu, Ni, V und Cd) hemmen die Abundanz und Funktion von Bodenmikroorganismen in einem unterschiedlichen Ausmaß. Durch einen Vergleich von einem belasteten und einem unbelasteten Boden kann die prozentuale Hemmung berechnet werden. * = Signifikante Unterschiede zwischen unbelastet und belastet.

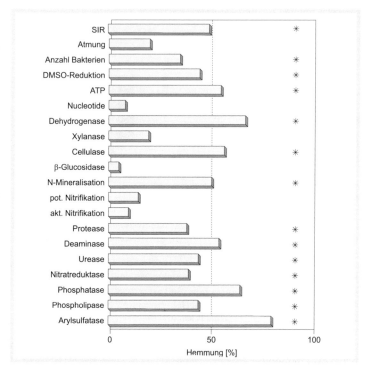

Fragen

1. Beschreibe den Porenraum des Bodens als Lebensraum für Mikroorganismen.
2. Was versteht man unter einem Hotspot für Bodenorganismen? Gib einige Beispiele dafür.
3. Auf welche Weise können Bodenmikroorganismen an Oberflächen von Bodenpartikeln gebunden sein?
4. Warum werden obligat anaerobe Bodenorganismen durch Anwesenheit von Sauerstoff abgetötet?
5. Schildere die Abhängigkeit der Nitrifikation und der Denitrifikation vom Wasserhaushalt eines Bodens.
6. Welche Bedeutung besitzt die Körpergröße der Bodentiere bei der Besiedlung von Bodenhohlräumen?
7. Definiere die Begriffe Mikro-, Meso- und Makrofauna. Welche Leistungen erbringen diese im Stoffhaushalt von Böden?
8. Auf welche Weise haben sich Bodentiere an ihren Lebensraum angepasst? Vergleiche dabei aquatische und terrestrische Lebensräume.

9. Charakterisiere die Lebensweise anözischer Regenwürmer.
10. Welche Umweltfaktoren beeinflussen den Abbau der organischen Bodensubstanz?
11. Welche Eigenschaften bestimmen die Stabilität der organischen Bodensubstanz?
12. Welche Organismen sind für den Abbau von Lignin verantwortlich?
13. Beschreibe den mikrobiellen Abbau von Zellulose in Böden und differenziere zwischen Prozessen, die außerhalb von Mikroorganismen und innerhalb der Zellen von Mikroorganismen ablaufen.
14. Was versteht man unter einem cometabolischen Prozess? Gib Beispiele.
15. Welche Funktion hat die Mesofauna im Boden?
16. Wie erfolgt der Einbau von Ammonium in organische Verbindungen von Bodenmikroorganismen?
17. Welche pflanzlichen Bausteine kennt man? Reihe diese nach Ihrer Abbaubarkeit im Boden auf.
18. Auf welche Weise können Pflanzen das Wachstum von Bodenmikroorganismen stimulieren?
19. Welche symbiotische Beziehung zwischen Pflanzen und Mikroorganismen sind bekannt?
20. Warum können Pflanzenschutzmittel die Aktivität von Bodenmikroorganismen stimulieren oder hemmen? Erkläre die Mechanismen.
21. Wie reagieren Bodenmikroorganismen auf die Zufuhr von belasteten Klärschlämmen?

10 Bodenschutz

Böden sind Naturkörper und als solche vierdimensionale Ausschnitte aus der oberen Erdkruste, in denen sich Gestein, Wasser, Luft und Lebewelt durchdringen. Diese Definition haben wir schon im Kapitel 1 erfahren und sie gibt uns einen wichtigen Grund, warum Böden schützenswert sind, denn sie sind **Naturkörper**. Der zweite wichtige Grund ist, dass wir unsere Böden als **Lebensgrundlage** für uns und für die anderen Lebewesen benötigen. Wir haben in den vorangegangenen Kapiteln gesehen, dass viele Böden sehr lange Bildungsphasen haben. Wir können uns leicht klar machen, dass die Bodendecke der Erde nicht vermehrbar ist und ein Boden, der einmal gestört oder zerstört wurde, mit menschlichen/technischen Mitteln nicht wiederherstellbar ist. Aber was bedeutet das in einer Zeit, in der wir alles, was wir nötig brauchen, bei Aldi aus einem Einkaufscontainer holen können oder gar noch viel einfacher: uns im Internet bestellen? In einer total ökonomisierten und globalisierten Welt ist auch der Gegenwert unserer Güter, eine Goldmünze oder ein Geldschein fast vollständig zu einer Ziffer im Speicher eines Rechners degeneriert. Der dringende Schutz unserer Böden wird täglich tausende Mal kurzfristigen Bequemlichkeiten oder scheinbar unabweisbaren ökonomischen Notwendigkeiten hinten angestellt. Als müssen wir gerüstet sein, die Böden so gut wie alle anderen Umweltbereiche in der Gesellschaft zu vertreten. Dazu bietet dieses letzte Kapitel die notwendigen Informationen.

Böden sind als Naturkörper schützenswert

Böden sind unsere Lebensgrundlage

10.1 Warum Bodenschutz? – Bodenpotenziale und Bodenfunktionen

Die Frage nach dem „Warum?" ist schnell beantwortet, wenn wir sagen, dass Böden wie andere **Naturkörper** aus sich selbst heraus ein **Recht** auf **Erhaltung** haben. Solche anderen Naturkörper sind Elefanten, Wale, Vögel, Schmetterlinge, Seidelbast, Orchideen oder Bergkristalle. Wie wir gelernt haben, sind die Böden als **offene Systeme** komplizierter als die meisten anderen schützenswerten Naturkörper. Für unsere Böden, wie auch für alle übrigen Naturkörper gibt es ein Recht auf Nutzung, das für die Böden bereits seit 3000 Jahren in der Bibel festgeschrieben ist: Genesis 3, Vers 17: „Verflucht sei der Acker um deinet Willen. Mit Mühsal sollst du dich von ihm nähren, dein Leben lang." Oder wenig später: Deuteronomium 28, Vers 3: „... gesegnet wirst du sein auf dem Acker, gesegnet wird sein die Frucht deines Leibes, der Ertrag deines Ackers und die Jungtiere deines

Viehs, deiner Rinder und deiner Schafe …". Vernünftigerweise kann der Schutz eines Naturkörpers nur mit dem **Recht auf** seine **Nutzung** abgewogen werden. So werden nach wie vor in den gemäßigten Breiten 95 bis 98% aller Böden genutzt werden müssen. Lediglich „besondere Böden" können unter absolutem Schutz sein. Dies sind wie bei den anderen geschützten Naturkörpern solche, die besonders **selten** vorkommen, deren Existenz durch technische Eingriffe oder anderes **gefährdet** ist und die sich aufgrund ihrer Entwicklung nur in sehr langen Zeiten **wieder bilden** können (**Reproduzierbarkeit**).

Ein weiterer Grund für den Erhalt und den Schutz von Böden ist die Tatsache, dass unsere Böden häufig **Urkunden** für den Ablauf bestimmter Prozesse in der Vergangenheit bis heute erhalten haben. Das ist besonders dann einleuchtend, wenn in Böden Urkunden **vor-** oder **frühgeschichtlicher Vorgänge** konserviert wurden. So haben z.b. die Römer über manchen Fluss Brücken gebaut, die aus Holz waren und bei denen sie als Stützpfeiler Eichenstämme verwendet haben. Diese Eichenstämme finden sich in den Gr-Horizonten von Gleyen auch nach 2000 Jahren noch fast unverändert. Nur darüber in den Go- und Ah-Horizonten sind sie vermodert oder vollständig zersetzt. Die Eichenstämme geben uns aber Hinweise auf die Breite und Konstruktion der Brücke und sie geben uns auch Hinweise über die Permanenz der Schwankungen des **Grundwasserspiegel** seit römischer Zeit. Ein zweites Beispiel sind bronzezeitliche Grabhügel im Kraichgau, einer Landschaft, in der wir heute weit verbreitet Pararendzinen aus Löss finden. An der Basis der Grabhügel finden wir oft noch vollständig erhaltene Parabraunerden. Ein Zeichen, dass seit der Bronzezeit – d.h. innerhalb von 5000 Jahren – mehr als zwei Tonnen pro m² Bodenmaterial in der Umgebung der Grabhügel erodiert wurden. Ein Zeichen auch, dass bereits in der Bronzezeit vollständige Parabraunerden aus Löss entwickelt waren. Schließlich finden wir auf der Schwäbischen Alb, in Dolinen oder anderen Hohlformen der Karstlandschaft sehr außergewöhnliche Böden. Diese Raritäten sind tiefrot, haben hohe Tongehalte, kaolinitischen Ton und Eisenkonkretionen. Eine Merkmalkombination, wie wir sie sonst nur in tropischen Böden finden. Dieses Bodenmaterial zeigt uns, dass im Alttertiär auf der Schwäbischen Alb tropische oder mindestens mediterrane Verhältnisse über lange Zeiten geherrscht haben. **Entwässerung**, **Bodenbearbeitung**, **Erosion** und **Rohstoffabbau** können solche erdgeschichtlichen Urkunden zerstören. Deshalb ist es wichtig, dass – wo nicht erkannt oder beschrieben – sie erhalten bleiben und dort wo bekannt, sie der wissenschaftlichen Untersuchung zugänglich gemacht werden. Das Besondere an diesen Bodenurkunden oder **Bodendenkmälern** ist, dass sie in der Tat im Sinne des Geschichtlichen **einmalig** sind und nach Zerstörung weder wieder hergestellt noch anders untersucht werden können.

Der dritte Grund, warum Böden aus sich heraus ein Recht auf Erhaltung haben, ist die Tatsache, dass Böden schön sind, oder sachlicher: Böden vermitteln eine ästhetische Information; sie üben Reize aus, denen Menschen und sicherlich auch andere Lebewesen positive, aber auch negative Empfindungen entgegenbringen. So wird in der Regel ein Podsolprofil als besonders schön empfunden, auch wenn es einen unfruchtbaren und problematischen Boden darstellt. Beim Anblick frisch gepflügter, humoser, schwarzbrauner Ackerkrume empfindet man die wohlige Wärme und die

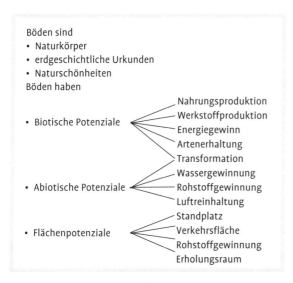

Böden sind
- Naturkörper
- erdgeschichtliche Urkunden
- Naturschönheiten

Böden haben

- Biotische Potenziale
  - Nahrungsproduktion
  - Werkstoffproduktion
  - Energiegewinn
  - Artenerhaltung
  - Transformation

- Abiotische Potenziale
  - Wassergewinnung
  - Rohstoffgewinnung
  - Luftreinhaltung

- Flächenpotenziale
  - Standplatz
  - Verkehrsfläche
  - Rohstoffgewinnung
  - Erholungsraum

Tab. 10.1:
Bodenpotenziale

Fruchtbarkeit, die in ihr steckt. Große, fett glänzende Schollen lehmig-toniger Oberböden lassen uns die Kraft empfinden, mit der sie gewendet wurden, aber auch die in ihnen steckt – zur Erzeugung einer reichen Getreideernte im kommenden Jahr. Dies sind drei Argumente, die Böden ins Feld führen können, um aus sich heraus ein Recht zur Erhaltung zu haben. **Naturkörper, erdgeschichtliche Urkunde** und **Naturschönheit** werden in der Abwägung mit anderen Ansprüchen an die Landschaft in der Tat nur wenigen Böden eine dauerhafte Erhaltung ermöglichen.

Doch unsere Böden haben noch eine große Zahl weiterer, wesentlicher Argumente für ihre Erhaltung. Da sind die Leistungen im Naturhaushalt und für die menschliche Gesellschaft. Diese Fähigkeit von Böden nennt man ‚Bodenpotenziale' (Tab. 10.1). Die **Bodenpotenziale** kann man in drei große Gruppen unterteilen. Die erste Gruppe sind die **biotische** Potenziale, das sind alle die Potenziale, die Böden in Wechselwirkung mit Organismen haben und die dazu dienen, diese Organismen zu erhalten oder Produkte durch sie zu erzeugen, die für die Gesellschaft von Bedeutung sind. Als Gegenstück dazu haben Böden auch **abiotische** Potenziale. Das sind alle die Fähigkeiten, die Böden aufgrund ihrer physikochemischen Eigenschaften haben, mit denen sie in Wechselwirkung mit Wasser und Luft oder aus ihrer stofflichen Eigenschaft wertvolle Leistungen in der Landschaft oder für die Gesellschaft erbringen können. Schließlich deckt jeder Boden eine bestimmte **Fläche** der Erde ab. Diese Fläche kann genutzt werden, auch wenn sie den Bodenkundler und Naturschützer bei ihrer Nutzung wenig befriedigt, so sind es doch Fähigkeiten der Böden, die für die Gesellschaft essenziell erscheinen. Außerhalb dieser drei einfachen Kategorien haben die Böden noch ein weiteres Potenzial, das der **Transformation**. Dieses Potenzial ist äußerst wichtig, da die Böden als die wichtigsten Naturlaboratorien Stoffe über Umwandlung für die Nährstoffversorgung von Pflanzen und Tieren zur Verfügung stellen, Stoffe bilden, die die Struktur der Böden wesentlich beeinflussen, oder auch organische Schadstoffe, die in Böden eingetragen werden, umformen oder abbauen können.

Die bisher bestimmten Grundpotenziale lassen sich noch einmal in Potenzialgruppen unterteilen. Dadurch werden die eigentlichen Fähigkeiten der Böden noch deutlicher. Unter dem **biotischen** Grundpotenzial gibt es zunächst die Fähigkeit der Böden, **Nahrungsproduktion** zu ermöglichen. Nahrung kann direkt zur Ernährung der Menschen oder Tiere dienen, wie Äpfel, Bananen, Karotten oder Klee, oder erst verarbeitet werden, bevor sie ein Nahrungsmittel ergibt, wie Weizen zu Brot, Zuckerrüben zu Zucker oder Kirschen zu Kirschwasser. Die Tatsache, dass weltweit viele Menschen hungern, liegt nicht an dem Potenzial der Böden, sondern hauptsächlich an der **mangelnden Realisierung des Potenzials** und den folgenden Konservierungs- und Verteilungsproblemen. Die Fähigkeit Nahrung zu produzieren wurde im 20. Jahrhundert viel besser genutzt. Dies ist ein wichtiger Verdienst der agrarwissenschaftlichen Forschung. So lagen die Weizenerträge um 1900 in Deutschland bei 1 bis 1,5 Tonnen pro Hektar. Heute liegen sie mindestens fünfmal höher, bei 6 bis 10 Tonnen pro Hektar und Jahr. Nur so war es möglich, die großen Verluste landwirtschaftlicher Produktionsflächen durch Ausweitung von Siedlungs- und Verkehrsflächen auszugleichen und gleichzeitig die Nahrungsmittelversorgung der Bevölkerung zu verbessern. Daneben ist es möglich, aus den gleichen oder anderen Böden **Werkstoffe** zu gewinnen. Etwa 30% der Fläche Deutschlands ist bewaldet. Auf diesen Waldflächen werden 4 bis 20 m³ **Holz** pro Hektar und Jahr für die Direktverarbeitung oder zur **Papierherstellung** erzeugt. Auch andere Werkstoffe wie Baumwolle, Flachs, Sisal, Hanf und Kork können auf Böden produziert werden. Die Zahl der Werkstoffe, die aus der Bodenproduktion entstehen, wird in der Zukunft weiter steigen. Pflanzen und Tiere, die aus oder auf Böden leben, speichern in ihrem Körper Sonnenenergie. Diese Energie beträgt 1 bis 4% der Energie, die die Sonne uns zur Verfügung stellt. Weltweit gesehen ist das ein sehr hohes **Energiepotenzial**. Da die Energieansprüche der Menschen ständig steigen und die fossilen Energieträger objektiv abnehmen, wird der Einsatz von Biomasse als Energieträger in Zukunft (wieder) sehr interessant sein. Das gilt für die Verbrennung von zellulose- und ligninhaltiger organischer Substanz direkt, aber auch für die Erzeugung von Brennstoffen durch Umwandlung von Biomasse (Biogas, Biodiesel, Alkohole, Öle). Weltweit gesehen gibt es einen Zielkonflikt zwischen dem **Bedarf** armer Menschen an **Nahrungsmitteln** und dem **Bedarf** meist zahlungskräftiger Kunden an **Energie**. Im Prinzip lässt sich das Problem zumindest teilweise dadurch lösen, dass bei der Nutzung von Biomasse als Nahrungsmittel oder Futter häufig 80 bis 85% der Energie erhalten bleiben und damit die Energiegewinnung auch der zweite Schritt sein kann.

Ein besonders wichtiges biotisches Potenzial ist das der **Artenerhaltung**. Die meisten Arten, die wir auf der Erde kennen, benötigen den Boden direkt oder indirekt als Lebensraum zu ihrer Erhaltung und Fortpflanzung. Die Samenpflanzen erzeugen von Natur aus Samen, die sie auf oder in den Boden ablegen und die dann dafür garantieren sollen, dass die nächste Generation leben kann. Auch wenn Genbanken noch so viele genetische Informationen sammeln, wird es nie möglich sein, alle Arten auf diese Weise zu dokumentieren und ihr Fortbestehen zu garantieren. Insbesondere bei den Mikroorganismen, von denen der größere Teil bis heute noch nicht bekannt ist, ist eine Erhaltung nur über das Vorhandensein und über die Vermehrung im Boden möglich. Unsere Böden sind damit der **Garant für die Erhaltung des Lebens** schlechthin.

Bei den **abiotischen Potenzialen** geht es um die Wechselwirkungen zwischen den Böden, Wasser und Luft sowie um die Eigenschaften der Bodenmaterialien und ihren Nutzen. Böden sind wichtige Filter und Puffer im Wasserkreislauf (Kap. 8 und Kap. 3). Der allergrößte Teil des Regenwassers, des Schnees und des Schmelzwassers von Gletschern wird durch unsere Böden geleitet und verändert damit seinen Chemismus entscheidend. Die

Bodenpotenziale eröffnen Möglichkeiten für eine Nutzung

Tatsache, dass wir Grundwasser, Wasser aus Seen und Flüssen als **Trink-wasser** nutzen können, verdanken wir ausschließlich den Regulations-mechanismen in unseren Böden und Gesteinen (Regenwasser hat die Ei-genschaften von destilliertem Wasser und ist deshalb zum Genuss für Mensch und Tier ungeeignet).

Der Satz „Böden halten unsere Luft rein" ist zunächst kaum einsehbar. Wenn wir uns aber auf der Hauptstraße einer Großstadt bei Wind bewegen, so erkennen wir, dass uns hier sehr viele Stäube unangenehm belästigen. Sind wir zur gleichen Zeit in einem Grünlandgebiet oder in einem Wald, werden uns Stäube in keiner Weise belästigen. Böden sind also in der Lage, **Stäube** langfristig zu binden und in ihren Strukturbestand zu integrieren. Sie können zudem gasförmige Substanzen aus der Luft sorbieren und dienen damit der Reinhaltung unserer Luft. Unsere **Reinluftgebiete** (Luft-kurorte) sind ausschließlich solche, in denen der Versiegelungsgrad der Böden äußerst gering ist und die Böden in der Landschaft dauerhaft be-wachsen sind. Dort reagieren die Böden als Senke für alle Luftschadstoffe und machen die Luft besonders angenehm und gesund.

Alle die bisher genannten Potenzialgruppen sind solche, die **nachhaltig bewirtschaftet** werden können. Das heißt, ihre Nutzung führt nicht dazu, dass im folgenden Jahr oder in der folgenden Vegetationsperiode der Boden nicht mehr oder nicht mehr in derselben Weise genutzt werden kann. Bei anderen Bodenpotenzialen geht es darum, dass die Böden durch ihre Nut-zung gestört oder zerstört werden. Das ist insbesondere dort der Fall, wo der Boden als **Rohstoff** (Porzellanerde, Ziegellehm, Betonkies oder Kiesel-gur) genutzt wird. Solange die Böden unverändert sind, enthalten sie das **Potenzial**, sobald das Potenzial aber als Funktion abgerufen wird, ist es im Maße seiner Nutzung verloren. Daraus folgt, dass das Rohstoffpotenzial in der Regel nur einmal abgerufen werden kann.

Ein sehr interessantes und wichtiges Potenzial ist das **Transformations-potenzial**. In Böden werden Minerale und Stoffe abgebaut und zum großen Teil können daraus andere neue Stoffe entstehen. Solcher Beispiele haben wir mehrere kennengelernt. So kann aus Eisensulfid (Pyrit) im Laufe der Bodenbildung Eisenoxid und Gips entstehen. Aus Feldspäten oder Glimmern bilden sich durch Umwandlung oder Neukristallisation die für Nährstoff-haushalt, Filterfunktion und Struktureigenschaften von Böden so bedeu-tenden Tonminerale. Aus Buchenblättern oder Zuckerrübenblättern und anderer Streu werden Fulvosäuren, Huminsäuren oder Humine. Diese über-nehmen dann wichtige Funktionen als Austauschkörper bei der Nährstoff-speicherung oder Gefügebildung der Böden. Öle, Fette, polymerisierte Kunststoffe, organische Pflanzenschutzmittel werden physikochemisch und mikrobiologisch abgebaut und die Bruchstücke können dann letztendlich zu Wasser, CO_2, Kat- und Anionen mineralisiert oder häufig auch zu Hu-musmolekülen umgeformt werden. Die Summe aller Transformationsvor-gänge in unseren Böden ist fantastisch. Ihre Untersuchung wird noch Generationen von Pedologen Arbeitsmöglichkeiten geben.

Die letzte Gruppe von Potenzialen sind die **Flächenpotenziale**. Diese ent-stehen dadurch, dass die Böden alle einen Raum und damit eine Oberfläche bilden. Erstaunlich ist, dass in unseren Gesellschaften die Potenziale der Böden, **(Land-) Oberfläche zu bilden, höher bewertet** werden als die der **Nahrungs-**, **Werkstoff-** oder **Energieproduktion**. Dies hängt sicherlich mit dem

Urtrieb des Menschen zusammen, etwas besitzen zu wollen, wenn es auch noch so klein ist. So besitzen wir einen Platz, um unser Auto abzustellen, um eine Garage zu bauen oder um unser Haus für diese und folgende Generationen zu errichten. Böden haben eine **Belastbarkeit** und können als **Standflächen** genutzt werden. Dass diese Belastbarkeit im mechanischen Sinne von Böden endlich ist, haben alle erfahren, die solche Unternehmen am ungeeigneten Orte durchführten. Daneben dient ein zunehmender Teil unserer Böden als **Verkehrsfläche**, wo Wege, Straßen, Plätze, Schienen und Landebahnen angelegt werden. Auch hier ist hauptsächlich die **Tragfähigkeit** der Fläche gefragt.

Unsere Gesellschaft erzeugt zunehmend Abfälle. Auch wenn wir uns bewusst geworden sind, dass bei den entsorgten Materialien immer Nährstoffe, Energie oder Werkstoffe vernichtet werden, so benötigen wir doch Flächen, um das abzulagern, was wir z. Zt. nicht weiter verwenden können. Solche Flächen, die wir für **Ablagerungen** benutzen, sind so weit von ihren natürlichen Eigenschaften entrückt, dass wir sie dauernd beobachten und immer wieder einschätzen müssen, welche Veränderungen und Einflüsse auf die Umwelt diese Flächen ausüben. Schließlich brauchen wir Böden, um unsere Arbeitskraft zu regenerieren und um Freizeitaktivitäten durchführen zu können. Böden als **Erholungsraum** werden wenig in Anspruch genommen, wenn wir wandernd oder kontemplativ die Bergwelt genießen. Wesentlich intensiver ist es schon, wenn wir Parkanlagen gestalten, Liegewiesen benutzen, Golfanlagen oder Sportplätze erstellen. In letzteren Fällen kann es schwierig werden, das voll ausgeschöpfte Potenzial zur Nutzung als Erholungsraum wieder biotischen Potenzialen gleichzeitig oder nacheinander zuzuführen.

Die Potenziale von Böden verkörpern zunächst ihre **Fähigkeiten**. Werden die Fähigkeiten abgerufen, so spricht man von **Bodenfunktionen**. Funktionen sind solche Leistungen von Böden, die real abgerufen oder ausgeübt werden. Da die Böden eine Vielzahl von Potenzialen haben, ist es möglich, dass ein Boden **mehrere Funktionen** erfüllt. Dies können wir uns an einer Allgäuer Almwiese gut klar machen. Hier haben wir es mit einer **Parabraunerde** aus **Geschiebemergel** zu tun, die in der Hauptfunktion **Futter** produziert. Gleichzeitig dient sie aber auch als **Standplatz** und Verkehrsfläche für die im Betrieb gehaltenen Rinder. Die Fläche bildet bei dem dortigen Klima nahezu $1 m^3 \cdot m^{-2}$ **Grundwasser** pro Jahr. Zugleich bildet diese Fläche aber auch für unsere Erholungssuchenden eine wichtige Möglichkeit zur kontemplativen Ergötzung. Nimmt jetzt die Zahl der Touristen zu, so nimmt der Genuss und damit die Nutzung als **Erholungsraum** ab. Bringt der Landwirt zu viele Kühe auf die Fläche, so wird die Grasnabe zerstört, Bodenerosion tritt ein und damit ist in der Folge die Futterproduktion reduziert. Ebenso wird die zunehmende Belastung des Sickerwassers mit Ausscheidungen der Tiere auch die Qualität des erzeugten Trinkwassers vermindern. Erst recht wird alles zerstört, wenn gerade über diese Fläche die neue Autobahn von München über Memmingen nach Lindau gebaut wird und damit nachhaltig alle anderen Potenziale und besonders die aktuell genutzten Funktionen außer Kraft gesetzt werden.

Bodenfunktionen sind Leistungen für Natur und Gesellschaft

Merke: Nicht nachhaltige Nutzung von Bodenfunktionen zerstört Bodenpotenziale!

10.2 Wie Bodenschutz? – Regeln zum Umgang mit Böden

Wenn wir Böden schützen wollen, so scheint der einfachste Fall zu sein, sie um ihrer selbst willen zu schützen, also gewissermaßen unter **Naturschutz** zu stellen. Es ist dann nicht mehr so einfach, wenn man sich im Klaren darüber ist, dass zu einem Boden auch seine dynamischen Veränderungen gehören. Das heißt, um den Boden wirklich zu schützen, müssen wir das **Ökosystem** erhalten. Umgekehrt kann man z.b. ein Hochmoor nicht erhalten, wenn drum herum alles entwässert und gekalkt ist. Das heißt, um Böden nachhaltig zu schützen, muss auch der **Landschaftshaushalt** und die **Lebewelt**, die zu diesem Boden gehört, geschützt werden. Gelingt uns das nicht, so erhalten wir nur einige, recht stabile Bodenmerkmale, den Boden selbst aber nicht. Die bei Änderung der Umweltbedingungen erhalten gebliebenen **Bodenmerkmale** nennt man dann **reliktische Merkmale**.

Wie wir oben gesehen haben, haben alle Böden eine Vielzahl von Potenzialen. Werden sie in Anspruch genommen, so sprechen wir von Funktionen. Wir haben auch erkannt, dass ein und derselbe Boden mehrere Funktionen gleichzeitig erfüllen kann. Andererseits kann die starke Inanspruchnahme einer Funktion am gleichen oder am anderen Ort Potenziale zerstören. Wird z.b. aus einer Brunnengalerie mehr Wasser zu Trink- oder Brauchwasserzwecken abgepumpt als sich im Jahreslauf neu bilden kann, so sinkt der Grundwasserspiegel in der Umgebung allmählich ab und Grundwasserböden können trocken fallen und verlieren damit das Potenzial, Feuchtbiotope zu erhalten.

Wenn wir uns fragen, welche Potenziale oder welche Funktionen, die Böden ausüben, welche sich am sensibelsten und welche sich am stabilsten erweisen, so leuchtet relativ rasch ein, dass die **biotischen Potenziale** unserer Böden **leicht gestört** oder gar **zerstört** werden können. Während auf der anderen Seite die **Flächenpotenziale** durch Eingriffe an ihrer **Qualität** verlieren können, in ihrer **Quantität** aber prinzipiell erhalten bleiben. Die Transformationspotenziale sind meist den biotischen Potenzialen sehr nahe, während die abiotischen eher den Flächenpotenzialen gleichen. Beim Schutz von Böden und ihren Potenzialen und Funktionen ist auf deren **Empfindlichkeit** zu achten. Da die biotischen Potenziale die empfindlichsten sind, müssen sie auch zuerst geschützt und erhalten werden. Häufig wird bei Bodenschutzmaßnahmen nur darauf geachtet, welche Funktion die Böden gerade ausüben, und dass bei den Schutzmaßnahmen diese Funktion nachhaltig erhalten bleibt. Bei vielen Böden ist es möglich, dass später wieder empfindlichere Nutzungen durchgeführt werden sollen oder

Bei Bodenschutz sind das Schutzziel und die Bodeneigenschaften zu beachten

müssen. Deshalb ist bei der **Erhaltung** der **Böden** nicht nur die **aktuelle Nutzung**, sondern die angestrebte, **empfindlichste Nutzung** zu beachten. Da unsere Böden sehr unterschiedlich sind kommt es bei Bodenschutzmaßnahmen immer auf das angestrebte **Schutzziel** und auf die **Eigenschaften** der bestehenden Böden an.

Es gibt drei Kategorien (man könnte auch sagen Schutzzonen), nach denen Böden behandelt bzw. geschützt werden müssen: Die erste, höchste Intensität ist, die Böden als **Naturobjekte** bewahren zu wollen. Der Naturköper soll erhalten werden. Hier ist Bodenschutz Naturschutz im engeren Sinne, d.h., alle den Zustand und die Dynamik verändernden Eingriffe sind zu unterlassen. In der zweiten Kategorie sollen Böden in ihrer **Nutzbarkeit** erhalten werden. Hier sind durchaus Eingriffe wie Pflügen, Düngen, Bewässern, Terrassieren sinnvoll, da sie die **Funktion** erhalten und schützen oder erhöhen können. In der dritten Kategorie soll **Bodenzerstörung** und **Bodenbelastung** eingeschränkt werden. Dabei geht es nur noch um Schadensbegrenzung, um Rekultivierung abgebauter oder verwüsteter Standorte und schließlich um Sanierung stark belasteter Altlasten. Wenn wir uns fragen, wie die Flächenanteile dieser drei Nutzungs- oder Schutzintensitäten sein sollen, so sind sicherlich dem **Naturkörperschutz** nicht mehr als 1% unserer Fläche zu widmen. Der **Funktionsschutz** ausschließlich des Schutzes der Flächenfunktion sollte etwa 90% unserer Fläche beinhalten. Das sind alle die Flächen, die im Landschaftshaushalt und für die Gesellschaft geschützt werden müssen. Sie sind erforderlich für Ackerbau, Grünland, Wald, Schutz von Grundwasser und Trinkwasser, für die Luftreinhaltung, für

"Grund und Boden schmelzen dahin. **Man müßte Maßnahmen dagegen ergreifen,** wirksame Maßnahmen."

"Grundsätzliche, rechtliche und politische **Erwägungen verlangen ein eingehendes Studium.** Indessen scheint die Zeit für Entschlüsse langsam heranzureifen."

"Die Reife der Zeit für energische Maßnahmen kann als erwiesen betrachtet werden. Übereilte **Entschlüsse** jedoch **könnten das große Werk** nur **kompromittieren.**"

"Das **Problem des Schutzes** von **GRUND und BODEN** hat völlig unerwartet von **selbst eine Lösung gefunden.** Wir alle sind von der Entwicklung überrascht worden..."

 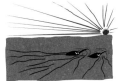

die Transformationsprozesse innerhalb des Landschaftshaushaltes und für den Erhalt von wichtigen Lagerstätten (Porzellanerde, Kieselgur). **Bodenbelastung** und -zerstörung, d.h. Überbauung, Anlage von Verkehrswegen, Deponie, sollten weniger als 10% der Fläche beanspruchen. Damit ist möglich, dass die verloren gegangenen Funktionen von den übrigen Böden mitübernommen werden. In vielen Bereichen Mitteleuropas ist diese Zahl von 10% leider schon überschritten. Daraus muss selbstverständlich die Folgerung abgeleitet werden, dass wir in Zukunft darauf achten müssen, dass die **Flächenbilanz** bei der Bodenbelastung, Versiegelung und Zerstörung negativ ist, d.h., für einen Neubau müssen zwei Altbauten abgeräumt werden. Nur so können wir unseren Zukunftsaufgaben gerecht werden.

Abb. 10.1: Maßnahmen sollten ergriffen werden (aus dem Nebelspalter, verändert).

Wichtig erscheint zu erkennen, dass der beste **Bodenschutz** eine **Bodenfürsorge** ist. Bei der Bodenfürsorge wird darauf geachtet, dass sich die Bodenpotenziale durch Stabilisierung der Bodenstruktur, Erhöhung des Puffervermögens, Ausnützen der Filtereigenschaften in unseren Böden verbessern. Es geht also nicht nur um den Erhalt bestehender Eigenschaften, sondern besonders um deren nachhaltige Verbesserung. Erst danach rangiert das Ziel, Bodeneigenschaften für ihre zukünftigen Funktionen im Landschaftshaushalt und für die Gesellschaft zu erhalten. Schließlich gilt es in der dritten Stufe, die Bodenzerstörung zu minimieren und durch ausgleichende Sanierungs- und Rekultivierungsmaßnahmen möglichst wieder wettzumachen. Wenn wir diese Grundsätze berücksichtigen, so wird es uns nicht gehen wie den beiden Pinguinen (Abb. 10.1).

10.3 Gesetze und Verordnungen zum Bodenschutz

Die Bodenschutzgesetzgebung ist noch sehr jung. Das hat hauptsächlich damit zu tun, dass **Böden** in unserem Kulturkreis **Privatbesitz** sind, und deshalb die Bodenschutzgesetzgebung immer ein Eingriff in die traditionellen Rechte der Eigentümer darstellt. Gleichwohl wird schon seit Jahrhunderten erkannt, dass Böden ein wertvolles Gut darstellen und deshalb geschützt werden müssen. So äußerte im 18. Jahrhundert ein französischer Minister ... „Der Souverän und die Nation dürfen niemals aus dem Auge verlieren, dass der Boden die einzige Quelle des Reichtums ist, und dass nur der Ackerbau diesen Reichtum vermehrt" (FRANCOIS QUESNAY, Leibarzt der Marquise de Pompadour und später Ludwigs XV).

Solange man auf der Welt noch Wälder roden konnte und unbewohnte Gebiete in Steppen und Savannen lagen, wurde den Menschen die Endlichkeit der Ressource Boden nicht bewusst. Dies geschah spätestens dann, als nach dem Zweiten Weltkrieg die **Welternährungsorganisation** (**FAO**) erkannte, dass die **Nahrungsmittelversorgung** der Menschheit nicht (mehr) sichergestellt war und weltweit hunderte Millionen Menschen bis heute Hunger leiden. Eine der möglichen Maßnahmen wurde darin gesehen, die **Bodenressourcen** der Welt zu erfassen und dadurch Regionen zu identifizieren, in denen noch **Reserven** für Ackerflächen liegen. Hierdurch entstand zwar die erste umfassende **Weltbodenkarte** (FAO 1974), in der in allen Kontinenten die Böden einheitlich erfasst wurden. Gleichwohl war das Ergebnis ernüchternd. Es zeigte sich, dass etwa 20% der Böden der Erde als gut nutzbare Ackerböden einzustufen sind. Zum gleichen Zeitpunkt war etwa genauso viel Fläche bereits ackerbaulich genutzt. Es gab also keine Flächenreserven. Die gleichzeitig laufenden Programme zur Verbesserung der Erträge auf großen Flächen in den Entwicklungsländern (Green Revolution) zeigten zwar anfänglich und auch nachhaltig Erfolge. Gleichzeitig wurden aber die Grenzen der Ertragsteigerung erkannt, da die Intensivierung der Landwirtschaft auch eine Zunahme der Erosion und eine Zunahme der Belastung durch Agrochemikalien zur Folge hatte. Zudem wurde festgestellt, dass gerade dort, wo die **fruchtbarsten Böden** der Erde sind, auch **Ballungszentren** liegen und die Siedlungen durch ihre Erweiterung die besten Böden fraßen (wie beispielsweise in Kairo). Unter diesen Eindrücken kam es 1978 auf der UN-Konferenz in Lagos zu einer Erklärung zum Schutz des Bodens. Insbesondere bei Fachleuten und Ver-

Tab. 10.2:
Zeittafel der Bodenschutzgesetze.

⇒ Umweltprogramm der Bundesregierung	1971
⇒ Bodendeklaration Europarat	1975
⇒ UN-Konferenz Nairobi	1978
⇒ Bodenschutzstrategie der Bundesregierung	1985
⇒ Bodenschutzgesetz Baden-Württemberg	1991
⇒ Bundesbodenschutzgesetz	1998
⇒ Ländergesetze Deutschland	ab 1998
⇒ Bodenschutzstrategie der EU (Soil thematic strategy)	2006

antwortlichen reiften in dieser Zeit die Erkenntnisse, dass Böden wirkungsvoll geschützt werden müssen. So verabschiedete auch der **Europarat** 1975 eine **Bodencharta**.

In Deutschland blieben zunächst alle Forderungen nach einem gesetzlichen Bodenschutz im Bereich der Absichtserklärungen. So beschloss die Bundesregierung 1971 ein umfassendes Umweltprogramm, in dem bereits der Bodenschutz thematisiert wurde. Wesentlich konkreter wurde dann der Schutz von Böden in der **Bodenschutzkonzeption** der Bundesregierung 1985 gefordert. Gleichzeitig entstand die sogenannte **Umweltverträglichkeitsprüfung**, bei der bei Planungen großer Einschnitte in die Landschaft alle Bereiche der Umwelt, und damit auch die Böden, in einer Abwägung zu berücksichtigen waren. Bei der Diskussion um spezifische **Bodenschutzgesetze** spielte eine große Rolle, dass zuvor bereits **Gesetze** zur **Wasser-** und **Luftreinhaltung**, zum **Naturschutz** und zur Regelung der **Planung** und **Bebauung** erlassen worden waren. Alle diese Gesetze enthielten Paragrafen bzw. Bestimmungen, die bodenrelevant waren. Der Bodenschutz selbst stand aber nie im Vordergrund. Zu einer konkreten Befassung mit dem Boden in Gesetzesform kam es erst nach 1990. So erließ 1991 als erstes Bundesland, und wohl auch als weltweit erstes Land insgesamt, **Baden-Württemberg** ein eigenes **Bodenschutzgesetz**. Dieses regelte die Sache mit dem Boden sehr grundsätzlich und auch sehr idealistisch, was zur Folge hatte, dass es zu keinem Zeitpunkt umgesetzt wurde, obwohl in rascher Folge nach dem Gesetz auch Bodenschutzverordnungen erlassen wurden, die der praktischen Umsetzung helfen sollten. Die idealistische Auffassung des badenwürttembergischen Bodenschutzgesetzes zeigt sich insbesondere in Paragraf 2.

> Paragraf 2 des Bodenschutzgesetzes (BoSchG) von Baden-Württemberg (1991)
> (1) Boden im Sinne dieses Gesetzes ist die oberste überbaute und nicht überbaute Schicht der festen Erdkruste einschließlich des Grundes fließender und stehender Gewässer, soweit sie durch menschliche Aktivitäten beeinflusst werden kann.

In der Folge war auch unter den Bundesländer strittig, inwieweit der Bund überhaupt eine Kompetenz habe, zum Bodenschutz gesetzgeberisch tätig zu werden. Die Kompetenzgrundlage für den Bund ergab sich schließlich im **Artikel 74** des **Grundgesetzes**, wonach Vorschriften zum Grund und Boden, und insbesondere zu den rechtlichen Beziehungen des Menschen zum Grund und Boden, geregelt werden können. Nach langem hin und her und einer umfangreichen Abstimmung zwischen dem Bund und den Ländern im Bundesrat wurde das **Bundesbodenschutzgesetz 1998** (BBodschg) beschlossen und trat am 1. März 1999 gemeinsam mit einer ersten Ausführungsbestimmung der **Bundesbodenschutzverordnung** in Kraft. Das Bundesbodenschutzgesetz ließ den Ländern in einigen Punkten die Freiheit, das Gesetz auszufüllen. So haben bis 2005 alle Bundesländer mehr oder weniger Gebrauch davon gemacht und Folgegesetze erlassen, die meisten nur als **Ausführungsgesetze** des Bundesgesetzes, einige auch als mehr oder weniger selbständige Ländergesetze.

Bodenpotenziale	Schützenswerte Bodenfunktionen	
Wissenschaft	BBodSchG § 2 (1998)	BoSchG § 1 (1991)
1. Naturkörper	1. —	1. Naturkörper
2. Erdgeschichtliche Urkunde	2. Archiv Natur und Kultur	2. Landschaftsge-schichtliche Urkunde
3. Ästhetisches Objekt	3. —	3. —
4. Lebensraum	4. Lebensraum	4. Standort natürl. Veg. -Bodenorganismen
5. Nahrungs-produktion	5. Landwirtsch. Produktion	5. Standort Kultur-pflanzen
6. Energieproduktion	6. Land- u.Forstwirt-sch. Nutzung	6. dto.
7. Werkstoffproduktion	7. dto.	7. dto.
8. Genressource	8. Lebensgrundlage und -raum	8. Standort für natürl. Vegetation, Lebens-raum für Boden-organismen
9. Luftfilter	9. —	9. —
10. Wasserfilter und Puffer	10. Naturhaushalt, Filter u. Puffer	10. Ausgleichskörper i. Wasserkreislauf
11. Transformator	11. Abbau, Aufbau, Aus-gleichsmedium, Stoffumwandlung	11. Filter u. Puffer für Schadstoffe
12. Rohstoffe	12. Rohstofflagerstätte	12. —
13. Tragfähigkeit	13. Siedlung	13. —
14. Verkehrsweg	14. Versorgung	14. —
15. Deponie	15. Entsorgung	15. —
16. Erholung	16. Erholung	16. —

Im **Bundesbodenschutzgesetz** wird der **vorsorgende Bodenschutz** im Sinne der schützenswerten Bodenfunktionen, die unter „**Natürliche Funktionen**", „**Funktionen als Archiv der Natur und Kulturgeschichte**" und „**Nutzungsfunktionen**" kategorisiert werden, eingeordnet. Darüber hinaus beschäftigt sich das Bundesbodenschutzgesetz hauptsächlich mit Altlasten und dementsprechend mit **nachsorgendem Bodenschutz**. Dabei unterscheidet man **Altablagerungen**, das sind Grundstücke, auf denen Abfälle behandelt, gelagert oder abgelagert wurden, und **Altstandorte**, das sind Grundstücke, auf denen mit umweltgefährdeten Stoffen umgegangen wird/wurde. Altablagerungen und Altstandorte werden zu altlastverdächtigen Flächen, wenn ein Verdacht besteht, dass **schädliche Bodenveränderungen** vorliegen. Sind solche schädlichen Bodenveränderungen nachgewiesen, so handelt es sich um Altlasten. Bei denen müssen Sicherungsmaßnahmen, Nutzungsbeschränkungen oder Sanierung vorgenommen werden, damit nicht durch die Bodennutzung oder durch Gewässerverunreinigungen Menschen zu Schaden kommen.

Im Bundesbodenschutzgesetz, und auch in den meisten untergeordneten Ländergesetzen, werden die Prinzipien des Umgangs beim vorsorgenden und nachsorgenden Bodenschutz geregelt. Es werden aber keine spezifischen **Grenzwerte** für schädliche Bodenveränderungen festgelegt. Letzteres ist der Bundesbodenschutz- und Altlastenverordnung und entsprechenden Länderverordnungen überlassen. Bei gefährlichen Stoffen, insbesondere Schwermetallen und organischen Schadstoffen, sind bestimmte Werte festgelegt worden, die einen unterschiedlichen **Gefährdungsgrad** von Böden aufzeigen, in denen sie vorkommen. Die niedrigste Stufe stellen die **Hintergrundwerte** dar. Dies sind die allgemein in den Böden vorkommenden Werte, die regional verschieden sein können. Hintergrundwerte sollen in der Regel solche sein, bei denen keinerlei Besorgnis herrscht und wo auch keine Vorsorge getroffen werden muss. Die nächste Stufe sind die **Vorsorgewerte**. Diese liegen deutlich über dem Hintergrund und erfordern sorgfältigen Umgang mit den entsprechenden Böden, damit Zufuhr weiterer belastender Stoffe vermieden wird. Das Überschreiten von **Prüfwerten** zwingt zu Folgeuntersuchungen, mit denen

"Dä da une hetti fascht vergässe !"

Abb. 10.2:
Mutter Erde.
(nach dem Nebelspalter, verändert).

die Gefahr, die von dem belasteten Standort ausgeht, abgeschätzt wird und damit die Notwendigkeit zu Nutzungsbeschränkungen. Werden schließlich die **Maßnahmewerte** überschritten, sind vom Gesetz Schritte zur Abwehr von Schäden für andere Umweltkompartimente wie Wasser und Luft oder andere Böden gesetzesmäßig vorgesehen. Solche Werte wurden in der bisherigen Verordnung im Allgemeinen nur für chemische Belastungen und Veränderungen niedergelegt. Doch können Böden auch durch starke mechanische Belastung und Versiegelung nachhaltig geschädigt werden. Der Schutz vor **physikalischen Bodenveränderungen** hängt aber in seiner Umsetzung bis heute hinter den Möglichkeiten des chemischen Bodenschutzes nach.

Historisch wurde bis etwa 1960 in Mitteleuropa davon ausgegangen, dass die landwirtschaftliche Bodennutzung standortangepasst stattfindet und damit immanent den Zielen von Naturschutz und auch dem Bodenschutz dient. Die nach wie vor in der Landwirtschaft bedeutende Bodenerosion sowie der Einsatz von immer mehr Düngemitteln, Pflanzenschutzmitteln und Bodenhilfsstoffen haben aber dazu geführt, dass in der Bodenschutzgesetzgebung auch die landwirtschaftliche Bodennutzung behandelt wird. Von der **agrarischem Nutzung** wird die Einhaltung einer **guten, fachlichen Praxis** gefordert. Dazu gehört die nachhaltige Sicherung der Bodenfruchtbarkeit und der Leistungsfähigkeit des Bodens als natürliche Ressource.

Im Gesetz wird auch für die Beurteilung von schädlichen Bodenveränderungen **bodenkundlicher Sachverstand** gefordert. Die ersten Erfahrungen hiermit zeigen, dass der Gesetzgeber zögert, hohe Anforderungen an den Sachverstand der Sachverständigen zu legen. Die Hoffnung, dass sich dies zum Guten wenden könnte, bleibt aber bestehen.

Wir wissen, dass zu einer Zeit, in der menschliche Siedlungen durch große Bereiche naturnaher Vegetation von Wäldern, Steppen oder Savannen getrennt waren, keinerlei Bodenschutzmaßnahmen nötig waren. Vielmehr wurde versucht, um die Siedlung herum die Böden fruchtbarer zu machen, oder dort, wo die Menschen das nicht getan haben, kam mehr oder weniger bald die Notwendigkeit zu Umsiedlung. Erst als die Menschen erkannt haben, dass die Bodendecke endlich und nicht vermehrbar ist, wurde ihnen auch nach und nach bewusst, dass sie mit der begrenzten Ressource zu leben haben. Die Erkenntnis, dass Bodenschutz eine direkte Notwendigkeit in allen zivilisierten Gesellschaften ist, folgte erst, als große Zerstörungen der Bodendecke durch Erosion, stoffliche Belastung oder Überbauung erfolgt waren. Die alte Weisheit, dass erst die Erfahrung klug macht, gilt beim Bodenschutz genauso wie vorher bei der Luft- und Wasserreinhaltung (Abb. 10.2).

Fragen

1. Welchen Sinn hat Bodenschutz?
2. Vergleiche Böden mit anderen schützenswerten Medien.
3. Was sind schädliche Bodenveränderungen?
4. Was ist der Unterschied zwischen dem Bodenschutzgesetz und der Bodenschutzverordnung im Alltag?
5. Definiere Bodenpotenzial und Bodenfunktion.
6. Wie hoch ist der tägliche Bodenverbrauch in Deutschland?
7. Welchen Einfluss hat das auf die von den Böden zu erbringenden Leistungen?
8. Welche Böden sind besonders schützenswert?
9. Wie kann man Bodenzerstörung minimieren oder vermeiden?
10. Lässt sich ein Boden durch Bodensanierung wieder herstellen?

Literaturverzeichnis

Weiterführende Literatur

Ad hoc Arbeitsgruppe Boden (2005): Bodenkundliche Kartieranleitung (KA 5). 5. Auflage, Bundesanstalt für Geowissenschaften, Hannover.

AHNERT, F. (1996): Einführung in die Geomorphologie. UTB, Ulmer, Stuttgart.

Arbeitskreis Standortskartierung (1996): Forstliche Standortsaufnahme, Begriffe, Definitionen, Einteilungen, Kennzeichnungen, Erläuterungen. 5. Auflage, IHW Verlag, Eching bei München.

BLUM, W. E. H. (2007): Bodenkunde in Stichworten. 6. Auflage, Bornträger, Stuttgart.

BLUME, H. P., GUGGENBERGER, G., FELIX HENNINGSEN, P., FREDE, H.G., HORN, R., STAHR, K. (1995ff.): Handbuch der Bodenkunde. Lose Blattsammlung Ecomed (seit 1995), Wiley Weinheim (seit 2007).

BLUME, H. P., STAHR, K. und LEINWEBER, P. (2011): Bodenkundliches Praktikum. 3. Auflage, Spektrum, Heidelberg.

BLUME, H. P. (2004): Handbuch des Bodenschutzes, Bodenökologie und Belastung, Vorbeugende und Abwehrende Schutzmaßnahmen. 3. Auflage, Ecomed, Landsberg am Lech.

BRINKMANN, R. (1991): Abriss der Geologie. Band 1, 14. Auflage, Enke Verlag Stuttgart.

HARTKE, K. H. und HORN, R. (1991): Einführung in die Bodenphysik. 2. Auflage, Enke, Stuttgart.

HOHL, R. (1989): Die Entwicklungsgeschichte der Erde. 7. Auflage, Brockhaus Verlag, Leipzig.

KELLER, E. R., HEYLAND, K. und HANUS, U. (1997): Handbuch des Pflanzenbaus, Bd. 1: Grundlagen der landwirtschaftlichen Pflanzenproduktion – Kap. 2.2. Boden als Standortfaktor. Verlag Eugen Ulmer, Stuttgart.

MARTIN, K. und SAUERBON, J. (2006): Agrarökologie, UTB, Ulmer.

MATTES, S. (2000): Mineralogie. 6. Auflage, Springer, Berlin.

MÜCKENHAUSEN, E. (1993): Die Bodenkunde und ihre geologischen, geomophologischen, mineralogischen und pedrologischen Grundlagen. 4. Auflage, DLG Verlag, Frankfurt/Main.

REHFUESS, K. E. (1990): Waldböden, Entwicklung, Eigenschaften und Nutzung. 2. Auflage, Parey Hamburg.

ROWELL, D. (1997): Bodenkunde, Untersuchungsmethoden und ihre Anwendungen. Springer, Berlin.

SCHEFFER, F. und SCHACHTSCHABEL, P. (2010): Lehrbuch der Bodenkunde. 16. Auflage, Spektrum Heidelberg.

SCHINNER. F., ÖHLINGER, R., KANDELER, E. und MARGESIN, R. (1993): Bodenbiologische Arbeitsmethoden. Springer Verlag Heidelberg.

SYMADER, W. (2004): Was passiert, wenn der Regen fällt? Einführung in die Hydrologie. UTB, Ulmer.

Verwendete Literatur

BAGNOLD, R. A., (1941): The physics of blown sand and desert dunes. Chapman & Hall. 241S. London.

BEARE, M. H., COLEMAN D. C., CROSSLEY, D. A. Jr., HENDRIX, P. F., ODUM, E. P. (1995): A hierarchical approach to evaluating the significance of soil biodiversity to biogeochemical cycling. Plant Soil 170: 5–22.

BERNER, U. und STREIF, H. (Hrsg.) (2000): Klimafakten. E. Schweizerbart'sche Verlagsbuchhandlung. Stuttgart. 238 S.

BUSCOT, F. and VARMA, A. (eds.) (2005): Microorganisms in soils: roles in genesis and functions. Springer, Berlin Heidelberg New York.

Bundesbodenschutzgesetz (BBodSchG) (1998): Gesetz zum Schutz des Bodens, Bundesgesetzblatt I G 5702 Nr. 16 vom 24. 03. 1998, Seite 502–510.

Bundesbodenschutzverordnung (BBodSchV) (1999): Bundesbodenschutz und Altlastenverordnung, Bundesgesetzblatt I, 1999, Seite 1054 ff.

COLEMAN, D. C., CROSSLEY, D. A., Hendrix, P. F. (2004): Fundamentals of Soil Ecology. Elsevier, Acedemic Press. Second Edition.

DIXON, J. B. and WEED, S. B., (1989): Minerals in Soil Environments. Soil Science Society of America, Madison, Wisconsin, USA.

FAO (1978): Report on the agro-ecological zones project, Vol. 1 – methodology and results for Africa, Vol. 2 – results for Southwest Asia.

FIEDLER, H. J. und HUNGER, W. (1970): Geologische Grundlagen der Bodenkunde und Standortslehre. Steinkopf. Dresden. 382S.

Food and Agricultural Organization FAO (1977): A frame work for land evaluation. Soils bulletin 32, Rome.

FRITSCHE, W. (1998): Umweltmikrobiologie: Grundlagen und Anwendungen. Gustav Fischer Verlag Jena.

GAUER, J. (1991): Bodenentwicklung und Bodengesellschaften vom Mittelmeer zur Quattara Depression in Nordwestägypten. Berliner Geow. Abh. (a) 136. 171p. Berlin.

GISI, U., SCHENKER, R., SCHULIN, R., STADELMANN, F. X., STICHER, H. (1997): Bodenökologie. Georg Thieme Verlag, Stuttgart New York.

GOBAT, JM., ARAGNO, M., MATTHEY, W. (2004): The Living Soil – Fundamentals of Soil Science and Soil Biology. Science Publishers, Enfield, USA.

GRAY, EJ. and SMITH, D. L. (2005): Intracellular and extracellular PGPR: commonalities and distinction in the plant-bacterium signaling processes. Soil Biology and Biochemistry 37, 395–412.

GREGORY, K. J. and WALLING, D. E. (1973): Drainage basin form and process – a geomorphological approach. Edward Arnold, London. 456 S.

HAIDER, K. (1996): Biochemie des Bodens. Ferdinand Enke Verlag, Stuttgart.

JAHN, R. (1995): Ausmaß äolischer Einträge in circumsaharische Böden und ihre Auswirkungen auf Bodenentwicklung und Standortseigenschaften. Hohenheimer Bodenkundl. Hefte 23. 213 S. Hohenheim.

JUNGE, C. (1979): The Importance of Mineral Dust as an Atmospheric Constituent. Pp. 49–60, in: Morales. C. (ed.) Saharan Dust. Wiley. New York.

KOPP, D., JÄGER, K. D. und SUCCOW, M. (1982): Naturräumliche Grundlagen der Landnutzung. Akademie Berlin.

KANDELER, E. and DICK, R. P. (2006): Distribution and function of soil enzymes in Agroecosystems. – In: BENCKISER G. and SCHNELL, S. (eds.): Biodiversity in Agricultural Production Systems. Taylor & Francis, pp. 263–285.

KANDELER, E., KAMPICHLER, C. and HORAK, O. (1996): The influence of heavy metals on the functional diversity of soil microbial communities. Biology and Fertility of Soils 23, 299–306.

KANDELER, E., STEMMER, M. and GERZABEK, M. H. (2005): Role of microorganisms in carbon cycling in soils. – In: BUSCOT, F. and VARMA, A. (eds.): Microorganisms in soils: roles in genesis and functions. Springer, Berlin, Heidelberg, pp. 139–157.

KUBIENA, W. L. (1953): Bestimmungsbuch und Systematik der Böden Europas, Enke, Stuttgart. JENNY, H., (1941): Factors of Soil Formation. Mc Graw-Hill, New York und London.

MADIGAN, M. T. und MARTINKO, J. M. (2006): Brock Mikrobiologie (herausgegeben in deutscher Sprache von M. THOMM). 11. Aufl. Spektrum Akademischer Verlag Heidelberg, Berlin.

MAIER, R. M., PEPPER, I. L. and GERBA, C. P. (2000): Environmental microbiology. Academic Press, San Diego.

MARSCHNER, H. (1995): Mineral nutrition of higher plants.

Second edition, Academic Press (Harcourt Brace and Company, publishers), London – New York – Tokyo.

Mc Rae, S. G. and Burnham, C. P. (1981): Land evaluation. Clarendon Press, Oxford.

Paul, E. A. (2007) Soil Microbiology, Ecology, and Biochemistry. Third Edition. Elsevier, Oxfort, UK.

Pye, K. (1987): Aeolian dust and dust deposits. Academic Press. 334 p. London.

Richter, J. (1986): Der Boden als Reaktor.– F. Enke Verlag, Stuttgart.

Schilling, G. (2000): Pflanzenerährung und Düngung. Verlag Eugen Ulmer, Stuttgart.

Schütz, L., Jaenicke, E. R. und Pietrer, H. (1981): Saharan dust transport over the North Atlantic Ocean. Geol. Soc. Am. Spec. Paper 186: 87–100.

Skinner, B. J. und Porter, S. C. (1995): The dynamic earth. Wiley. New York. 567 S. & Appendices.

Sposito, G. und Zabel, A. (2003): The assessment of Soil Quality. Geoderma 114, 3+4.

Succow, M. and Joosten, H. (1988): Landschaftsökologische Moorkunde. 2. Auflage. E. Schweizerbartsche Verlagsbuchhandlung, Stuttgart.

Topp, W. (1981): Biologie der Bodenorganismen. UTB, Quelle & Meyer, Heidelberg.

Stahr, K. (1979): Die Bedeutung periglazialer Deckschichten für Bodenbildung und Standortseigenschaften im Südschwarzwald. Freib. Bodenkundliche Abhandlungen Bd. 9. 279 S., Freiburg im Breisgau.

Wagner, G. (1960): Einführung in die Erd- und Landschaftsgeschichte. Verlag der Hohenlohe'schen Buchhandlung. Öhringen. 694 S. und Tafeln.

Washburn, A. L. (1979): Geocryology. Edward Arnold Publishers. London. 406 S.

Weller, F. und Silbereisen, R. (1978): Ökologische Standorteignungskarte für den Erwerbsobstbau in Baden-Württemberg. 1 : 250 000, 34 S., 33 Tafeln, 2 Karten, Ministerium für Ernährung, Landwirtschaft und Umwelt, Baden-Württemberg, Stuttgart.

Weller, F. und Durwen, K. J., (1994): Standort und Landschaftsplanung. ECOMED Verlagsgesellschaft, Landsberg.

Wilson, S. J. and Cooke, R. U. (1980): Wind erosion. Pp. 217–251. In: M. J. Kirkby and R. P. C. Morgan (eds.). Soil erosion. Wiley. New York.

Zakosek, H. (1967): Die Standortkartierung der hessischen Weinbaugebiete. Abhandlungen des Hessischen Landesamtes für Bodenforschung, Heft 50.

Sachregister

Dieses Lehrbuch liefert den kompakten Begleitstoff für die phytomedizinischen Lehrveranstaltungen im Bachelorstudium. Zahlreiche Illustrationen und Übersichtsdarstellungen sowie Merksätze und Prüfungsfragen unterstützen die Vermittlung der notwendigen Kenntnisse.

Phytomedizin.

Johannes Hallmann, Andrea Quadt-Hallmann, Andreas von Tiedemann. 2., überarbeitete Auflage 2009. 516 S., 77 Tabellen, 114 Schwarzweißfotos und -zeichnungen, kart. ISBN 978-3-8252-2863-7.

www.utb.de